GRAVITARE

关 怀 现 实 ， 沟 通 学 术 与 大 众

陪伴也是一种疗愈：
从家庭到现实世界的幼儿观察

Young Child Observation：
A Development in the Theory and
Method of Infant Observation

［意］西莫内塔·M.G.阿达莫（Simonetta M.G. Adamo）
［英］玛格丽特·拉斯廷（Margaret Rustin）　编著

方　红　译

SPM
南方传媒 | 广东人民出版社
·广州·

图书在版编目（CIP）数据

陪伴也是一种疗愈：从家庭到现实世界的幼儿观察 /
（意）西莫内塔·M.G. 阿达莫，（英）玛格丽特·拉斯廷编
著；方红译 . -- 广州：广东人民出版社，2025.1.
（万有引力书系）. -- ISBN 978-7-218-17896-7

Ⅰ . B844.12

中国国家版本馆 CIP 数据核字第 2024AF1989 号

著作权合同登记号：图字19-2024-234号

Young Child Observation: A Development in the Theory and Method of Infant Observation, 1st edition/by
Simonetta M.G. Adamo;Margaret Rustin/ISBN: 9781782200604

PEIBAN YE SHI YI ZHONG LIAOYU: CONG JIATING DAO XIANSHI SHIJIE DE YOU'ER GUANCHA

陪伴也是一种疗愈：从家庭到现实世界的幼儿观察

［意］西莫内塔·M.G.阿达莫　　［英］玛格丽特·拉斯廷　编著
方　红　译　　　　　　　　　　　　　　　　　　版权所有　翻印必究

出　版　人：肖风华

书系主编：施　勇　钱　丰
责任编辑：罗凯欣
营销编辑：常同同　杜　彦　张静智
责任技编：吴彦斌

出版发行：广东人民出版社
地　　址：广州市越秀区大沙头四马路10号（邮政编码：510199）
电　　话：（020）85716809（总编室）
传　　真：（020）83289585
网　　址：http://www.gdpph.com
印　　刷：广州市豪威彩色印务有限公司
开　　本：787毫米×1092毫米　1/16
印　　张：27.75　　字　　数：358千
版　　次：2025年1月第1版
印　　次：2025年1月第1次印刷
定　　价：89.00元

如发现印装质量问题，影响阅读，请与出版社（020-85716849）联系调换。
售书热线：（020）87716172

本书献给我们的孙子孙女们：
洛伦佐（Lorenzo）、格洛丽亚（Gloria）、玛德琳（Madeleine）、
罗斯玛丽（Rosemary）、吉尔伯特（Gilbert）

我们最爱的就是跟你们一起玩耍！

推荐序
观察：通往儿童心理世界的炼金术

◎ 严艺家

　　资深儿童心理治疗师们究竟有怎样的魔法，可以洞悉孩子们微妙幽深的心灵世界？

　　相信这是盘旋在许多儿童心理行业的专业人士、家长、老师、社工，及心理学爱好者们心头的问题。而这个问题的回答可能简单到完全不像什么玄妙的方法，那就是：观察。

　　今年是我在英国接受儿童心理治疗博士项目训练的第三年。倘若需要在英国成为儿童心理治疗师，各个博士训练项目在申请阶段最为看重的就是候选人与"观察"有关的经验。过去五年，我在英国的志愿者家庭中完成了长达两年的婴儿观察，一周一次60分钟，见证了一个孩子从0—2岁的成长历程；在英国本地的一所幼儿园完成了8个月的幼儿观察，一周一次60分钟，见证了一个孩子4—5岁的"魔法岁月"；此外还参加了一年的"工作讨论小组"（work discussion group），与各种需要与不同年龄阶段孩子打交道的工作者们深度交换彼此细微的观察与思考，以达成对孩子内在体验的更多理解。以上这些都是在开始儿童心理治疗博士训练之前强制要求完成的观察式训练。

　　你也许会问，"观察"到底是什么，是坐在那里看着就行了吗？这是一个非常重要且关键的问题，而这个问题的答案在《陪伴也是一种疗

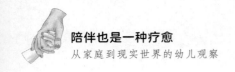

愈：从家庭到现实世界的幼儿观察》一书中可以找到。本书的两位编著者是英国儿童心理治疗行业的元老级人物，在"观察"这件见微知著的事情上深耕了四五十年，并以"观察"为工具，培养了一代又一代儿童心理治疗行业的新生力量。

　　本书涉及的观察对象主要为不同文化背景下2—5岁的幼儿。犹记得2019年时，我曾在伦敦东北部的一所幼儿园持续观察了一位4岁小女孩，每周我"潜伏"在教室与操场观察这个孩子的一举一动时，经常会想起自己的童年偶像珍妮·古道尔博士。古道尔博士是研究黑猩猩行为与情感的先驱，她在非洲丛林里一待就是几十年，每天的生活就是在尽可能不打扰的情况下静静观察黑猩猩族群的各种行为及情感表达。她的研究领域看似是动物行为学，其实也为儿童心理领域带来了许多灵感与理论依据。例如古道尔博士曾观察到，黑猩猩幼崽在正式学会一些独立生活的技能之前，往往会有几天特别黏妈妈，像是回到了一个小宝宝的状态。这种状态在精神分析学界被命名为"退行"（regression），在儿童发展理论学界则被命名为"触动点"（touchpoint），大致含义是指无论儿童还是成年人，在实现情感与行为的功能飞跃前，都需要"以退为进"，通过行为倒退的过程积累一定势能，再朝前发展。这样的发现在神经科学层面尚需时日找到缘由，但这种现象本身则是通过"观察"这种朴素而伟大的工具实现的。

　　"观察"作为一种工具在儿童心理治疗行业由来已久。二战时期，儿童心理治疗行业的鼻祖安娜·弗洛伊德女士在伦敦成立了战时托儿所，专门收容因为战乱而被迫与父母分离的孩子。在那个没有互联网和高新技术的年代，她与自己的同事们靠着"观察"，手写了几千张卡片，详细记录了孩子们的发展过程。小到吃喝拉撒睡，大到认知、情感及行为发展，在那样一个成年人对儿童内在世界还所知甚少的年代，"观察"为人们尊重与理解儿童发展打开了一扇新大门，例如一个孩子从全然沉浸于自我之中的婴童态，发展到能够与他人建立合作与友情的成熟态，究竟需要经历哪些发展过程？以"观察"为研究工具的儿童心理学家们并不满足于天马行空式的理论假设，她们更注重"眼见为实、脚踏实地"的反复验证。在当代科学主义的冲击下，"人"本身作为研究工具的价值经常被低估，但就如同一个人无法带着脑成像仪与显微镜去谈恋爱一样，我们认识世界的工具里必不可少的一条路径正是基于自我的"观察"。

写这篇序言的前一天，我与自己的儿童心理治疗个案督导讨论着一个工作中的场景，我们花了近一小时，逐步思考与分析着一个孩子在工作中呈现出的无意识动作：ta在一节咨询中途拿出了一块泡泡糖，放入嘴里咀嚼并试图吹出泡泡。这个过程前后持续了约半分钟时间，而我们则花了近40分钟讨论这个只需要用几个汉字就能概括的行为。例如：当孩子掏出泡泡糖之前我们在聊些什么？ta掏出泡泡糖的时候有表露出犹豫吗？ta有没有试图观察我对ta拿出泡泡糖的反应是如何的？当ta咀嚼泡泡糖时，是轻轻地咀嚼，还是用力地咀嚼？ta是如何对待泡泡糖的包装纸的，是揉成一团丢入垃圾桶还是铺平放进自己的衣兜？当ta吹泡泡不成功时，看起来是怎样的情感状态？当ta真的吹出一个泡泡的时候，又是怎样的？ta会得意地望向我，还是假装我并不存在？当泡泡破了的那刻，ta会有何反应？

光是上面这些细枝末节的问题，也许就足以把"吃泡泡糖"这四个字扩充成一篇四百字的小作文，而如果结合孩子的具体个案背景，也许能体会到的内涵就更加广阔了。例如把泡泡糖吹成泡泡的场景，像极了一个孩子在哺乳时的状态，如同含着妈妈圆润香甜的乳房（也许一个孩子无意识层面在思念喝奶的感觉？）。但泡泡糖与真实的乳房不同的地方在于，泡泡是虚空的，里面并没有真正的乳汁（经历"假"的乳房对一个孩子而言是怎样的体验？）。在泡泡破裂的一刹那，有时候它们会沾到孩子的口鼻上，让人有短暂的无法呼吸的感觉（即使是被哺乳的婴儿也会有被压到透不过气的感觉，象征层面上也许那是一种与母爱相伴

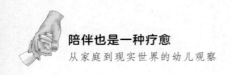

相随的窒息感？），清除"残骸"的过程又经常会带来一些黏腻不清的体验（象征与母性个体的纠缠？），上述任何一项描述，都有可能对应着这个孩子在母婴关系或其他养育关系中的人际表征体验，哪怕在此并不涉及这个具体的孩子曾经历过什么，但这些精神分析式的自由联想早已在各位读者的脑海里铺开一张画卷，呈现出了千姿百态的图景。

如果你读完上面的两段话，感觉十分好奇，那么本书就是为你准备的。你可以通过20余位儿童心理治疗师精彩绝伦的观察体验，从不同维度感知与学习如何利用"观察"这种朴素而强大的工具来理解幼儿，无论是在家中、幼儿园、还是在学术研究领域。

当然，你也可以从中见证，当一个孩子感受到自己在被周围的人以合适的方式观察时，内心可能会是怎样的体验。就如同书名所透露的，那经常会带来一些疗愈。当一个孩子能被他人所"好奇"时，这种不侵入的、温和的体验，最终也将被孩子内化为自我功能，最终形成一个观察式自我，在面对人生各种风吹雨打时，能够站在一个"观察者"的位置上去耐心思考：我究竟在经历什么？

"观察"是种动人的工具，那意味着"我在你的眼睛与心里占有一席之地"，在某种程度上，那甚至非常浪漫。想要更深层次体验这份"浪漫"，那就翻开这本书吧。相信阅读这本书的体验不仅仅会帮助你更好地"观察"幼儿，更能开始用新的视角来重新认识自己与世界。

严艺家

心理博主

伦敦大学学院（UCL）儿童青少年精神分析心理治疗博士候选人

一个热爱"观察"的人

2024年12月8日于伦敦

编者序

◎ 玛戈·沃德尔（Margot Waddell）

塔维斯托克（Tavistock）诊所（后文简称塔维斯托克）创立于1920年，自创立之日起，它便提出了许多针对心理健康的发展方向，这些方向在很大程度上受到了精神分析观点的影响。此外，它还将系统家庭治疗用作解决家庭问题的理论模型和临床方法。目前，该诊所已成为英国最大的心理健康培训机构，提供社会工作，心理学，精神病学，儿童、青少年及成人心理治疗，保育、初级护理方面的研究生文凭课程和执业资格课程，每年有大约1700名学员在该诊所接受60多门课程的培训。

该诊所的宗旨是研究提升心理健康领域的治疗方法。它的工作基础是临床专业知识，这同时也是其开展咨询活动和研究活动的基础。在这本结构完美、思考透彻的书中，西莫内塔·M.G.阿达莫（Simonetta M. G. Adamo）和玛格丽特·拉斯廷（Margaret Rustin）撰写的引言与迈克尔·拉斯廷（Michael Rustin）撰写的后记详细地描述了作为一种教学方法和培训方法的幼儿观察的历史、发展、性质、方法的广度与深度，以及实践。他们还描述了这种非常特殊的方法所作出的主要贡献，即在幼儿脱离婴儿身份，挣扎着进入，或者也可能是跳着舞步进入新的世界——一个要面对兄弟姐妹关系、幼儿园环境、早期学校生活的世界，一个要开始建立友谊、充满爱或忧虑的世界——事实上，在他们开始与各种各样的爱和丧失打交道时，我们可以用一种精神分析的视角来理解他们。这大抵就是2—6岁这个年龄段的幼儿的生活。

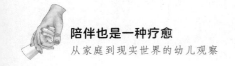

本书涵盖了目前世界各地正进行着的各种各样的跨文化研究和跨学科研究，包括英国、意大利、法国、奥地利、美国，同时还包括移居到欧洲其他地区的移民，以及西方以外的世界。这么大的跨度还包括对心理不同层面的广泛洞察，以及对早期教育之复杂性的引人入胜的探索。例如，正如编者所说，这些章节中所描述的有关心理发展的理论"对此时非常盛行的早期儿童学习'能力观'来说是一个极其关键的平衡"。塔维斯托克的课程提供了一个机会，让观察者可以对幼儿进行纵向的观察，这在许多情境中都具有非常重要的意义，后记中提供的概述也让我们清楚地看到了这一点，例如，在教学、护理、保育、社会工作等领域，以及在进入临床前的儿童心理治疗培训。此外，本书还对在这项困难工作的背景下所产生的伦理问题和技术问题进行了充分的、非常有用的分析，这可能就是我们所说的"思想"，用一双内在的眼睛和一双通常"往外看"的眼睛来观察，以这样一种方式——学习可以通过经验获得，而意义可以逐渐出现——来看待所观察到的现象。观察者的这种发展在很大程度上得到了研讨班的支持，他们通常会在研讨班上共同对观察体系进行反思，而这与每周一次的定期观察相伴随，并奠定了其基础。

本书围绕这样一些部分组织而成：历史、在家观察、在幼儿园环境中观察、幼儿观察在一些环境中的应用，如人们认为观察者在其中发挥了某种治疗师作用的环境——例如，一所有特殊需要的幼儿园，或者一位患有严重疾病的幼儿的家庭，或者幼儿与一个虚构的"角色"的互动——在本书的案例中，这个"角色"指的是托马斯——已经建立起了属于他自己的资源丰富且具有自我保护性关系的护理环境。第五部分，也是本书最后一部分，主要关注的是研究——将不同的理论方向与可能由此产生的丰富理解整合到了一起。

本书由很多章节构成，既包括"传统的"内容——也就是说，由精神分析观察领域的一些最早提出者所撰写的内容——也包括现代的内容，即当前的教师、那些还在接受培训的学员，以及近期获得儿童心理治疗师资格的人所撰写的内容。前一种情况，我主要说的是本书中由玛莎·哈里斯（Martha Harris）和伊斯卡·威滕伯格（Isca Wittenberg）所撰写的绝妙的章节——他们是幼儿观察工作的先驱者，此外，还有埃丝特·比克（Esther Bick）、安娜·弗洛伊德（Anna Freud）、雪莉·霍克斯特（Shirley Hoxter）等。正如编者所指出的，所有这些撰稿者都将他们的观察工作植根于"他们在对幼儿的想象性移情方面所做出的贡献，以及他们对于如何让精神分析丰富我们的理解的把握"。另外的部分则包括了一些从其他学科的视角撰写的章节，这些章节主要关注的是幼儿的需要、实际情况与幼儿在进入群体生活之时幼儿园的文化、组织之间的关系。在这些常常很生动、常常让人觉得悲伤且总是具有极大吸引力的观察过程（幼儿在这个过程中不断成长和发展，将他们年幼的——不过同时也已经是独特的——人格与他们生活中外界环境的性质整合到一起）中，存在非常多的东西。

在这些对分离和转变的探索中，我们遇到了一个小女孩。正如安娜·弗洛伊德所说，这个小女孩害怕被父母遗忘或抛弃，因此，她觉得自己在进幼儿园后需要成为一个"大女孩"，但却感觉自己迷失在了一个真空的空间里，"迷失在了一个没有人的情感的地方"。我们卷入了因二胎的出生而产生的俄狄浦斯焦虑中，也卷入了父亲角色与观察者角色的关联之中。我们遇到了有关这些年幼生命之兴衰变化的形形色色的例子，也从这些不同性质和深度的观察中了解到了许多东西。我们遇到了"劳里和他的汽车"，我们逐渐理解了"安东尼奥船长的气球爆炸那一天"的重要意义，我们还逐渐认识了"托马斯和朋友"，如此种种。

这是一本充满了学习的痛苦、成长的痛苦与快乐并因为获得了越来越深刻的理解而深感喜悦的著作。不过，本书以典型的方式探索和论证

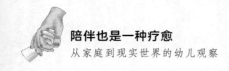
了所有应该对幼儿承担父母责任和职业责任的人何以能够聚集洞察力，何以能够开始用不同的方式来看待、思考儿童。本书是一项巨大的成就，作为本书的编辑，我很自豪于本书所描述的工作在塔维斯托克正在进行的重要项目中占有一席之地，也自豪于本书所描述的工作在塔维斯托克所产生的影响中占有非常重要的地位，本书的故事至少可以说是从塔维斯托克开始的。

致 谢

非常感谢我们所有的撰稿人、众多的家庭、各种类型的儿童服务机构和幼儿园，感谢你们让各种观察得以收录到一起。

在准备本书原稿的过程中，我们得到了很多非常宝贵的支持。我们尤其要感谢休·库尔森（Sue Coulson）帮助翻译，感谢哈里·卡伊丹（Harry Caidan）帮助把许多手稿录入成电子版，感谢卡伦·坦纳（Karen Tanner）的支持，感谢凯特·斯特拉顿（Kate Stratton）在编辑和文献方面提供的帮助。

我们还要感谢泰勒（Taylor）和弗朗西斯（Francis）允许重新出版原先发表过的一些文章："Infant Observation: International Journal of Infant Observation and Its Applications: Simonetta M. G. Adamo & Margaret Rustin (2001)", *Editorial (Vol 4, No. 2: 3–22); Isca Wittenberg* (2001), "The transition from home to nursery school" (Vol. 4, No. 2: 23–35); Donald Meltzer & Martha Harris (2001), "The story of child development—a psychoanalytic account" (Vol. 4, No. 2: 36–50); Simonetta M. G. Adamo & Jeanne Magagna (1998), "Oedipal anxieties, the birth of a second baby and the role of the observer" (Vol. 1, No. 2: 5–25); Sharon Warden (2001), "The day Captain Antonio's balloon burst" (Vol. 4, No. 2: 68–79); Claudia Henry (2001), "Laurie and his cars: A three year old starts to separate" (Vol. 4, No. 3: 87–95); Simonetta M. G. Adamo (2001), "The

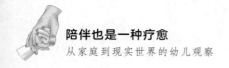
observed child, the observing child: The complexity of a child's response to the still birth of a sibling" (Vol. 4, No. 2: 80–106); Elisabeth Dennis (2001), "Seeing beneath the surface: An observer's encounter with a child's struggle to find herself at nursery" (Vol. 4, No. 2: 107–120); Elizabeth Taylor Buck & Margaret Rustin (2001), "Thoughts on transitions between cultures: Jonathon moves from home to school and from class to class" (Vol. 4, No. 2: 121–133); Simonetta M. G. Adamo (2001), "The house is a boat…: The experience of separation in a nursery school" (Vol. 4, No. 2: 134–139); Deborah Blessing & Karen Block (2009), "Sewing on a shadow: Acquiring dimensionality in a participant-observation" (Vol. 12, No. 1: 21–28); Anna Burhouse (2001), "Now we are two, going on three: Triadic thinking and its link with development in the context of young child observation" (Vol. 4, No. 2: 51–67)。

非常感谢罗漫娜·贝格里（Romana Begri）教授给我们提供了玛莎·哈里斯和唐纳德·梅尔策（Donald Meltzer）督导的录像带，本书第一章就是以此为基础撰写而成的。我们还想感谢《精神进化时代报纸》（the Giornale di Neuropsichiatria dell'Età Evolutiva），这一章最初是以意大利语发表的（1985，Vol. 5，No. 3:275–283）。

我们还非常感谢欧内斯托·塔塔菲奥雷（Ernesto Tatafiore）设计了精美的封面。最后，我们要感谢丛书编辑玛戈·沃德尔，感谢她一直给我们热情的支持和指导，还要感谢卡纳克（Karnac）团队的出色工作。

关于编者和撰稿人

　　西莫内塔·M.G. 阿达莫　曾任米兰比可卡大学临床心理学正教授，是一位儿童青少年心理治疗师，同时也是塔维斯托克心理治疗师协会的会员。她和其他治疗师共同组织了塔维斯托克短期课程"问题少年工作坊"，同时，她也是那不勒斯观察课程的组织导师，并任教于佛罗伦萨的玛莎·哈里斯研究中心。她的代表作有：《心灵的短暂旅程：青少年精神分析咨询》（*Un breve viaggio nella propria mente. Counselling psicoanalitico con adolescent*，1990）；《想象中的伙伴：精神分析研究》（*Il compagno immaginario. Studi psicoanalitici*，2006）；《儿童肿瘤学中的关系治疗》（*La cura della relazione in oncologia pediatrica*，2008）。她还与其他人共同策划了学校实验项目，并在那不勒斯独立执业。

　　德博拉·布莱辛（Deborah Blessing）　在华盛顿独立执业的临床社会工作者和精神分析学家。她是华盛顿精神病学学院婴儿与幼儿观察项目的核心成员，并担任华盛顿精神病学学院临床培训项目的督导。此外，她还在以下项目中担任其他教职：夫妻客体关系与家庭项目，密切关注项目，以及华盛顿精神分析中心的新方向——用一种精神分析视角写作的项目。

　　卡伦·布洛克（Karen Block）　临床社会工作者，在华盛顿哥伦

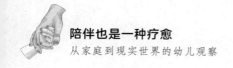
比亚特区独立执业，从事儿童、青少年及成年人的治疗工作。她从华盛顿精神病学学院婴儿与幼儿观察项目毕业，现在是该项目的教员之一。此外，她还是华盛顿精神分析中心的候选精神分析师。

安娜·伯尔豪斯（Anna Burhouse）　自1988年起一直从事儿童和青少年的治疗工作。她是具有执业资格的儿童青少年心理治疗师，对婴儿—父母心理健康、儿童发展研究以及孤独症尤其感兴趣。除了这一临床角色外，她还对临床领导者在组织改进中所发挥的作用产生了兴趣，她还担任了2Gether英国国家卫生服务系统（以下简称NHS）信托基金会战略现代化的主任。她是健康基金会的研究员，目前正在阿什里奇商学院攻读理学硕士学位，研究主题是领导素质的提高，该研究是健康基金会"Q时代"领导项目的一部分。

马吉特·达特勒（Margit Datler）　维也纳/克雷姆斯教师教育学院的教授和维也纳大学的讲师。她主持了两个幼儿观察研讨班，这两个研讨班是奥地利科学基金会资助的"学步期儿童对家庭外护理的适应"研究项目的一部分。她是一位精神分析学家，同时也是维也纳婴儿观察研究小组的成员。

维尔弗里·达特勒（Wilfried Datler）　在维也纳大学教育系主持"精神分析与教育"研究项目。他已负责了几个研究项目，这些研究项目的特点是根据塔维斯托克模式，将观察用作一种研究工具。在这样的背景之下，他已发表了一些论文，他将观察用作一种民族志研究方法，由此产生了一些研究结果，还有一些有关观察的方法论的思考。他还是奥地利个人心理学协会的培训分析师，同时也是维也纳婴儿观察研究小组的成员。

伊丽莎白·丹尼斯（Elisabeth Dennis） 成人心理治疗师，在伯明翰独立执业。2007年之前，她还一直在妇女治疗中心从事NHS工作。她是西米德兰心理治疗学院的专业成员。本书中，她撰写的章节所描述的观察是伯明翰精神分析观察研究课程的一部分。

彼得·埃尔费尔（Peter Elfer） 罗汉普顿大学早期儿童研究的主要讲师，也是早期儿童研究硕士项目的召集人。他长期以来一直对幼儿园中三岁以下婴儿和幼儿的福祉很感兴趣。他的研究分析了精神分析方向观察的贡献、工作讨论（Work discussion）的方法，以及用于理解幼儿园组织与实践中的一些问题的社会防御理论。他已发表了一些有关这个主题的学术文章。他与埃莉诺·戈尔德施米德（Elinor Goldschmied）、多萝西·塞莱克（Dorothy Selleck）合著的《托儿所中的关键人物：建立高质量的关系》（*Key Persons in the Nursery: Building Relationships for Quality Provision*，2003，revised edition，2011）已出版了意大利语版本。

玛吉·费根（Maggie Fagan） 曾长期在某一青少年住院部担任心理治疗师，之后在塔维斯托克接受儿童青少年心理治疗师的培训。接着，她加入了塔维斯托克代养、收养、寄养团队，并与其他人一起主持代养与收养工作坊。很多年来，她一直是幼儿观察课程的核心教员，并且在幼儿观察研讨班中承担着特殊的职责。她最近发表的一篇文章是《关系创伤及其对后来被收养之儿童的影响》（*Relational Trauma and Its Impact on Late Adopted Children*，*Journal of Child Psychotherapy*，2011）。

安妮-玛丽·法约勒（Anne-Marie Fayolle） 担任拉瓦尔医院附

属儿童青少年医学—心理学诊所的心理辅导专家。她从法国拉尔莫普拉格的玛莎·哈里斯研究中心的塔维斯托克模式观察课程毕业。在过去13年的诊所工作中，她开发出了针对生活在家中的幼儿的"参与性观察"（participant observation）技术。

玛丽亚·菲尔斯塔勒（Maria Fürstaller） 维也纳大学教育系"精神分析与教育"研究项目的科研人员，同时加入了奥地利科学基金会资助的"学步期儿童对家庭外护理的适应"研究项目的研究团队。摄像与塔维斯托克模式观察之间的关系是她的研究主题之一。

安贾莉·格里尔（Anjali Grier） 最初是有执业资格的艺术治疗师，在一所医院的急诊精神科病房从事成人治疗工作，后来开始对儿童治疗产生了兴趣。她一直在一所医院的肿瘤科给非常年幼的儿童做艺术治疗，此外，她还在一家儿童与家庭咨询诊所里工作了多年。后来，她在塔维斯托克成了一名有执业资格的儿童青少年心理治疗师，目前在儿童及青少年心理健康服务部门（以下简称CAMHS）和切尔西威斯敏斯特医院围产科担任高级儿童青少年心理治疗师。她（参与本书撰写时）还在伦敦精神分析学院接受培训。

玛莎·哈里斯 埃丝特·比克培训的儿童心理治疗师，同时也是儿童、成人精神分析学家。1960年，她成为塔维斯托克儿童心理治疗培训中心的主任，并承担起了该中心在20世纪70年代发展壮大的重任。她是一位很能鼓舞人心的老师，影响了整整一代从事儿童和家庭治疗的临床医生，尤其是她所提倡的婴儿观察对于儿童及成人临床工作所具有的价值。在她生命的最后几年，她和她丈夫唐纳德·梅尔策曾到许多国家去教学。

克洛迪娅·亨利（Claudia Henry）　在塔维斯托克和波特曼NHS信托基金会接受了培训，成为儿童青少年心理治疗师。她目前在劳顿的CAMHS工作。在接受儿童心理治疗师的培训之前，她曾在一家大型儿童医院担任医院游戏专家很多年。她还在新生儿ICU接受了部分临床培训。她的兴趣不仅包括医院工作，也包括父母—婴儿心理治疗。

尼娜·霍弗–赖斯纳（Nina Hover-Reisner）　维也纳大学教育系"精神分析与教育"研究项目的科研人员，负责奥地利科学基金会资助的"学步期儿童对家庭外护理的适应"研究项目的协调工作。早期教育、工作讨论、如何将塔维斯托克模式的观察用作一种研究工具等，都是她在研究中的主要关注点。

珍妮·马加尼亚（Jeanne Magagna）　担任大奥蒙德街儿童医院心理治疗服务的主任24年，同时也是伦敦艾勒恩·梅德饮食障碍中心的心理治疗顾问。她在塔维斯托克完成了三个独立的培训：儿童青少年心理治疗、家庭治疗和成人心理治疗。她是佛罗伦萨、罗马、威尼斯、那不勒斯玛莎·哈里斯培训研究中心的副主席和培训联合协调员，也是家庭未来代养与收养联盟工作人员的临床顾问。她编辑了亨里·雷伊（Henri Rey）的《治疗精神病和边缘性状态的精神分析原理》（*Universals of Psychoanalysis in the Treatment of Psychotic and Borderline States*，1994），与其他人合作编辑了《家庭心理治疗》（*Psychotherapy with Families*，1981）、《青春期危机：家庭客体关系治疗》（*Crisis at Adolescence: Object Relations Therapy with the Family*，1977）、《亲密关系的转变：婴儿与他们的家人》（*Intimate Transformations: Babies with Their Families*，2005），以及《沉默的幼

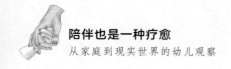
儿：没有言语的交流》（*Silent Child: Communication without Words*，2012）。

唐纳德·梅尔策　在美国接受了精神病学家的训练，在英国接受了儿童、成人精神分析学家的训练。他撰写了大量的作品，详细介绍并阐释了克莱茵精神分析范式，并将其与威尔弗雷德·比昂（Wilfred Bion）有关心理发展的观点相联系。在他的作品中，最为出名的是《精神分析过程》（*The Psychoanalytical Process*，1967）、《屏状核》（*The Claustrum*，1992）。他的教学和著作在全世界产生了持续的巨大影响，尤其是他对早期发展的理解和儿童心理治疗实践方面的教学和作品。

玛格丽特·拉斯廷　儿童青少年及成人心理治疗师，英国精神分析学会会员。从1985—2007年，她一直是塔维斯托克儿童心理治疗的领头人，并在欧洲及其他地方广泛授课。她是《婴儿观察：Tavistock临床中心解读人类的非言语沟通》（*Closely Observed Infants*，1989）一书的编著者之一，对儿童心理治疗的观察基础一直保持浓厚的兴趣。她撰写了很多有关儿童心理治疗的著作和论文，并和迈克尔·拉斯廷合作撰写了两本关于将精神分析观点运用于文献的著作。她出版的著作《工作讨论：学会反省关于幼儿及其家庭的工作实践》（*Work Discussion: Learning from Reflective Practice in Work with Children and Families*，2008）是和乔纳森·布拉德利（Jonathan Bradley）一起写的。她也独立执业，并一直给许多儿童心理治疗师做督导。

迈克尔·拉斯廷　东伦敦大学社会学教授、塔维斯托克的客座教授，同时也是英国精神分析学会的会员。他一直从事对于专业培训的学术认证，及密切参与儿童心理治疗师和相关领域的研究发展。他撰写了两本关于精神分析的著作：《美好社会与内在世界》（*The Good Society and the Inner World*，1991）、《理性与非理性》（*Reason and Unreason*，2001），还写了很多文章，并与玛格丽特·拉斯廷合著了《爱与丧失的叙事：现代儿童小说研究》（*Narratives of Love and Loss: Studies in Modern Children's Fiction*，1987）和《自然之镜：戏剧精神分析与社会》（*Mirror to Nature: Drama Psychoanalysis and Society*，2002）。

梅尔·塞林（Mel Serlin）　曾从事过几年的社会护理工作，照顾生活在寄养家庭和寄宿环境下的儿童。从媒体艺术专业毕业后，她又获得了精神分析观察的硕士学位，此后便在塔维斯托克接受儿童青少年心理治疗师的训练，主要参与代养、收养、寄养团队和青少年的工作。

伊丽莎白·泰勒·巴克（Elizabeth Taylor Buck）　艺术心理治疗师，从事儿童、青少年及家庭治疗16年，最初她任职于英国防止虐待儿童协会（NSPCC），最近加入了NHS和CAMHS团队。2009年，她被英国国家卫生研究院授予临床博士研究奖学金。她的研究重点为亲子二元方向的艺术心理治疗。

莎伦·沃登（Sharon Warden）　临床心理学家，在英国谢菲尔德NHS门诊心理治疗服务中心从事对患有复杂心理健康问题的成人的精神分析治疗工作。她完成了利兹婴儿观察课程，是当地临床心理学博士课程的高级指导老师，同时还组织了一个巴林特小组（Balint

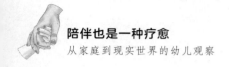

Group）①。她还对于如何将精神分析理解运用于公共服务和循证精神分析治疗有着浓厚的兴趣。她是国际移情聚焦心理治疗学会的首届成员，并开办了一家小型的私人诊所。

伊斯卡·威滕伯格 精神分析方向的儿童及成人心理咨询师、治疗师，在塔维斯托克担任儿童心理治疗师培训的高级导师。她担任该诊所的副主席10年，曾到欧洲的许多国家以及其他国家演讲和主持研讨班。她曾短时间担任都灵大学和克拉根福大学的教授，并且是塔维斯托克的终身荣誉高级员工。她目前独立执业，从事短期和长期的心理治疗工作，并在英国及其他国家从事督导和教学工作。她已发表了许多文章，并撰写了三本著作：《精神分析的洞察与关系：克莱茵学派的方法》（*Psychoanalytic Insight and Relationships: A Kleinian Approach*，1970）、《学与教的情绪体验》[*The Emotional Experience of Learning and Teaching*，1983，书中收纳了詹纳·威廉斯（Gianna Williams）和埃尔茜·奥斯本（Elsie Osborne）撰写的章节]，以及《体验结束与开始》（*Experiencing Endings and Beginnings*，2013）。

本·约（Ben Yeo） 陶尔哈姆莱茨、东伦敦等六所学校的家庭事务经理，主要从事给英国的孟加拉和索马里社区的儿童和家庭治疗的工作。他于2012年在塔维斯托克获得精神分析观察研究的硕士研究生文凭，（参与撰写此书时）正在接受儿童青少年心理治疗师的培训。

---

① 巴林特小组是一种专业的心理支持小组，通过案例讨论帮助医疗工作者处理医患关系中的职业困惑和心理压力。——译注

目录

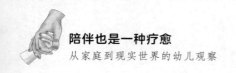

第五部分　研　究

引　言

◎ 西莫内塔·M.G. 阿达莫、玛格丽特·拉斯廷

　　本书主要关注的是横跨六大洲的，在学术背景下大量精神分析观察课程所理解和实践的幼儿观察（Young Child Observation）。幼儿观察是建立关于这种取向的理论，以对2—5岁幼儿的发展展开研究的过程中的一步。我们希望能够激发读者的兴趣，让他们越来越清楚地认识到幼儿观察的独特性，并提出了就其中一些基础问题进行更多反思和讨论的必要性。相比于婴儿观察，作为一种学习经验的幼儿观察的特定目标是什么？我们希望从中了解幼儿发展的哪些方面？幼儿观察能够以何种方式为儿童心理治疗师培训做出一些有价值的贡献，并在更大的专业领域内扩展对幼儿的理解？在本章的引言中，我们将回答其中的一些问题。

　　这些问题中有一些涉及技术问题和这种方法的合理应用。我们不应该将幼儿观察看作婴儿观察的应用版本，它是婴儿观察的一种发展，需要对婴儿观察的技术加以调整，而且幼儿观察者也将面临一些特殊的挑战。这些都源自在面对以下新情况时重新界定观察者角色的必要性：幼儿的自主性更大了，俄狄浦斯冲突对其产生了全面的影响，而这会将容纳和排斥（inclusion and exclusion）的动力置于非常显眼的位置。中立（neutrality）和参与（participation）是有助于界定观察者位置的内在两极，如果要观察幼儿的话，则必须在不同的基础之上重新商讨，因为幼儿是比婴儿更积极主动且更具独立性的存在。

　　事实上，幼儿观察早年是精神分析观察研究中一个被忽视的领域

（Adamo & Magagna，1998）。不过，最近，有迹象表明，研究者的态度发生了变化，有更多的人开始关注幼儿观察，且对其产生了更为广泛的兴趣。专业期刊上也开始更为频繁地刊发一些与幼儿观察相关的论文。2004年，《国际婴儿观察杂志》（International Journal of Infant Observation）的一期特刊上刊登的都是幼儿观察的文章。现在，一些国际会议也给了幼儿观察专门的空间。2011年的一次大会"今天（如何）教授婴儿观察"（Teaching Infant Observation Today）有一个副标题"第六届婴儿观察与幼儿观察教师国际会议"（6th International Conference for Teachers of Infant Observation and Young Child Observation）。这种将幼儿观察包括在内的做法对于这个新的关注点本身而言意义重大，而且，让人更为吃惊的是这样一个事实：在会议提交的所有论文中有两篇专门论述了幼儿观察，且在以小组形式分组研讨观察材料时，幼儿观察和婴儿观察获得了同等的空间。

对幼儿观察的兴趣的扩散在很多背景中得到了进一步的证实，本书的内容正是出自这些背景。在过去的30年，许多与塔维斯托克有关联的精神分析观察研究课程已在英国及其他地方开设。本书许多章节的内容都源自伯明翰、布里斯托、利兹的课程中所完成的观察，还有其他一些材料来自意大利、法国、奥地利、美国。我们认为，呈现不同区域的声音和不同时期文化所产生的影响，可以引发对当前一些重要的早期教育问题的思考。本书描述的有关心理发展的理论，对于非常盛行的关于早期学习能力的观点来说，是一种非常关键的平衡。游戏、玩具的可获得性，以及一种鼓励玩闹、学习负担不太重的氛围，是精神分析取向观察者与儿童发展研究者都认为非常重要的因素。过于狭隘地直接指向于"学习结果"的游戏，通常会阻碍幼儿想象力的发展。那些与主流大众文化产物相关联的较为机械化的幼儿玩具，通常会产生让人焦虑的影响。不过，正如我们的撰稿者所表明的，我们不应该低估幼儿打破成年人的思想固化，并从流行的文化产品中选取具有强烈个人色彩的东西的能力。

❧ 历史说明

我们一开始就做一些历史说明，或许会很有用，这不仅是为了将幼儿观察置于精神分析取向观察的更大背景中，也是为了充分肯定一些先驱者所发挥的作用，并有利于列出不同取向之间的相似之处和不同之处。安娜·弗洛伊德在她于1951年撰写的一篇文章中回忆道：

有关婴儿期性欲及其变化形式的认知曾在精神分析工作者的圈子里流传，当时对幼儿的直接观察就开始了。这样的观察最初是父母对自己孩子所进行的观察（这些父母有的正在接受精神分析，有的本身是精神分析师），观察的记录也经常刊登在当时的精神分析杂志的一些专栏上。当精神分析开始运用于对幼儿的培养，对教师及幼儿园工作者的分析也就成了常事。与父母的观察相比，这些受过专业训练的人的观察工作具有这样的优势：观察过程更为客观，且比父母在面对自己孩子的行为时所能唤起的情感要更为超然一些。它还有另外一个优势：不仅可以观察个体，而且可以观察群体。（A. Freud, 1951, p18）

对幼儿个体和群体生活的双重关注，是本书一些章节中最为有趣的主题之一，也是当代有关幼儿观察的诸多思考的独特之处。

❧ 苏珊·伊萨克斯与啤酒屋学校

在她的两本著作《幼儿的智力发展》（*Intellectual Growth in Young Children*，1930）和《幼儿的社会性发展》（*Social Development in Young Children*，1933）的导言部分，苏珊·伊萨克斯（Susan Isaacs）

给出了非常相似的评论，这些评论是基于她在剑桥啤酒屋学校（the Malting House School，这是一所幼儿实验学校，1924—1927年她担任该校校长）所完成的一些观察记录撰写而成的。苏珊提出，"到目前为止，与关于个体发展的绝妙研究相比，我们几乎找不到一份长期在相对自由的条件下对一群幼儿的行为进行观察的严格意义上的心理学详细记录"，而且，"大量被视为理所应当的心理学观察记录充满了各种教育的影响和道德的判断"（1930，p.ix）。她在这两本书里尤其提到了心理学家对其子女进行的观察，不过她也介绍了她自己的观察方法，并讨论了一些与此相关的问题。事实上，她提出的第一个问题是：选择和可能的主观偏见对最终的结论会产生怎样的影响？当然，实际生活中对幼儿的观察具有教育意义：这些观察材料是在学校中收集的，而不是在实验室。但是，记录本身是直接、公正的观察，在这些条件之下要尽可能全面地记录，且尽可能不要做出任何的评价和解释。伊萨克斯认为，理想的状况是：记录中不出现任何的解释。一些模糊不清的评价性或总结性句子，如"幼儿非常感兴趣""有礼貌""喜欢争吵"等也最好避免。只有一字不差地记录下被观察者所说的话，完全客观地记录下所发生的事情，才是观察者应该做的事情。

1924—1927年，记录都是基于教员在教室里所做的简短记录，于同一天进行扩展撰写而成，而到了接下来的1927年和1928年，速记打字员的出现确保了可以对事件进行"一字不差的、更为客观的记录"。在伊萨克斯看来，不仅观察记录中应该避免任何的解释，而且，即使在更进一步的理论阐释中也应该避免出现解释。她写道：

事实上，选择不可避免，即使是实验研究者也要进行选择，但这种选择方式至少是开放的。我已提出了自己的推论和理论观点，还提供了作为这些推论和理论观点的基础的实际观察，我已尽我所能地将这两种东西区分了开来。我希望，读者们可以根据自己的理论目的自由地翻看这些记录，因此，在呈现这些记录的时候，也应该只做最低程度的理论选择。（Issacs，1930，p.2）

这里所作的区分或许可以用类似的方式进行进一步的精炼，这样，对行为的忠实观察记录可能或多或少可以免于选择，但一旦我们要分析这些材料，或者要在某个理论结构中呈现这些材料，关注焦点的选择就不可避免了。

阅读这些历史说明非常有趣，这不仅仅是出于历史的原因：那些熟悉基于塔维斯托克模式的幼儿观察研讨班所提出的方法的人会发现，伊萨克斯的话非常明确、简洁地表达了研讨班领导者通常给学员们提出的如何记录观察内容、如何在小组讨论时呈现观察记录的建议。但事实上，即使我们采取了上述策略，也如伊萨克斯所说，"纯粹的"观察只不过是我们在最佳条件下所能接近的一种理想状态。

只有当他（观察者）……与幼儿建立起完全被动的关系，不管幼儿做什么、说什么，他们都只是在一边看着、听着，不做任何的评论，不提任何的问题，才可能小心翼翼地保持一位纯粹观察者的被动性。不过，这种情况只能发生在有其他成年人提供庇护之时，这些成年人承担起了责任，并与幼儿维持着积极主动的关系。（Isaacs，1930，p.9）

如果现实中不存在其他成年人，那么，幼儿就不会将这位持不干涉立场的观察者视为一个中立的角色，而是会将其看作一个"被动的父母"，不会跟他一起做他正在做的事情，也不会保护他，跟他一起对抗他潜在的破坏性和内疚感。这是一个伦理的、技术的问题，在幼儿观察中一直具有非常重要的意义：有时候，观察者是唯一与幼儿一起待在房

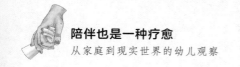

间里的成年人，会面临来自幼儿突破界限的要求，以及理解并加入他的活动的要求。

我们想特别说明的最后一点是，来自伊萨克斯有关观察实施背景中的"自由"程度的评论。当允许幼儿更加积极主动、更为自由地表达和追求他们自己的冲动和好奇心，而不给他们不恰当的限制时，"他们会向我们展示出他们在日常情境中有所保留且害怕表现出来的内心世界……换句话说，我们能看到更多，而且，我们［能］看得更为清晰"。我们在这里想到了观察者有时候会抱怨的无聊感，他们觉得"没有什么可以看的"。当然，导致他们说出这句话的原因有很多，且可以从不同的方面去理解，但它往往是在这样的情境（家里或者是幼儿园里）下说出的：该情境的特点是，给幼儿提供的智力营养极其匮乏。在这样的情境之下，观察者通常会产生强烈的认同感：要么认同于被剥夺了智力成长所必需的精神食粮的幼儿，要么认同于让研讨班被迫接受因母亲剥夺了孩子（的精神世界）而使幼儿观察缺乏有趣和有深度的材料。

安娜·弗洛伊德与杰克逊托儿所、汉普斯特战时托儿所

差不多在苏珊·伊萨克斯完成其创新性工作十年后，安娜·弗洛伊德开办了她的第一批托儿所。这些托儿所的特点在于：极其重视幼儿观察。1937年，她在维也纳创办了杰克逊托儿所（Jackson Nurseries）；接着，在1940—1945年，她在伦敦开办了汉普斯特战时托儿所（the Hampstead War Nurseries）；最后，她在汉普斯特诊所中创办了幼儿园，后来改名为安娜·弗洛伊德中心（Anna Freud Centre）。这所幼儿园从1957年一直开到了2000年，之后令人遗憾地关闭了。杰克逊托儿所招收非常小的孩子，一般1—2岁，并对他们进行观察，但这些实施观察

的大人们很快就遇到了与资料收集方法相关的一些问题——也就是说，就像汉斯·肯尼迪（Hansi Kennedy，1988）所提出的，要在"行为主义取向的观察"（behaviouristic observation）与安娜·弗洛伊德所说的"分析方法"（analytic method）之间做出选择：

凭借后见之明，这些观察无疑从一开始就不仅仅是对所观察行为的记录，而是一种基于业已存在的知识收集资料的方法：观察幼儿行为的一种尝试，旨在证实或证伪精神分析的假设。（Kennedy，1988，pp.272-273）

战时托儿所是安娜·弗洛伊德和多萝西·伯林厄姆（Dorothy Burlingham）创建的（Edgcumbe，2000），"该托儿所是为那些由于父母去世、生病、上战场或从事与战争相关的工作而与家人分开的幼儿创建的……它的目标不仅在于关注他们的生理需要和教育需要，而且关注他们的情感需要和心理需要"。这项工作的独特之处在于，收集并仔细审阅了由托儿所所有工作人员撰写的差不多上千份详细观察记录（这是他们在职培训的一部分）。这些观察记录不仅可以用来改进托儿所的组织形态，以更好地满足幼儿的需要，还可以用来丰富对幼儿发展的精神分析的理解，基于这些观察记录的文献证明了这一点（Freud & Burlingham，1944；Hoffer，1981）。除了书面材料以外，还应该增加一些可视的直观材料，这些直观材料包括威利·霍弗尔（Willi Hoffer）拍摄的成百上千张照片，通常情况下，这些照片按顺序记录了一系列完整的事件，从这个意义上可以说它是后来通过电影或录像记录观察过程这样一种技术的前身。关于这点，我们还应记住：首批使用这种技术的精神分析学家之一——詹姆斯·罗伯逊（James Robertson）自己也在战时托儿所担任社会工作者（Edgcumbe，2000）。林恩·巴尼特（Lynn

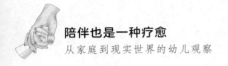

Barnett，1988）所拍摄的另一部录像向我们展示了观察在安娜·弗洛伊德中心的使用情况，而南希·布伦纳（Nancy Brenner，1992）撰写的一篇论文则更为详细地描述了观察的方法。

这个托儿所招收的幼儿年龄在2.5岁到5岁之间，创办这个托儿所"是为了给在中心接受培训的学员们提供观察和研究正常儿童的发展的机会"。不过，"托儿所的工作人员每天也都会记录在幼儿身上所观察到的情况"。布伦纳引用了一位工作不到20年的老师曼娜·弗里德曼（Manna Friedmann，1988）的一段话：

一开始要求我们作观察记录时，我们真的不知道该怎么做才好。我们每天会对某个特定的幼儿作长篇描述：他的外貌、他的活动等，但我们不知道要怎么使用这些描述。在一次与安娜·弗洛伊德的特殊会面中，她清楚地告诉我们应该怎么做，她说："记下所有你想告诉朋友的东西，不管是因为这些东西很吸引你，还是因为这些东西很有趣，把你逗乐了，或者是因为这些东西激怒了你，让你很生气；记下所有能够证实或证伪某个精神分析理论的东西；记下所有让你觉得有些早熟或晚熟的行为。"（Friedmann，1988，pp.280-281）

举个例子，弗里德曼引用了安娜·弗洛伊德在观察了幼儿与老师之间的一些互动情况后所作的评论：

我们有一张所谓的"思考长凳"（thinking bench），用来惩罚某个在花园里伤害到其他幼儿的孩子。安娜·弗洛伊德无意中听到老师对一个小男孩说，"坐下好好想想你都做了些什么，这样下次你才不会再犯错，想清楚了你再回来跟我们一起玩"。后来在会议上，安娜·弗洛伊德幽默地评论说，"这个孩子以后难道不会将'思考'与惩罚联系到一起吗？或许，我们称呼它为'等候长凳'（waiting bench）会更好"，于是，我们就给它改了名字。（Friedmann，1988，pp.281-282）

有趣的是，几年前在那不勒斯（意大利）举行的一次意在启动一个幼儿园教师培训项目的大型会议上，也发生了类似的事件。他们当中有一个人说，如果哪个幼儿在教室里表现不好，就会对他实施一种类似的惩罚。不过，这个小男孩要被限制在这张凳子上一段时间，（他被要求）拿一张纸来画画，完成后把画交给老师，大家都评论说："这是一张非常有用的凳子，所有的教室无疑都需要放一张这样的凳子！"毫无疑问，在这种情况下，这个小男孩一定会正确理解这张"等待长凳"的积极功能。

回到安娜·弗洛伊德中心，就像布伦纳（1992，p.88）所言，对于托儿所的老师来说，观察幼儿并把观察到的一切记录下来意味着"需要在幼儿身上花更多的时间""有时候需要与单个幼儿'私下'沟通，这样跟他们之间的关系才有可能进一步深化"。

玛丽·扎非里乌·伍兹（Marie Zaphiriou Woods，私人通信，2001）于1986—1997年担任托儿所顾问，她在培训中思考了如何使用观察：

接受我们精神分析发展心理学理学硕士学位培养的学员通常需要在三个不同的环境中观察幼儿。他们所有人都需要做婴儿观察、学步期儿童观察和幼儿园观察。紧接着这些学员将接受临床培训，他们通常在第二年的时候从事婴儿观察。他们需要写两篇观察论文，一篇关于婴儿的观察，一篇关于学步期儿童的观察。学员们通常在塔维斯托克观察学步期儿童，塔维斯托克有几个学步期儿童小组，他们在父母（通常是母亲）的陪伴下一周来中心一个半小时。通常情况下，一些学员会在房间

里观察，一些学员则在屏风后观察。这些观察的焦点是学步期儿童的发展，以及他们与母亲之间的互动情况。每周一次的研讨班后对这些观察进行讨论。通过观察这些孩子，学员们可以获得双重收益：他们可以了解关键的发展问题，看到幼儿人格的不断结构化；他们还学会了采取一种观察的立场，这在临床工作中非常重要。学员们来自许多不同的专业背景，而现在，他们必须学会坐在后面思考。在幼儿园进行的观察中，幼儿通常会在某种程度上将观察者卷入他们当中，而观察者也不可避免会对其做出反应。不过，他们所接受的培训要求他们不能主动发起交流活动或游戏。对幼儿的观察通常会让观察者面临一些特殊的挑战——例如，当幼儿在他们眼皮底下调皮捣蛋，而老师又都不在时。这就引出了一个技术问题，不过，这同时也是一种了解特定幼儿的超我特征的方式。我在担任幼儿园顾问的时候，学员们可以在安娜·弗洛伊德中心的幼儿园进行他们的幼儿园观察，这让他们可以与幼儿园教师就他们的教育工作展开双方都能获益的交流。幼儿园观察研讨班通常由六位学员组成，他们每个人每周要观察一个半小时。学员们所接受的培训通常不建议他们当着幼儿的面做记录，而是在观察结束之后尽快将其记录下来。每一周，所有学员都观察同一个幼儿，然后，每隔一段时间，对幼儿园的所有幼儿都进行观察。这就让我们可以将不同观察者对同一个幼儿的观察放在一起进行比较，例如，可以看看观察者的性别会对有关幼儿的认知产生怎样的影响。因此，对于这些不一致之处的讨论为接下来整合不同观点的尝试铺平了道路。学员们还得到了这样的建议：围绕某个精心选择的事实、观察期间发生的某个关键事件（这个关键事件由于某个原因而触发了他们的想象）来收集观察资料，并详细地描述事件发生的背景。关于这些观察、观察者自己的感觉，以及他们的反移情反应的讨论，使得我们可以系统地阐释对于幼儿的精神分析的理解。

因此，苏珊·伊萨克斯、安娜·弗洛伊德的观点表明，在她们所理解的幼儿观察的理论、使用、方法和发现中，存在一些有趣的相似之处，也存在一些不同之处。我们非常惊奇地看到，在精神分析取向的观察研究非常早期的发展阶段中，有关幼儿观察（幼儿观察是一些儿童分析学家，如苏珊·伊萨克斯、安娜·弗洛伊德等所推进的）的讨论就已开始着手处理许多中肯的问题。这些问题包括：直接观察对于研究和/或不同专业领域人士（如幼儿园老师、儿童心理治疗师等）的培训而言的价值；观察者对于精神分析知识的运用；与婴儿观察相比，观察者在观察幼儿的过程中表现出的主动性与被动性所具有的特殊意义；以及许多关于如何收集和记录观察的技术性建议。

﹋ 幼儿观察在幼儿园实验项目中的应用

在探讨有关历史发展的下一个要点——即埃丝特·比克的观察方法及幼儿观察在塔维斯托克的发展——之前，我们想先强调一下应用安娜·弗洛伊德的方法的重要性，以反思她的实验托儿所的组织结构。有时候，观察为组织自身的一些重要改变铺平了道路。例如，在决定用引入一位关键老师的角色（这位老师专门负责一小组幼儿）这种实践模式来取代集体照顾实践（在这种实践中，所有的老师一起照顾所有的幼儿）时就是这种情况。这样做的目的是让幼儿可以与一位成年人建立重要的情感联系，这对由于战争而遭遇许多丧失和分离的幼儿来说尤其重要。

本书有一个部分专门描述了幼儿观察的一些可行的应用。在这里，除了苏珊·伊萨克斯和安娜·弗洛伊德的教育实验以外，我们想补充一个当代的例子：一个自2004年起在意大利南部的一所幼儿园内实施的创新项目，在这所幼儿园中，观察是一种主要资源。这个项目的名称是"狐狸的地球"（Fox's Earth），它源自那不勒斯市政委员会的"早期服务"（Early Years Service）与费德里科二世大学之间的一次合作。

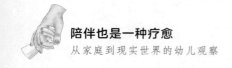

这是一个为在那不勒斯市某个非常贫困的地区生活和工作的幼儿、父母和幼儿园教师设计的项目。

2004年，项目开始的时候，这个地区刚刚被当地黑帮为控制药品市场而展开的一场战争蹂躏过。持续的暴力事件不断破坏着这个地区，成了这个地区长期存在的一个问题。这个地区建于20世纪70年代早期，当时是作为国家低成本社会住房项目的一部分建立起来的。事实上，这个地区一直都没有完工。基础设施、服务设施、娱乐设施和运动设施至今还没有配备；失业水平和学校逃学率非常高，犯罪组织很强大，且普遍存在。在这个地区，单亲家庭很多，贫穷和被剥夺的程度很高；许多家庭还在药物滥用和心理健康问题中挣扎。这个地区的总体衰败和不安全的状况对所有人都产生了严重的影响。

当地一所学校每周在正常教学日结束后继续开放一次，开放的时间为两小时，组织幼儿及其家人参加项目所组织的活动。

父母参加的小组由两位心理学家带领，鼓励他们分享和讨论在培养孩子过程中遇到的问题。那些想私下讨论的父母可以去个体咨询室与另一位心理学家面谈。在此期间，幼儿会根据其年龄被分成三个小组，分别参加不同的活动。"游戏工作坊"和"讲故事工作坊"是提供给2—6岁幼儿的活动，而"哥哥姐姐"工作坊是为7—13岁的儿童提供的。最后，幼儿园老师也要参加一个以创造性的方式重复利用废弃材料的工作坊。

这个项目的一个关键方面是督导研讨班（supervision seminar）。所有工作人员（18个人）每两周在大学里见一次面，见面时长为两个半小时。每次研讨班都由两位专业人士主持，还有一位作为观察者的心理学家参加。督导研讨班上的讨论以在不同活动过程中所观察到的详细情况为基础。在所有情况下——咨询室和重复利用工作坊的情况除外——接受心理学培训的学员都要记录互动的情况，他们不会积极主动地参与活动，因为他们是非参与性的观察者。这些心理学学员最初接受的是婴儿观察方法的指导。不过，由于具体的背景不同，每项活动之间还是有一些差别的。例如，在游戏和讲故事工作坊中，幼儿的年龄都在3—6岁。因此，这个小组从本质上说是一个幼儿观察小组，观察者和小组将要面对的是观察这个年龄段的幼儿所需要的特定要求和调整（Adamo & Rustin，2001），一开始就要重新思考"中立"对于观察者而言的意义。

另一个有差别的领域是观察的时间跨度（time scale）。每个工作坊的持续时间是一个半小时，不过，项目的这个阶段仅持续了五个月。因此，每一次独立观察的持续时间比平常的一个小时要更长一些，而整个观察的时间比传统的一年观察期要短很多。还有一个差别是观察的焦点。观察者得到的指示是：不要将关注的焦点放在某一个幼儿身上（幼儿观察就是将关注的焦点集中在某一个幼儿身上），而要提供更为一般性的观察，观察所有幼儿（其数量从6到12不等）以及他们与工作人员的关系。事实上，这里所采用的方法可以说是介于更为传统的幼儿观察方法与欣谢尔伍德和斯科格斯泰德（Hinshelwood & Skogstad，2000）所描述的机构观察方法之间。

虽然研究者对项目的结构进行了细致的规划，以便让每一个人都获得一种容纳的体验，但从观察记录中可以看到，慢慢地却普遍出现了一种混乱、糟糕的情形。例如，母亲们来参加工作坊的时候经常迟到，还带着她们的小宝宝，到了以后就把小宝宝交给活动的负责人。这些母亲为了履行她们的职责，常常请求观察者替她们照顾小宝宝。而这会让观察者陷入无法观察的处境。一次次出现的这种将小宝宝交给观察者的情况，以及研讨班上对观察的讨论，让我们看到这种动力是怎样反映了一种与这个地区的特点相关的矛盾之处。一方面，如果要求这些母亲遵守规则，就有可能失去她们；但另一方面，如果以这样一种不当行为干

扰项目的进行，则可能会导致项目陷入混乱。这种情况在项目情境和日常生活环境中有所不同，但它同时也会使项目失去给参与者这样一种体验的可能性：在这个项目情境中，对规则和界限的尊重不会直接与迫害感、惩罚感联系到一起，而是被视为创造秩序、稳定、和谐的条件。项目的开展陷入了僵局。不过，研讨班上的思考氛围提供了反思的可能性，让我们想出了一种创造性的解决方法。

这所学校有一个宽敞的大厅，与校门及组织活动的各个房间都相通。事实上，在活动开始前等待所有人都到齐的过程中，这个大厅中会有零食点心提供给幼儿及其家人。这个地方还提供一些玩具给幼儿玩。因此，它已经成为一个具有非正式特点的欢迎空间。于是，研讨班讨论决定，让一位年轻的心理学家一直待在这个地方，迎接那些迟到的或者带着小宝宝的母亲，给她们一些关注，这是一个为她们和她们的孩子设置的空间，心理学家在这里可以有机会向她们解释各种安排的用意，但同时不允许她们破坏项目及其规则。自然而然地，这个新角色被他们称作这个地方的"警察"！在后来所有形式的项目中，该角色都是由工作人员中稳定且得到很高评价的成员扮演。此外，那位"警察"——心理学家收集的观察材料让计划制订者理解了在项目中设置一个没有什么结构的自由空间的重要性，这个空间可以供那些由于某些原因而很难严格遵守活动的限制的家庭使用。在某些方面，这个空间最终获得了一些类似于弗朗索瓦丝·多尔托（Françoise Dolto）在法国设立的"绿房子"（Maisons Vertes）的特征。这些地方是非正式的空间，成年人可以陪着幼儿一起去，不需要提前登记，在那里想待多久就可以待多久，幼儿可以在那里自由地玩耍。"绿房子"是精神分析学家使用的，其功能是"在那里"（to be there），观察并负责那里的氛围及所发生的一切事情。当然，这一创新之举是法国承诺提供高质量、可获得的早期儿童护理而采取的更为广泛的措施的一部分，这些举措近年在英国得到了更为广泛的支持。事实上，给幼儿及其照看者提供空间的想法，是许多"确保开端"幼儿园（Sure Start nurseries）①的一项重要条款。

埃丝特·比克与塔维斯托克

在塔维斯托克，幼儿园观察（Nursery Observation）是幼儿观察研讨班的起点，随之出现的方法最初是埃丝特·比克为婴儿观察设计的。在这里，我们想非常简短地提醒读者一些关键的原则，观察最初是埃丝特·比克发展起来的一种训练工具，借此训练在塔维斯托克接受儿童心理治疗培训的学员；后来，这种工具的使用范围得到了扩展，也被用来训练精神分析学家。学员们通常要在小婴儿出生后一直到他两岁，去其家里观察该婴儿的发展。通常情况下，第一次去其家里的拜访会安排在婴儿出生之前，这样安排是为了先介绍一下观察，做一些必要的安排，并了解一下这对父母有关婴儿出生的幻想和焦虑，以及婴儿的出生将会怎样改变这家人的生活。学员们得到的指示是：不要使用技术设备（例如录音机），避免做出判断、解释，也不要做不成熟的尝试，不要试图根据理论概念（包括精神分析的理论概念）找到解释。给他们培训的老师鼓励他们尽可能不要做任何主动的干预，要关注所有言语和非言语形式的互动，以及这些互动发生的背景和顺序。在每一次观察之后，学员们需要写一篇详细记录他们所观察到的一切的报告，这些书面报告会提交给研讨班，研讨班是由一位经验丰富的儿童心理治疗师所领导的一个小组。研讨班的作用是：在学员们面对"一次与原始焦虑相遇"（an encounter with primitive anxieties，M. E. Rustin，1988）的任务时给他们提供支持，让他们在面对不可避免的因为想要走出来而产生的内在和外

---

① "确保开端"幼儿园是英国政府设立的儿童中心，为弱势社区的儿童及其家庭提供全面的早期教育、健康和家庭支持服务。——译注

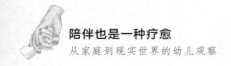
在压力时一直保持扮演观察者的角色，并促进在研讨班上慢慢形成一种有助于思考和学习所收集资料的意义的氛围。在阅读完本书各章节之后，我们将清楚地看到，幼儿观察的基础同样也是这些原则和方法，尽管根据需要作了一些调整。之所以要作调整，是因为要考虑不同年龄的幼儿和观察的环境，正如我们将要看到的，这个观察的环境可能是在家里，也可能是在学校。

第一篇关于幼儿观察研讨班的发展的论述（by Shirley Hoxter，cited in Adamo & Magagna，1998）告诉我们，从1948年到20世纪60年代中期，儿童心理治疗培训要持续三年的时间，其中包括一个由埃丝特·比克负责的婴儿观察研讨班，但没有关于幼儿观察的研讨班。"不过，在马里列本开办了一所只对内开放的塔维斯托克的幼儿园。这所幼儿园给在塔维斯托克接受教育心理学培训的学员提供了可以在幼儿身上进行试验的机会，在塔维斯托克中接受其他学科培训的学员也会到幼儿园来参观"（pp.5–6）。把大家组织起来讨论观察材料的研讨班最初是由雪莉·霍克斯特（Shirley Hoxter）领导的，后来是弗朗西斯·塔斯廷（Frances Tustin）。塔维斯托克的幼儿园最终关闭了，诊所也搬到了贝尔塞斯·莱恩（Belsize Lane）的新场所。儿童心理治疗的培训时间延长了，需要持续四年的时间，最后延长到了六年。"名字也发生了变化，从'幼儿园'（nursery）观察变成了'幼儿'（young child）观察。观察每周进行一次，要持续一年的时间。有些人在幼儿家里观察幼儿，有些人则在幼儿园或学前机构中观察。"（p.6）从那以后，就没有出现太大的变化。从研讨班成为文科硕士课程的一个组成部分后，学员需要就他们的工作写一篇论文，这就意味着他们要开始广泛收集3—5岁幼儿的书面观察材料。在塔维斯托克，幼儿研讨班通常在接受培训的第二年开始。因此，当学员们开始观察幼儿的时候，他们已经有了一年观察婴儿的经验。要想同时将一个非常小的婴儿和一个更为自主但依然具有很强依赖性的幼儿放在一起思考，难度相当大。但它能让我们预期这个婴儿的成长，同时也能将我们从幼儿身上所看到的婴儿发展阶段和心理状态考虑在内。

意大利启动了一项有关幼儿观察持续时间差异的"自然"实验，在意大利，许多年来，由于各种各样的历史原因，幼儿观察研讨班的课程通常持续两年的时间，因此，学员们要同时进行两种观察。当观察的时间持续两年时，观察者与幼儿及其家庭成员的关系自然会变得更加深化，而观察的结论也需要细致的准备。梅尔策（Meltzer，1987）在一篇未公开发表的文章中写到了观察者应该要承担的"责任"，观察者甚至在观察期结束之后还有机会去幼儿的家里拜访，因此在某种意义上，观察者通常已经成为"这个大家庭当中的一员"。不过，要想确立一般规则并非易事，而观察的"戒断"将会受到任何一次特定观察的过程及关系风格的影响（Adamo & Magagna，1998）。还有一点也非常明确：两年的持续时间通常有助于发展出观察的"治疗潜能"，这些观察中往往涉及一些非常难以应对且有诸多问题的家人，正如我们在本书的一些章节中所看到的。

本书的结构

本书包括五个部分——发展性问题、在家观察、在幼儿园观察、应用和研究，之后是一个总结性的章节，即后记。

每个部分开头都有一个简短的介绍，意在明确该部分每个章节所讨论的主要内容，并串联起各个章节。不过，我们在这里想思考有关幼儿观察的一些更具一般性的问题和困境。

怎么观察？在哪里观察？

自幼儿观察出现之日起，关于在哪里观察的问题就一直争论不休。

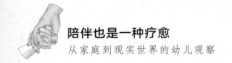
我们不是声称要提供这个问题的答案或解决方式，而是在本书中既囊括了一些在家进行的观察，也包括了一些在幼儿园进行的观察，我们希望更为清晰地展示这个问题的两方面，从而使争论进一步深化，并论证在这些不同的背景之中可以学到些什么。在一直陪伴观察者实施其观察任务的研讨班上，两种类型的观察都有可能呈现，而事实上，个体观察者往往能够安排一些混合的东西。不过，有关观察环境的选择所具有的意义和含义，也有一些一般性的评论。分离和俄狄浦斯冲突是三岁的幼儿及他的家人需要面对的发展性问题。幼儿园和家庭代表了两个拥有特权的领域，与这两个领域相关的焦虑和应对方式可能是关注的焦点。从这个意义上说，我们可以将关于哪里是更好的观察幼儿的地方的争论看作幼儿发展阶段固有的一个困境。亲密和距离是任何观察者为找到他自己的位置而必须去处理的两个极端。在婴儿观察中，如何找到这个恰当的距离与母亲—婴儿二人组合有关；而在幼儿观察中，如何找到这个恰当距离则主要与幼儿有关。幼儿园和家庭允许有不同程度的距离和亲密感。当幼儿直接与观察者建立关联，并让观察者介入他的活动时，主动性和被动性就有了不同的意义。在家里，幼儿日益增强的自主性意味着他常常会被留下来，单独跟观察者在一起，而没有母亲的保护。在幼儿园观察则可以保护观察者免遭由于参与这个幼儿的生活而产生的过深或过于困惑的不确定感，从允许观察者在日托中心的其他关系（日托中心中这些其他关系更多，包括幼儿和老师之间的关系、幼儿和同伴之间的关系）之外占据相对边缘的位置这个意义上说，这是一种在某些方面与婴儿观察更为相似的体验。不过，与幼儿的游戏互动使得观察者可以体验到幼儿是怎样利用自己的，可以帮助他表达想法和幻想，而不会去控制他，也不会被他控制。这种能够支持并鼓励幼儿自由探索和表达他的内心世界的兴趣且公开的关注，是儿童心理治疗师非常关键的心理准备，有人可能会将这视为完成后来学习和掌握游戏分析技术的前提条件。

选择（choice）和接受（acceptance）在是否有可能开始某一次观察方面起了一定的作用。胸怀抱负的观察者通常会试图在一个特定的区域或一个特定的社会文化环境中选择一个家庭，但对于将要面对的这个家庭的实际特点，他是毫不知情的。从这个意义上说，他的处境有些类似于一位怀孕的母亲，她不知道自己的孩子生出来会长什么样。在婴儿观察中，当第一次会面安排在孩子出生之前，那么，第一次与观察者会面的往往是这位母亲想象出来的小宝宝。而在幼儿观察中，观察者马上面对的则是一对父母、一个真实的幼儿，他们对于观察者这个陌生人可能有不同的感觉、预期和焦虑。"我的孩子对观察将会有怎样的反应？""观察将会对我的孩子产生怎样的影响？""我该以什么样的方式把你介绍给我的孩子？"这些问题是父母们一旦同意接受观察后最常问的问题。父母所扮演的角色就像是幼儿和观察者之间的一个过滤器，而幼儿自己则是观察者与观察深入下去的可能性之间的一个过滤器。通常情况下，父母在这个时候会详细讲述该幼儿之前对陌生人（如临时照顾婴儿者）的一些反应，并和观察者一起讨论该怎么跟幼儿说。

不管是对一位未来的儿童心理治疗师，还是任何从事幼儿工作的专业人士来说，这都是一次重要的学习体验，因为这能让人观察到一些具有差异性和相关性的问题在家庭系统内是怎样处理的。观察者需要创建一个与幼儿有关的空间，这个空间是独特的、非对等的，既不会与父母的地位相冲突，也不会完全与其相一致或与其结成联盟。儿童心理治疗师在第一次与幼儿父母见面，与他们讨论如何让幼儿做好和治疗师见面的准备时，通常会面临一些非常相似的问题。在与幼儿的父母建立一种合作性关系的过程中（我们希望这种关系能对治疗过程有所帮助），承认不同观点的存在这一点非常关键。

在拜访一所幼儿园，与其协商允许对某一幼儿进行观察的过程中，

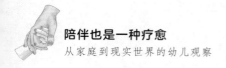
也必定会面临一些相似的问题。这可能是一个相当复杂的过程，因为需要获得其同意的系统和子系统非常多：幼儿园系统（管理部门、园长和班级教师）和家庭系统（其中包括幼儿）。我们观察到了与权力和权威相关的问题在幼儿园文化中是怎样处理的等非常有趣的现象。这种文化是等级制的还是更为民主一些的？有时候，这能揭露一些让人感到痛苦的现实。例如，在一所幼儿园中，园长似乎对于与观察者的初次见面、听观察者说观察的目的和讨论相互的责任没有任何的兴趣。她唯一提到的问题是关于正式授权的，他们要求观察者必须拿到主要政府部门的"通知函"。当拿到这份通知函回到幼儿园时，观察者发现，幼儿园的老师都称呼观察者为"通知函上的那位先生/女士"，而且，没有一个老师愿意接受观察者，让观察者去自己的班级，或者甚至连商量的可能性都没有！在老师们的眼中，观察者完全被当成了一种冷漠、专制的权力代表，看起来不能给他们带来任何的好处，对于他们的观点丝毫不感兴趣，而只会把一些决定强加给他们。当观察者终于得到一位老师同意让其去观察时，观察者发现，自己的经历在很多方面反映了老师对待幼儿的普遍态度。这些幼儿有时候好像完全被忽视了，老师们聚在一起自顾自地聊天，她们基本上只会用责骂和控制来做出干预。"小孩们"被完全忽视了，没人承认他们的需要、权利和想法，而"大人们"聊着天，不与他们商量便替他们做了决定，整个幼儿园的结构和文化中似乎都交织着这样一种动力。

还有一位观察者总是被称作"外国人"，这与他们认为她来自另一个国家有关，虽然她曾一再澄清事实并非如此。后来，随着观察的进行，出现了这样一种观点：幼儿可能让人感兴趣，而我们能够从他们身上学到的东西却让人觉得像是外来的。这样的经历很艰难，但它们同时也表明，在幼儿园环境中观察对学员们来说可能是一次非常宝贵的机会，可以了解机构的功能，这往往会在该年龄段幼儿的培养中起到非常重要的作用。

　　除了要被机构和家庭接受之外，选择在幼儿园环境中观察的观察者还有一个问题要解决。通常情况下，观察者必须选择一个幼儿来观察，从一群同龄幼儿中挑选出一个幼儿。这可能是一项非常困难的任务。观察者可能对于自己是选择了"正确的"还是"错误的"幼儿、一个较为适合又让人感兴趣的幼儿还是一个不适合又让人不那么感兴趣的幼儿感到有些担心，他可能会觉得，选择一个特定的幼儿，过多的自我会被揭露出来。有位观察者之前观察的幼儿转学到了另一所幼儿园，从而"失去"了这个幼儿，所以导致后来她选择观察的幼儿让她觉得相当不讨人喜欢且无趣。在对此感到有些困惑的研讨班的帮助之下，她终于理解了：通过这个"选择"，她在无意识之中保护了自己，避免自己对后来观察的幼儿投入情感，从而再遭受一次丧失的风险。不过，这个选择确实让她有可能不能足够投入地进行观察。如果这所幼儿园的特点是资源缺乏，那么选择可能就会尤其困难。观察者可能会因为观察只能给一个幼儿额外的关注而感到内疚。有时候，这种氛围甚至可能类似于某个机构里被人遗弃的孩子等着有养父母来把他们接走的情形。如果存在这样的感受，且在研讨班上没有得到特别的处理和修通，那么，观察者可能就会很难将注意力集中在某一个幼儿身上，他很容易就会陷入一种缺乏深度的表面观察。从这样一种观点出发，就像我们通常建议婴儿观察者找一个普通的——也就是"足够好的"——家庭进行观察一样，对幼儿观察者来说，有可能的话，找一个基本上支持幼儿发展的观察环境可能也非常重要。当然，事情结果可能总是与预期的不一样，而这是我们必须要学会去面对和适应的。

好奇心、观察与自我观察

　　观察者及其工作方式必然会引起幼儿的好奇心。幼儿常常会将观

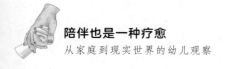
察者与一系列的视觉相关活动联系到一起，他们常常会玩照相机或双筒望远镜，他们会假装在电影院里，他们会问："你是来给我们照相的吗？"

有时候，在第一次见面时，父母会拿他们孩子的照片给观察者看。就像很多家庭的照片一样，这些照片上的幼儿形象可能特别吸引人，这是父母希望与观察者分享的幼儿形象。有一些照片可能确实捕捉到了许多年幼孩子的美丽和活泼，当然，许多观察者确实都非常享受他们观察一个正在玩耍的幼儿的时光。不过，在其他一些情况下，照片上的幼儿可能是一个被贬低了的形象，这一点在观察者第一次见到真实的幼儿时，就会清楚地感觉到。在这些情况下，问题似乎在于父母对幼儿有一种歪曲的意象，并通过他们的投射表露了出来。通过把照片给观察者看，父母可能是想引入一个影响其与幼儿之间关系的关键问题，很可能在无意识之中希望得到帮助，通过观察者的眼睛，看到一张不同的幼儿照片［在这个方面，参见格里尔（Grier）的章节，即第五章］。

回到幼儿身上，幼儿玩玩具及与视觉相关的设备的行为表现（这一种行为具有明显的象征意义），表明幼儿凭直觉便深刻地掌握了观察者所表现出的对他们的兴趣的性质。这种玩玩具照相机、太阳眼镜等行为表现了一种对建立有关某个人的心理表征这一任务的无意识理解，其中，焦点的选择和观察者的个人视角促成了最终意象的产生。同时，从幼儿也非常专注于构建一幅有关家庭结构和关系的画面这个意义上说，他能够认同观察者。加迪尼（Gaddini，1976）曾写道，"熟悉的"（familiar）这个词"与家庭观念相关，指的是一些理应相当熟悉的东西。但在成长中的幼儿看来，这个词的意思显然不是这样的，对他们来说，熟悉其家庭结构和家庭生活的任务无疑很艰巨"（p.397）。

刚入园的幼儿通常也要面临这样一个任务：在一个复杂且某种程度上未知的角色和关系系统中确定自己的方向，并找到自己在其中的位置。这一任务能够促使他对观察者产生认同。下面这个令人愉悦的片段取自在某一幼儿园进行的一次观察。

　　这位男性观察者每周一都会来幼儿园，他会在年龄稍大的幼儿班上待一个小时——即观察的是24个月到36个月大的幼儿。他会坐在一张小椅子上，观察着他周围发生的事情。每周一，幼儿们知道他会来，于是便开始等他。他到了以后，他们会非常好奇，围在他身边，拿玩具给他，翻看他的外套，并让他陪他们去厕所。只有一个孩子安静地待在他旁边，一句话都不说，也什么都不做，只是静静地待在那里，东张西望。有一次，他拖了一张小凳子过来（这张凳子比观察者一直坐的那张小椅子要小一些），在观察者的旁边坐了下来。有一天，他把这张小凳子挪到了观察者的后面，不一会儿观察者便忘了他的存在。当观察者转过头看他在做什么时，他发现，这个孩子像往常一样东张西望，不过，这一次，他的下巴上贴着一张三角形的纸，看起来很像观察者的胡子！

　　就像我们在下面这个例子中所看到的一样，在婴儿探究性（sexuality）的过程中，观察者常常会成为他们的见证者或知己好友。

保罗，三岁；马尔科，三岁

　　有什么东西掉到地板上了，滚到了桌子底下。保罗（Paolo）弯下了腰，接着，他在排成一排的小桌子下面躺了下来。马尔科（Marco）也学着他的样子，躺了下来。这两个小朋友似乎正密谋着什么事情，他们在彼此耳边小声嘀咕着。保罗往前移动了，他爬到了一个小女孩的脚边，伸出头去，他想看得更清楚一点。此时，观察者明白了：他是想偷看这个小女孩的裙子底下是什么。然后她听到马尔科说："什么都看不到。"保罗在前面带路。在越来越接近他的目标时，他开始不时地看向观察者，脸上还

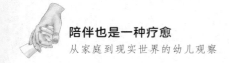
带着淡淡的微笑，看起来有点勇敢，又有点担心。小女孩们似乎都没有意识到正在发生着什么事情，老师们也没有注意到。突然，这两个小男孩从桌子底下钻了出来。保罗满脸喜色，而马尔科则看起来有些恍惚和震惊。在自己的桌子前坐下来后，马尔科把一副心形眼镜戴了起来，又拿了下来，然后又戴了上去。最后，他把眼镜拿了下来，放在了桌子上。当另一个幼儿拿起这副眼镜时，马尔科大声尖叫了起来："这眼镜是我的！"他看起来非常难过，好像快要哭了。"这副眼镜是我姐姐的。她借给我戴一天。"他补充说，并一把从那个幼儿手里把眼镜抢了过来。

在这个片段中，两个小男孩在实施冒险行为的过程中，似乎对观察者表现出了非常复杂的情感。在他们眼里，观察者是一个友好成人的形象，她能够允许他们"探索"，但同时，他们也感到焦虑，因为他们知道，不尊重他人会唤起对一个愤怒的或者会责备他们的超我形象的恐惧。这种体验似乎对这两个孩子产生了完全不同的影响。当保罗从桌子底下钻出来时，他看起来很兴奋，似乎已经摆脱了之前流露出的犹豫踌躇的焦虑情绪。相反，马尔科则看起来有些"恍惚"和"震惊"，就好像有些被压垮了一样，而这很可能在某种程度上是因为他由于自己的好奇的侵扰行为而产生的内疚感和迫害感。于是，他戴上太阳眼镜，试图隔离自己，使自己摆脱掉刚刚所做的事情，他还想保护自己避开观察者的眼睛，因为此时的他觉得观察者的眼神里充满了谴责。不过，眼镜让他想到了他的姐姐，并加强了他的焦虑感。因为偷窥小女孩的裙底让他觉得自己好像"偷了"什么东西，并因此产生内疚感，这让他难以忍受，以至于他必须将其投射到另一个小男孩身上，谴责这个小男孩偷了他姐姐的眼镜。然后，他就可以觉得自己对女孩子和他姐姐只有好的感觉了。

当一个幼儿的好奇心充满了想要去入侵或偷窃的强大愿望时，它常常就会被否认或者被投射出去。一个小女孩责备她的洋娃娃是一个"爱管闲事的人"。观察者也可能成为这种投射的对象，因此是一个她想逃避的危险角色。"最近有一天，我想变成一个幽灵，这样你就没什么可看的了！"一个三岁的幼儿指着她的观察者大声说道。对性和亲密关系的好奇常常会因为一个弟弟或妹妹的出生而加重（这是这个年纪的幼儿生活中经常发生的事情）。本书有一些章节描述了由于家庭中发生的这样一个事件而引发的"灾难性变化"，它激发了激烈的冲突，还激发了幼儿去追求知识之本能和关系之扩展的方式。有趣的是，在有些情况下，母亲和幼儿之间的关系一开始就非常亲密、纠缠不清，而在观察的过程中或观察快结束时，母亲怀上了一个小宝宝。我们可以假定，是为一个"第三者"留出空间的必要性（至少在无意识中）促使父母做出了接受观察者的决定。

这通常会让我们思考艰难的观察环境对观察者和家庭所产生的影响，这种艰难的环境可能指家庭生活当前一些特定方面所面临的严峻考验（如一个小宝宝的降生、一个家人患病或丧亡等），也可能指整个社会和经济的外在环境或更为长期的家庭问题，如长期的失业、有一位残疾的家庭成员，以及家庭内部资源有限的问题。

在阅读大范围的幼儿观察报告时，我们惊奇地发现，观察者可能会发现自己痛苦地意识到了幼儿所体验到的情感剥夺，有时候会为其家庭内的虐待关系而感到担忧。当然，观察者可信赖的、考虑周到的、感兴趣的在场有时候会成为一种重要的额外资源。在让人尤为担忧的情形中，观察者需要得到研讨班的支持，才能理解和忍受在观察过程中产生的痛苦感受，并仔细思考这个家庭所面临的困难是否严重到了需要外界干预的地步，或者是否需要改变观察者的角色，如果需要改变的话，又要用什么样的方式来改变（Adamo，2012）。

在基于幼儿园的观察中，随着时间的推移，当地某个特定区域内的

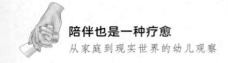
幼儿园环境的优点和局限之处会变得越来越明显。观察者将分享幼儿在这个更大的新世界中发现的喜悦，以及他们的失望。他们将关注点集中在一个幼儿身上并享受这一过程，他们有机会看到幼儿与其他幼儿及幼儿园工作人员之间的关系的不断发展、变化。在一所资源贫乏的幼儿园中，这可能也是一种痛苦的体验，尤其是当幼儿准备好要获得的东西和幼儿园提供给他的东西不匹配时，这种体验就会更痛苦。

∽ 结语

最后，我们应该强调一些特定的领域，幼儿观察实践能够增进对这些领域的理解。第一，它扩展了观察者对幼儿经常采用的不同表达方式的理解和评价，据此，可以进入幼儿充满无意识幻想的内在世界：各种类型的游戏、对话、梦、身体状态、早期的艺术表达形式（唱歌、跳舞、画画等），以及最为重要的，与成年人及其他幼儿的关系。观察者通常以一些令人难忘的方式被带入了幼儿的文化世界，也被带入了幼儿园和家庭的文化世界，而对这两者都会产生影响的是大众传媒文化，它们通过电视、电影、录像，以及与这些影像相关的玩具对幼儿产生了强烈的影响。对于从事幼儿观察的观察者来说，这一切都非常有价值。第二，它提供了有价值的证据，表明在机构中的经验会对幼儿的发展产生很大的影响。这样的研究开辟了在幼儿园环境中进行可行的早期干预和预防工作的领域。第三，它提供了一种背景，可以将有关群体生活的精神分析思考与关于个体人格发展的研究整合到一起。第四，它可能是一种资源，可以通过创造性的方式为处于困境之中的幼儿及其家人提供支持，并丰富传统的服务。第五，它提供了丰富的研究机会，可以让我们接近和理解人际关系表象之下的生活。

因此，本书应该不仅会让父母、学生、幼儿园老师、社会工作者，以及所有从事幼儿工作的专业人士感兴趣，而且，应该也会让教育、儿童心理健康和给家庭提供支持性服务等领域的政策制定者感兴趣。本书接下来的章节只选择了一些问题来探讨。这些问题不包括对单亲家庭中长大的幼儿的观察，这是一个很重大的遗漏，同时也让我们看到了观察者在理解其任务方面存在的时间滞后。至少在英国有非常多的单亲家庭（这可能是选择的结果，也可能是生活事件所导致的结果），这意味着：在这样的家庭中进行观察，不仅对于代表人口学上正常范围的单亲家庭，而且对于理解成长过程中只有父母中的一位陪在身边的幼儿的独特体验来说，都很重要。我们还应该注意那些由祖父母带大的幼儿的材料，因为这是一种日益增长的趋势，我们还应该用一些例子来说明由保姆照顾幼儿与幼儿园照顾之间的区别。不过，总的来说，本书给了我们一个绝佳的机会，让我们可以走进独特的幼儿个体的内心世界，还可以走进他们的家庭，整本书让我们看到了观察者的想象能力，以及他们作为作者的独创性。就像我们在一些章节中所探讨的，我们还可以重新评价研讨班对于提高观察者理解力的重要性。在幼儿开始离开家走向外面世界的时候，将会面临与各个成长点相结合的与分离相关的发展性任务、有关俄狄浦斯问题的主题等，这使得本书对于这个年龄段的幼儿的研究变得极具价值。

01

第一部分

发展性问题

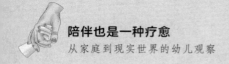

　　本书第一部分包括四个章节的内容，从多个角度探讨了发展性问题。这些内容与幼儿观察实践的历史发展及对幼儿发展的精神分析取向理解有关，这是一个再次激活婴儿期焦虑的过程，并为进一步的心理成长提供了机会。玛莎·哈里斯和伊斯卡·威滕伯格在促进整个精神分析观察领域的发展上作出了重要的贡献：他们提出了对幼儿进行想象性共情（imaginative empathy）的方法，而且，他们抓住了精神分析何以能够丰富我们的理解的核心所在。

　　第一章是伊斯卡·威滕伯格撰写的，其内容主要是依据父母和幼儿园老师偶尔但非常细致的观察而写成。这篇文章最初是为一场幼儿园教师培训项目的开幕会而写。这些观察通常与那些敏感的、了解精神分析的父母所做的观察，以及专业人士早期所做的精神分析直接观察更为相似（A. Freud，1951）。对一个孩子来说，上幼儿园是一次非常重要的转变，其所产生的影响可以与第一次重大转变（出生）所产生的影响相比。让人印象深刻的是作者有关感觉过度刺激的评论。幼儿在这个新环境中听到的噪声对他来说或许是一种无法忍受的狂轰滥炸，很可能与一个婴儿离开母亲的子宫，来到这个全新的世界时所体验的一切并没有太大的不同。关注幼儿，并将其在家和在园的不同行为表现和情绪状态做比较，可以帮助家长和专业人士透过表象，从实际的综合表现中区分出幼儿是服从、顺从、抑郁还是适应困难。

　　在第二章，我们进入了更为熟悉的适当观察的领域。本书能收录这样一个章节是一件令人高兴的事，玛莎·哈里斯和唐纳德·梅尔策向我们展示了他们是怎样处理罗漫娜·内格里（Romana Negri）有关一个三岁幼儿的观察资料的。本章内容像童话故事般轻巧，同时这也增强了它的独创性，且不会影响其深度。故事开始于胎儿最初形态的重构。这里所强调的重点主要在于一个幼儿在他成长旅程中所能遇到的"朋友"。幼儿人格中自恋与自我全能感成了他们面对成长过程中的挣扎和失落，以及人格中依赖于他人等方面的冲突时的支撑。就像对刚刚进入幼儿园的幼儿进行的观察所表明的，这种冲突在所有转变时期都会激化。研究者在对西莫内（Simone）进行幼儿园观察之前，已经在他家里观察了很长一段时间（Negri，1988）。因此，我们在这里（同第十章，作者：伊丽莎白·丹尼斯）将它作为混合观察的一个例子——混合观察通常指的是在家或者在幼儿园进行的观察，包括偶尔到其中的另一个环境中观察。在这样的情况下，观察者往往代表了家与幼儿园之间的一种联结，而幼儿与观察者建立关联的方式就表明了他建立关系的能力或者在建立关系方面存在的困难。在罗漫娜·内格里所描述的情境中，西莫内之所以完全忽略了观察者，很可能就像玛莎·哈里斯所提出的那样，他正"努力回避自己有关家和离开家的感受和想法"。观察者常常被幼儿用来分裂好母亲和坏母亲的投射，他会将"送他上幼儿园的坏母亲"投射到观察者身上，目的是保护"留在家里"的好母亲的投射。

在伊丽莎白·丹尼斯撰写的第十章中，我们看到了一种完全不同的情境，观察的连续性使得我们可以追踪幼儿与观察者之间关系的进展。那个小女孩由于害怕被父母遗忘甚至是抛弃，因而紧紧地黏着观察者。她第一次见到观察者是在家中，因此，观察者对她来说就代表了一种脐带联结或者是安全地带，她可以用观察者来对抗对在"一个没有任何情感可言的"（A. Freud，1943）真空中迷失的恐惧，以及如一个五岁的小男孩所说的"只有自己"（A. Freud，1943）的感受。

"幼儿观察本身就是'二胎'"——这是西莫内塔·M. G. 阿达莫和珍妮·马加尼亚撰写的第三章"俄狄浦斯焦虑：二胎的诞生，观察者的角色"中的一个句子——这是第一篇公开发表的专门针对目前普遍实践的幼儿观察而写的文章。这在某种程度上解释了第三章所探究的范围之广。这些内容包括一些有关幼儿观察在塔维斯托克培训中的地位的历史信息（这些历史信息是从一些儿童心理治疗师的私人通信那里获得的）、由于二胎

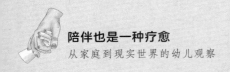

的出生而导致的与父母亲之间关系的变化、有关父亲的角色的理论思考，以及一些与对这个年纪的幼儿进行观察的观察者角色相关的技术性问题。将与父亲角色相关的一些方面投射到观察者身上的现象，也是本章所要探讨的一个问题。事实上，这种观察让幼儿得以拥有一个特殊的"私人"空间，当她因为母亲与新生儿之间的关系而感觉自己要被强烈的情绪体验压倒时，她便可以进入这个空间。这个"私人的"空间与原始关系领域相邻，但又并不相同，它是一个象征性的空间，在其中，想象可以代替实际行动。这样，强烈的、矛盾的、原始的焦虑情绪便可得到处理，用于内在和外在的沟通，并在一开始便可对其加以探索。

玛吉·费根撰写的具有独创性的章节（第四章）介绍了一种新的视角，她指出：家有幼儿的家庭对观察者的特定体验方式往往由他们观察幼儿的体验引发。虽然接近在家庭和幼儿园环境中玩游戏的幼儿，会引发意识和无意识层面的回忆，并能形成强有力的认同，但在婴儿观察中，"感受的记忆"（memories in feeling，Klein，1957）却常常出现在无意识层面。此外，对大多数观察者来说，幼儿观察通常在一年或更长时间的婴儿观察之后进行，而且持续的时间往往比婴儿观察要短一些，这一事实有可能会导致幼儿观察的地位不如婴儿观察，或者可能会导致观察者将这两种观察看作是相互对立的，而幼儿观察常常被视为后来者，是不被认可的。玛吉·费根讨论了研讨班领导者所要承担的特殊责任，即认识到小组内存在的这些潜在的动态。她还对理论在观察研讨班上的地位作了一些有趣的思考，扩展了有关儿童发展的研究文献，从而使这个问题变得更为复杂了。这样一来就突出了一种风险：关注点集中在规范标准（从而也聚焦于病理学之上）上，而不是集中在对个体复杂情况所作出的共情性关注之上。

第一章

从家到幼儿园的过渡

◎ 伊斯卡·威滕伯格

本章内容最初是在那不勒斯一个新项目（即幼儿园员工工作坊）开幕会议上给一群幼儿园教师演讲的讲稿。这篇讲稿对幼儿在面对人生第一次重大的分离（离开母亲，离开家）时所遇到的问题进行了清晰的、富有感召力的描述。这也是一本对家庭和幼儿园环境中的幼儿所做观察的论文集的导言。它让我们看到了儿童心理治疗师与早期教育工作者之间的自然连接。在英国及其他国家，投身于学前教育的人急剧增多，国家投入也剧增，这就为这种富有成效的会心（encounters）提供了新的机会。

开启一段新的旅程——学习、结婚、生子、搬新家——所有这些事件通常都会唤起我们的希望：增加知识、快乐和成就感。正是这些充满希望的预期，让我们在一生中不断地去寻求新的体验。幼儿开始上幼儿园时也是充满希望的，预期会找到有趣的玩具，学会做他所羡慕的其他年长儿童能够做到的一些事情，遇到可以成为朋友的其他儿童。除非之前有过非常失望的体验，否则，我们在一生中都会不断希望：某件新的事件会让我们更接近我们想要取得的成就。我们可能会赋予它希望，事实上还可能会将它理想化，但与此同时，我们也可能会心怀恐惧，不知

道这种未知的新情境会给自己带来什么。我们可能会害怕新的环境或新接触的人会很恐怖；新接触的儿童会不好应对、不可爱；新的老师会很严厉、爱惩罚人、过于苛刻。我们可能会害怕自己没有生理或心理方面的能力来应对新的挑战；我们可能在新的环境中不知所措，由于新的想法而感到困惑不安。我们可能会害怕他人对自己的评价，害怕他人认为我们愚蠢、无知、没有才能；我们可能害怕自己产生不胜任感，害怕被人嘲笑、讨厌、排斥。当我们面对一个新的情境，所有这些想法都很可能会出现。

我们通常不会说自己有这样一些不安的情绪。我们可能会感到羞愧，觉得自己已经长大，不应该再有这些恐惧，可能认为感到恐惧是幼稚的表现。但这么想并不对，因为这些恐惧情绪的起源可以追溯至儿童早期。对心理的精神分析研究表明，我们从出生开始的所有经验都会留下记忆痕迹，而且，与这些事件相关的情绪会始终保留在我们的内心深处。生命早期的经验不会在意识层面上被记住，但通常会以梅兰妮·克莱茵（Melanie Klein，1957）所说的 "感受的记忆" 的形式重现——也就是说，会以身体的形式、心理状态和幻想的形式重现。不管什么时候，只要当前的情境在某个方面与早期的情境相类似，这些记忆就会再次被唤起。因此，我们在婴儿期和儿童期体验过的情感状态会一直保留在我们内心，它们绝不会因为我们年龄的增长而消失。与我们自己小时候的这些方面保持联系，能够帮助我们理解和容忍我们自己及他人所表现出的更为幼稚的恐惧和欲望。如果我们想要正确理解幼儿的内心变化，那么，这样一种理解就非常关键。大多数两三岁的孩子跟我们不一样，他们不能将自己的想法用言语表达出来，当在陌生的环境中迷路时，他们无法找人帮忙找到回家的路；他们甚至不知道家在哪里。他们所能做的仅仅是通过行为来表达他们的感受。

　　罗伯特（Robert）两岁半了，只要一想到马上就要上幼儿园，他就非常兴奋。他喜欢跟其他小伙伴一起玩，而且有人曾告诉过他，幼儿园有很多新玩具可以玩。当他和妈妈一起到了幼儿园，一开始，他寸步不离地待在妈妈身边，不过，过了一会儿，他便开始走到离妈妈稍远一点的地方，并在一张纸上画起了各种颜色的图形。一小时后，妈妈觉得他已经开始开心地安定了下来，于是站起来准备离开。罗伯特立马冲到了妈妈身边，开始大声哭了起来，不过，在老师的鼓励之下，妈妈还是出去了，她走的时候对罗伯特说，她买完东西就回来。一小时后，妈妈打电话到幼儿园，老师告诉她，罗伯特很好，已经不哭了。第二天，罗伯特到幼儿园一会儿便开始开心地画起了画，于是妈妈就离开了，不过，当她后来打电话的时候，听到孩子在哭。第三天早上，罗伯特不愿意离开家去幼儿园；他一会儿要再喝一杯饮料，一会又再要一块饼干，一会儿要妈妈再抱一下，一会儿又要点别的什么。到了周末，他发起了低烧，总体看起来好像不太舒服的样子。当父母带他到公园去散步时，他没有像往常一样跑到他们前面。当看到奶奶时，他没有像平常一样热情地向她问候，当他的父母去小卖部买饮料时，他也没有像以前一样开心地跟奶奶待在一起，而是不停地把她拉向父母走出去的方向，还一遍又一遍地问："妈妈去哪里了？我要找妈妈。"到了周一的早上，他不愿意穿衣服，一路哭着到了幼儿园。当妈妈在老师的建议之下打算离开幼儿园时，他大声地尖叫了起来。老师说，"这可能是因为这个孩子脾气不好"，但是因为罗伯特整个周末都显得很不安，而且这时候看起来又非常害怕且无法安定下来，妈妈最终还是把他带回了家。妈妈说："除了有时候有陌生人来到家里时，罗伯特会有些害怕，在其他时候，我从来没见过罗伯特这个样子。"当妈妈后来回头去跟班主任老师讲话时，罗伯特紧紧地抱着妈妈，哭得非常大声，以至于这些大人几乎无法进行交谈。这位老师告诉妈妈，说她对罗伯特过于保护了，而这就是罗伯特

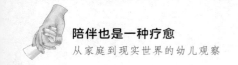
现在无法与她分开的原因。罗伯特的父母承认老师说的话可能有点道理，但却因为受到了指责而感到有些受伤。于是，他们反过来批评幼儿园老师没有给孩子足够的帮助。这样的相互指责并不少见，但一点作用都没有。相反，我们需要做的是努力理解这种情境。我们可以从孩子的痛苦中得出些什么结论呢？我们怎样才能让他更能接受入园这件事情呢？罗伯特的母亲最后决定四个月以后再把孩子送回幼儿园，因为孩子现在太小了还不适合上幼儿园。但是，到了那个时候，情况就真的会有很大不同吗？

让我们先来分析一下：当一位幼儿发现自己被妈妈留在了陌生的环境中，跟一群自己不认识的人在一起时，他会产生怎样的感受？要理解这种痛苦情绪的深刻性，我们就必须将关注的焦点指向生命之初，指向出生这个事件。在这里，我们要指出一点：出生既是一个开始，也是一种突然的结束。婴儿失去了他已经生活了九个月的世界。当他离开母亲的身体便再也回不去了，他所生活的液态环境（在这个环境中，他可以自动地得到喂养，被包容在温暖的子宫的保护层中）变成了空气环境，他有了一种新的存在方式。他被暴露在了冰冷的环境中，被刺眼的光线和刺耳的声音冲击着。子宫内的生活可能是限制性的，但现在他突然发现自己身处无边无界的空间之中。而且，人类新生儿不具备移动能力，不能自由移动自己的身体，不能自己获取食物、温暖和庇护，不能保护自己免于危险。这种极端的无助状态使他感到非常恐惧，害怕摔倒、死亡。法国医生勒博耶（Leboyer，1975）证明，在婴儿出生的过程中和出生后，通过最大可能地模拟子宫内的环境（这样便可以在某种程度上保证婴儿体验的连续性），可以减轻进入新世界这种重大创伤性体验的影响。这包括将光线调暗、在剪断脐带前把婴儿放到妈妈的肚子上、让婴儿尽可能快速地吮吸到乳房、把婴儿泡在温水中、温柔地按摩婴儿的身体等。在做完这些之后，婴儿的哭声会很快平息，紧绷的身体也会放松下来，开始探索周边的世界。

婴儿观察已经表明，在婴儿出生后的头几周，只有当与胎盘的联结被嘴巴可以随时获得的乳头所替代，子宫壁的边界对其身体的包容被一种紧紧包容、包裹的感觉代替时，他才会感到安全。当与乳房相联结，被母亲安全地抱在怀里且得到母亲充满爱意的关注时，婴儿会感到无比幸福，但是，当他感到被切断了与生命之源的联结、没有被母亲抱持时，这种幸福感很快就会让位于大声尖叫和混乱的动作。在这里，我们看到了分离恐惧的缩影。威尔弗雷德·比昂将这种恐惧的状态称作灾难性焦虑（catastrophic anxiety）。无论什么时候，只要面临改变，这种焦虑就可能会压垮我们。显然，我们离开家的距离越远，就越会感到恐惧，就越会感觉到不知所措和迷失方向。我们害怕再次体验到像婴儿时期那样的无助和恐惧。我们害怕孤独，害怕被抛弃，害怕让我们自生自灭，在一生中所有涉及重大改变的阶段，我们都能看到这种体验的影子。再来看看儿童的情况：儿童的年纪越小，事实上他就会越无助，因此，当面对新的和不熟悉的环境时，他可能体验到的焦虑感就会越强烈。应对焦虑的方式往往也与他在婴儿时期被抚慰的方式相一致。例如，我们看到罗伯特害怕被母亲丢下，紧紧地抱住她的身体不放，他不停地要吃的和喝的，一再要求母亲抱着他，紧紧地依附于他已经在生活中了解到的维持生命和安全所必需的所有这些重要联结。而且，就像我们所看到的，在某种程度上提供体验的连续性，可以帮助新生儿对完全未知的外部世界产生兴趣，因此，母亲存在的连续性，以及等到幼儿已经熟悉老师的时候再逐渐把他交给老师，可以在很大程度上帮助幼儿从家到幼儿园环境的过渡。在幼儿园里像噪声水平这样的因素，对于来自一个安静家庭的孩子来说可能声音太大，从而让他感到不安，有一个孩子就曾告诉我，罗伯特曾抱怨他的耳朵受伤了，他说："我听不见音乐

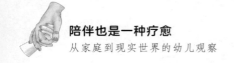

声了。太吵了。"

到目前为止，我们审视了突然结束的余留影响，这种突然的结束是出生的一部分。不过，来到幼儿园的幼儿所体验到的极端分离当然也很少。每一次喂奶的结束、每一次被放到他自己的小床上、每一次妈妈走出房间，对婴儿来说都是一次分离，这会让婴儿意识到他和母亲不是一体的，他必须要与母亲分离。正如温尼科特（Winnicott，1964）所指出的，"要一点点地慢慢让婴儿认识这个世界，否则，他会认为分离是一件非常恐怖的事情"，这一点非常重要。母婴观察表明，只有多次经历这样的体验，即当婴儿害怕、饥饿或疼痛的时候，母亲都会及时出现给婴儿爱的关注，婴儿才会慢慢感觉到：当他需要的时候，有一个人会及时出现。在吮吸母乳的同时，他也吸收了一幅母亲照顾他的画面，并逐渐建立了一个关于母亲的心理概念：母亲是不管怎样都会爱他、安慰他并能够对他的快乐和痛苦做出反应的人。慢慢地，这些与母亲在一起的美好体验留下的记忆痕迹让他能够短时间一个人醒着躺在那里，在心里想着并重建与母亲之间快乐的感官互动。当他被放下的时候，他一开始可能会哭，不过他越来越能够唤起这种内心的画面，给自己提供一种被拥抱、被抚慰的感觉。父母要学会判断他们的孩子能够忍受哪些情况、他们可以离开孩子多久而不会让孩子陷入恐慌状态。有些父母会把孩子放到能隔绝声音的地方，这样孩子的哭声就不会干扰到他们；如果让一个婴儿过于频繁或过长时间地一个人待着，那他可能就永远都不能以一种安全的方式建立起对可信赖的好母亲的信任。还有一种极端的情况是，有些父母连孩子哭一分钟都不能忍受：只要看到孩子有一丁点不安的迹象，就会把他抱起来。这种做法通常会影响幼儿获得利用自己内在资源的能力的发展，这样的幼儿会变得依赖性很强，往往依赖于母亲一直在身边给他提供帮助。我认为，罗伯特案例中的情况很可能就是这样。对父母而言，要发现对自己的孩子来说什么才是对的通常很难，因为在照顾婴儿，以及后来照顾幼儿的过程中，他们自己的婴儿期自我被唤醒了，因此，他们往往会用婴儿期和儿童期他们自己的父母和照看者对待他们的方式做出反应。好的体验能够让婴儿带着希望去探究外在的世界。不过，虽然周围环境中的他人和事物会引起他们的兴趣，但母亲通常始终是安全的港湾，只有当他感觉到自己可以安全地回到这个安全的港湾，他才会勇敢地探索外在的世界。

现在，让我们超越这些短暂的分离，来看看每一个婴儿在生活中都要面对的一次非常关键的结束：断奶。不管婴儿是母乳喂养还是喝奶粉，喂养的情境都为母亲和婴儿提供了亲密接触的机会。这是一种充满爱的给予和接受、抚摸和注视的关系，在这种关系中，往往会发展出彼此之间的统一和分离、身体的亲密性和反应性。这为后来所有亲密关系的建立奠定了基础。这种最为亲密的关系的结束，对婴儿来说是一种极大的丧失。在克莱茵看来，婴儿期处理断奶的方式，往往会决定我们后来一生中应对各种丧失的方式。

下面，我想用婴儿观察中的一个简短例子来看看断奶时所遇到的困难会教会我们些什么：

卡特里娜（Katrina）是一个幸福的婴儿，她虽然对于自己和母亲之间的关系非常苛求，但总的来说（这个关系）比较亲密，且充满热情。当母亲喂奶后让她坐起来打嗝，她总是会反抗，不过，一旦母亲把她抱起来，轻轻地拍着她、亲吻她，她很快就会再次笑容满面，开心地安静下来，再一次吸起了奶。卡特里娜七个月大的时候，母亲开始给她断奶，即上午不再给她喂奶，此时，情况发生了巨大的改变。现在，不管什么时候给她喂第一次奶，她都会咬母亲的乳头。这常常会让母亲痛得尖叫起来，并因此责骂卡特里娜。在每次喂奶要结束的时候，卡特里娜都会反抗，但母亲充满爱的行为却不再能够让她安静下来。她只是弓起

她的背，把头转向一边。母亲告诉观察者，这让她觉得卡特里娜完全就是在拒绝她。每次喂奶要结束的时候，她都会感到非常伤心。不过，当观察者两周之后再去他们家时，母亲已经完全给卡特里娜断奶了。她看起来有些沮丧，收音机一直开着，音量很大。卡特里娜坐在她的小椅子上，抱着一只大大的泰迪熊，兴奋地跟它说着什么，还不时地用头拱泰迪熊的腹部。当母亲把她抱起来时，她把头扭到一边，试图挣脱母亲的怀抱。

母亲和女儿看起来好像都不能忍受断奶带来的痛苦。婴儿用咬、把头扭向一边这样的行为表达她对母亲是多么的愤怒。现在，她将所有的爱都投注到了泰迪熊身上，这个客体与母亲不一样，它在她的掌控之中，她可以随意地推它、抓它、同它说话、把它扔掉，再把它捡起来。母亲发现，孩子的轻咬不仅让她觉得身体上疼痛，而且情感上也感到非常受伤。于是，她反过来生卡特里娜的气，并在身体上和心理上和她保持距离。导致母婴双方都感到痛苦的担忧和内疚可以让母亲和婴儿尝试重新建立他们之间充满爱的关系，并分担由于失去亲密的喂养关系而产生的悲伤。但是，如果通过逃避这种痛苦的方式来处理丧失，且不满愤恨的情绪占据优势，那么，良好的关系就无法再次建立起来。如果这种把头转向一边的带着愤恨情绪的行为成了一种永久性（而不是短暂性）的状态，那么，就会导致这样的情况发生：回避与人建立亲密关系，选择通过追求物质财富来获得安慰。

断奶是发展过程中的一个关键阶段，像后来经历的所有丧失一样，考验着婴儿和父母的这样一种能力，即尽管由于失去了所欲求之物而感到受挫、愤怒、痛苦、沮丧和悲伤，但仍然保持爱和感激的能力。婴儿需要父母容忍他所体验到的焦虑情绪。他需要他们证明：虽然他展露出了破坏性的一面，但他们以及他们对他的爱始终存在。但事实相反，许多父母的反应都像卡特里娜的母亲一样，他们会跟孩子保持距离，或者以某种方式对孩子进行惩罚。同样，很多婴儿在断奶的时候，大多数成年人看到孩子那么痛苦几乎都无法忍受。他们通常会尽力让孩子开心起来，逗他笑，分散他的注意力。但婴儿需要的并不是高兴起来或者是否认自己的情绪，而是想要发现：自己愤怒、担忧的感受（他之所以愤怒、担忧，是因为他觉得是自己伤害了乳房或喝光了乳汁，从而导致乳房的消失），以及由于失去这种亲密关系而产生的悲伤感，能够被接受、理解和分担。在这个时候，他还需要大量的额外关注，这样，他就能够发现，虽然对他来说乳房已经不再存在，但作为一个个体的母亲还是像从前一样一直陪在他身边，像从前一样爱他。这将促使他找到新的方式与母亲、他人以及周围的世界建立联系。同样，孩子开始上幼儿园时，由于分离而产生的愤怒、担忧和悲伤的感受也需要得到父母和幼儿园老师的承认和容忍，他们应该不断给他爱的关注，让他相信他并没有被抛弃，同时以温和的方式将他带进一个更大的世界。

我认为，我们通常低估了幼儿觉得所发生的一切事情都与他们有关、都是由他们而引起的程度。他们认为，如果发生了什么事情，肯定都是他们的错。如果母亲生病了，他们就会担心是他们让母亲生病的；如果父亲离开了家，他们就会害怕是因为他们希望母亲完全属于自己，从而导致父亲离开的。如果一个新生婴儿死了，他们会害怕是自己伤害了他，从而导致他死亡的。问题是：他们还不能将他们头脑中的幻想与外在现实中所发生的事件区分开来。在20世纪40年代和50年代，心理学家詹姆斯·罗伯逊和约翰·鲍尔比（John Bowlby）一起在伦敦塔维斯托克工作，他们对与父母暂时分离的儿童进行了广泛的研究（例如，Bowlby，Robertson，& Rosenbluth，1952；Robertson，1952）。罗伯逊用拍电影的方式拍下了住院儿童，以及其他由于母亲不在家或因母亲生孩子而待在寄宿幼儿园和寄养家庭的儿童的情况（Robertson &

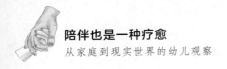
Robertson，1967—1976）。痛苦、困惑、对成年人的越来越不信任、丧失感、抑郁、绝望、退缩，所有这些我们都能在片子里看到。这些片子对医院就诊时间和相关安排产生了重要影响，他们在幼儿住院期间给父母提供住宿，让其可以跟孩子待在一起。不过，这对幼儿园的影响就非常有限了。

我最近再一次看这些片子时，最打动我的是这些孩子对他们自己的谴责：他们觉得肯定是自己做了什么错事，爸爸妈妈才把他们丢下的。同样，有些幼儿在刚开始上幼儿园时，可能也会觉得：妈妈之所以把他们留在幼儿园，是因为他们是坏孩子，他们太调皮，他们太会惹麻烦。我前面提到过的那个孩子罗伯特，他非常害怕母亲把他留在幼儿园，在他们参观幼儿园后的几天，他一直不停地跟母亲说："我爱你，妈妈。我真的爱你。"我认为，这可能表明他的部分焦虑来源于这样一种恐惧，即他害怕母亲把他送进幼儿园是为了摆脱他以及他调皮捣蛋、苛求的行为。虽然母亲一再保证她会很快回来，但他看起来似乎并不相信她的话。这让母亲非常吃惊，因为她从来没有对他食言过。我碰巧了解到，她和罗伯特的父亲最近都生病了，家人非常担心他们的健康状况。这很可能让罗伯特感到担忧或内疚。下面是另外一个刚刚上幼儿园的幼儿的情况：

玛丽亚（Maria）是一个非常安静的女孩，对人彬彬有礼。和罗伯特不一样，在三岁被送到幼儿园时，她没有表现出任何的抗拒。在她刚上幼儿园的头两天，父亲把她送到幼儿园后在那里待了一会儿，父亲离开时，她并没有大吵大闹，而是继续安静地和老师一起坐在自己的座位上。每天，她都会带着一幅自己画的整洁漂亮的画回家。父母觉得她已经很好地适应了幼儿园的生活。不过，到了第三周，他们注意到，每当他们来接她的时候，玛丽亚总是看起来有些孤立无助和退缩，他们开始并不完全相信老师所说的玛丽亚在幼儿园一天都非常开心的话。这让玛丽亚的父母开始担心：老师在多大程度上注意到了她的不开心。母亲非常担心，于是决定到幼儿园去观察一下孩子的情况。她惊讶地发现，幼儿园老师并没有对孩子们不好，但总是对他们大喊大叫，要求他们保持安静，因为大声说话会让她嗓子痛；她还会告诉孩子们不要把教室弄乱和弄脏，因为整理教室会让她很累，还会让她生病。她说她需要保持身体健康，因为她下班回家后还要照顾生病的母亲。她不是偶尔以这样的方式跟孩子们说话，而是每天都这样说。玛丽亚的父母觉得，老师的话让他们的孩子负担过重了，于是决定给她转学。

在考察了很多地方后，他们找到了一所幼儿园，用他们的话说，这所幼儿园"以儿童为本，而不是像其他幼儿园一样以成人为本"。但是，这是一种过度的简单化，因为如果我们希望成年人能够很好地照顾幼儿，那么就需要照顾到老师们的需要——也就是说，必须有人来帮助幼儿园的教职工减轻他们的情绪负担。不仅这群不到六岁的孩子会大吵大闹，把环境搞得一团糟，而且他们和他们的父母还会对幼儿园教职工提出很高的情绪方面的要求。因此，教职工需要有机会定期聚集在一起，分享并讨论他们所遇到的问题。这样一个讨论小组或许可以帮助玛丽亚的老师缓解她所承受的痛苦，甚至很可能让她得到一些帮助，而不是像上面所描述的那样让自己感到不堪重负，以至于将情绪发泄到孩子们身上。我认为，这个案例还表明了一点：我们不仅应该注意那些大声地明确表达其不开心的儿童，还应该关注那些以安静的方式表现其痛苦的幼儿。就像罗伯特以公开的方式表达了他的感受，但玛丽亚似乎被动地接受了被留在一个令人恐惧的情境之中的状况，而且这个情境与家中的温和氛围完全不同。

有些幼儿在上幼儿园时，由于其生活中的一些重大结束而有了心

理创伤。詹姆斯（James）就属于这种情况。他的父母是移民。父亲和母亲都需要出去工作才能维持生计，因此，他几乎是一下子就被放进了全日制幼儿园中。对詹姆斯来说，这就意味着他失去了所有他曾熟悉的一切：父母、曾经照顾他的祖父母、一大家子人、整个熟悉的环境，甚至是他听得懂的语言。每天早上要去上幼儿园时，他都哭得撕心裂肺；在幼儿园，他总是紧紧抓着他从家里带来的一辆小汽车玩具不放，并经常躲在一个角落里；有时候，他会爬进一个纸板箱，在里面滚来滚去，直到筋疲力尽，然后睡着。他在午饭时间经常不吃饭，总是盯着门口看，他知道妈妈就是从那个地方消失的。幼儿园老师会把他抱起来，但很快又会把他放下，因为其他孩子也需要老师的关注。像詹姆斯这样的孩子，除非给他们很多的个别关注，否则就会越来越退缩到自己的世界里。有的孩子会陷入绝望，甚至可能患上孤独症。另一种情况是，有些儿童没有能力处理其生活中的创伤性变化，但他们拥有足够的资源可以让他们变得更为独立，这样的儿童可能会发展出坚硬的、保护性的躁狂外壳。例如曾在一些儿童之家待过的索菲（Sophie），她可以很快地跟送她到幼儿园的女士挥手告别，骑上一辆她在那里找到的自行车，在教室里疯狂地跑来跑去。当其他儿童挡在了她面前，她会一把将他们推开。当其他儿童手里拿着她想玩的玩具时，她会一把抢过来，如果他们抓着玩具不放，她就会咬他们。当其他儿童哭的时候，她会盯着他们看一会儿，然后在一旁大笑。这一切看起来好像她身上那个较为温和、不安的部分已经去除了，她对任何让她想起自己那个脆弱自我的行为嗤之以鼻。

你可能觉得我所举的都是一些相当极端的例子。我之所以选择这么做，是因为这些例子所论证的问题，或多或少都存在于我们所遇到的一些儿童身上，这些儿童在处理开始和结束方面存在困难，但没有得到足够的帮助。事实上，这样一种危险始终存在，即有些儿童不能顺利完成从家到幼儿园的过渡，比如罗伯特，还有其他一些像詹姆斯这样的儿童会受到深深的伤害，承受极大的痛苦。不过，有一些儿童看起来似乎适应很快，但会变得冷漠，表现出一些令人不安的攻击性行为。我们所有人希望看到的是：儿童能够利用他们上幼儿园的经历来帮助他们扩展关系，发展技能，学会与其他幼儿分享，并喜欢上群体活动。一个幼儿能否顺利适应幼儿园生活，通常取决于以下因素：

1. 幼儿的内在心理准备。正如我试图概括的，这取决于幼儿的内在安全感，而这种内在安全感发展的基础是可信赖的、相互理解但又不会过度保护的教养方式，以及幼儿在面对不可避免的挫折时内心能够保持良好体验的能力。

2. 过去处理各种事件的开始和结束的方式。

3. 当前处理各种事件的开始与结束的方式，这可以给幼儿提供一种连续感和安全感。有些老师会到幼儿家里家访，在幼儿上幼儿园之前就对幼儿有了了解，并询问父母对于之前的分离幼儿都是怎样应对的。许多幼儿园都鼓励家长或幼儿非常熟悉的其他人到幼儿园陪读，直到幼儿可以完全适应幼儿园生活。就像一位老师告诉我的："你永远都不会知道一个幼儿将以怎样的方式做出反应，因此我一直坚持让父亲或母亲陪孩子一起待在幼儿园，直到我觉得他们的孩子已经准备好了一个人待在幼儿园。这可能需要一到五周的时间。如果父母在那之前必须离开，我会留下他们的电话号码，一旦孩子变得不安，我就会打电话让他们回来。"

4. 每天父母把幼儿交给老师的方式，幼儿在进入幼儿园时受到欢迎的程度，以及他与父母保持接触的程度。

5. 一个新入园幼儿在融入群体之前所能获得的个别关注的量。

6. 群体的大小：群体越大，幼儿越难与老师或另一个幼儿建立

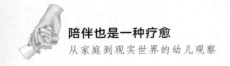

关联。

7. 教室的大小：幼儿需要感觉自己身处一个可控的界限之内；在一个大空间里，他们会感到不知所措。

虽然以上这些是一般性的准则，但每个幼儿对于从家到幼儿园这样一种转变的确切的应对方式都是不一样的。相比于我到目前为止所描述的那些幼儿，有些幼儿的入园适应就容易多了。例如，露西（Lucy）是一个两岁八个月大的小女孩。她是家里三个孩子中的老小，她的父母很忙，但家人之间相亲相爱，父母的朋友以及他们的孩子经常到她家来玩。因此，她已经习惯了有他人的陪伴，与其他儿童分享她的玩具，而且必须与他们分享父母的关注。从很小的时候起，她就一直渴望能够做哥哥姐姐做的事情，因此她变得非常独立。她渴望上幼儿园，当时她姐姐也还在上幼儿园。这所幼儿园的老师与她父母关系非常密切，因此，在露西独自一人定期上幼儿园之前的一段时间，她和她的母亲得到允许，可以每周去幼儿园一个小时。在融入群体方面，她没有什么困难，但是一开始，到上午快结束的时候，她会非常疲惫，而下午在家里的时候，她会要求母亲给她更多的关注。有时候，当母亲不在房子里时，她会有些焦虑；而在其他时候，她会对母亲发脾气。露西已经做了充分的准备，同时从家到幼儿园的转变也被以温和、细致的方式进行了处理，因此开始上幼儿园而导致的困扰较小。但是，正如我们所看到的，即使是在这些非常有利的环境中，幼儿也很可能由于自己不再是家中的小宝贝，不再能够在一天中的某些时候让母亲只属于她一个人，而产生某种程度的焦虑和愤怒。

还有另外一种转变我也想让大家注意一下：幼儿园生活的结束和真正的学校生活的开始。如果一切顺利，幼儿园很快就会成为幼儿的另外一个家，一个他非常熟悉的地方，在那里，他觉得他会得到周围亲切的成年人的照顾，他喜欢待在那里，并且和其他幼儿成为好朋友。而离开幼儿园就意味着他要与这些他所依恋的一切分开。这样一种结束需要提前好好做一些准备，这样，由于一些重要事情的结束而产生的愤怒感以及由于分开而产生的悲伤感，才会有机会得到缓解。幼儿可能会因为其他新进幼儿园的幼儿将要取代他们的位置而产生妒忌情绪，他们可能会突然爆发出一些激烈的行为：将画撕个粉碎，破坏玩具，或者是对老师做出攻击性行为。还有一些幼儿可能会非常兴奋地不停谈论着将要上小学的事情，以至于幼儿园老师会产生这样一种感觉，即这些孩子是如此渴望离开幼儿园。这些老师通常会像卡特里娜的母亲一样，感觉遭到了这些孩子的拒绝，同时也感觉受到了伤害。如果我们能够认识到，这些孩子只不过是在将他们觉得自己难以忍受的痛苦感受转移给老师而已，那将有助于我们忍受这样的行为：这些孩子通常会觉得幼儿园不要他们了，一群更小的幼儿将取代他们；他们会因为被抛弃而感到愤怒；他们会回避由于即将失去很多他们所深爱和依赖的东西而感到悲伤。如果教师能够容忍这些幼儿的破坏性行为和拒绝行为，并一如既往地关爱他们，那么，大多数情况下，幼儿的爱和悲伤最终都会涌现出来。就像一个小女孩在幼儿园快要毕业时告诉她母亲的："我爱我们绿色的教室，那是我最喜欢的教室，我会想它的。"幼儿园教师可能也会觉得很难与他们所深爱的孩子们分离，而且难以哀悼他们的丧失。一位幼儿园教师提到，她就曾一直告诉她最喜欢的那个小男孩，说他只会制造垃圾，她就曾经常对他发脾气。在告诉我们这件事情的过程中，她意识到，她知道自己在他学期结束离开幼儿园时会想他，对此，她非常愤怒，于是采取了把他贬得一文不值的方式来逃避失去他的痛苦。

像母亲一样，这样一种痛苦还会导致教师不愿意让幼儿离开，从而使得他们难以为上小学这一转变做好准备。对幼儿来说，上小学还涉及另外一个非常大的变化：到此时为止，他们一直是"小池塘当中的大

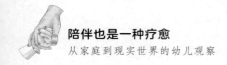

鱼",而现在,他们发现自己成了"大海中的一条小鱼",周围有许多比他们年长的儿童,因此,他们感到害怕、迷茫、不知所措和无助。我知道有一些幼儿园教师意识到了这些困难,他们会带幼儿去初步参观幼儿们即将要上的小学,带他们看看教室,跟他们以后的老师和班主任讲讲话。这样一种幼小衔接的活动非常有帮助,幼儿可以通过这种活动对小学形成一种直观形象的了解,并感觉自己在幼儿园老师和小学新老师的心里都有一席之地。成人还可以以自己为例,向幼儿说明:虽然当下的关系结束了,但大人们对他们的关爱还是有可能持续存在的。如果用这种方式来处理事件的结束,那么,虽然有外在的丧失,但过去的美好体验会被幼儿用感激之心保存在记忆里,并且会成为陪伴个体终生的丰富内在宝藏的一部分。

第二章

幼儿发展故事：一种精神分析取向的叙述

◎ 唐纳德·梅尔策、玛莎·哈里斯

今天早上，我们想讲一个故事，故事的名字叫《发展的起源》（*The Genesis of Development*），其基础是唐纳德·梅尔策对梅兰妮·克莱茵和威尔弗雷德·比昂的观点的解释。玛莎·哈里斯将会对罗漫娜·内格里提交的观察——一个第一天上幼儿园的男孩的材料进行评论。通过对这个男孩的观察，我们想弄清楚：我们能否从他入园第一个阶段的体验中重新发现他出生后第一个阶段的轨迹。梅兰妮·克莱茵在她的著作《儿童分析的故事》（*Narrative of a Child Analysis*，1961）中明确地描述了她有关"起源"的观点。有关儿童发展的克莱茵理论事实上隐含在了有关对理查德（Richard）这个儿童的分析和对该分析进行补充注释的描述中。

这个故事可以用下面这样一种方式来讲述：很久以前，有一个很小的生物生活在一个只属于他自己的世界里。这是一个非常舒适的世界，尤其是因为他拥有一位非常亲密的"朋友"（胎盘），这个"朋友"非常理解他，他通过一个叫脐带的东西与这位"朋友"紧紧地联系在一起。这个小小的世界之所以非常适合他，是因为这个世界空间足够大，可以让他自由移动，而且没有危险的东西存在；居住环境因为弥散着宜

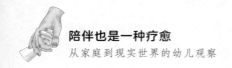

人的亮光而让人舒服，听到的每一个声音都是低沉的，甚至这个环境的味道也让人心情愉悦，所有的刺激都非常适合他娇嫩的皮肤。因此，不管从哪一个角度看，这个地方都令人非常愉悦，以至于他从来都没有想过要离开这个地方。但是，慢慢地，这个地方变得越来越小了，他的自由活动受到了阻碍；随着空间的收缩，这个小小的生物变得越来越焦躁不安，他觉得有必要用自己身体的所有力量来使这个空间变得更大一些。但是，突然，可怕的事情发生了，整个世界发生了大爆炸，这个小小的生物感觉自己好像被什么东西强制性地吸住了，他被硬生生地拖出了他深爱的那个舒适的世界，来到了一个并不吸引人的地方，这个地方与他原先居住的环境相比有很大的不同。

这个新世界充满了噪声、强光，听到的声音都是高分贝的；坚硬的东西碰触着他的皮肤，让他觉得很冷，而且，最糟糕的是，他意识到他的"朋友"不见了。自然，这个孩子会发出尖锐刺耳的声音，他要寻找他失去的"朋友"，让他吃惊的是，他的"朋友"很快就出现了：这一次不是通过脐带，而是通过他的嘴巴，往他的胃里填充了一些东西，让他至少在那个当下感觉到了满足。因此，这个孩子通常会觉得已经找到了自己失去的家园，并能够安心地进入梦乡。不过，当他再次睁开双眼，他意识到这一切都不是真的，每一次当他醒来，他都觉得不开心。事实上，他的新"朋友"（乳房）在某种程度上已经进入他的内心，当他吮吸乳房的时候，他感觉自己好像回到了原来的那个世界。不过，有很多偶然发生的令人不快的事件会让他觉得这一切都不是真的。但让他非常欣慰的是，这个新"朋友"会不断地出现，进入他的嘴巴，现在，这个孩子能够更为明确地区分出乳房了，他被乳房的美深深打动。他震惊于乳房的美丽，颜色是那么白，中间还有一个黑色的部分，那么美味多汁。尽管这样，还是有一个问题：他不明白为什么他的新"朋友"不能像他以前的"朋友"那样一直与他保持联结状态，待在他的嘴巴里。

很快，这个孩子开始认识到，这个让他和他的"朋友"联系到一起的美味的黑色部分有时候外形会发生变化，当它消失的时候，它看起来好像是丑陋和肮脏的。他还注意到了其他一些事情：当他的"朋友"与他的嘴巴联系到一起时，两个黑点（眼睛）也会同时出现，这让他非常着迷，但这两个黑点有时候也会变成一些令人恐惧的东西。此外，这个孩子还注意到，通过这些事件的不断重复——"朋友"进入他的嘴巴，吮吸（这通常会给他带来非常大的愉悦和宽慰），等等——他的"朋友"现在好像也会在他的内心重现。不过，重现在内心的不仅有那个好"朋友"，那个肮脏的、令人恐惧的"朋友"也会重现。这个孩子因而认识到，在他的内心，事实上有两个"朋友"，这两个"朋友"完全不同；事情开始真的变得复杂了起来。

现在，他在外部世界也有了"朋友"——有好"朋友"，也有坏"朋友"——而内在的"朋友"，同样也有好的和坏的。因此，这个孩子会感到非常困惑，且没有安全感。于是，他决定，只让那些好的"朋友"待在他的内心，而将那些坏的"朋友"驱逐出去可能会更好；为了做到这一点，他努力地通过打嗝、尿尿、拉屎这样的方式将它们驱赶出去。

一开始，这种方法似乎发挥了比较好的效果；但是，这同时也导致了复杂的结果，当这个坏"朋友"在他内心的时候，虽然他感到痛苦和煎熬，但至少他知道它在哪里。而当他将它从他的嘴巴或屁股驱逐出身体，它就好像再一次存在于他的四周，存在于他所能看到的每一个阴影之处。他好像能看到它就在他的周围，尤其是当灯关掉的时候。要想在这样一种情境中获得某种解脱，似乎只有两个选择：他要么跟内在的"好朋友"待在一起，并在它的陪伴下入睡——这类似于重新发现他原本的生活环境——要么必须将他的嘴巴与外在的好"朋友"相联系，并感到非常安全和满意。但即使是这两种选择也有问题，因为当这个孩子

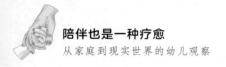
在内在的好"朋友"的陪伴下入睡时，他有时候会梦到他在外界所经历的可怕的冒险活动；他觉得自己好像被囚禁了，或者濒临被抛弃到外界的绝境——这是一个真实的梦魇。于是他被迫承认一点：即使是这个外在的"朋友"（与他的嘴巴相联系的"朋友"）也有不足之处，它会经常消失不见，这让他非常沮丧，让他感到很不放心。

因此，这个孩子得出了一个结论：他的"朋友"不再只属于他一个人，他的"朋友"在这个世界上必定还有其他朋友。他意识到，他的"朋友"有一个特别的朋友（他的父亲）；他逐渐得出结论——他的那个"朋友"不再只属于他一个人，因而他觉得自己在这个世界上是完全孤独的。不过，他很快就发现，他的内心有一个新的"朋友"，这个"朋友"（他自己那个无所不能的部分）比（他来到这个世界时的）第一个"朋友"（乳房）好多了：这个"朋友"真正与他共享一个身体，还在很大程度上分担了他痛苦、沮丧的感受；这个"朋友"似乎比他本人更聪明，能够解释所有这些变化。事实上，这个"朋友"的心理似乎更为独立；这个"朋友"不断地向他解释，他其实并不需要那个对他不忠诚且依附于其他生物的"朋友"（乳房）；这个"朋友"告诉他，他必须学会没有那个"朋友"（乳房）也行；这个"朋友"还教他，他可以将其他东西放进嘴巴，这些东西与那个精致的物体（乳房）一样好；这个"朋友"能帮助他发现自己身体的其他部分，而且，他在碰触它们的时候能够体验到巨大的快乐。这就好像是他找到了一个很棒的"朋友"。最为重要的是，这个新"朋友"好像拥有强大的力量，能够控制外在的世界；现在，他知道了如何大声尖叫，如何让他人听他的话，这对他来说好像真的是一个很好的解决办法。于是，这个孩子决定听这个新"朋友"的话，让自己大声地尖叫，并因而牢牢控制住他那位老"朋友"（乳房），每一次他想要的时候，它就会出现，把他喂饱，这样，他那位老"朋友"就成了他的奴隶。

　　不过，这好像也不能完全让他感到满意；事实上，这个孩子认识到，被一个奴隶喂养和被一个好"朋友"喂养不是一回事。虽然他有了更大的安全感，但同时也感觉很不快乐。因此，他决定与这位看起来好像无所不知、无所不能的"朋友"断绝一切形式的联系，然后另找一位"朋友"（放进嘴巴里的拇指）。让他吃惊的是，他认识到，这位"朋友"也共享他的身体，它还像他另一个"朋友"（乳房）一样，也是白色的、软软的，让人心情非常愉悦、倍感温暖。这个孩子认识到，他可以与这位"朋友"建立一种友谊，这种友谊与他（来到这个世界时的）第一个"朋友"与那种叫父亲的生物之间的友谊非常类似。孩子和自己的拇指单独在一起的时候，会紧紧连接在一起，获得快乐，就像他所想象的那种叫母亲的生物和那种叫父亲的生物在床上的时候所做的一样；在这个孩子看来，这就是永远快乐的秘密所在。

　　不过，他很快就意识到，事情变得越来越复杂了，因为当他和他的新"朋友"在床上共度美好时光的时候，他有时会做一些不是特别美好的梦；这些梦确切地说不是梦魇，这是一种他与内在好"朋友"待在一起时所做的梦，但依然会让他有些心烦意乱。在这些梦中，那个叫母亲的生物和那个叫父亲的生物好像成了敌人，他们会以某种形式伤害彼此，而这会让这个孩子的内心产生很不好的感受。现在，他并不害怕他们，因为他已经开始把他们当作奴隶，但他依然体验到了非常糟糕的感受，这种感受会导致他哭泣、请求获得原谅，并承诺他再也不会这样做了。

　　当这个孩子产生这样的感受并哭泣、替自己感到羞愧，并想要请求原谅时，他那个"无所不知""无所不能"的"朋友"就会出其不意地重现，并告诉他："你不能这样做，他们不是你的朋友，他们是你的敌人，你应该恨他们，你必须想办法躲避他们的影响和控制！"这个孩

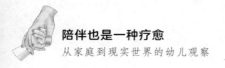

子认识到，他对那个"无所不知"的"朋友"所告诉他的话极其敏感，他害怕自己永远都不能像这位"朋友"那样把事情看得这样清楚，除了在一些特殊的时候，即当那个叫乳房的"朋友"在他嘴巴里的时候。于是，他的思考就清晰多了，他认识到，它是他真正的"朋友"，这个"朋友"为他做的事情与他从另一个"朋友"（嘴巴里的拇指）那里所获得的快乐有很大的不同。

这个孩子开始认识到了一些他以前从未正确理解过的东西，即进入他嘴巴的这个"朋友"——就像他的第一个"朋友"一样（胎盘）——会让他获得成长。他还认识到，不是他那个叫母亲的朋友变小了（最初，当他生活的第一个住所变小时，他就是这么想的），而是他自己长大了，是这个叫母亲的朋友（就像他最初的那个"朋友"一样）帮助他长大的。这个孩子感觉到，这个过程将会持续一段时间，而且终有一天——很可能就在不远的将来——他会长得跟那个叫母亲的朋友一样高大，然后，跟她（而不是他的拇指）结婚，从此过上快乐的生活。

显然，摆脱那个叫父亲的家伙也是有必要的，但很可能这个孩子认为，他那个"无所不知"的"朋友"应该也知道怎么处理这个问题；有关那个"朋友"（嘴巴里的拇指）的问题依然存在，但他可能会将其留给那个"无所不知"的"朋友"，以获取它的帮助。正是在他认为自己已经安排好了一切，从此可以过上快乐生活的时候，可怕的事情开始发生了。

他那个叫母亲的朋友开始日益减少与他嘴巴的接触，它不再直接进入他的嘴巴，而是往他的嘴巴里放入一些其他的东西——有时候，这些东西也很好、很有趣——但这些东西毕竟不是那个真实的物体（乳房）。突然，这个孩子意识到了一些可怕的事情：他在第一个住所生活时所发生的事情重现了。他再一次害怕他的第一个外在朋友也会爆炸、碎裂，然后消失，不管结果是什么，都是很糟糕的。现在，这个孩子知道了他的生活将永远都不会快乐。

对于这位叫母亲的朋友的即将背叛，他在心里寻找一切可能的解释，然后他又发现了一些可怕的事情：在以后的生活中，所有事情都会继续像这样进行。在一生中，不管什么时候他找到一位能够帮助他成长的朋友，他的成长方式都会让他们不可能永远待在一起。他的嘴巴里慢慢长出了一些尖锐的东西；这些东西非常尖锐、危险，以至于他的"朋友"（乳房）再也不敢跟他待在一起了。接着，另一件事情发生了：当那个叫母亲的朋友还在他嘴巴里的时候，一切在他看来好像都非常清楚明确，所有事情都进展顺利，虽然会有丧失感，但这对他来说也是发现一种新形式的快乐的机会。不过，一旦他独处，他那个"无所不知"的"朋友"就会再次出现，告诉他，事情其实并不像它们看起来的那样；所有这一切都是骗人的诡计和糊弄人的把戏，他们实际上会把所有好的东西都留给自己，而给他的都是不好的东西。

他所害怕的事情真的发生了：他母亲的乳房再也不放入他的嘴巴了——于是他和他那位"无所不能"的"朋友"结了盟，试图通过大声尖叫和大发脾气来控制母亲，让她再一次成为他的奴隶；但这一次母亲始终没有妥协，这让这个孩子感到非常绝望。

不过，当他再一次与她待在一起，当她的眼睛（母亲的眼睛总是会让他想起她的乳头）对着他微笑，并将更多的东西放进他的嘴巴时，一切好像又都变好了；事实上，这些东西都相当美味，而他嘴巴里长出来的那些尖锐的东西竟变得非常有用了。或许，一个全新的快乐世界即将展现在他的眼前。

一切似乎都进行得非常顺利：母亲很爱他，总是为他做一些正确的事情，甚至负责照顾母亲的父亲似乎也变得友好了起来。这个孩子想，或许可以一直以这样的方式生活，直到他长到足够大，能让母亲每天晚上都跟他睡在一起，从此以后过着快乐的生活。他对母亲的忠诚重新恢

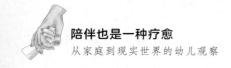

复了；甚至当他不和母亲在一起时，他的内心也会有一位内在母亲和他在一起，这位内在母亲拥抱着他。这让他觉得自己可以摆脱那个告诉他所有人都是他敌人的"无所不知"的"朋友"了。现在，这个孩子似乎找到了一种令人满意的平衡。

但是，另一件让人极其焦虑的事情发生了：这件事情与他那位叫母亲的朋友身上所发生的事情非常类似；这个孩子意识到，母亲的肚子正变得越来越大，他的脑子里突然灵光一闪——这里肯定是他的第一个家！而如果这真的是自己的第一个住所的话，那现在也必定是其他某个人的家。而这事实上是最大、最糟糕的背叛。

显然，他唯一能做的事情是：进到那个家里，干掉那个竞争对手。他似乎开始认真地思考有没有办法能够进入他"原来的家"。这是一个有关寻找通往肚子的钥匙、密道、途径的问题。

正是在这个时候，他那个"无所不知"的"朋友"又出现了，跟他解释说，他有钥匙的，钥匙就在他的两腿之间……他只需要找到插钥匙的方式，就可以进入那个地方，除掉他的竞争对手。

对这个孩子来说，这就好像是一个晴天霹雳；他觉得，他和这个世界的所有善良与纯真似乎一下子都被摧毁了。这个世界不再是一个善良、纯洁的伊甸园（在这里，存在的问题只有他那个"无所不能"的"朋友"向他指出来的那些）。现在，到处都是坏的东西，而他必须时刻警惕自己内心的坏东西，以及他人内心的坏东西，生活对他来说再也不可能是快乐的了。

当然，这显然是一个极度简化的故事，但我认为，它包含了梅兰妮·克莱茵所讨论的儿童发展故事的基本要素。在这里，我们看到了一系列发展的过程：一开始与母亲的自恋式结合（narcissistic union），然后发生了分化，同时伴随着好与坏的分裂（既包括好自我与坏自我的分裂，也包括儿童好客体与坏客体的分裂）。这就让双性恋优先得到了发展，最终导致抑郁性心态出现，并因而终结了所有想要从此过上快乐生活的美梦。

这个故事是对生命头一年半的故事化描述。这些原始的冲突以及为解决这些冲突而做出的最早的努力，在发展的每一个阶段和每一次出现变化——比昂称之为"灾难性变化"时都会重现，这构成了发展过程的一个重要部分。

从个体出生便开始存在且在"另一个"孩子出生时达到顶峰的这一系列无休止的冲突，往往会重复出现，直到他有可能重新发现一种对自己客体的抑郁性倾向，并觉得世界虽然是一个并非完美、极乐但也可能有快乐生活的地方，这些冲突才会被成功地修通。

在这个问题上，我们将继续做如下论述：罗漫娜·内格里将为我们解读对一个两岁十个月大的幼儿的观察，这个幼儿刚上幼儿园第二天——这是我所强调的重大变化后的两天——玛莎·哈里斯将为我们分析是否有可能找到这种原始模式（该模式涵盖了从出生到另一个孩子出生这个时期）的轨迹。

西莫内

西莫内出生于1979年10月。他的妹妹弗朗西丝卡（Francesca）出生于1982年3月。在进行这次观察时，弗朗西丝卡六个月大，西莫内两岁十个半月大。

1982年9月

这是西莫内上幼儿园的第二个"整天"。我已经通过这个幼儿的父母告知幼儿园老师，我会在上午十点半的时候去观察西莫内。我走进这所幼儿园的大门，看到孩子们正在我前面的花园里玩耍。教室就在我的右边。一位女士从一扇门后走了出来，跟我说莫妮卡（Monica，后来

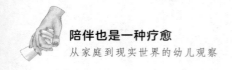

我才知道莫妮卡就是西莫内的老师）带着他们班的孩子（西莫内也在其中）很快就要出来了，所以，我就在外面等着。其间，有两个孩子从他们的教室跑了出来；其中一个摔倒了，开始哭了起来。过了一会儿，两个大一点的孩子牵着西莫内的手出来了。他们走过去帮助那个摔倒的孩子。厨师（即之前跟我说话的那位女士）也出来帮忙了；两个大一点的女孩挽着西莫内的手，走回了他们的教室。西莫内没有注意到我。一些孩子朝着厨师走去，她当时正站在厨房门口，他们问她午饭吃什么；她回答说，今天中午没有午饭，他们必须回家去吃。

此时，西莫内和一个大一点儿的男孩一起跑了出来，他朝着那个男孩大声喊道："我们走！"西莫内和其他三个孩子一起待在草地上；他们围成了一个圆圈，看了一会儿身上穿的衣服，然后朝着花园尽头跑去。西莫内是最后一个跑到的，他的三个同伴已经开始玩起了一个大球。他停了下来，相当严肃地看了看四周，然后朝着一个大一点的男孩亚历山德罗（Alessandro，5岁）走去。西莫内显然跟他很熟悉。西莫内和亚历山德罗走向一个双人秋千，当时已经有另外两个孩子在那里玩了；他停了下来，看着他们玩。他表情非常严肃，看了看四周，然后，他和他的朋友得到了秋千上的一个位子，这多亏了旁边的一位老师，她要确保孩子们能轮流玩秋千。他们面对面坐了下来。西莫内此时是微笑着的，他大喊了一声"曜"，看着其他孩子围着大花园跳来跳去。我们很快就有了这样一种印象：这是一所相当传统的幼儿园。幼儿、老师、厨师都身穿白色的衣服，老师和幼儿之间的关系非常受限制，一个老师要管30多个孩子。

西莫内正朝着我这个方向看，但没有注意到我。他看着老师，老师一喊"换"，他就拉着他的朋友跳下秋千，然后，站在一棵大树旁，看一些孩子在大秋千上玩耍。接下来，他紧紧拉着朋友的手，走到了一个旋转木马边，这个旋转木马上有好几匹木马，他为自己和朋友分别找了一匹木马。在此期间，有四个大孩子把我围在了中间，他们问我在干什么，当我走到西莫内当时正在玩的旋转木马边时，他们跟着我走了过去。西莫内和其他一起玩旋转木马的孩子说着话。他看起来相当严肃，或者甚至可以说有些担忧。在旋转木马运转的某个时刻，我觉得他好像看到了我，并开始频繁地朝我这个方向看。"你好"，我跟他打招呼，但他并没有理我。

几个女孩拖着一辆大大的马车，经过我们旁边时，她们问道："西莫内，你在干吗？"我感觉，西莫内此时的表情是微笑的，但他看起来似乎有些担忧，他祈求他的同伴："我们转慢点！"此时，他看着轮子的中心，大声笑着、叫着，但同时也非常害怕，他大声喊着"停"，旋转木马还没有完全停稳，他就滑了下来。他摔倒了，老师跑过去扶他，并大喊："停！"西莫内自己爬了起来，一只手摸着屁股，一只手摸着头，疼得龇牙咧嘴的。然后，他走到了他的朋友身边，紧紧抓着朋友的手，跟他说着话，而另一只手还在揉着屁股。我坐在草地上，转身看着他，在我看来，他好像要发脾气了。这两个孩子走到了大秋千旁边。西莫内的手还一直放在头上，并开始揉眼睛。他哭了挺长一段时间，看起来有些不安。坐在不远处的老师试图安慰他，她说："哎呀，你这样会弄伤你可爱的眼睛的！""我想回家，我要妈妈……"他哭诉着。

其间，离我们不远的另一个孩子看到了这一幕，也大声地哭了起来。她的老师问她："罗莎娜（Rossana），你为什么哭呀？小心漂亮的眼睛哦！"但老师的话似乎一点都没有安慰到这个孩子。西莫内拉着朋友的手，跟他说着话。我能听到他说的话，他泪流满面地说："当妈妈和'宝宝'来接我，我就不回来了。我不会回来了！"他和他的朋友靠得非常近，自始至终都没有看我一眼，就好像我不在那里一样。他们手挽着手走开了。老师向我解释说，西莫内之所以开始不安，是因为他不想亚历山德罗把他一个人留下，然后自己去玩那个给大孩子玩的秋

千。她向我解释说，西莫内能够在小的封闭环境（比如教室）中与其他幼儿相处，但一旦到了更大一点的环境（比如花园）中，他就只与亚历山德罗待在一起，同时，他还坚决要求亚历山德罗一直与他待在一起。

此时，西莫内与亚历山德罗一起坐在草地上，亚历山德罗正玩着一个绿色的塑料手风琴。当我走近他时，他快速地看了亚历山德罗一眼，然后紧紧地抱着他，抚摸着他的脖子。"我要走了。"亚历山德罗说。"那我呢？你要去哪里？不带着我吗？"西莫内问道。他几乎不看我，自始至终只跟亚历山德罗说话。当两个大一点的女孩走到我旁边，西莫内也转过身来，我听到他说"你们知道的，我要回家了"，他一边说着，一边紧紧抓着朋友的后脑勺。这两个女孩表演了一些杂耍。其中一个女孩大声问道："跪在地上的那个孩子是谁？"亚历山德罗回答说："西莫内·科基。"西莫内补充说："这是我的朋友……这是我的朋友，你们不能跟他接触，因为他很顽皮。"

西莫内依然跪在地上，抚摸着朋友的头发，看着那两个女孩玩七叶树的果实。一个女孩走到西莫内边上，递给他一根鞋带，但他并不想要。他走到我边上，好像对七叶树的果实有点感兴趣。现在，他依然和他的朋友手牵着手，加入了一群大孩子，跟他们一起玩起了一辆可推可拉的大马车，马车上还坐着三个孩子。一个女孩大声叫着"西莫内"，但他没有理她，他对她一点兴趣都没有。

在这段时间里，罗莎娜一直坐在我身边，沉默不语。她很想家，想家的时间跟西莫内差不多。她也想她的妈妈，也想回家。西莫内在身体上还不能与他的朋友分开，但亚历山德罗正相当生气地跟他说话。西莫内看起来真的很担忧；他的嘴唇微微颤抖，快要哭了。亚历山德罗想爬到马车上去，但西莫内不想让他去。亚历山德罗说："来吧，你必须学会爬上去！"亚历山德罗爬上了马车，而西莫内依然在后面推着马车。

一个皮肤白皙的高个子男孩当马，而且他把这个角色扮演得很好，但很快他又变得更像是一只老虎，举着两只手对他们咆哮，吓唬他们。西莫内似乎很喜欢这个游戏，因为他大声笑着，跟其他孩子一起大叫："马儿，加油，驾！"孩子们大叫着，鼓励那个扮演马的男孩加油拉马车。当那匹"马"转向自己的同伴，重复做出攻击性的姿势时，西莫内大声地笑了起来。坐在马车上的孩子中有一个不停地抱怨那匹叫"富里亚"（Furia）的"马"。于是，"富里亚"要求跟亚历山德罗换一下位置。西莫内试图保护他的朋友，他对"富里亚"说："滚开，你这个丑八怪！"好在"富里亚"对他的辱骂只是笑了笑。坐在亚历山德罗旁边的那个孩子模仿西莫内的话，大声叫着："你这个有肉有骨头的丑八怪……马总统先生……"看到这一幕，西莫内非常高兴。那个扮演马匹的孩子用威胁恐吓的声音咆哮道："我是一只庞大凶猛的野兽。"西莫内爬上了马车，坐在亚历山德罗旁边。罗莎娜依然待在我旁边，微笑地看着这些孩子们玩这个游戏。她不时看看我，对我微笑，手里抓着一颗大大的七叶树果实，还有一本小书。现在，一看到那个扮演马的同伴发出的信号，一个孩子便大叫："滚开，你这只丑陋的恐龙。"西莫内假装用鞭子抽打他，嘴里还说着"驾"。那个扮演马的幼儿离开了马车，在草地上拔了一些草，往坐在马车上的三个孩子身上扔去。西莫内也大声叫道："滚开，你这只丑陋的恐龙！"他仅仅是重复刚刚听到的话。然后，他掸掉了亚历山德罗身上的草，不管亚历山德罗说什么，他都要跟着重复一遍。西莫内看着那个扮演马的孩子，嘲笑他的所作所为。那匹"马"说，"草是马儿最喜欢的甜点"，他一边说着，一边把刚拔出的草扔向他的朋友们。西莫内一边拿掉亚历山德罗身上的草，一边开心地大笑着；亚历山德罗下了马车，跑开了。西莫内对我说："我要坐着这辆大马车离开了。"我想，他应该是刚刚才注意到罗莎娜的存在，他邀请罗莎娜跟他一起走，然后大声地喊了一句："我们走！"西莫内在马车上看着亚历山德罗，亚历山德罗当时正在水泥大隧道附近玩。他命

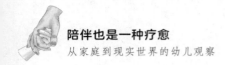
令罗莎娜爬下马车，并对那个正在拉着马车的孩子大喊，"加油，恐龙，嗨……马往那边去了"。西莫内看着我，让一个大孩子爬上了马车，接着他下了车，嘴巴里还说着："我必须对那匹马说句话。"然后，他手指着马车上的一个孩子，尖声叫着，"马，快点，把他吃掉，快下来"。接下来，他拿起了马车的杆子，大叫："滚开，你这个海盗！"他几乎立马就放弃了马车，然后开始向隧道跑去。他摔倒了，自己爬了起来，然后继续跑。我意识到，他是在找亚历山德罗。西莫内进了一个隧道，有一个孩子坐在里面。一看不是亚历山德罗，他就径直跑了出来。他看到他的朋友正在花园里玩，于是弯身靠在另一个隧道上，身体紧紧地贴在上面，伸着双手，在那里待了一段时间，感觉有些尴尬不安。他发现草地上有一把绿色的塑料手风琴，把它捡了起来，然后又把它扔到了地上，大声叫着："快看，这个东西好漂亮啊……"罗莎娜依然待在我旁边，她捡起了那把手风琴，连同七叶树果实和书本一起抓在了手里。

一个小时的观察结束了，我去向西莫内的老师道谢。罗莎娜一直跟着我，当她意识到我要走了时，她突然大哭了起来。"你妈妈就快来了。"我对罗莎娜说。但我的话好像一点都没有安慰到她。我离开时，看到亚历山德罗正和那个扮演叫"富里亚"的马的男孩扭打在一起。西莫内向他们跑去，但这两个大一点的男孩已经分开了。尽管如此，西莫内还是走到了那个男孩跟前，脸上带着威胁恐吓的表情，拳头还紧握着。我注意到，那个大一点的男孩根本就没有注意到他，没有搭理他，就转身走开了。

✎ 玛莎·哈里斯

我认为，先说明下面这一点非常重要，即西莫内发展得非常好；从他出生起，罗漫娜·内格里就开始在家里对他进行每周一次的观察，他跟她很熟悉。这是她第一次在幼儿园对这个孩子进行观察，而且这是他上幼儿园的第二天。他很长一段时间都没有看到她或假装没有看到她这一事实可能意味着，他正试图回避自己有关家或离开家的感受和想法。他似乎与亚历山德罗关系非常密切，这个大一点的男孩是他之前就已经认识的，这很像唐纳德·梅尔策在前面谈到过的那个朋友；这个同伴一直在那里，有了他的陪伴，他看起来好像就感觉不到自己对妈妈或家的需要了。西莫内对这个朋友形成依恋的方式相当专横。他想一直与朋友待在一起，不让朋友跟其他大一点的孩子一起玩。对朋友的依恋看起来像是一种防御，用来对抗要与如此多的孩子待在一起而产生的焦虑，因为他们班上大约有30个孩子。在这样一种环境中，他似乎还不能将老师视为一个像母亲一样的角色，其原因很可能是老师要照顾那么多的孩子；事实上，老师也确实跟罗漫娜·内格里说过，在教室里进行小组游戏时，这个孩子是很开心的，但跟其他许多孩子一起到外面活动时，他似乎就有点问题了。有趣的是，我们看到，当和其他孩子一起去坐旋转木马时，西莫内就开始感到担忧：很可能是旋转木马的转动让他觉得自己好像"被黏住了"，而当他摔倒时，他好像没有觉得自己身体受伤了，而是觉得自己好像从一个无所不能、刀枪不入的位置（这个位置是因为他有朋友跟他在一起而获得的）上被驱逐了下来；此时，他感到很丢脸，觉得自己变成了一个需要妈妈的、无能为力的小孩子。

当西莫内开始哭起来时，那个小女孩罗莎娜也开始抽噎起来，哭着说要妈妈，注意到这一点很重要。而且，最为有趣的是，我们看到，那个小女孩走近罗漫娜·内格里，把她当成了一个像妈妈一样的角色，而西莫内没有这么做，这是因为他觉得他与自己的老朋友亚历山德罗的关系要亲密得多。因此，当西莫内感到不安时，他也不能把罗漫娜·内格里当成一位替代母亲，尽管事实上他对她非常熟悉；他似乎对那个送他上幼儿园的"坏妈妈"非常生气，而由于好妈妈正在家里难以接触到，

观察者（罗漫娜·内格里）便成了那个要迫害他的"坏妈妈"。而且，在观察快要结束时看到的那场马车、老虎和马"富里亚"（Furia，意即fury，狂怒）的游戏中，西莫内似乎能够表达——或者，找某个人来替他表达——他对母亲抛弃他、送他上幼儿园而产生的"狂怒"：在这个游戏中，他似乎能够详尽地表达出自己的某些焦虑和恐惧。

唐纳德·梅尔策

在我看来，有一点尤其值得强调，那就是西莫内和亚历山德罗之间的关系，在观察期间，他们之间的关系发生了变化。一开始，西莫内非常强烈地依恋于这个孩子；他总是紧紧抓着他的手，把他当成一个可以让他安心的对象，他甚至非常温柔地触摸他，抚摸他的头发。正是因为亚历山德罗在他心里所代表的重要意义——他们在上幼儿园之前就已经是朋友，他们来自同一个社区，而且，他们在幼儿园又遇到了——所以，一旦看不到他，他就会去混凝土制成的大隧道里找他。还有一点也很有趣：我们看到，罗莎娜之所以依恋于罗漫娜·内格里，一部分原因是把她当成了一个像母亲一样的角色，另一部分原因是她对西莫内很感兴趣，并且想让西莫内也对她感兴趣；在这里，这两个孩子是互相作用的，即人格中的男孩部分和女孩部分。当西莫内感到自己幼稚的焦虑感减轻了一些，并能够在更大程度上参与游戏，亚历山德罗对他的重要意义再一次显现：对西莫内来说，亚历山德罗成了他所羡慕的大孩子，他知道如何应对一切。他可以与其他玩"马"和马车的孩子互换。西莫内对亚历山德罗态度的改变，好像是由旋转木马上所发生的事件而引起的。

西莫内最初依恋于母亲的乳房，他已经有过被抛弃的体验，他害怕自己什么东西都抓不住。就在这个时候，他开始反抗自己的母亲，并以一种自恋的方式依恋于亚历山德罗（亚历山德罗在某种程度上可以说是他的哥哥）。他显然被那个马车游戏吸引了。这个游戏非常形象地向孩子们描绘了一种模糊的关系，即扮演马或老虎的父亲与扮演马车的母亲之间的关系。这是因为有一个扮演马的好父亲在拉着扮演马车的母亲，但不一会儿，他就变成了扮演老虎的父亲，要攻击马车上的孩子们。显然，西莫内是羡慕扮演老虎的父亲的，扮演老虎的父亲后来又变成了扮演恐龙的父亲。这个时候，西莫内好像不那么关注亚历山德罗了，亚历山德罗成了"一帮人中的一个"，他只是参与打闹的幼儿中的一个。在观察开始时，我们看到，西莫内看起来就像是一个妈妈不在身边的不知所措的孩子，而到了观察结束的时候，他成了"一大群幼儿中的一个"。这代表了一次重大的转变，我称之为蜕变（metamorphosis）。

❧ 玛莎·哈里斯

就在几个月之前，西莫内有了一个妹妹，这一点非常重要；而就在几个月后的现在，在他还没有完全适应自己不再是家里唯一的孩子这样一种情境时，他就被送到了幼儿园，和其他许多幼儿待在一起。而且，就像我们在其他观察中所看到的那样，他也不能原谅罗漫娜·内格里去观察过他妹妹几次。因此，我觉得，我们可以将他转向亚历山德罗（西莫内视亚历山德罗为哥哥）的时刻看作他转向父亲角色、对抗背叛了他的母亲的转折点。

❧ 唐纳德·梅尔策

有关我刚刚讲述的这个故事，正如玛莎·哈里斯所指出的，在幼儿必须应对弟弟或妹妹的出生这一事件时，我们可以看到男孩和女孩有本质的区别。而在这之前，男孩和女孩的发展是非常相似的。我们可以看一看西莫内和罗莎娜的行为表现：罗莎娜先是玩七叶树果实，接着玩起了一本小书，然后是一把塑料小手风琴，最后她对罗漫娜·内格里产生

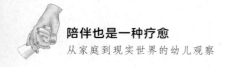

了依恋。

　　在我的故事中，我们可以说，女孩子通常生活在希望中，而男孩往往会陷入绝望；换句话说，绝大部分的男子气概是通过努力克服由于认识到自己不再是独生子而产生的绝望感形成的，而想象自己成为母亲、和母亲生孩子已经再也不可能起到安慰的作用。因此，男孩子通常会面临一项更难的认同（identification）任务，因为他必须努力认同于一位好父亲，而对于父亲，从他与乳头建立关系的第一天起，就对他一直有着极其矛盾的情感——乳汁非常美味，但他又觉得父亲会将乳房从他那里夺走。因此，男子气概的发展，到了西莫内这个阶段（西莫内这个时候是三岁）往往就会停止——换句话说，男子气概也就是弗洛伊德所说的男子气概的一种生殖器类型，也就是克莱茵所说的男子气概，指的是成为"男孩子当中的一员""一帮人中的一个"，这些男孩当中的每一个都通过把女孩当作奖品，当作他们展示力量的领地，来炫耀他们的肌肉力量和生殖能力。对男人来说，要想克服男子气概的这种生殖器类型或"帮派"类型，是一项非常困难的任务。在自身男子气概的发展方面，男孩有一项更难的任务要去完成，这项任务与另一个孩子的出生这一可怕的经验有关。

　　女孩子要面对的重要问题是她对母亲的妒忌（envy）；如果在弟弟或妹妹出生之前，女孩对母亲的爱和羡慕感受由于妒忌而遭到严重阻碍，那么弟弟或妹妹就将成为一个让她感到痛苦的竞争者，而对母亲的妒忌感也将成为她获得对母亲的认同这一过程中的一个严重阻碍。

　　总而言之，我们可以说，男孩子遇到的问题主要与羡慕（jealousy）和对一个模棱两可的父亲角色的认同有关，而女孩将面对一些与妒忌相关的特定问题，她们将挣扎于对作为一个好角色的母亲的矛盾情感之中。

　　综上所述，我们想说，我们所呈现的发展模型非常简单，适用于父母功能发挥良好的情境；显然，父母的人格特征存在很多不同，幼儿的生活事件也不一样——其中可能还包括一些创伤性经验。我们之所以"插这一句"，是为了说明：我们要眼观六路，耳听八方，对幼儿生活中每一天发生的事件保持警惕，这样才能理解游戏的意义和正常发展的行为。这一点非常重要。

　　这里所呈现的材料似乎也向我们证明了一点：我们并不需要创造实验室情境（在分析中，很多研究都是这样做的）便可以了解幼儿想象的生活，人格的发展是在真实情境中形成的。因此，只要我们拥有一个模型，这个模型首先让我们可以观察，然后可以反思幼儿的行为，那我们每一个人就都可以在日常经验中获得有关儿童发展的事实。与系统的理论阐释相比，我们所讲述的故事可能更容易回想一些，因而可以为在日常情境中观察和思考幼儿提供参考。

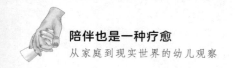

第三章

俄狄浦斯焦虑：二胎的诞生，
观察者的角色

◎ 西莫内塔·M.G. 阿达莫、珍妮·马加尼亚

你必须待到我爸爸来了才能走。

一个四岁的姐姐在妈妈生了小宝宝后对观察者这样说。

本章描述了母亲在怀孕或生下二胎之后和她年幼的孩子之间关系的变化。本章内容以对一个两岁女孩的观察（这些观察报告提交到了一个幼儿观察研讨班上）为基础写成。由于这是观察研究中一个相对没有进行充分探究的领域，因此，我们先要介绍一下塔维斯托克培训中这个研讨班的简要历史。然后，我们用一个古希腊花瓶的意象引入了等待新生儿降生的幼儿转向父亲的主题。尤其是本章还将关注点集中到了父亲的角色上，这个父亲角色的建立以观察者为中介，通过幼儿对观察者的移情而实现。本章还特别关注幼儿对于与观察者在一起的私人空间的寻求，在身体上与母亲和她的新生婴儿保持距离，不愿与其建立亲密关系。这种情绪空间为幼儿所体验到的原始情绪提供了一个界限，使得他能够发展出某种自我观察和反省的能力。

塔维斯托克培训在幼儿观察中的地位

幼儿观察本身就是"二胎"。一开始，从1948年到20世纪60年代中后期，儿童心理治疗培训中还没有独立的观察课程。该培训要持续三年的时间。在从事临床实践前的一年，要做的事情主要包括个人分析、婴儿观察、参加埃丝特·比克的研讨班，以及参加多学科的案例研讨班及塔维斯托克的其他许多培训。当时，还没有幼儿观察研讨班。不过，在马里列本开办了一所塔维斯托克幼儿园。这所幼儿园给在塔维斯托克接受培训的教育心理学家们提供了各种机会来对幼儿进行测试，塔维斯托克中其他学科的受训者也会到这所幼儿园参观。因此，需要有一个研讨班来讨论所观察到的各种现象。到了20世纪50年代后期，中心要求雪莉·霍克斯特（当时是塔维斯托克的教育心理学家）负责幼儿园观察研讨班事宜。最后，到了1969年，弗朗西斯·塔斯廷接管了负责该研讨班的任务（Hoxter，1997）。

大约也就是在这个时候，安娜·弗洛伊德中心里也出现了相似的发展。在1957年幼儿园创立之后，便开办了幼儿园观察研讨班，其目的之一是："给在中心接受培训的学员提供机会，让他们可以观察和研究正常的儿童发展"（Brenner，1992）。

最终，塔维斯托克幼儿园关闭了。其间，儿童心理治疗培训在各方面都发展迅速。接受培训的学员更多了，每年招生一次，有四年（后来改成了五年）的课程，还有更为严格、丰富的培训。这就导致了一些类似研讨班的出现，每个班上有五到六名接受培训的学员，同时，每个班上还出现了一些杰出且有抱负的儿童心理治疗师（Hoxter，1997）。

研讨班的名称也发生了变化：从"幼儿园"观察变为"幼儿"观察。每周要观察一次，持续一年的时间。有些人到幼儿家里去观察，有些人在幼儿园或学前机构中观察。有时候，有些人以他们之前的婴儿观

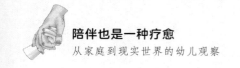
察为基础，对婴儿稍微大一点的哥哥姐姐进行观察。作为"二胎"，幼儿观察在培训中不管怎样都只能居于第二位。幼儿观察培训持续的时间只要一年，而且不需要提交观察论文，直到最近文科硕士课程将其设为一个必要部分，才对观察论文做出了要求。不过，在意大利，完成幼儿观察研讨班的培训需要两年的时间。这个变化要追溯到1982年，当时，在罗马课程（Rome Course）上，有一群学员对幼儿观察非常感兴趣，以至于他们自发地要求将培训时间延长至两年（Gianna Williams，私人通信，1997）。

与婴儿观察方面日益增多的文献相比，有关幼儿观察的精神分析文献相对较少，这也进一步证实了幼儿观察比较受忽视的状况。这是不是反映了一种理论姿态呢？有一种由来已久的批评观点认为，克莱茵学派的研究者过于重视生命第一年和母婴之间的二人关系，因而低估了俄狄浦斯情结和三角动力关系的重要性。不过，众所周知，克莱茵扩大了与俄狄浦斯群集（oedipal constellation）相关的范围，并且认为它出现的时间要比生殖器首位（genital primacy）早很多。不过，情况也有可能是这样的：在最近几年，克莱茵学派朝着俄狄浦斯组织的原始形式的方向开展的研究，已经取得了极大的进展。在理解孤独症儿童和精神病患儿的心理结构和病理学的过程中，这些前俄狄浦斯方面的研究似乎具有特别的重要作用。布里顿（Britton，1989）曾强调，前性器期俄狄浦斯情结中的母亲意象会对性器期俄狄浦斯情结产生深远的影响：尤其会对父亲的意象产生影响。

希腊花瓶上的一幅画

在图3-1中，一个女人站在那里，左手抱着一个孩子。这个女人的右手向外伸展，她的脸背对着孩子，眼睛看着自己那只空着的手。孩子的身体和脸也是背对着母亲的。他的两只手都举着，手的姿势表明他想要让其他人抱他。强烈的背离动作将母亲和孩子拉了开来。他们的脸上看起来好像都没有表情，但事实上却传达出一种距离感。母子双方都很专注，他们都探出身子，朝向其他某个地方。

这幅画描绘了时间的暂时停止，他们在等待其他演员的进场。身体的接触保证了他们之间的联结，因为虽然母亲看起来好像不能维持亲密关系，但她毕竟还抱着孩子。他们脸所朝的方向和他们手的动作表明母亲和孩子之间存在一种巨大的排斥力。孩子向外伸出的手描绘了留给另一个人的空间，要求那个人在场，并需要其抱持功能。同样。母亲的手也是空着打开的，表明了一个空间的存在和她在等待着什么东西的意义。

希腊花瓶（图3-2）上这样一幅不同寻常的、有着强烈感情色彩的画似乎鲜明地描绘了当母亲快要生二胎和需要父亲在场时，母亲—幼

图3-1 希腊花瓶上的一幅画

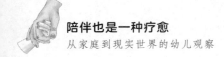

图3-2 希腊花瓶（公元前470—前440，英国国家博物馆）

儿关系方面所发生的变化的力度和情节。

幼儿在面对母亲再次怀孕的事件时，可能会觉得母亲的怀抱太紧了，不能给他提供空间。这种感觉可能在某种程度上反映了幼儿的一种认知，即母亲没有能力"把巢放大"（Gianna Williams，*Personal Communication*，1997）并给另一个孩子创造空间。不过，这可能也是幼儿分裂和投射他的攻击性的结果，导致幼儿将母亲的怀抱感知为充满敌意的、不可接近的。

因此，在这样的时刻，幼儿可能就会离开母亲，转而寻求另一个客体（这个客体最好是父亲）给他提供支持和包容，因为他觉得在母亲身上再也找不到这样的支持和包容了。通过这种新建立的关系，幼儿需要从与母亲具有强烈冲突色彩的关系中恢复过来并获得解脱。他还需要支持从而让自己爱的情感保持活力，这种情感能让他再次回到母亲身边。通常在幼儿观察中，观察者会被要求发挥这种对幼儿有益的父亲功能。在幼儿及其家人经历重大的变化（如又一个婴儿的降生）时，观察者和幼儿之间发展起来的这种关系能够在维持幼儿及其家人的心理平衡方面起到非常重要的作用。

转向父亲

弗洛伊德（Freud，1933a）曾写道："当另一个孩子出现在婴儿室……幼儿（即使年龄差只有11个月）通常能够注意到发生了什么事情。他会觉得他的权利被罢免、掠夺和侵害了；他会对这个新生的婴儿产生妒忌和敌意，并对不忠诚的母亲感到不满，他往往会通过行为方面令人讨厌的变化来表现这一点。"（p.123）弗洛伊德的这些观察属于一种更为一般的背景，他在这个背景中分析了一个年幼的女孩远离母亲、转向父亲的原因。弟弟或妹妹的出生，通常是小女孩控诉其母亲的诸多原因之一。她的不满（在男孩身上，情况也是一样的）还包括由于口唇受挫和肛门受挫、手淫受到限制，以及阉割焦虑而产生的不满。从根本上说，这些不满都根源于幼儿"对爱的过分要求"（Freud，1933a）。

在梅兰妮·克莱茵（1945）看来，"对新的满足源的寻求"取决于在原始客体（通常是母亲或母亲的替代者）方面所体验到的满足和挫折。对父亲的"新欲求"（Klein，1945）最早出现在婴儿6到12个月期间断奶的时候。父亲成了幼儿投射的"理想的容器"（ideal container，Segal，1989）。幼儿通常期待父亲成为一个理想的满足源，或者"为了与乳房保持一种可以忍受的关系，他将乳房和他自己坏的方面分裂了出来，并创造了第三个坏的形象"（Segal，1989，p.96）。

在前性器阶段，父亲主要被感知为一个部分客体（part-object），而后来的俄狄浦斯情结与被感知为完整客体（whole object）的父母双方有关。西格尔（Segal，1989）指出，克莱茵不断地将俄狄浦斯情结的变迁与抑郁性心态（depressive position）的发展联系到了一起，"与作为一个完整个体的母亲的关系隐含着这样一位母亲：她与婴儿是相分离的……她有她自己的生活，她的生活主要包括与父亲的关系，还有各种'隐含的'排斥感、妒忌感、猜忌感"（pp.2-3）。但是，与抑郁性心态的联系也意味着：俄狄浦斯情结的开始与最大的施虐倾向阶段没有关系，而是相反，与施虐倾向的减少，强烈的旨在恢复乳房、夫妻以及整个家庭的修复冲动相关。

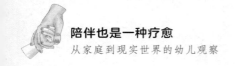
这个过程可能也表明了一种暂时性的倒退，即退回到那种将好的母亲（乳房）与坏的母亲（生殖器）区分开来的分裂机制。事实上，当"在幼儿的心里，攻击性冲动把他从攻击性幻想的受害者转变为受到了伤害的且想要进行报复的形象……婴儿就越来越会觉得需要一个被爱的和深爱的客体——一个完美的理想客体——来满足他对于获得帮助和安全感的渴求"（Klein，1945，p.379）。因此，对幼儿（不管是男孩还是女孩均是如此）来说，父亲既会唤起他们爱的情感，也会唤起他们恨的情感，这种爱恨交织的情感在某种程度上来源于与母亲的关系，而且幼儿在某种程度上会以一种新的方式来体验与父亲的情感。

虽然关于早期心理发展的概念模型不同，但加迪尼（Gaddini，1976，1977）认为，在幼儿的发展中，父亲是以一些相似的有趣方式定型的。当幼儿开始认识到母亲是一个独立于他的个体时，父亲便会出现在心理图景上。一开始，父亲会被幼儿视为母亲的一个副本，是她"两个方面当中的一个"（Gaddini，1977），只能随着时间的推移慢慢与她分化开来。父亲和母亲的真实人格特征可能会对以下情况产生决定性的影响：婴儿期与母亲的关系中有哪些部分会被分裂开来并代之以与父亲的关系，有哪些部分会一直保持（Gaddini，1977）。

幼儿可能会将所有与和母亲之分离相关的具有冲突的方面都放到父亲身上，目的是与母亲重新建立一种完美的关系，或者，幼儿也可能会尝试"将在第一个人身上失去的所有东西都投注到新的对象上"（Gaddini，1977）。这种大规模的取代可能会达到两种结果：要么发展，要么倒退。在第一种情况下，幼儿能够慢慢地修复由于认识到母亲是一个独立的个体而产生的变化；而在第二种情况下，幼儿可能会采取防御的姿态，以免认识到母亲是一个独立个体，并拒绝向后一个阶段发展。

从这个观点出发，我们可以用不同的视角来看待希腊花瓶上的那幅画，认为它代表了这样一个事实，即新客体（父亲）的出现植根于与原始客体的关系，并且是在此基础之上的扩展。

✑ 观察者的父亲功能

一个狭小的空间

接下来的观察证明了在有些情形下，二胎的诞生有可能会导致蹒跚学步的幼儿及整个家庭出现倒退倾向，而不是发展倾向。当与母亲的原始关系至今依然充满了早期的焦虑，而幼儿的内心世界里没有牢固建立好乳房的意象，那么，结果便会是"幼儿没有能力忍受由于对母亲的对抗、憎恨等俄狄浦斯情感而产生的额外的焦虑和内疚"（Klein，1945，p.370）。除此以外，父亲还可能是缺失的。事实上，正如罗森菲尔德（Rosenfeld，1992）所指出的，"父亲人在家里并不能保证他就一定扮演了父亲的角色。对幼儿自我（Self）的真正滋养是情绪方面的关注和心理方面的关注"（p.768）。如果父亲不在一边支持母亲、接管孩子、整合母亲的功能，那么，幼儿就找不到从母亲怀抱到父亲怀抱的安全通道，之后也体验不到对爱恨情感的可能的容纳度和流动性的增强。相反，幼儿所体验到的是容纳的缺失和从母亲的怀抱中跌落下来。这种缺失从某种程度上说是暂时的，其时间的长短取决于父亲和幼儿之间发展关系的可能性，以及唤起家庭环境中其他人的父亲功能的可能性。另外，幼儿宣称其自身需要的强度和坚持性，对于决定一个幼儿是否在心理上被抱持在某个人怀中也具有重要的作用。

接下来，我们将描述在为期两年的幼儿观察环境中所看到的一个幼儿的情况。该观察是尤金妮亚·玛丽亚·马尔扎诺（Eugenia Maria Marzano）在意大利进行的，她在观察第一年与本章的作者就观察到的现象进行了探讨，第二年与西莫内塔·M.G. 阿达莫一起进行了讨论。

观察开始的时候，这个幼儿的母亲怀了二胎两个月。观察的幼儿叫露西娅（Lucia），两岁两个月大，刚刚上幼儿园。露西娅的父母在婚姻方面出现了一些问题，母亲认为露西娅父亲没有给她足够的支持。

露西娅，两岁两个月

露西娅的母亲在第一次见到观察者的时候，便抱怨说房子太小了，她不知道生下二胎后他们该怎么办。而事实上，露西娅的玩具扔得家里到处都是。而且，这个母亲的内心好像充满了对露西娅的担忧。她说她是为了露西娅才要肚子里这个孩子的，但同时她又觉得自己对露西娅不忠诚。她非常担心她的女儿，因为露西娅已经表现出了各种痛苦的迹象，包括很难与她分离、睡眠障碍、梦魇、强迫性手淫、口吃等。据这位母亲说，她和她的丈夫都非常喜欢露西娅，尤其是她的丈夫，他"总是把露西娅说的每一个字都放在心上"。

一开始，我们就遇到了一个空间的问题。在这个家庭中，物理空间和心理空间好像都太小了，不足以容纳全家人的所有焦虑。其部分原因可能在于父母功能的支持性不够，且相当有限。母亲把她的丈夫描述为只知道说好话，但却软弱无能，他"总是把露西娅说的每一个字都放在心上"，这种描述可能很好地反映了她的内在父亲的品质。

在随后的几个月中，他们的婚姻问题更为明显了。母亲经常跟观察者诉说他们严重的婚姻问题，还有露西娅的外公外婆把她往回拉的举动，他们希望她回娘家。对于父母的争吵和小宝宝的即将诞生，露西娅看起来好像很不安。有时候，她会把自己完全等同于她的母亲，假装她也怀孕了，如果其他人没有注意到她和她母亲的腹部，她就会非常生气。而有时候，她又会威胁说，小弟弟一出生她就把他杀死。

接下来，母亲重新安排了家里的空间布置，暂时睡到了露西娅的房间。这个时候，露西娅似乎更能够忍受与母亲某种程度的分离了。她睡觉的时候不用再抱着母亲，相反，她会对母亲说："我们以后要结婚。事实上，我们已经结婚了，因为你快要生宝宝了。"而在其他时候，露西娅会说，当小宝宝出生的时候，她就会变小，她会躲到桌子底下，假装自己已经变小了。在尝试获得某种空间的过程中，母亲设法去上了一门产前准备课，目的是让她自己能够拥有"不被露西娅干扰的时间和空间"来考虑即将出生的宝宝的事情。

露西娅，两岁六个月

在一次观察中（当时母亲已经怀孕六个月），露西娅拼命地试图把一个大箱子里的一些玩具放到另一个小得多的箱子里。当完成不了这项任务时，她开始对母亲大发雷霆，把她推到一边，嘴里还说着，"你走，你是坏人……我不想要这个妈妈……我想要爸爸"。

在这次观察中，露西娅似乎正努力应对自己对肚子里有一个小宝宝的母亲的妒忌情绪。她的应对方法是，先否认自己与母亲之间有任何的差异（小箱子和大箱子是一样的）。接下来，当她发现否认小女孩与母亲之间的差异站不住脚时，便开始对母亲大发雷霆，并试图通过转向父亲来缓解这些愤怒情绪。

在小宝宝出生前的一个月，这种转向父亲的尝试似乎被进一步巩固了。母亲松了口气，说现在这个孩子晚上只要她的父亲了，她还补充说："露西娅终于变得越来越依恋她的父亲了。很可能是因为她已经理解我以后还必须要照顾小宝宝。"

在同一次观察中，露西娅单独和观察者度过了一段美好的时光。她怀里抱着一个洋娃娃，然后把洋娃娃交给观察者，并要求观察者抱着

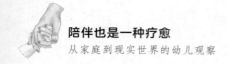

洋娃娃。接着，她说这个可怜的娃娃在夜里会非常害怕，因为有一条龙会跑到篮子里来吓唬所有的动物。她还补充说，小弟弟出生后，她会跟他一起玩，因为他太小了什么都做不了。但是，在那之后，小弟弟会长大，长得像鳄鱼一样大。露西娅贴着观察者的耳朵小声地嘀咕，就好像在说着什么秘密，她说她自己是"一个漂亮的小妈妈"。然后，她笑了，并纠正自己的话，说："我是个一丁点大的小妈妈，我也是个一丁点大的小女孩。"

大约就是在露西娅开始转向父亲的时候，她还开始以特别的方式利用起了观察者。观察者在情感上介入了这个家庭，但又不是这个家庭的日常生活的一部分，这样一个事实看起来好像有助于露西娅思考她内心所发生的变化。通过与观察者共处的私人空间，露西娅发展出了某种自我观察的能力。她发现，她可以通过对玩具动物的投射，来谈论她在夜晚的恐惧。她还有能力恢复过来，在作为幼儿的同一性（identity）和对她母亲的投射性认同之间来回转换。

布里顿（1989）描述了原始的家庭三角关系是怎样为幼儿提供两种联结（即他与父亲和母亲的联系），并让他面对父母之间的关系的：

如果父母之间的关系……在幼儿的心里是可以忍受的，那么，这种关系就为第三种客体关系提供了原型，在这第三种客体关系中，他是见证者，而不是参与者。于是，第三种关系状态就形成了，我们从中可以观察到客体关系……这就为个体提供了观察自己如何与他人互动、在保持自己观点的同时接受他人的观点，以及在保持自我的同时反思自我的能力。（p.87）

通过和观察者的单独相处，跟观察者谈论自己的梦魇，通过在观察者的耳边低语，露西娅开始划定一个私人的空间，在这个空间里，她可以尝试性地去建立这第三种关系状态。

不过，这种内在的发展是非常不确定的。在小宝宝快要出生的那些天，难以融洽相处的家庭情境再次出现了。母亲在观察者面前表现得非常紧张、疲惫，她总是抱怨她的丈夫不能给她任何的支持。她非常生露西娅的气，觉得露西娅是在挑战她做一个好母亲的能力。但与此同时，她又觉得非常内疚，因为她不能成功地保护露西娅免受父母争吵的影响。

露西娅经常生病，只能待在家里，不能去上幼儿园。她常常会把纸张剪成碎片，扔到地板上，她用这种方式来表达她的破碎感。在其他时间，她会用橡皮泥捏成人像，还会给它装上性器官，这传达了她长期以来所专注的事情。

露西娅还告诉观察者，她很害怕自己被狼或狮子吃掉，但有一天在喝橘子汁的时候，她突然大声叫了起来："我要喝掉弟弟，我要把他吃掉！"紧接着，她又马上安慰和爱抚起了自己肚子里的"小宝宝"，并哄他睡觉。母亲告诉观察者，露西娅经常会"引诱"她的父亲，叫他"老公"，而且晚上会喊他。而在其他时候，露西娅又经常对父亲生气，排斥他。

小宝宝即将出生的事实好像让露西娅越来越崩溃，她之前就已经存在的心理发展消失了。她想利用父亲来获得某种宽慰，好让自己在与怀孕母亲之间的关系中所体验到的焦虑能够得到一定程度的减轻，但她的这种意图却很可能因为一些同时出现的因素而不能实现。这些因素包括她自己的俄狄浦斯妒忌，以及她公开地想与父亲建立具有性欲色彩关系的倾向，而与这同时存在的还有父母之间强烈的敌意。母亲和父亲之间的冲突支持了露西娅的想法，即父亲是母亲的敌人。

一艘装满了危险的鱼的小船/一个装满了危险的鱼的怀抱
露西娅，两岁十个月

小宝宝出生后不久，露西娅就向观察者抱怨："家里所有空间都被那个东西（意指小宝宝）占满了。"后来，当母亲给小宝宝喂奶时，露西娅就坐在旁边，她要求父亲给她拿一个小船形状的盆来。当父亲把盆放到露西娅的旁边时，她爬了进去，假装自己是一条鱼。她只拿那些体型大且具有威胁性的玩具——即鲨鱼、鲸鱼、剑鱼等。这些玩具都被她放到了小船形状的盆里，就放在她身旁。接着，露西娅假装自己遇到了一场可怕的暴风雨。海面上风浪非常大，以至于露西娅好几次从小船上摔下来。再后来，她拿起了一辆玩具小汽车，给她正在吃奶的小弟弟看，然后，她用手里的小汽车在小弟弟的脸颊上敲了好几下。

露西娅的"装满了危险的鱼的小船"生动形象地描述了这一点，即"母亲的内在已经变成了一个危险的地方"（Klein，1945）。在她看来，妈妈的小船/怀抱已经完全被危险的东西占据了，这些危险的东西既包括父亲的阴茎，也包括她刚刚出生的小弟弟。她认为他们具有非常大的威胁，因为他们身上充满了她分裂出来且投射出去的口唇施虐倾向（oral sadism）。露西娅想要吞噬母亲的所有空间，想喝掉、吃掉她的弟弟和母亲内在的所有东西，这个愿望使她产生了这样一种感觉：她的父亲和弟弟都已经变成了具有报复性、毁灭性和攻击性的东西。

由于不能转向第二个客体，露西娅感觉自己从母亲的怀抱中摔落了下来，因为母亲的怀抱已经遭到了攻击和伤害，因此已经变成了一个危险之地，不再是她的安全港湾。[1]

在接下来的几个月，这个家庭即将面临瓦解的潜在危险甚至变得更为明显了。露西娅对弟弟的攻击性逐步地升级。母亲似乎也不再那么急切地保护弟弟。母亲之所以选择退让，是因为她害怕她保护弟弟的表现会激化露西娅的妒忌心，从而使她更有可能做出不好的，甚至更多伤害弟弟的举动。因此，母亲试图通过减少或隐藏她自己与二胎之间的联结，来规避露西娅的妒忌心和愤怒感。例如，母亲早上会假装去上班，而不是和小宝宝一起待在家里。但这种小把戏并没有什么用，她发现在自己面前的是一个非常退缩的女儿和一个被忽视的小儿子。在这样的背景之下，母亲告诉观察者，她曾对丈夫说她非常担心他们卧室的地板，因为地板上堆了非常多的东西，她担心地板会坍塌，会压到人。她跟丈夫说，他们有必要"再加一根梁"来支撑地板。

母亲提出"再加一根梁"的要求一开始是对她丈夫说的，然后又对观察者说起了这个要求。不过，所有幼儿研讨班成员在观察期间都必须扩大关注的范围，要抱持观察对象的心理痛苦，给家庭成员以理解，并给他们发展的希望。在观察期间经常发生的情况是，观察者发现自己到的时候幼儿却不在家。她的时间因而被分割成了两部分：一部分用来听母亲说，另一部分用来观察幼儿。接受母亲想要获得支持的要求，而且，在母亲不在的时候，如果露西娅出现试图伤害弟弟的行为就主动制止她，这些都是给这个家庭提供"另一根梁"的必要方法，在小宝宝降生后和婚姻关系恶化的情况下，这些方法可以用来帮助"支撑"这个家庭所承受的越来越重的情绪负担。

观察者的艰巨任务包括接受这个家庭的婴儿期焦虑和投射，但只有在公开要求或非常必要的时候才会这样做。同样，当母亲把小宝宝交给观察者抱（这是家庭婴儿期情感的一种具体表征），观察者会把小宝宝抱在怀里，不过，她过一会儿便会找个借口温柔地把孩子交还给他母亲。观察者用这种方式保持她作为一个观察者的角色，同时又接受这个家庭对她的能力的需要，即需要她帮助承受一些情绪负担。观察者并不像治疗师一样需要扮演明确解释者的角色，但隐含在她接纳这个家庭的工作过程中的是她无声的理解，这就是她接纳这个家庭成员之间沟通的

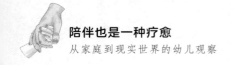

方式，也是她对他们采取的行为方式。

露西娅，三岁

在暑假前最后一次去他们家时，露西娅迫切地想与观察者建立和维持亲密的情感联系。她非常喜欢观察者送给她的生日礼物——一本书，并要求妈妈读给她听。但就在她非常开心地与母亲亲密接触时，小弟弟突然醒了，打断了她们。露西娅很快站了起来，要求观察者陪她去游戏室，帮助她把一些积木搭好，她自己之前总是搭不好。

此时，在露西娅的身上，一种更为原始的焦虑明显地表现了出来。就像马加尼亚（Magagna，1987）所指出的，幼儿在内心与之斗争的并不只有妒忌感。当和父母在一起时，幼儿会感觉到自己是他们的孩子，他们爱他。当他感觉到妈妈肚子里有一个小宝宝、看到爸爸或妈妈怀里抱着小宝宝，或者看到爸爸妈妈一起陪着小宝宝玩游戏或洗澡时，幼儿就会觉得这个小宝宝夺走了属于他的身份。当幼儿不能确定自己是一个哥哥或姐姐的身份（即他不需要和小宝宝或父亲一模一样），幼儿对于母亲怀抱中的小宝宝的认同感就会受到强烈的动摇。

露西娅，三岁三个月

暑假之后的许多周，"摔（falling）"成了一个核心问题。露西娅常常会爬到她五个月大的弟弟的游戏床上。她和弟弟玩耍的方式非常刺激，以至于一会儿就会把弟弟吓哭。母亲因此常常责备露西娅，而露西娅的反应是哈哈大笑，并趴在游戏床的边沿上，这非常危险。观察者注意到，露西娅这样做有非常严重的风险，她可能会头朝下摔下来。接下来那个礼拜，露西娅就戴了一个颈托，观察者听说，她被送去医院了，因为她从床上摔了下来。

"摔"似乎与露西娅的感受有非常大的关联，露西娅觉得自己已经滚出了妈妈的怀抱，已经失去了作为"妈妈怀里的小宝宝"的身份。露西娅似乎并不觉得父亲能够帮助她适应这种引发焦虑的变化，即从一个小宝宝变为家中已经能够蹒跚走路的幼儿；她经常跟观察者说，她的父亲或者她的"丈夫"已经死了。有一天，她哭着从幼儿园回到了家，说同班的小朋友们告诉她：她是一个没有爸爸、没有妈妈的孩子。

提供一个私人空间

不过，在这种关键的情境中，有些事情发生了。戴维·罗森菲尔德（David Rosenfeld，1992）曾写道："父亲的角色有时候也可能是孩子指定的。"在孩子转向乳房或离开乳房时，可以采用需要或拒绝母亲照顾的方式，要求获得或拒绝父亲的照顾，从这个意义上说，是孩子让父亲扮演起了某种特定的角色。现在，露西娅在寻找某个人来扮演这个未被扮演的角色的过程中，她把目标指向了观察者。在随后的几周中，露西娅坚定不移地保护着她与观察者在一起的时光。"他们告诉我，你会来和我一起待一个小时。"她对观察者说。还有一次，当母亲与观察者正说着话时，露西娅表示反对，她说："她只和小孩说话。"此外，与观察者在一起的空间必须是一个特殊的空间，必须与弟弟的空间或弟弟和妈妈在一起的空间分离开来，并且要保护起来不受他们的干扰。她对观察者解释说："就我们单独玩，就我们两个人一起玩，这个游戏才好玩。"

露西娅的游戏总是围绕同一个主题：通常要求观察者当爸爸，而她自己当妈妈。因为扮演的是一对夫妻，所以他们必须将他们无数生病的、受苦的孩子送到医院，给他们治疗，给他们提供营养，并保护他们。虽然露西娅在照顾这些"小宝宝"上非常马虎，并表现出了较高程度的矛盾心理，但这种在私人空间进行的游戏好像有着非常重要的意

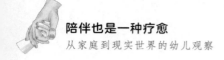

陪伴也是一种疗愈
从家庭到现实世界的幼儿观察

义。露西娅和观察者在一起的私人空间通过允许她将对弟弟的攻击性以象征性的方式表达出来，从而为她提供了安全感。通过这样一个私人空间，露西娅的内心产生了一个分裂的过程。这个过程使得她能够慢慢地看到自己重新产生了对母亲的爱，还有对弟弟的关心。这一点在接下来的两个场景中得到了证实。

露西娅，三岁七个月

这是一个冬天。露西娅现在三岁七个月，她的弟弟也已经九个月大了。露西娅坐在观察者旁边玩涂色游戏。当时，她母亲正同她弟弟说着话。注意到这一点之后，露西娅马上站了起来，一把把弟弟抱了起来，亲吻他，并非常大声地对他说着"充满爱意的"话，以至于她听起来好像是在大喊大叫。与此同时，她抱着弟弟走得非常快，差点摔倒。弟弟受到了惊吓，几乎要哭了。母亲抓住了弟弟，把他抱了回来。母亲同时也扶住了露西娅，以免她摔倒。母亲还非常严厉地警告了露西娅，说她早晚有一天会把弟弟的腿摔断，这样他就不能走路了。

当母亲走出房间时，露西娅推了站在椅子旁边的弟弟一把。弟弟摔倒在了地板上。接着，她马上要求观察者"离开"，用手指着她的房间。她要求观察者跟她继续玩她们的"老游戏"。当她们到她房间的时候，露西娅把她的洋娃娃都放进了婴儿车里，她说她只拿生病的娃娃。她用毛毯把这些洋娃娃盖了起来，说要保护他们不被吉卜赛人抓走，"这些吉卜赛人专门偷小孩和所有人的珍贵物品"。接着，露西娅把她最喜欢的小男孩娃娃放进了弟弟吃饭时坐的高脚椅子里，并给他喂饭。喂完饭以后，她就把他放到了弟弟的床上"睡觉"。

观察者在看到一个小宝宝摔倒在地时应该怎么办？这个难以处理的问题虽然一直萦绕在观察者的心头，但在这里却不是我们讨论的重点。

在与观察者一起玩耍时，露西娅要求她们换到另一个房间，这是一个独立的地理空间，代表了一个不同的心理空间。为了实现这种改变，露西娅必须能够让自己与她的原始感觉以及她原先的表达方式保持距离。在一个象征领域中，一个事物可以代表另一个事物，洋娃娃可以代表母亲新生的宝宝。这种保持距离还使得她可以思考已经造成的伤害，因为所有的"小宝宝"都生病了。

在她和观察者一起的私人空间里，露西娅才有可能重新获得这样一种体验，即她在观察者的心里有一个独享的空间。这是一个非常珍贵的归属地，必须在内心世界里对其加以保护。从每个孩子都有权利觉得他在父母的心里和生活中有一个独特的、不可取代的位置这个意义上说，露西娅通过一种具体实际的方式重现了"离开以及和观察者单独相处"，以此表达了她的需要，即她需要重新确认在自己与母亲之间的独特关系中所存在的信任感。这个空间似乎缓解了露西娅的妒忌感，从而为她建立三元关系提供了可能。于是，修复"受伤的孩子"的可能性就出现了。

不过，在接下来的这个礼拜，露西娅内心充满了对弟弟的可怕的愤怒，甚至可以说是狂怒。她用许多方式折磨弟弟，而这导致母亲总是责备她。一听到母亲的责备，露西娅就跑出房间，不过她很快又会回去，跑到母亲抱着的弟弟旁边，用牙齿咬着他的衣服不停地拉扯。在这之后，露西娅回到了她自己的房间，要求观察者陪她一起玩。在这个私人空间里，露西娅想让观察者扮演生病的小孩，而她自己扮演的是妈妈，她看到自己的孩子发了高烧，就去给她治疗。在扮演了这段情节之后，露西娅要求观察者跟她调换角色，这一次露西娅扮演生病的小孩，而观察者扮演一位女医生，成功地治好了她的病。

在这个与观察者独处的私人空间里，露西娅由于母亲抱着弟弟而产生的强烈妒忌感和憎恨感，被象征性地看作一种情绪高温，即一种让人痛苦的疾病，需要进行治疗。这个治疗出现在了接下来的一次观察中，这次观察正好是在观察者答应每周去露西娅家一次的约定快要结束前。

治疗还是杀死小宝宝
露西娅，四岁

在不耐烦地等待来访者的到来时，露西娅为她们两个人建了一个"洞穴"。她说，在"洞穴"外面，一切都被覆盖上了冰雪，而且，周围有很多狼。因此，她努力地在洞穴所有可能的出口处都围起了栅栏。露西娅说，她和观察者将成为两只臭鼬，她们很快就要进入冬眠了。

她描述说，"洞穴"的内部有一部分很温暖舒适，里面有很多鲜花，还有给两只臭鼬以及它们的许多孩子准备的食物。露西娅在"洞穴"的一个角落待了一会儿，用嘴巴吮吸着自己的T恤衫。她不让她的弟弟进入"洞穴"，并向观察者透露说，她之所以想跟观察者单独待在一起，是因为她非常爱她（观察者）。接着，露西娅把她在树林附近发现的许多受伤的流浪小狗都带进了"洞穴"里。她给它们喂食，并帮它们治疗，但与此同时，她也会询问它们的年龄，而答案无一例外都是一岁，即她弟弟的年龄。她还会询问它们到底哪里不舒服。后来，露西娅焦虑地跟观察者说，她的肚子也受伤了，不过，她突然又把这种担忧扔到了一边，她说："不管怎样，我都不在意，我非常勇敢。"

过了一会儿，露西娅的注意力就转移到了她抱着爱抚的一个男洋娃娃身上，她不断跟他说着爱的话语。随后，她停了下来，看着他，并问道："你怎么啦？你冷吗？我知道怎么治好你。"虽然她兴奋地大声笑着，但很快就粗鲁地把"小宝宝"扔到了地板上。

片刻之后，露西娅又捡起"小宝宝"，深情地把他抱在怀里，她看起来更加忧郁了。但接着，"小宝宝"总是抱怨，说他某个地方疼或者需要什么东西。每次"小宝宝"一这么说，露西娅就会大打出手，再次重重地把他扔到地板上。然后，她匆匆做了决定，她"一定要治好他"。她温柔地把他放到了床上。她手拿一把塑料刀，假装把他切成碎片，然后煮熟了吃。露西娅看着观察者，大声笑着，继续吃着被她切碎了的"小宝宝"的碎片。

就在这个时候，母亲走进了房间，并谈到了观察结束的事宜。露西娅强行试图加固入口处的障碍物。母亲的反应是：假装她是一只想偷偷潜入"洞穴"的狼，露西娅"开枪打死了"她。

在这之后，露西娅的情绪再一次发生了变化，她决定让她弟弟进到"洞穴"里来，但她明确提出，他只能当一只小臭鼬，只能当观察者的小弟弟。

在这次观察中，露西娅拼命地想给自己的心理设置栅栏，以免自己想到即将来临的与观察者的可怕分离，伴随这种恐惧感而来的还有寒冷以及狼群的破坏性。这种否认使得露西娅可以维持与观察者的关系，并将其视为一种理想的关系，充满温暖、非常美丽且给幼儿提供营养的"洞穴"表现出了这一点。不过，退回到"洞穴"之中"冬眠"也表明了一种心不在焉的状态和发展的暂停。

不过，露西娅也提到，"洞穴"里有些东西闻起来不好闻。此外，露西娅还在她内心的某个"角落"保持着这样一种意识，即她即将要与观察者分离。通过吮吸T恤衫这个动作，露西娅表明，即将到来的分离使得她退回到了把自己等同于内心的婴儿部分，她必须用自己内心已经长大的部分（等同于一个母亲）来喂养、安抚这个婴儿部分。

与观察者的分离通常与这样一种想法相关联，即露西娅认为，观察者会像母亲一样转向另一个孩子。对露西娅来说，为了保存她对观察

者的爱的感觉，她必须将有关另一个孩子（具体表现为她的弟弟）的想法从脑海中剔除出去。而且，她还必须将那只狼（父亲）剔除出去，因为露西娅将那些与分离的母亲以及导致她自己的愤怒有关的东西都分离了出来，并投射到了狼（父亲）的身上。不过，受伤的小狗被露西娅带回了"洞穴"，也带进了露西娅的心里，这就为她思考过去和将来的伤害提供了可能性。随着露西娅以一种相当杂乱、随意的方式照顾小狗，"洞穴"中有关游戏的叙事就展开了。露西娅开始询问小狗它们是怎样受伤的。当她残忍地击打小狗并把它扔到地板上时，这个问题的答案就出现了。但是，露西娅不能一直保持对自身攻击性的痛苦意识，她很快就"杀死了"这种洞察，她把自己等同于一个残忍的对象，兴奋地把"小宝宝"切成碎片。

由此我们可以看到，对即将到来的分离的恐惧损害了露西娅残存的、脆弱的自我观察、反省和关注的能力。不过，通过在游戏这个安全的象征性框架结构中将这些幻想情节扮演出来，她对小宝宝和狼（父亲）的凶残念头减少了。露西娅急切地等着观察者出现，这样就有人接受她的破坏性幻想，而她也就不需要将这些幻想都具体实施出来了。游戏使得她可以在自己的爱恨这两种情感之间建立起某种联系，从迫害性内疚到抑郁性焦虑，再发展到修复性活动。由此，露西娅进入了一种有质的差别的心理状态。之前她是禁止她的弟弟进入她的"洞穴"的，但现在她允许他进去了，接着，她还开始对母亲热情起来。在与充满爱意的好母亲重新建立联系之后，露西娅开始向她索要食物。这让我们看到了露西娅未来心理发展的某种希望。

❦ 私人空间的意义

露西娅要求与观察者独处的私人空间的特点，以及这个空间对于幼儿及其家庭而言的功能，需要我们做更进一步的探究。通常情况下，幼儿观察中总是充满了竞争、排斥、秘密这样一些俄狄浦斯主题。有时候，幼儿会试图与观察者建立一种排他性的关系，将母亲排除在外。这样做有时候好像是为了摆脱在父母亲之间、母亲和弟弟之间、观察者和母亲之间（观察者和母亲之间的谈话会引发幼儿的妒忌）等二元关系中所体验到的妒忌感。与幼儿经常试图通过在观察期间将妒忌投射出去从而回避俄狄浦斯焦虑的做法不同，露西娅对私人空间的追求则主要是为了探究和反思由于小宝宝的出生而产生的焦虑和变化。因此，这个私人空间所发挥的是一种发展性的功能，而非防御性功能。

　　母亲肚子里的胎儿让母亲的身体和心理都发生了根本性的变化。正如罗漫娜·内格里（1988）在观察案例研究（这个案例是玛莎·哈里斯督导的）中用优美的语言所证明的，对于幼儿来说，小弟弟/妹妹的出生有可能不仅是一种对追求知识的本能（epistemophilic instinct）的刺激，还是一种促进其心理发展的巨大刺激。不过，为了让幼儿能够获得成长（而不是倒退），我们需要在幼儿内在的梦的舞台上给他们留出实施攻击性、报复性行为以及爱的幻想的空间，并让他们在游戏中表现出来。

　　观察者有时候可以提供"一个单独的怀抱"，在由于小宝宝的出生而带来的各种变化之间架起桥梁。露西娅似乎生活在一片到处都是危险的鱼，还有一条龙的海洋里，直到观察者驾驶的安全的小船（怀抱）出现，让她上了岸。在弟弟出生后，露西娅最先对观察者说的话中充满了抱怨，她说家里所有空间都被那个东西占满了。在盆—小船的游戏中，露西娅觉得，这艘小船由于她的俄狄浦斯竞争者（即她的父亲和弟弟）具有威胁性的存在而遭到了毁坏，这就表明，她需要在她的内心恢复一片安宁的区域[2]，在其中她可以体验到自己对母亲的爱。她努力地尝试恢复这样一片区域，她想找到一个人，让她可以将她对已失去的深爱的母亲的渴望，以及对她自己已失去的充满爱的自我的渴望移植到这个人

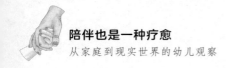
身上。因此，她一开始转向了她的父亲，但很快又退了回来，因为这种关系中由于父亲的诱惑而日益增强的性欲色彩让她很焦虑。"转向父亲"还让她充满了担忧，因为当她发现父亲和母亲之间如此冲突的关系时，她就很难与父亲建立亲密的关系。

不幸的是，在露西娅的环境中，好像没有其他人可以让她修通由于弟弟的出生而带来的各种变化。这不仅仅指的是必须具备的母亲的包容。如果在母亲之外没有一个父亲的空间，而是与母亲联系在一起，不能够接收投射性认同，那么，幼儿便不能内投父母之间相互合作的机能。重要的是，露西娅不仅向观察者提出了要求，而且成功地从观察者那里获得了这样一个空间。

加迪尼（1977）曾经强调过，尽管父亲的意象来自最初对父母亲之间关系的感觉，但父亲也会慢慢地为这种关系的塑造做出越来越多的贡献，因此，最终出现的便是一个完全不同的父亲意象。从这个意义上说，观察者所发挥的功能在决定将会形成哪种父亲功能（paternal constellation）方面非常关键。

众所周知，在婴儿观察中，"观察者为母亲提供了一个另外的'反省性空间'"（M. J. Rustin，1997）。而在幼儿观察中，除此以外，由于幼儿对观察者的认同，观察者还能够帮助幼儿强化他的观察和反省姿态，以及他审视家庭外部关系和内部关系的能力。在露西娅与观察者独处的私人空间里，她能够"走侧步"，完成"横向水平运动"，这"使她具有了能力……能够在做自己的同时，自我反省"（Britton，1989）。一方面，这样一种可能性让露西娅获得了极大的解脱，不管什么时候，她都能够和观察者一起"离开"，关上门，再次创造这个私人空间。另一方面，每一次当她不被允许拥有这样一个独立的空间，她就会对弟弟做出暴力行为，且暴力行为的等级会大幅度升高。

✎ 观察者的立场

"极端的情况会让我们清楚地看到观察者立场的不确定性"
（M. E. Rustin，1988）。许多学者都讨论过这个问题：当被观察的家
庭遭遇了悲惨的境地，或者某个家庭成员有了危险时，移情和反移情感
受会对观察者产生怎样的特定影响？至少在幻想的层面上，"观察者在
某些家庭中所扮演的角色，就是在一些更团结的社区中通常由配偶、兄
弟姐妹、父母、邻居扮演的角色"（M. J. Rustin，1997）。在这些情况
下，观察者的中立态度的意义似乎尤其具有争议性，而观察者需要竭尽
全力忍受由于"因自己怯懦、困惑或未经思考的共谋而有可能违背幼儿
或家长之最大利益"（M. E. Rustin，1988，p.12）而产生的焦虑感。布
伦纳（1992）曾写过一篇论文来论述幼儿园观察在安娜·弗洛伊德培训
中的地位，她在这篇论文中谈到了观察记录的重要性，她把观察记录视
为观察者和幼儿进行"一次私人访问"的机会，使观察者和幼儿之间的
关系得以深化。研讨班还给观察者提供了一个私人的空间，使他能够完
成双重任务：一是观察幼儿在家庭中的互动，二是理解他自己被引发的
无意识过程的深度和复杂性。

对露西娅的观察者来说，要认识到她母亲作为父母的优势和困境，
需要从认同于露西娅的婴儿期情感转变为接近她的母亲，为她的担忧提
供情感空间，并理解她的焦虑，这一点尤其重要。在这么做的时候，观
察者就充当了父亲的角色，即在母亲和幼儿的关系中发挥"支持性桥
梁"作用的第三个人。有时候，观察者也需要得到研讨班的帮助，以找
到"一种说话方式"（Crick，1997），好让他自己的声音被听到（甚
至在缺乏一种解释性功能的情况下，也能让自己的声音被听到），并找
到一种如何对别人所说的话做出反应的方式。

在有关幼儿对弟弟或妹妹的攻击性，以及如何处理幼儿与家人分离

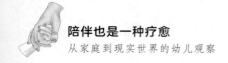

的问题中，我们可以非常敏锐地察觉到这些问题。露西娅的世界充满了原始的幻想和感觉，她经常将这些幻想和感觉表现为针对她的弟弟。观察者对此没有什么反应，这被露西娅和她的弟弟解读为：她是一个被动的家长（Isaacs，1933）。如果观察者被视为一个被动的家长，那么，幼儿要么可能会认为观察者支持破坏性和伤害，要么内心会承受对报复的恐惧。这种恐惧迟早会导致幼儿做出某种自我毁灭的行为。因此，我们通常鼓励观察者在小宝宝一个人（没有父母陪伴）的时候，保护小宝宝。

鉴于上面描述的最后一次观察，有可能会发生这样的情况：观察者与这个家庭的突然分离会让露西娅产生强烈的痛苦感受，并且还有可能会让她做出破坏性的举动。这一点非常明显，因为与观察者的关系对幼儿、母亲以及其他家庭成员来说都非常重要。所以，我们觉得，严格地坚守两年前预先假定的观察结论是不妥当的。因此，这个家庭需要有一个逐渐离开观察者的"断奶"过程。这个过程包括在接下来的一年中每月一次的观察，以及在这之后更为零星的一些拜访。在后来的这些会面中，有一次，母亲终于能够开口向观察者求助，请求观察者帮助她找一些心理治疗方法来更好地解决她在婚姻方面遇到的困境。露西娅也会打电话给观察者，这样，她的记忆中就一直有"她的朋友"以及她们一起度过的时光。

❧ 结 语

在较为有利的环境中，观察者的角色会简单许多。可以说，他只要舒服地坐在他的位子上，仅仅通过他的共情性关注参与正在发生的事件即可。不过，情况也并非总是这样。有时候，所需要的"演员阵容"不完整，有些"演员"角色是缺失的，这个时候，观察者就会更为直接地被喊到"舞台"上去。不过，"舞台"毕竟不是现实的生活。

在本章描述的这个家庭中，从一开始，母亲和幼儿都将一股强大的趋同性压力放到了观察者身上，要求她扮演起某种缺失的父亲角色。当然，观察者并不能代替真正的父亲。但是，她利用自己作为观察者的角色，对幼儿及其母亲作出反应的方式能够为他们提供一个救援空间，还有支持和理解，而且事实上，她也确实做到了。

～ 注 释

致谢：感谢弗朗西丝卡·韦尔代利（Francesca Verdelli）女士允许我们引用她的观察，还要特别感谢尤金妮亚·玛丽亚夫人慷慨大方地允许我们大段引用她作为观察者的作品中的材料，这些材料是我们思考本章主题的基础。另外，我们还要对雪莉·霍克斯特夫人与我们分享幼儿观察的发展史深表感谢。

本章的作者对有关观察的评论承担全部责任。

本章内容最早是在第二届国际塔维斯托克幼儿观察大会（伦敦，1997年9月1—4日）上提交的论文。

1. 我们在对其他幼儿的观察中也可以经常看到露西娅游戏中反复出现的主题，如我们在以下片片段的生动描述中所看到的：

丽塔（Rita），四岁六个月；乔治奥（Giorgio），两个月

乔治奥醒了，现在，妈妈一手抱着乔治奥，一手端饭给丽塔。丽塔说："我想吃乔治奥。你能把他切成一片一片的给我吃吗？"她用手比画着切的姿势，还补充说："把他切切，然后我们把他烧了吃。他是一只小臭鼬。"

妈妈阻止了她："不许说了。你这样对弟弟不友好。"丽塔的反应是"呸"了妈妈一声，并向妈妈吐口水。妈妈斥责了她。过了一会儿，丽塔爬到了观察者的膝盖上，要求观察者"像昨天那样跟她一起玩"。

观察者明白，她必须重复她们经常玩的一个"游戏"：让丽塔坐到她的腿上，然后观察者拉开她们两个人之间的距离，让丽塔往后摔。观察者对丽塔解释说，如果在丽塔往后倒的时候她没有抓住，丽塔就会真的摔得很惨。观察者很困惑：为什么丽塔会不停地抱怨说她不想被抓住。

在思考这个观察片段时，有一点好像很明显：丽塔在一次又一次地表达一种想法，即如果她想把弟弟乔治奥切成碎片吃掉，那他将不会再出现在妈妈的怀抱里。但是，如果真的发生这种情况，那么，由于她将自己认同于弟弟，且根据以牙还牙的法则，丽塔也将被赶出妈妈的怀抱。

2. 有人可能会想到梅兰妮·克莱茵（Melanie Klein，1945）所描述的她的患者理查德（Richard）画的画：描绘了蓝色的母系帝国的情形。其中，有些国家更为自由、安宁，而有些国家让人觉得很危险，被坏爸爸、弟弟，还有理查德自己所代表的军队给占领了。

第四章

幼儿观察研讨：发展观察者角色的新步骤

◎ 玛吉·费根

本章对幼儿观察的一些方面进行了探究，尤其是探讨了它与它的"兄长"（即婴儿观察）之间的关系。整个章节的内容基于我在塔维斯托克观察研究课程中担任幼儿研讨班领导者的经验而写成。本章试图探究观察者自身以及被观察家庭复杂的兄弟姐妹关系会对观察者角色的确立产生怎样的影响，通常观察者在观察幼儿的过程中，会努力为自己找到一席之地——不能过于中立，这会让幼儿将其忽略；也不能介入过多，这会导致在与幼儿及其家长的关系中出现角色混乱和边界混乱的现象。此外，对于观察者，幼儿无疑会产生各种各样的想法，本章也试图对幼儿的这些想法进行一些探索。幼儿会想：这个每周都会来家里但又不怎么玩——至少不经常玩——的人是谁？

此外，我还讨论了幼儿观察群体中的动力与我们在婴儿观察中所体验到的可能有怎样的不同。之所以讨论这一点，是因为我意识到，观察者自身的兄弟姐妹关系往往会增加成为一个幼儿观察者的复杂程度，还会使研究群体中通常本就已经很强烈的动力变得更强。除此之外，对许多学员来说，至少一开始他们会觉得幼儿观察是第二选择，幼儿观察比他们最爱的婴儿观察要稍逊一等。为什么会这样？这与以下因素有关

吗：我们都想成为独生子女的普遍愿望，当家里有了小宝宝时会觉得自己不再那么重要而产生的焦虑，或者纳闷自己为什么没有兄弟姐妹时也会担心失去独生子女的特殊地位而产生的焦虑。因为我们将有关兄弟姐妹和同伴关系的研究看作次要的，所以更倾向于将关注点集中于新生婴儿与其父母之间的关系吗？在有关幼儿观察的研究以及研讨班的群体动力中，有可能自身经历（autobiography）发挥了更大的作用。普罗佩西·科尔斯（Prophecy Coles，2003）曾写道，在她看来，弗洛伊德和克莱茵的自身经历影响了他们在理论中是否将强调的重点放到了兄弟姐妹关系上。科尔斯宣称，弗洛伊德与兄弟姐妹之间难以融洽相处的关系可能就导致了他在他的作品中不那么重视兄弟姐妹的重要性，尤其是兄弟姐妹关系中充满爱的方面；而克莱茵似乎与她哥哥建立了一种充满爱的关系，而且她非常爱她的姐姐，因此，她不仅写了有关兄弟姐妹竞争的感受，还对兄弟姐妹之间的爱进行了探索（Klein，1937）。

幼儿的世界：一般性观察

温尼科特捕捉到了幼儿世界的变化状态，他写道："每一个四岁的幼儿同时也是一个三岁的幼儿、两岁的幼儿、一岁的幼儿、一个正在经历断奶的婴儿，或者一个刚刚出生的婴儿，甚至是一个还在母亲子宫里的胎儿。儿童的情感年龄会不断来回变化。"（Winnicott，1964，p.179）只要稍加思考，我们便会发现，这种不断来回的变化中所涉及的情感工作是多么的让人筋疲力尽，但这就是一个普通的三四岁幼儿每天都要进行的心理工作。这是一个关于容纳感和排斥感的世界，是一个与快速但参差不齐的发展（既包括生理的发展，也包括心理的发展）相一致的俄狄浦斯世界。

情感之间所有这些来来回回的变化，很可能在两岁的幼儿身上表现得尤其严重，在三四岁的幼儿身上也依然非常明显，并导致了他们特有的不稳定现象——不仅仅指他们走路不稳，而且指他们心理状态的不稳定。这一秒刚表现出满满的强烈的进步感——我能走，我甚至还能跑、爬——但下一秒就摔了一跤。这就导致了一种不确定的心理状态，而这就是我们所要面对的非常年幼的孩子的局限之处——他们经常会在"无所不能"与强烈的依赖心理之间来回变化。在这个世界里，不仅有高涨的羡慕，也有强烈的妒忌。与这种不稳定现象并存的是这样一种需要，即他们需要发展出一种力量感和自主感，通过想象和游戏来探索世界及其各种可能性，包括这个有性别差异的世界。努力让自己变得不要太大也不要太小，很可能是一场为找到"刚刚好的"位置而展开的斗争，就像金凤花姑娘（Goldilocks）和三只熊①一样。在这种摇摆不定的状态中，兄弟姐妹竞争的问题（不管是有意识的竞争，还是无意识的竞争均包括在其中）会逐渐显现，而且，幼儿可能会幻想这是一个刚刚好的完美的兄弟姐妹——在父母的眼里，这个兄弟姐妹是完美的，这种幻想会让他非常痛苦。幼儿的这种心理工作并没有停止在三四岁的时候，因为接下来他们要面临这样一项任务，即要在家庭以外的更大社会世界中——比如幼儿园，找到自己的位置。在我们听到的许多幼儿观察中，这一努力过程通常几乎不需要成人的帮助便可完成。所有这一切构成了幼儿令人兴奋的世界，但不知何故，在精神分析史上，幼儿观察始终没有像婴儿观察那样吸引众多研究者的兴趣，并对其进行探索。不过，这种情况很可能正在发生改变。

我们经常回忆起刚开始进行婴儿观察时的激动和兴奋。正是在开始认识到近距离观察的价值的背景下，我们感受到了通过每周一次的拜访逐渐了解一个婴儿及其家人这个过程的美好，以及由于形成了一种观

---

① 金凤花姑娘和三只熊是英国童话故事，在英语里"金凤花姑娘"常表示"刚刚好"的意思。——译注

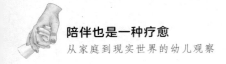

察姿态而获得的满足感。在研讨班上对每周一次的观察进行探讨，同时倾听处于相似发展阶段的其他婴儿的情况，对我们大多数人来说，都是很重要的学习经历。在很多人看来，婴儿观察始终都像是初恋，或者甚至是像第一个孩子。在这一两年之后，学员们开始学习幼儿观察。（这是塔维斯托克的课程结构，但就像引言部分讨论的，其他地方的课程结构会有所不同。）虽然在开始进行幼儿观察时，学员们进入了一个幼儿俄狄浦斯情结发展的充满活力的世界，一个为学会分享和在社会环境中应对更具攻击性或竞争性的感受而不断努力的世界，一个当幼儿被怀疑抢夺物品和很难做到分享时可以求助我们的父母或作为代替父母（loco parentis）的其他人（如幼儿园工作人员），从而重新获得公平和平静的世界，但在他们眼里，它也就是第二好，或者甚至是一种微不足道的东西。这也是一个让同伴关系和友谊变得更为丰富多彩的世界，为他们在家庭之外打开了一个建立爱的关系的新领域，同时也为他们带来了一项困难的任务，即在面对分离（这种分离是三岁的幼儿在生活中不可避免要去面对的）时能够继续与好的内在客体保持联系。

我之所以说"我们"，是因为幼儿观察中一个非常显著的方面是：如何呈现观察者由于观察经验而唤起的自身想法、感受和童年记忆。在普通人群中也是一样，观察幼儿也会轻易地唤起他们的兴趣和情绪。优兔（YouTube）上人们最常观看的视频（除了专业的音乐视频外）是关于一对年幼的兄弟的，观看人次已经达到了惊人的3.89亿。它甚至拥有了自己的维基百科词条。（为了让大家了解这个观众群体的数量有多大，我们可以提供一个参照数据：美国的人口大约是3.12亿，2018）。这个视频的标题是"查理又咬我的手指了"（Charlie Bit My Finger Again），采用非常一般的话语捕捉到了兄弟姐妹之间充满爱和竞争的世界，以及大家都熟悉的父母想要恢复公正并让一切都变得更好的诉求。这个视频讲的是兄弟两个。哈里（Harry）是哥哥，三岁了，他无疑觉得自己更优越。他总是将自己所有的弱点都投射到弟弟查理（Charlie）的身上，并确信自己处于控制和支配的地位——他甚至将自己的手指放入查理的嘴巴，就好像在说，"看着我，我大，你要听我的"。但查理反咬了他……一开始，这个当哥哥的被弟弟的强硬反抗、大胆的行为惊呆了，进而感到很愤怒。而且，弟弟查理一开始也对自己咬的能力感到非常吃惊，看起来还很是不安。然后，他发出了很有感染力的笑声。不管我什么时候播放这段视频，观众都会笑起来。我们所有人都能理解这种对自己兄弟姐妹表现出攻击性所带来的美好感觉——尤其是妈妈或爸爸在场时更是如此，他们能很快恢复足够好的家庭关系，这样就不会有人受到伤害。

科尔斯（2003）曾写过兄弟姐妹出生顺序（sibling order）的重要性。她评论说，"出生顺序可能是决定我们感知世界的方式中最为重要的因素"（p.5）。在总结纽鲍尔（Neubauer，1982）的观察和记录时，科尔斯写道："在观察中发现，虽然弟弟或妹妹的出生通常会增强年长幼儿的攻击冲动，但如果一切进展顺利，年长幼儿往往能学会如何更好地控制自己的攻击冲动。"（Coles，2003，p.81）科尔斯进一步假设，"竞争和妒忌并不是兄弟姐妹竞争的基础。它们仅仅是兄弟姐妹体验的一部分"。（Coles，2003，p.81）在这样的背景之下，我们可以想象弟弟妹妹是怎样地羡慕哥哥姐姐，而这对弟弟妹妹来说可能是一种激励因素，激励他们去适应哥哥姐姐的攻击性，目的是希望得到哥哥姐姐的爱和认可（Coles，2003，p.85）。当然，这种情况只有在有意识地处理孩子们的关系的父母的帮助之下，才有可能发生，这样的父母将两个孩子都放在了心上——这样的父母能够为了孩子而积极主动地应对俄狄浦斯困境，并促进兄弟姐妹之间的关系。在这里我想提出一点：我们作为婴儿观察和幼儿观察的老师，必须更为仔细地思考我们彼此之间的关系，并积极地帮助我们的学员在学习某一课程的过程中思考幼儿观察和

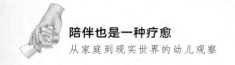

婴儿观察之间的关系（这门课程既包括幼儿观察元素，也包括婴儿观察的元素）。

除婴儿观察之外，幼儿观察也为我们提供了机会，让我们得以认识幼儿所处的社会世界。它是幼儿社会关系的一面镜子，而且我们也可以从中窥知其家庭关系。观察过程通常充满了幼儿快速发展的活力。我们立马就明显地看到了它与临床工作之间的关联：例如，欣德尔（Hindle）的文章（2000）就曾描述过，在将兄弟姐妹安置在同一个地方还是分开安置在寄养家庭这一复杂决定中，观察者起到了非常关键的作用。从观察一开始，幼儿就几乎总是会以某种形式利用观察者，在不同的幼儿—观察者组合中，这种利用的形式会有所不同。在婴儿观察中，母亲、父亲或其他家庭成员的在场，意味着管理边界的问题通常不在此时的考虑范围之内。而在幼儿观察中，这个问题可能具有非常重要的意义。不仅从被观察幼儿的生活经验这一视角看，幼儿观察的世界充满了活力，而且观察者也会有意识地回忆起自己的童年时期，而这往往会增加在幼儿观察中建立观察者角色的复杂性，并促成了研讨班中的群体动力。

斯滕伯格（Sternberg，2005）为我们提供了大量例子（这些例子来自对学员的访谈）来说明在婴儿观察中，观察者的个人情感是怎样被激发出来的。对幼儿观察的学员来说，也是如此。事实上，经常出现的情况是：幼儿观察的世界（其关注的焦点是兄弟姐妹关系中的爱和竞争）不仅会激发起有关婴儿期情感的无意识记忆，而且会激发起有关与兄弟姐妹之间关系的意识记忆。有趣的是，在幼儿观察研讨班上，我们注意到，观察者会无数次地提到他们自己的家庭史（很可能比婴儿观察中提到的次数要多得多），提到他们自己曾是专横的大姐或是家中的小宝等，并认识到了这些情感会对他们的观察产生非常大的影响。

很多观察都不可避免地会让人感到痛苦，因为被观察的幼儿正努力地在更大程度上与家人分离，进入幼儿园世界中。学员们通常会惊奇地发现，这是一种非常难以承受的体验。学员在开始观察幼儿生活的同时，通常也打开了他自己的意识记忆的闸门。沃德尔（Waddell，1998）写道：

一个"有思想的乳房"（母亲）通过在心理和情绪上给孩子足够长时间的支持，将可以帮助幼儿承受分离和丧失，因为这样的母亲自己能够承受丧失，最终能够承受对死亡的恐惧，能够理解她的孩子所体验到的那些相同的恐惧，并能够将孩子希望她陪伴在身边的需要和贪婪区分开来。（p.69）

我们可以补充一点，观察者自身承受分离和丧失的能力也和他与每一个特定幼儿的关系中发展出观察者角色的过程相关联。与幼儿观察者群体相关的研讨班领导者的理解和支持也至关重要。有时候，情况有可能是这样的：研讨班群体有关分离和丧失的体验压倒了一切，以至于一整个的工作群体都难以容纳，例如，有关父母离婚或一个人孤独地待在一个陌生国家的记忆就是一种压倒性的体验。

❧ 在幼儿观察中重新界定观察者角色

在本书引言部分，阿达莫和拉斯廷就提到过幼儿观察的许多独特领域，他们还指出了幼儿观察者所面临的"特定挑战"以及"技术方面要面对的挑战"。这些涉及幼儿观察中观察者角色的动力性质，以及积极反思这种性质如何表现、被观察幼儿对此有何体验的必要性：看到观察者每周都来看自己，每一个幼儿对此都会有一些自己的想法。正因为如此，我们对观察者角色的理解在某种程度上使得观察者必须能够想象幼儿是如何知觉观察者的，这与婴儿观察中观察者对婴儿的影响有很大的

不同。

从第一次会面起，观察者和幼儿之间就产生了一种积极的、充满活力的关系。观察者该怎样向幼儿介绍自己呢？应该说什么呢？当观察者必须在没有"母亲这个保护性过滤器在场"的情况下直接与幼儿建立关系时，比如在幼儿园，这通常就会成为一个不可避免的问题。这就是在开始观察之前先与被观察家庭见面非常重要的原因所在，这样的话，幼儿所拥有的经验就是：是母亲或父亲将观察者介绍给了自己。在研讨班上，我们有时候会听到有人报告说，观察是从被观察幼儿的母亲的一个电话开始的，她通常会提出在幼儿园与观察者见面。但这次见面并非总能达到目的——很可能还要走很长的路才能真正开始观察。在幼儿园的时候，有些家长很可能会放弃自己对孩子的父母职责，就好像在幼儿园所发生的一切都是幼儿园的事情，他们不需要对此过于操心。或者，有些幼儿园的做法可能会给父母这样一种感觉，即幼儿园已经从家长手里接管了孩子，家长已经被排除在外，或者家长会觉得，就算这不是现实，也要这么做。在很多情况下，都存在着如何在确立观察者角色的过程中处理保持亲密和距离之间关系的问题，于是，学员们就会经常思考该如何向幼儿做自我介绍。每一个观察者都必须在抽象的非参与性观察者范式的影响之下，衡量如何与幼儿保持恰当的热情和距离。这很关键。这种姿态是一种理想：在现实生活中，它往往不可获得，或者甚至让人想都不敢想。许多学员在一开始进行幼儿观察时，会认为幼儿观察中所涉及的观察者角色比不上非参与性观察者的范式，因而，许多幼儿观察中所需要的观察姿态会被视作第二选择。因此，与幼儿的互动常常会被看作令人遗憾的事，他们认为，研讨班领导者（代表了想象中的非参与性观察者的范式）会对阅读书本或将铁路轨道碎片拼凑在一起的行为做出严厉的批评。

对于那些力争在婴儿观察中建立一种较少参与角色的学员来说，幼儿观察可能是一件令其困惑和费解的事情。就像一位母亲必须努力在内心为两个拥有完全不同需要的孩子留出空间一样，观察者也必须为两种不同取向的观察者角色找到心理空间，而对有的观察者来说，要做到这一点似乎容易得多。

婴儿观察研讨班和幼儿观察研讨班之间也可能存在一些分裂。一些学员在婴儿观察中非常认同某个婴儿及其家人，以至于很难开始另一次观察，甚至觉得开始另一次观察是一件痛苦的事情，而且，他们可能不愿意去观察幼儿。在幼儿观察中，观察者不太可能像在婴儿观察中那样认同所观察的幼儿，也不太可能成为所观察家庭的一部分。有时候，幼儿观察好像被视作潜意识中并不是真正想要的一个弟弟或妹妹的诞生，而且可能会被视为已存在婴儿的竞争对手。如果不是和婴儿观察放在一起，幼儿观察是不是就能更容易被学员们接受呢？

放弃对已选择的理想婴儿的认同，转而开始另一次观察，可能常常开始于婴儿观察者角色牢固确立之前。有时候，出于某些原因，学员们可能在做好准备之前，就必须寻找另一个观察家庭。很难找到一个婴儿来观察且难以确立自己的观察者角色的学员，可能不愿意从头再找一个观察家庭，因为这是一件令其望而却步的事情。有时候，这会影响其对幼儿观察者角色独特性的理解。学员们经常想讨论这样一个问题：观察者应该保持怎样积极主动的姿态，尤其是在母亲不在场（即没有母亲的保护）而幼儿必须单独与观察者在一起时，观察者应该保持怎样的主动姿态。他们每时每刻都要解决一个问题：在"过多介入"到"过少介入"这个连续体上，他们应该将自己置于何处。若是过少介入，他们将面临这样的风险，即幼儿可能会认为观察者对他不感兴趣，或者甚至是忽略了他。这个磨合的过程通常反映了幼儿的俄狄浦斯斗争。

有时候，观察者会在某个机构中开展观察，这是不是也有可能会给观察者带来非常大的压力呢？在一个很难应对的机构背景下展开观察，

可能类似于在母亲患有抑郁症或家庭存在某种困难的情况（这样的情况可能会让观察者产生压倒性的威胁）下进行观察的情境。在这样的情境之下，要开展一种协调一致的观察是很难的。协调一致的观察指的是以关注细节，并对幼儿的情感沟通作出有感情的反应为基础的观察。这就意味着观察要基于自我，而不能基于对某个分析对象的投射性认同。这样一种认同可能会导致僵化，使得观察者在坚守这种二维的观察者角色时变得反应迟钝和刻板。

安　娜

有一位学员分享了一次协调一致的观察，那是她在幼儿园对一个名叫安娜（Anna）的三岁女孩进行的观察。安娜和她的家人刚刚来到这个国家，她所能理解的英语词汇很有限，会说的就更少了。巧的是，观察者跟她说的是同样的母语，但她认为安娜并不知道这一点。在观察研讨班上，我们讨论了这样一个问题：如果观察者用她们共同的母语跟安娜交谈，那对这个小女孩来说将意味着什么？研讨班成员意见不一，这一点也不奇怪。有些学员认为，观察者应该让安娜知道她们说的是同样的母语，而有些学员则认为，让安娜知道她们说的是同样的母语将有损观察，使得观察者不能更为充分地理解安娜在幼儿园的体验。有一天，孩子们在玩耍，观察者强烈地感觉到了安娜的迷惘和痛苦，因为她听不懂幼儿园老师对所有孩子发出的指令。但观察者决定不帮安娜，不向她解释游戏的规则。几分钟后，到了去户外的时间，幼儿园老师告诉孩子们去拿外套，然后穿上。安娜拿了自己的外套，但却怎么也穿不上，紧接着，观察者就"发现"自己跪在了地上，伸手帮助安娜扣上外套的扣子。很可能在这个时候，观察者觉得自己想要更多地去容纳这个孩子作为班级群体局外人的体验，并想保护她免受这种"寒冷"。

这个观察者是从一种协调一致的立场来进行观察的，她一直在想：

这种被观察的体验对幼儿来说究竟意味着什么。她用了观察者的立场来理解幼儿的体验，而且不能立刻做出反应，让痛苦的体验消失——尽管她自己的成长经历让她更能够理解由于语言不通而被人排斥在外是怎样的一种感觉。但是，她同时也意识到了自己角色的局限性，并最终想成为一个对该幼儿而言的良性存在，而不是增加她的困难。当她在幼儿园群体中，能够静静地增强安娜的抱持体验时，她就这么做了。当她在研讨班上报告这次观察时，所有人都被她感动了。

〰️ 理论的角色与研讨班

研讨班领导者通常必须扮演容纳者（container）角色，容纳观察所激发的许多强烈感受，并需要意识到研讨班中可能发生的强烈的团体相互影响过程（group processes）。由于与婴儿观察相比，幼儿观察中理想化的东西通常要少一些，因此，研讨班中的团体相互影响过程可能更为严重。在讨论三岁幼儿的生活时，文化差异、种族、阶层的影响是非常直接的，因为对纪律、进食、就寝时间、游戏等的态度在很大程度上是由文化决定的。通常情况下，研讨班领导者具有母亲的功能，同时还具有协调控制（父亲）的功能，这种功能可以帮助小组成员越来越能够系统地阐述他们的想法。这一点尤其重要，因为在大多数的幼儿观察小组中，学员的学术背景都有很大的不同。有些学员讨论起抽象的理论观点得心应手，但有些学员对此就不那么自信了。研讨班领导者的母亲功能和协调控制功能，确保了每一个人所说的话都能被人听到，学员一旦在研讨班中感受到了更多的抱持，他们将拥有越来越大的能力，从而在每周一次的观察中捕捉到细节。

在整合理论和观察的过程中，研讨班上的讨论具有非常重要的作用。但理论的地位是什么呢？学员们撰写的许多论文中都充满了理论，他们通常用理论来病理化幼儿。为什么会这样呢？有没有可能是学员们

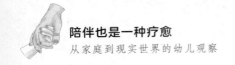

有时候混淆了有关心理和理想发展的理论模型与观察到的幼儿情况？理论能促进我们的理解，但其价值也可能被贬低，并用来破译所观察到的互动情况的"真实"意义。例如，以一种不完整的方式使用理论很容易导致出现这样一种观点，即所有的分离都是不好的、不能忍受的、有害的。我们很难触及成为弱小（being small）的痛苦—甜蜜体验；当然，小不点儿（being little）也有痛苦，但幼儿同时也能体验到快速成长与发展的力量与"甜蜜"。对于许多幼儿来说，想象自己已经长大、游戏创造力日益增强，以及越来越有能力既从自己的视角出发思考问题，也从他人的视角思考问题——是一种解放性的感觉。这在许多儿童故事中都可以生动地捕捉到。例如，《咕噜牛》（*The Gruffalo*，Donaldson & Scheffler，1999）中的那只小老鼠就非常害怕独自待在一个充满敌意的世界里——即大家都知道的那片树林。但他最终能够以一种让大多数三岁幼儿都兴奋、高兴的方式运用他的想象，并以游戏的方式构想出（因而控制，至少一开始是控制！）那个怪物咕噜牛。或许作为研讨班的领导者，我们应该鼓励我们的学员读一些儿童故事，经常接触幼儿电影和电视的流行文化，这能帮助他们跟上幼儿的想象。

现在，让我们来看两个观察案例，这两个案例在某种程度上证实了确立观察者角色的复杂性。

莫莉：对一个由保姆照看的幼儿的观察

在开始观察的时候，莫莉（Molly）刚满三岁。她是家里三个孩子中的二孩——哥哥詹姆斯（James）六岁了，观察期间他通常都是在学校；妹妹艾米（Amy），刚刚两岁。莫莉的爸爸妈妈都要上班，因此，每天照看孩子的任务就交给了保姆杰丝（Jess）。虽然观察者在开始观察前先见了莫莉的妈妈和爸爸，但早期的大多数观察都是在只有保姆在场的情况下进行的。这个保姆刚接手这个工作，因此，不仅保姆会努力工作以确立她的新角色，而且观察者也必须认真思考观察者的角色，观察者发现自己常常会思考保姆的"新手"状况，且非常同情这个保姆的任务，即与两个孩子建立起类似亲子的关系。虽然观察者在第一次观察之前约见了这家父母、孩子们，还有保姆，但这次约见几乎没有为观察者的第一次观察做任何准备！

詹姆斯拿起一把尺子，开始戳我的屁股和臀部，他还鼓励莫莉也这么做——"戳她，戳她！"他兴奋地大声叫着。莫莉也找到了一根大木棍，并开始戳我，她大声笑了起来，有点歇斯底里的样子。她不停地看向詹姆斯，就好像是在寻求指导一样。

在这第一次观察中，保姆还没有在孩子们面前确立父母地位，缺乏一种类似于父母的牵制，这就导致这两个孩子合起伙来对付新来的观察者。

在接下来的观察中，虽然保姆到这个家庭的时间不长，但已有一些迹象表明这两个孩子越来越接受她，将她视作一位替代母亲，而且，在莫莉的串珠子（这些珠子是她妈妈给她的，存放在她妈妈的一个包包里）游戏中，我有这样一种感觉，即这个小女孩是通过保姆来与她内在的好母亲客体保持联系。不过，这种对保姆的接受依然是不确定的，一旦附近的三个孩子跟他们的保姆到家里来玩，所有有关父母的想法就会被抛到九霄云外。不管是孩子们，还是保姆们，都不会再有任何有关父母责任的念头。相反，母亲的功能往往会被投射到观察者身上，观察者发现自己对孩子们的安全充满了担忧，想去管他们，承担起父母的责任，而这会让她很难保持观察者的立场。

桌子中间有一个很大的罐子，里面装了一些塑料珠子。杰丝问莫

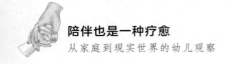

莉，是不是想做一个手链。莫莉面前放着一根细线/细绳。在杰丝低头看着坐在地板上的艾米，跟她讲话时，莫莉拿起了一把剪刀，这把剪刀很大，不适合儿童使用，看起来有些让人担心。我看到莫莉把手指放到了剪刀中间，并开始把剪刀磨来磨去想要剪断绳子。就在我思考着该如何做出反应的那个瞬间，杰丝抬起了头，说："莫莉，不要玩那个，那是大人的剪刀。过来，我帮你剪。"我松了一口气。

过了一会儿：

突然，门铃响了。我记得我当时想的是，很可能是杰丝的保姆朋友带着她所照看的孩子们来了。一听到门铃声，詹姆斯立刻跑到了门边，艾米也跑了过去。莫莉的反应更为微妙。她抬起了头，朝门的方向看去，脸上带着一点若有所思的神情，然后，回过头仔细地串着珠子，继续做她的项链。除了我跟莫莉，其他人都离开了房间，莫莉依然继续做她的项链。

在这次观察接下来的时间，两个保姆继续眉飞色舞地闲谈着她们共同的熟人、她们的男朋友，还有一些婚外情八卦，而五个孩子就在厨房里来回奔跑。几分钟后，观察者写道：

两个保姆依然斜靠着早餐台，闲聊着。但谈话内容变成了：那个来莫莉家玩的保姆所照看的孩子中，有一个刚刚在幼儿园做了一张卡片送给她。杰丝说，莫莉从来没有做什么东西送给她，除非她要求莫莉给她做，不过，她又补充说，莫莉确实给她做过一个钥匙圈。与此同时，她转向莫莉，把她拉进了谈话中。"你还记得吗，莫莉？"她问道。莫莉抬头看了看她，但没有真的给出回应。两个保姆继续闲聊，其他孩子继续玩耍，只有莫莉独自一个人继续坐在桌子边做她的项链。两个保姆的闲谈继续着，那个来玩的保姆提到了一些性方面的东西。其他孩子都根本听不见，但我记得我有一种感觉：我想要保护莫莉，不让她听到。又过了几分钟，莫莉离开了桌子，说她已经做好了。她走到了杰丝身边，把项链递给了她，有点害羞地笑了笑，并柔声地说："我为你做的！"把项链放到了杰丝手里。

在这次观察中，我们可能会这样认为：莫莉是在利用串珠（这些珠子是她从妈妈的包包里拿出来的）作为与自己内心足够好的母亲保持联系的一种方式。有趣的是，与内在的好母亲保持联系，使得她更能够接受她的保姆杰丝，并对她更为慷慨大方。观察者也可能被她视为一种包容性的存在——对于一个保护性的母亲般的容器的需要，在很大程度上投射到了她的身上。观察者这个包容性的存在可以帮助莫莉，支持她的愿望，即与一个足够好的父母保持联系，而且，可能也正是观察者这个包容性的存在，才使得她能够一点一点地接受那个替代父母的权威（杰丝确实逐渐提供了这种权威）。观察者也可能为杰丝提供了另一种选择，跟她组成一个二人小组来照看孩子们：她要么可以与来家里玩的保姆组队（我们差不多可以将其说成一个青年女孩组），要么可以与观察者联手，来更多地留心这些孩子，尤其是莫莉。马加尼亚（1997）就曾写过保姆/保育员与母亲之间有一个共同的内在意象的重要性，这样，对于婴儿或幼儿来说，她们就是一个支持性的二人小组。

肖恩：一个新生婴儿的降生与一次观察的结束

这次观察开始于肖恩（Shaun）刚过完第四个生日之时，当时，他同母异父的弟弟刚出生不久。肖恩需要应对的东西有很多，而且，通常情况下，他必须自己设法应对，因为没有成年人能告诉他这种经验的意义

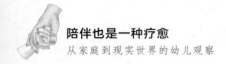

是什么。事实上，肖恩似乎有这样一种感觉，即在母亲怀孕期间，他的婴儿期需要就被忽略了——而这可能也导致他产生了一种不如弟弟好的微不足道感。他的母亲找到了一个新的伴侣——在观察期间，肖恩见自己亲生父亲的次数越来越少了。母亲和继父都非常爱这两个孩子，但他们给肖恩的帮助似乎很少，于是，肖恩觉得自己不如弟弟好，觉得自己被这个刚出生不久的弟弟取代了。有时候，母亲和继父都会无意识地和肖恩一起，幻想对这个新生婴儿做出攻击性举动。例如，在母亲怀孕的时候，所有人都称这个尚未出生的婴儿为"泡泡"（bubbles）。母亲、继父和肖恩都玩一种击爆泡泡的电脑游戏——这个游戏让肖恩不可抑制地狂喜。但到了晚上，肖恩非常害怕鬼怪和坏人，并出现了睡眠障碍。在白天，他常常会疯狂地跑来跑去，或者让自己完全定格在电视屏幕前，要么看节目，要么玩电脑游戏，借此保护自己免遭迫害性焦虑的影响。他看起来好像彻底迷失在了他的网络世界里，或者说在相当大程度上迷失在了网络世界里。观察者总觉得，肖恩只是在等着回去玩他的电脑。

观察者进入这个家庭观察已经一年了，事实上，这是最后一次观察，观察开始时，这个家庭中的每个人都在忙碌着。爷爷在家里，还有表姐科瑞恩（Corrine，五岁）也来家里做客。他们都在看电视。接着，肖恩想到楼上去，他牵着观察者的手，想给她看他的赛车跑道。科瑞恩跟着他们上了楼，但肖恩非常明确地跟她说，她不能玩。不过，过了一会儿，科瑞恩还是得到了一个玩的机会。

肖恩再次开始比赛，科瑞恩试图模仿他的样子，把车推到终点线。"不对，不对，不对！"肖恩对她大吼了起来。"嘿，你耍赖！"爷爷这样说他，但肖恩一把把轨道从科瑞恩手里抢了过来。轨道碎了，他试图把它重新拼好。爷爷开玩笑说他们两个人的竞争真激烈，然后把科瑞恩带到楼下去吃点心，并让肖恩整理好他自己的房间。肖恩问："那我呢？"爷爷回答说，他会给他留一些点心的。

肖恩和我留在了楼上的房间里，就我们两个人。他捡起碎了的轨道，试图用这个轨道戳我。我跟他说要有礼貌。他告诉我："这是我的剑！"在我清理剩下的轨道碎片时，他想让我跟他一起玩击剑。"你可以用剑来杀人。"他告诉我。我点了点头，并观察他接下来要做什么。接着，他发现还有一些轨道碎片在窗台上，在我帮他去拿这些轨道碎片的时候，我看到有许多照片散放在窗台上，这些照片是装在相框里的，横放在窗台上，而不是竖着摆放在那里。它们看起来有些旧，有点褪色，就好像它们一直被放在了太阳底下。照片中，肖恩还是一个小宝宝。"这些照片很好看。"他低声地说。接着，肖恩发现有一个相框散架了。"你能修好它吗？"他轻声地问。我把相框修好了，他看起来很开心，但依旧把这张照片与其他照片一起横放在窗台上。

几分钟过后，肖恩下了楼。我坐在最下面一级楼梯上，跟他妈妈坐在一起。肖恩一下子蹦到了妈妈身边，跳到了她身上，并试图给她一个大大的拥抱。妈妈回抱了他，但他转过了身子，在妈妈的下巴上咬了一口。"啊啊啊啊啊……"她痛得尖声叫了起来。"你这是在干吗？肖恩，你这样做真的会伤到我。"她非常生气地补充道。彼得（Peter）走出房间，对着肖恩大声说道："不记得我说过不许伤到妈妈的吗？"肖恩走开了，走到了爷爷身边，坐了下来。

在这个人来人往的世界上，肖恩似乎有些茫然无措，他非常不确定自己的地位，尤其是在观察者进行最后一次观察的这一天。他很可能有这样一种感觉，即观察者一直以来对他不得不放弃婴儿身份的经验，以及他在快速变化的家庭结构、与自己的亲生父亲失去联系等方面所体验到的困难非常感兴趣。他一会儿感到自己是被包容的，一会儿又觉得自己被排斥了，这种摇摆不定的感觉让他不知所措，让他产生了攻击性。

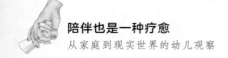

接着，他又害怕自己有可能因此而遭受伤害，但他确实想知道观察者能否帮助他应对所有这一切——"你能修好它吗？"他问她。由于不确定自己在母亲心里的地位，尤其是在现在有了一个小宝宝的情况下，他独自（没有亲生父亲的陪伴）努力，他撞进了母亲的怀里，这一攻击性行为强化了亲密关系，但随后却导致他咬了母亲一口。这里表达了一种充满愤怒的愿望：他想攻击，但同时他心里有更多母亲的位置（不过这只能通过一种攻击性的摄入才能获得）。当然，观察者此时就坐在母亲身边，离得非常近。许多同样的情感也会指向观察者。

肖恩常常会与内在的好母亲失去联系。他通过玩电脑游戏来表达他不可遏制的攻击性幻想，但这些游戏却不能像那些更具想象性的游戏一样给他提供机会来修通这种体验。事实上，重复玩电脑游戏而不解决问题，可能会增加他的恐惧。在肖恩玩的电脑游戏中，玩家要做的仅仅是提高他的分数，即击爆的泡泡数量，而不存在一种涉及修通复杂情感的叙事。击爆泡泡就好像是情感的投射，而在想象性游戏中，这些情感会在角色游戏中得到维持，会从不同的视角（通过不同的角色）来加以探究。

这次观察例证了一点，即一位观察者努力地想保持观察者的角色，但同时又总是纳闷自己应该以怎样的姿态出现在孩子面前。如果她没有在这一天——她最后一次观察的这一天——修理相框，那么这对肖恩来说意味着什么？观察者应该让肖恩回去找他父母给他提供他所需要的帮助，而不是她自己来帮他修理相框吗？或许，她应该说一些这样的话，"噢，是的，这个相框确实需要修修了，不过，你妈妈或者彼得可能晚点儿会修。"但是，有人可能也会提出，观察者所做的事情不能超出自己的观察者角色太远，且应避免采取一种能够修理东西的无所不能的姿态。在最后一次观察的这一天，情感尤其高涨。毕竟，虽然肖恩很开心她能够修理相框，但他同时也感觉到了她的介入的局限性。他把相片正面朝下放在了窗台上，与其他照片放到了一起。

～ 总 结

对于观察者来说，在遇到上面所描述的两种情况时，要进行判断是非常困难的事情——需要考虑幼儿是怎样看待他们的，这样才能不断地重新界定在每一次特定的观察中他们应该如何表现出观察姿态。当一个幼儿忙于与自己的母亲或幼儿园老师进行足够好的会心时，事情就没那么紧迫了，但我们听到的许多观察案例却是：幼儿真的生活在一个很艰难的世界之中。布莱辛（Blessing，2012）提出了一个隐喻来帮助我们思考这样一种姿态——这种姿态是维持某次观察所必需的，但同时又不会变得过于介入或过于不稳定。她写道：

在研讨班教室这个私密空间分享我们的真实行为，让我们可以对一些情境加以审视，在这样的情境中，改变我们技术的某个方面可能不仅有合理理由，而且是可取的。僵化遵守规范会导致思维固化，并导致观察者不动脑子思考。就好像是建造摩天大楼的影响因素（sway factor），一点点的出入实际上也不影响整栋大楼的结构。我们该怎么确定哪些情境需要有出入，而哪些情境需要严格遵守规范呢？（p.34）

这段话是对在难以应对且令人担忧的婴儿观察情境中改变技术的反思，但在幼儿观察时就不那么适用了。要解释我们在思考一个幼儿如何利用观察者时所说的协调的意思，"影响"（sway）是一个非常有用的隐喻。婴儿观察与幼儿观察之间的异同，需要我们进一步提炼我们的理解：婴儿观察和幼儿观察的恰当结构分别是什么。

～ 注 释

感谢阿比盖尔·吉林厄姆（Abigail Gillingham）和安杰拉·派伊（Angela Pye）慷慨地允许我引用她们的观察记录。

02
第二部分

在家观察

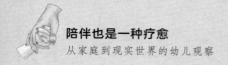

陪伴也是一种疗愈
从家庭到现实世界的幼儿观察

　　安贾莉·格里尔撰写的第五章描述了一个通过助产技术怀上的幼儿的发展。伴随这个小男孩出生而出现的各种特殊的、令人痛苦的变化，说明了这些与受精、怀孕、分娩相关的问题在某些特定的情况下所产生的持久影响。这些在婴儿观察中非常突显的因素到了幼儿观察中通常会变得有些边缘化。不过，在这个案例中，与女性不育、一些无人哀悼的丧失（包括遗传基因的丧失），以及与生育和为人父母的文化态度相关的尚未解决的问题，导致母亲和这个小男孩之间形成了一种冲突关系。给这个小男孩喂饭就像是打仗（在这个"战场"上，他们在关系中更具被害妄想的方面找到了表达的空间），家人都希望他能够好好吃饭，也就是在这个时候，这家人接受了观察，这一点很可能并不是偶然。不过，有趣的是，对观察者的"含蓄利用"似乎不仅促成母亲和幼儿的内在世界中发展出了一些更有利于健康的东西，而且也促进了他们之间关系的良性发展。

　　克洛迪娅·亨利撰写的第六章描述了一个小男孩为发展出能在与父母的关系中保持独立，并能够与其分离的能力而做出的努力，而在这之前，投射性认同的过程经常出现。在这个幼儿与观察者建立的关系中，这些动力也非常明显。与婴儿相比，幼儿的活动性、自主性更大了，这就意味着观察者要跟在幼儿后面不停地来回跑动。非常有趣的是，我们经常会看到，对一个幼儿的心理状态（他们会通过他的行为、游戏，以及与观察者建立的关系的性质表现出他们的心理状态）的观察，说明的往往却是与其他空间相关的象征意义。整栋房子及其不同的空间布局——浴室、父母的卧室、儿童房等——在儿童想象的世界中往往会成为儿童自己和/或父母身体及功能的象征。正如本章作者所指出的，一位幼儿观察者很快就会面临有关隐私和界限的问题，这与观察者在婴儿观察中所体验到的完全不同。在本书的许多章节所描述的观察中，我们都面临这样的情境：观察者必须"温柔而又坚定地"拒绝幼儿的邀请

（幼儿经常会邀请观察者去一些地方，如帐篷、浴室、父母的床上，这些地方充满了引诱、侵入、性兴奋或虐待的幻想与感受），同时重申他将保持他的立场。在本章中，作者描述道：观察一开始只能在父母的床上——"棉被房子"中——进行，到后来才有可能慢慢地转移到幼儿的房间中，说明"劳里在其他地方玩耍（而不是只在他父母的卧室里）的能力与他的情绪发展之间有一种明确的联系"。

莎伦·沃登撰写的第七章以优美的文笔详细描述了一个小男孩与他父亲的关系，以及这种关系所具有的俄狄浦斯意义（oedipal significance）。该章是正确地认识到了幼儿和父亲之间关系的丰富性及复杂性，并对其进行探索的章节之一，同时还思考了幼儿的性别会怎样通过认同过程促进这种关系的形成。该章作者对于她自己有关被观察家庭的不断变化的视角的论述，尤其形象生动地让我们想到了观察者与被观察家庭之间的复杂互动，以及所体验到的这种互动的强度。这一章还论证了：在探究被观察家庭的潜在情感氛围和焦虑与防御模式的过程中，有关观察者反应的研究可能非常有价值。

第八章是这一部分的最后一章，在这一章中，西莫内塔·M.G. 阿达莫描述了一个小女孩为应对弟弟胎死腹中对她所产生的影响而做出的令人动容的痛苦斗争。鉴于他们全家都因为失去小宝宝而非常伤心难过，观察者对她的支持就具有特殊的重要作用，且意义非常重大。这一章例证了这样一个事实，即虽然观察最初是为了观察者学习的目的，但可能会对幼儿产生相当大的潜在治疗作用。因此，观察所具有的这个特征就向我们提出了一个问题——应该以怎样的方式恰当地结束一次重要的观察，对此，我们在其他地方也进行过讨论。

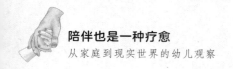

第五章

对一个通过助产技术怀上的有喂食困难的亚洲幼儿的观察

◎ 安贾莉·格里尔

在这一章中，我探讨了对一个三岁男孩［我叫他苏拉杰（Suraj）］的观察。他的父母是亚洲人，他是家中的二孩，上面还有一个七岁的姐姐。他的父母都是移民，他们在成年后不久就来到了这个国家，现在看起来大概四十岁刚出头。

苏拉杰和他姐姐的妈妈在生育治疗的帮助上怀上了他们，在这之前，他们的父母经受了很多年因为不能自然怀孕而导致的痛苦、失望。他的姐姐是通过IVF（in vitro fertilization，体外受精）被怀上的，而苏拉杰常常被人描述为一个GIFT（gamete intrafallopian transfer，输卵管内配子移植术）幼儿。在我们第一次见面的时候，他的母亲苏妮塔（Sunita）心酸地描述了为怀上苏拉杰所遇到的巨大困难：有三年的时间，他们因为IVF治疗的失败而一次又一次地承受着失望，最后，他们决定接受另一项选择，即生一个GIFT宝宝——这就意味着这个"礼物"很可能既是一颗捐献的卵子，同时也是他们非常想要且心怀感激的奇迹——二胎。

除了感激这份"礼物"之外，母亲还表达了与苏拉杰的分离感和对他的不满意感。她说，苏拉杰在很大程度上是他父亲的儿子——从生物学角度看，他当然是他父亲的儿子——但却不是她的儿子。

在回顾时，我想：这些纠结的感觉是不是还有可能与她的哀悼需要有关，即她因为失去了她等待如此之久的在幻想之中属于她自己的"理想"宝宝而需要哀悼？此外，母亲自己对苏拉杰的矛盾感受还可能因为苏拉杰与他父亲之间排外的强烈依恋而被放大了。下面，我将讨论因此而导致的在苏拉杰与其母亲的关系中所出现的一些复杂动力。

喂食困难是早期观察的一个主要特征。给苏拉杰喂饭，显然从来都不容易，甚至是在他还是一个婴儿时也是这样。我在想，母亲对苏拉杰的敌意有没有可能与她认为苏拉杰在拒绝她的感觉有关，同时也可能与她认为只有通过令人满意的母乳喂养才能认可他是她的孩子有关。每周一次的观察经常安排在苏拉杰吃午饭的时候，我见识到了这对母子围绕食物而展开的激烈斗争，有时候甚至连我这样一个观察者都觉得很痛苦。我要探索的主题是苏拉杰的进食态度形成的一些方面。我将说明其他两个领域的发展怎样奠定了他的喂食行为发展的基础——一是他对分离的忍受，二是俄狄浦斯问题。这些变化伴随着母亲和他之间更为温暖的感觉的表达。

第一次见到苏拉杰的时候，我觉得他是一个热情的孩子，有关他的分离焦虑，我将说明他一开始是怎样通过拒绝承认来应对我的离开的。我将讨论第一次观察时他是怎样在他的游戏帐篷这个保护性的"壳"中希望我离开，而到了后来他又是怎样抗拒我离开并试图控制局面。

我还讨论了他在语言方面的有趣发展。苏拉杰可以非常流利地用他们的母语（古吉拉特语）跟家人交谈，这是他的父母鼓励他讲的语言，也是他们珍视的语言。他还可以说相当数量的英语，因为他在合适的年龄上了当地的一所幼儿园。虽然我来自一种相似的文化背景，但我不会说古吉拉特语，我跟苏拉杰说过这一点。但是，他却总是跟我说古吉拉特语，看起来好像是无意识的。他经常忽略我的提醒，即当他用他们的

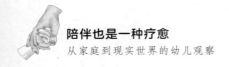
母语跟我说话时，事实上我一点都听不懂。对于这种沟通方式的意义，以及他后来慢慢地开始用英语跟我沟通的表现，我根据他的俄狄浦斯发展进行了探讨。

家族背景

几年前，苏拉杰一家从南非来到了这个国家。在这里，他们在一大群属于他们大家族的成员（既有母亲家族的成员，也有父亲家族的成员）当中似乎很快就安定了下来。这个小家庭成了一个兴旺的、联系紧密的大家族的一部分，这个大家族的成员是一起从南非移民到英国来的。苏拉杰的爷爷奶奶、外公外婆，还有他父母的兄弟姐妹都住在这里，而且这些家庭之间定期联系，经常一起参加家庭活动。这让我想到了巴拉德（Ballard，1994）的观点，即来自非洲的"两次移民"（twice migrants）体验与那些直接从南亚和东南亚来的移民的体验不同，因为前者主要以整个家庭为单位移民而来，并且一开始就打算定居下来，而不是旅居。因此，他们似乎做了更充分的准备以适应当地的经济和社会文化，因为他们的祖先中有几代人以前在非洲就已经进行过"家族重建"。

不过，我感觉苏拉杰的母亲苏妮塔相当孤立且被排除在外，不仅被排除在苏拉杰和他父亲的亲密依恋关系之外，而且被排除在了大家族的核心之外。不过，重要的是，这很可能是一种痛苦的内在心理状态，而不是一种外在的现实，因为我没有找到证据来支持后一种情境。苏拉杰的母亲经常说到她儿子从根本上对整个大家族持怀疑和排斥的态度，这让我有这样一种感觉，即他的存在对整个家族来说是一个"局外人"。这也可能是他母亲自身感受（她对整个大家族的敌意和疏离感）的一种投射。她觉得自己被隔离和排斥在整个家族之外很可能根植于她因为自己不能生育而产生的深切羞耻感，而这似乎与她作为一个亚洲女人的文化认同感有关。卡卡尔（Kakar，1978）曾说过，印度传统中最受欢迎的民间故事和最广为人知的神话故事都强调这样一种信念，即"怀孕是女人最大的幸运，该信念就意味着一种对怀孕女人的文化敬畏"（Karkar，1978，p.77）。同时，该信念还有另一面，即一种对不孕不育的否定或诋毁。卡卡尔还提到，在印第安传统中，人们认为，生命开始于怀孕的那一刻，而出生是一件相对较晚的事件，它标志着生命周期第一个阶段的结束，而不是开始。我在想，除了因为不孕不育（这个"礼物"还带有一种嘲弄和傲慢的特征，很可能会激发苏妮塔的无意识愤恨和羞耻感）而产生的羞愧感之外，生育治疗（尤其是她不得不接受一颗捐赠的卵子来帮助怀上他们的第二个孩子）的双重影响是不是也有可能强化苏妮塔内在的文化分离感、个人分离感，以及与自己宝宝的疏离感。

助产技术及其对父母和幼儿产生的影响

从1978年路易丝·布朗（Louise Brown）出生后（Edwards，Steptoe，& Purdy，1980），全世界已有两百多万幼儿通过体外受精及相关的助产技术（assisted reproductive technology，ART）降生（Squires & Kaplan，2007）。ART指的是通过将卵子和精子放到一起，从而帮助不能生育的夫妻怀上孩子的技术。最为常用的ART是体外受精，即受精过程是在身体之外（体外）——实验室的器皿中完成的。而在采用GIFT方法时，卵子和精子（配偶精子）是分开的，通过腹腔镜手术直接将其植入输卵管中，受精过程是在内部完成的（Squires & Kaplan，2007）。在夫妻不能生育但原因无法解释的案例，以及女性的输卵管没有受阻或受破坏但无法通过体外受精技术成功受孕的案例中，采用输卵管内配子移植术已经取得了一些成功。虽然采用这种方法时更常使用的是捐赠的精子，但有时候也会使用捐赠的卵子，在受精过程开始之前，

将卵子和精子一起植入输卵管中。

卡西迪和辛特罗瓦尼（Cassidy & Sintrovani，2008）在总结有关这个主题的文献时评论说，不孕不育和体外受精过程会给男性和女性都带来很大的心理痛苦，不孕不育的女性所面对的困难往往还会因为社会上对生育和为人父母的态度而进一步增大，当然，这些态度也存在文化差异。科尔潘、德米滕纳尔和范德米勒不勒克（Colpin，Demyttenaere，& Vandemuelebroecke，1995，引自Sutcliffe，Edwards，Beeson，& Barnes，2004）提出，通过ART技术成为父母，这种不同寻常的转变会严重影响父母对其孩子的态度和期望，进而对随后的亲子依恋的性质产生深远的影响。那些没有解决有关不孕不育冲突的父母似乎存在特定的风险：在这种情况下，孩子可能会被视为一种"自恋性的创伤"（narcissistic injury），不断地提醒父母中至少一方的不孕不育，而且很可能会导致父母之间的分歧。此外，科尔潘、德米滕纳尔和范德米勒不勒克（1995）还提出，在经历了长时间有关孩子能不能存活的等待和不确定之后，父母可能会有些犹豫，不愿意与其婴儿建立联系（Pullan-Watkins，1987），或是形成不安全的依恋关系。不过，有趣的是，斯夸尔斯和卡普兰（Squires & Kaplan，2007）却得出结论：许多大规模研究（Katalinic，Rösch，& Ludwig，2004；Leslie, et al.，2003；Schieve，et al.，2004；Squires，Carter，& Kaplan，2003）已经发现，大多数通过ART技术孕育的幼儿都是健康的、发展正常的幼儿，对其认知、动作和行为的评估表明，他们与正常孕育的同龄人没有显著差异。

派因斯（Pines，1990）和拉斐尔–莱夫（Raphael-Leff，1992）从一种精神分析的视角出发，坚持认为，一个女人的不孕不育可能会被视为一种自恋性丧失（narcissistic loss），会严重影响她将自己看作一个有性生殖能力的女人的认知，从而伤害她的自尊。此外，在卵子和精子捐献中，不可避免会出现一种基因丧失（genetic loss）感，这种情况不同于更为常见的IVF，需要加以修复和哀悼。

克莱茵（1940）曾生动地描述了她对于这样一种情况的理解，即在哀悼一个真实的、外在的、所深爱的客体丧失的过程中，有关失去了内在的"好"客体的无意识幻想是如何被重新激活的。这给了哀悼者这样一种感觉，即他内在的"坏"客体已经占据支配地位，而他的内在世界正面临被摧毁的危险。她声称，任何的痛苦或丧失都与哀悼有共同之处，战胜痛苦或丧失所涉及的心理工作也与哀悼过程相似（Klein，1940）。苏拉杰的母亲与儿子之间充满敌意和矛盾情感的关系，以及她在某些方面不能恰当地给他认同，可能与她自己没有进行哀悼的丧失有关，而这给她与儿子之间的关系投下了阴影。

✑ 母亲与婴儿之间的情感关系及其与喂食困难的关联

克莱茵（1952）提出，婴儿从出生那一刻起便与客体相关联，而且，他与母亲的关系和他与食物的关系从出生伊始便紧密相连。婴儿由于出生体验和子宫内生活情境的丧失而唤起的迫害性焦虑，在某种程度上会由于母亲所提供的温暖和舒适，尤其是吮吸乳房、摄入食物所带来的满足体验而得到缓解。克莱茵声称，与母亲建立一种良好的关系，对于婴儿克服早期的妄想性焦虑（paranoid anxiety）来说至关重要，而如果与母亲的关系出现了失调，他的焦虑感就会增加，且可能会导致严重的进食困难。由于婴儿的真实经验与其内在的幻想生活总是不断地相互影响，因此，克莱茵强调外在因素——母亲对婴儿的态度，以及她关注婴儿的需要的能力——在帮助缓解或增加婴儿焦虑方面的重要性。

比昂（1962）的"母性遐想"（maternal reverie）概念描述了这样一种心理状态：母亲能够接纳婴儿的痛苦投射，然后对婴儿的体验共情，并对其进行思考。这就使得婴儿能够感受到母亲对他的理解，并觉得自己被抱持在母亲的心里，因而能够以一种毒性较小的、更"容易消

化的"、更可接受的方式收回其投射。母亲在抱持其婴儿痛苦的能力方面存在的问题，可能会导致婴儿在进食和消化方面出现困难。

威廉斯（Williams，1997）扩展了比昂的容纳者—被容纳者（container-contained）概念，探索了内投过程的性质，尤其关注一种她所谓的"Ω功能"（omega function），其特征与处于功能范围另一端的"α功能"（alpha function）相反。她认为，Ω功能产生于对某一客体的内投，这种客体不仅不会受到其他生物的影响，而且会入侵性地投射到婴儿身上，它会对婴儿的人格产生破坏性影响。她对进食障碍主题进行了探索，特别是根据婴儿对遭遇母亲投射（maternal projections）的轰炸反应，探究了拒绝进食的问题。

一些临床研究证实了这些理论。沙托尔（Chatoor）及其同事（Chatoor，1989；Chatoor，Schaefer，Dickson，& Egan，1984；Chatoor，Egan，Getson，Menvielle，& O'Donnell，1988）研究了母亲和婴儿之间情感关系的性质对婴儿健康进食模式的形成的影响。这一研究表明，那些出现了进食障碍的婴儿与其母亲之间的关系往往也出现了失调。

道斯（Daws，1993）根据母亲和婴儿之间的分离困难来理解一些喂食问题，潜藏于分离困难之下的往往是一些与丧失或亲人死亡相关的问题。她还探讨了母亲对婴儿的矛盾情感或无意识敌意。在另一篇文章（Daws，1997）中，她总结说，导致喂食困难的一个关键因素可能是母亲的入侵或者是对亲密关系的焦虑，而这种焦虑很可能是一些有关伤害自己的婴儿的敌意幻想导致的。

苏拉杰

第一次会面

当地一所幼儿园的园长把我介绍给了苏拉杰的母亲苏妮塔。当我跟她通电话时，她说她很乐意让我去观察她的儿子，她儿子一周前刚过完三周岁生日。不过，由于她丈夫的工作关系，很难安排时间与父母双方一起进行第一次会面。因此，我安排了一次与苏拉杰母亲的会面，另外约一个时间与苏拉杰的父亲见面。而事实上，我是在几个月之后才见到苏拉杰的父亲。

我对与苏拉杰母亲的第一次会面的整体感觉是：混乱，紧张，忙乱。她看起来好像十分专注于家里发生的事情。我们的谈话频繁地被打断，她也为此向我道歉。

苏妮塔在描述她怀苏拉杰时所遇到的困难，以及在怀第二个孩子时又要看管、照顾老大的情况时看起来很痛苦。她说，虽然苏拉杰一直都是一个"好"孩子，但他总是不好好吃饭。她看起来对此很失望，也很挫败。她给苏拉杰母乳喂养了三个月，然后就给苏拉杰断奶了，但是苏拉杰一直拒绝喝奶粉，至今也不喝牛奶。

她还提醒我说，如果我看到苏拉杰和他的父亲在一起，他是不会注意到我的，因为他会"紧紧地黏着"他的父亲。我感觉到，她有一种被这对父子排斥在外的感觉，她还怀疑自己对儿子而言的价值。

就在我离开之前，她给我看了一张苏拉杰的照片——这是一张放大的照片，是苏拉杰跟他的父亲、姐姐的合影，照片中，苏拉杰皱着眉头，看起来脾气相当不好。我原本预期苏拉杰的母亲给我看的照片应该是那种让她感到骄傲自豪的照片，照片中的苏拉杰应该是笑着的、开心的。我有点吃惊，不知道她给我看这样一张照片的动机是什么。

第一次观察

我的第一次观察是在第一次会面之后的那周进行的。我对苏拉杰的第一印象与他在照片上看起来的样子非常不一样——他个头矮小，充满了活力，脸上的笑容非常招人喜欢，对人的方式也很令人愉快：

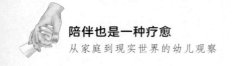

虽然与他的姐姐相比，苏拉杰看起来很小，但他充满了活力，脸上带着恶作剧般的表情，身体壮壮的，容貌很招人喜欢。他走到了壁炉台旁边，站到了稍微凸起的地基上，得意扬扬地看了我一会儿，然后开始轻快地、友好地跳上跳下。他好像是在对我说："这就是我，看看我多能干！"我对他笑了笑，他也对着我咧嘴笑了起来，并继续跳上跳下。（第一次观察，三岁九天）

后来，苏拉杰拿了一些照片给我看。这些照片都是他自己，还有他的家人最近拍的。他们跟我提到了亚洲流行的求婚传统——交换未来新娘/新郎及其家人的照片。我想，苏拉杰和他的母亲是不是很想让我认识他们家的"内在圈子"，而且，可能无意识地半真半假地考虑起了我们是不是"匹配"。虽然由于我与他相似的文化背景，苏拉杰可能会将我视为其"内在圈子"的一部分，但他同时是不是也会宣称我只属于他一个人呢？当他的母亲参与我们的谈话，跟我说一些有关他们大家庭的事情时，苏拉杰似乎很难适应我同时关注他和他的母亲这样的情境。

到了我该离开的时候，他好不容易才勉强同意让我离开，当我想让他跟我说再见的时候，他一点反应都没有，理都不理我，而是继续忙着摆弄那些照片。

我想，我对苏拉杰有非常矛盾的印象（一开始的印象来自他母亲的描述，后来的印象是在与他直接接触后产生的），这可能与幼儿的分裂表现以及他母亲歪曲了他形象的敌意投射都有关系。

喂食困难

正如我前面所提到的，我去观察的时间通常是苏拉杰吃午饭的时间。之所以安排在这个时间，很可能是因为苏拉杰的母亲希望我在一旁给她一些支持，让她能够很好地应对她和苏拉杰之间在喂食问题上难以完成的互动。我到的时候，苏拉杰往往都是一个人坐在客厅的一张小木桌旁，他的面前摆着一个盘子，盘子上放着相对比较少的食物——通常是半块三明治，整整齐齐地被切成了两半，边上还会放一些奶酪或黄瓜。他的母亲往往都是在厨房做饭。

在此次观察的头几个月，苏拉杰几乎吃不完给他盛的饭的一半，常常是吃着吃着饭就去进行某种相当疯狂的强迫性活动，然后就不吃了。例如：

苏拉杰的手里拿着三明治，他抬头看了看我，突然，他放下三明治，跳了起来，跑到了房间另一头的窗户边。他把右手的手指头放到嘴巴里舔了舔，然后，用他被舔湿了的手指在玻璃上擦来擦去，就好像是在擦玻璃一样。他重复着这一擦玻璃的动作，依次把四个玻璃窗都擦了一遍。接着，他把一个高脚凳翻了过来，并开始用一把刷子刷去上面的灰尘。从一个活动到另一个活动的转换非常突然……（第二次观察，三岁十四天）

我想，苏拉杰是不是受到了被害妄想的控制，总以为有什么东西变坏了，或者（被我）腐蚀了，因此，他总是以某种方式像着了魔似的清理或"净化"周围的环境（Klein，1952）。他随后表现出的想要摆脱食物的较具攻击性的愿望证实了这种可能性：

他母亲走了进来，以一种哀怨的语气要求他好好吃午饭。苏拉杰跳了起来，以一种相当强硬的讨价还价的方式说，他不要吃那块被咬了一半的三明治，他要吃一块完整的三明治。母亲答应了他的要求。于是，苏拉杰拿起一块完整的三明治咬了一口，然后很快就把它掰成了两半，并把黄瓜推到了一边，说他不想吃黄瓜。接着，他拿起那块吃了一半的

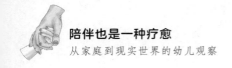

三明治，把它扔到了地板上，说他也不想吃这块了。他母亲非常生气地大声要求他把三明治捡起来。苏拉杰跳了起来，疯狂地说了好几次"垃圾桶、垃圾桶"，并从地板上把三明治捡了起来。（第二次观察，三岁十四天）

我认为，苏拉杰的进食困难与和食物相关联的被害焦虑有关。他必须以一种上面所描述的攻击性方式——或者，在其他时候，通过呕吐或催吐的方式——来摆脱食物，这看起来好像是一种应对这些焦虑的方式（Klein，1946）。这些情况常常会升级为母亲和儿子之间的激烈斗争，苏拉杰的控制行为和攻击性行为往往会导致他母亲做出愤怒的、专横的反应。观察到这些冲突是让人非常痛苦的事情，且很难处理。我有了这样一种印象，即这对母子陷入了一场纠缠不清的、令人窒息的斗争中：

接着，苏拉杰飞奔到了母亲坐的椅子和他的椅子中间的小小空间里，手上拿着一部手机。他母亲非常严厉地让他把手机放下，快吃午饭。苏拉杰开始前言不搭后语地像个小疯子一样打起了电话……然后，他用脚踢着桌子，把桌子彻底翻了过来，并坐到了桌子里面，异常兴奋地说着"开车，开车"，嘴巴里还发出呜呜呜的汽车声。（第三次观察，三岁二十八天）

苏拉杰似乎陷入了这样一种幻想，即他被困在了母亲的身体内（Klein，1928）。手机可能代表了一种从母亲身体内挣脱出来的方式——通过尝试与外界联系——很可能是与父亲联系。不过，他接着又回到了母亲身体里面，并试图通过一种狂躁状态来获得控制权。

在学校放假期间，苏拉杰第一次和家人一起回到了父母的祖国。回来后，我了解到，这次回国对苏拉杰来说是一次相当艰难的经历。假期一开始，他就生病了，而且，在接下来的整个旅程中，他都很难适应。在整个假期中，他都没有食欲，吃得非常少。

在为期四周的假期过后，苏拉杰常常会表现出对我的愤怒。当我承认了这一点之后，他似乎感觉到了些许安慰。在接下来的几个月中，他吃得多一些了，不过却常常是狼吞虎咽的，好像是要用食物来填补某种空缺：

母亲用盘子端了一块三明治给苏拉杰。他坐下，开始吃了起来。母亲回到厨房……苏拉杰只吃了两口午饭，就兴奋地跑去拿他的玩具袋，他拿起玩具袋，把里面的玩具全部倒在了地毯上。他一边非常兴奋地做着这些事情，一边用他的母语跟我说着话……他母亲走进了房间，要求他吃饭。他问母亲他可不可以把盘子放在他旁边的地毯上。母亲勉强同意并把盘子递给了他。他面对盘子，倾身向前，开始一把一把地把磨碎的干酪塞进嘴巴里。（第九次观察，三岁三个月）

我想，他母亲（将苏拉杰的午饭递给他之后）离开房间这一行为有没有可能与他拼命地想要引起我的注意有关——他拼命地想要引起我的注意，就好像他被驱使着要去填补由于母亲的离开而产生的空缺，他想用我（用古吉拉特语跟我说话）来代替他的母亲，因此以"无所不能"的方式否认这种空缺的存在。当他的母亲回到房间时，他要求她把盘子放得离他近一点——再一次传达了这样一种感觉，即他需要否认任何的分离。此时，他的进食方式看起来就好像是他正在大口地撕扯着什么东西，反映了他对于分离的体验。

他的母亲几乎总是把午饭一端给苏拉杰就离开房间，很可能是我在那里的缘故。然后，她会定时进来查看苏拉杰是不是在吃饭，她通常

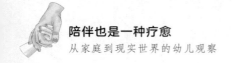

是以一种严厉的、"像警察在维护治安一样"的方式来做这些事情。我想，苏拉杰的母亲是不是已经将苏拉杰的负性投射放到了她自己身上，尤其是他对食物的负性态度——对此，她就个人而言好像是排斥的，因此倾向于抽身离开。但是，她的抽身离开、放任苏拉杰自行其是，却很可能导致苏拉杰难以修正和整合他内在的坏客体（O'Shaughnessy，1964），因为他还不够成熟，还不能独自处理这些焦虑。

有一种可能的情况是：苏拉杰把我当成了一个容纳性客体（containing object，Bion，1962），由于我的存在，他才能够摄入更多的食物（不管是以具体的形式，还是以象征的形式，都是如此）。现在，他以一种聚焦的想象方式进行游戏的能力有了有趣的发展。有一次，他专心致志地玩他的游戏帐篷，并热情地邀请我到帐篷里去。我（友好但又坚定地）拒绝了。他的反应是：让我把帐篷的门帘关上，情绪有些低落。不过，他很快就从门帘后探出头，问我想不想喝茶？我说想喝。于是，他假装给我泡了一杯茶，并递给了我。这是他第一次以这样一种持久的方式玩游戏。对他来说，我不会消失这一点好像非常重要，即使有时候我并不会迁就他（这一次，我并没有屈服于他引诱性的俄狄浦斯愿望而进入他的帐篷），但我依然会接受他的茶水。

几个月后，苏拉杰的态度有了明显的变化，他能够表达出某种因进食而获得的喜悦了：

我还没有完全走进房间，苏拉杰就已经开口跟我讲话了。他说："这是奶酪！"一边还津津有味地吃着叉子上的奶酪条。我向他问了好，并在平时坐的那个位子上坐了下来。他对我露齿而笑，用手指了指他的黄瓜三明治，嘴里还说着"瓜瓜"。我点了点头，他又指着他的黄瓜三明治，说："三明治！"他又对我笑了笑，有点害羞地把头扭向了左边，并津津有味地吃着他的三明治。我笑了……（第二十一次观察，

三岁七个月）

还有一次，他母亲做了一些特殊的传统点心。她给我拿了一块，并问苏拉杰想不想再吃一些。苏拉杰说想，他想再吃一块。过了一会儿，他妈妈走进了房间，问他喜不喜欢吃这种点心，他告诉她说，他还有一些放在盘子里没有吃完，问她能不能不要把他的盘子拿走？他母亲把这看作对她的赞赏，非常高兴。苏拉杰现在能够接受这样一个事实了，即母亲会给他提供一些好的东西。

分 离

正如我前面提到的，苏拉杰觉得分离是一件非常痛苦的事情，起初，这表现为他无法承认我的离开。不过，有一次，苏拉杰正非常专注地在他的游戏帐篷里玩时，我说，马上就要到我该离开的时候了：

苏拉杰把头伸到了帐篷外，非常大声且坚定地说："不许走！"我说我下周会再来。于是，他要求我把所有的积木都还给他。当我把所有的积木都还给了他，他再一次把帐篷的门帘关上了。我站了起来，跟他说再见。他在帐篷里面跟我说了声再见。（第九次观察，三岁三个月）

这是自我观察以来苏拉杰第一次跟我说再见。这一次观察深深打动了我：他能够从他的游戏帐篷这个保护性"外壳"中跟我说再见了。正如我们在前面看到的，苏拉杰通常将分离的体验看作一种充满暴力的撕扯。不过现在，他的游戏帐篷不仅发挥了屏障的作用，保护他免受分离的痛苦，而且还起到了保护性容器的作用，使得他能够承认我的离开。

后来，每当到了我该离开的时间，苏拉杰通常都会提出抗议，接下来，他开始试图控制观察的结束时间，他会跟我说，等他完成某一特定的任务，我就可以离开——例如，等他收拾好玩具或者吃完饭。然后，他就会得意扬扬地说："现在，你可以走了！"（第二十次观察，三岁七个月）

他的母亲最初抱怨说，苏拉杰还在用尿布，他拒绝与母亲合作进行如厕训练。如厕训练要求幼儿有能力放弃这样的幻想，即留住尿液和粪便，不让它们进入厕所。在我看来，只要苏拉杰找到了忍受分离痛苦的方法，他便可以战胜他在这一方面的焦虑情绪。苏拉杰三岁五个月大时，他在白天时可以成功地去卫生间上厕所了。

他晚上入睡依然还有些困难，父母不上床，他就不睡觉。据说，他还是跟爸爸妈妈睡在一张床上，坚决拒绝一个人睡在自己的卧室里，也不愿意跟姐姐睡一个房间。虽然他母亲对此感到有些不自在，但他父亲却总是迁就他，满足他的愿望。这很可能让苏拉杰觉得他自己非常强大，同时，这也可能点燃了他的俄狄浦斯幻想。

俄狄浦斯的发展

我第一次见到苏拉杰时，他宣称我只能关注他一个人，而且，他觉得很难面对我同时关注他和他母亲这样的情境。我想，他是不是通过把我理想化，同时通过把母亲推出去，贬低她的地位，从而进行了分离。他的母亲说，她觉得自己被排除在了苏拉杰和他父亲之间亲密的依恋关系之外。我描述了苏拉杰和他母亲之间围绕食物而爆发的一些难分难解、纠缠不清的斗争，我还描述了苏拉杰在跟我说话时，经常会突然冒出他的母语（古吉拉特语）的情况。这种情况常常发生在他想要与我建立一种亲密的二元互动关系时，他很可能是想用这种关系来取代原初与母亲的关系。在这些情境中，苏拉杰似乎难以不受威胁地忍受一种三角关系；同时，他与母亲之间排外性的二元互动关系好像也让他感到窒息。有时候，我觉得，好像是他父亲在大多数观察时间都不在场，使得这些困难更加难以解决了——尽管我经常提醒他的母亲，但我还是在几个月之后才见到苏拉杰的父亲。

苏拉杰第一次前后一致地用英语（他知道，英语是"我的"语言）跟我沟通，是他父母都在场的那一次，我觉得这一次意义很重大。这一次，他父亲的在场使得他能够参与三角关系，而不会觉得被父母这个二人组合排斥或受其威胁。苏拉杰和他父亲之间温暖的、充满感情的依恋关系也非常明显。我意识到，苏拉杰正观察着他父母与我之间的互动，我们三人之间的谈话大多数都是关于他的。他可能会产生这样一种体验，即父母双方都是温柔的，他们的心里都有他的位置（Britton，1989）。在我与他父亲的这次会面之后，苏拉杰跟我说话几乎都是用英语了。

总结：含蓄地用观察者来协调母亲—幼儿之间的某些冲突

在这次持续时间相对较短（大约八个月）的观察中，苏拉杰摄入食物、享受食物的能力都有了显著的发展，不管是以具体的形式，还是以象征的形式，都是如此。而这似乎与他忍受分离的能力的发展及其俄狄浦斯情结的发展有着不可分割的关联。

在思考有哪些不同的因素有可能促成这种发展时，我意识到，其实我并不了解苏拉杰在每周一次的观察之外的关系是怎样的——比如，他的幼儿园生活对他产生了怎样的影响。不过，我确实尝试对苏拉杰和他的母亲何以能够通过不同的方式利用作为观察者的我进行了思考。我认为，他把我当成了一个理想的客体，同时将他较为负面的情感分裂了出来，投射到了他母亲身上，从而重现了他和父亲的互动关系，对于父亲，他在贬低母亲的同时，同样也将父亲理想化了（Klein，1946）。不过，当他开始对我表现出更多的愤怒和攻击性，同时伴随着他狼吞虎

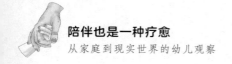

咽的进食行为，以及对我的离开表示抗议并控制我的离开时，这种利用我的行为好像慢慢发生了改变。这对母子似乎都将我的在场当成一个容纳性客体，帮助他们摆脱难分难解、纠缠不清的交战状态。苏拉杰越来越多地用英语跟我交流，这表明他正慢慢地意识到我是一个独立的个体——不同于他所控制的一个自恋性客体。

这些改变对苏拉杰与他母亲之间的关系产生了积极的影响，反之亦然。他不再将我看作理想的客体，也不再贬低他的母亲。现在，他越来越能够接受这一事实，即母亲会给他提供一些好的东西。从他越来越喜欢吃母亲为他做的食物，我们可以看出这一点。母亲也得到了回报：她觉得苏拉杰不再那么排斥她了，而且感觉获得了更多的赞赏。我想，他母亲是不是也因为我作为观察者角色的宽容性在场而获得了帮助，尤其是我忍受苏拉杰的愤怒和攻击性的能力，以及我忍受作为一个"局外人"，从而让她成为他母亲的能力，让她获得了帮助。

注　释

感谢我所在的幼儿观察研讨班的领导者凯茜·厄温（Cathy Urwin）。

第六章

劳里和他的汽车：一个开始分离的
三岁孩子

◎ 克洛迪娅·亨利

　　在这一章中，我打算对我观察的一个小男孩的"独立斗争"进行一番探究。我开始观察时，劳里（Laurie）刚满三岁。第一次与劳里的妈妈塔尼娅（Tania）见面时，她说劳里是一个"有趣的孩子"，"对汽车非常痴迷"。他能够精确地说出各种汽车的名字，不仅包括汽车的款式，还包括汽车的型号。

　　我将在本章中尝试说明：汽车（既包括真实的汽车，也包括想象中的汽车）是如何在他早期的幻想中占据支配地位的，以及汽车怎样代表了他的一种潜在忧虑，即在更大程度上与父母亲分离。我将向大家说明：他在游戏中清楚明确地表明他已从"与父母亲完全融合、紧密联系在一起"的幻想中清醒过来，并开始寻找属于他自己的位置。

　　观察大约过了一半的时候，劳里的父亲出了一次车祸，幸好他伤得不是很严重。劳里只有当他在更大程度上与父母分离，且能够在游戏中角色扮演出人与人之间的关系，而不是控制他们的时候，他才能够对这种体验，以及他自己对此的感受进行探究。在这一年刚开始的时候，劳里的许多游戏都是在父母的卧室里进行的。有趣的是，劳里能够在其他地方（而不是他父母的卧室）玩游戏这一事实与他的情绪发展之间存在

一种明确的联系。

　　劳里的父母都是三十来岁。在劳里出生之前，他们就已经在一起一段时间了。他们住在一套面积不大但很舒适的两居室公寓里。劳里的父亲杰克（Jack）和母亲塔尼娅都是专业人士。

　　在我跟他们第一次见面的时候，塔尼娅告诉我，她跟杰克还有劳里要去佛罗里达待两个礼拜。她和杰克打算在这个假期期间结婚。她希望劳里"对此只是会感到有些无聊，而不是特别在意"。

　　我的观察开始于这家人刚从佛罗里达回来的时候。在我的第一次观察中，当塔尼娅给我看他们的婚礼照片时，劳里非常快速地把他的彩色蜡笔全部倒在了地板上，接着画了三个圆圈。他的意图似乎非常明显，用三个圆圈来代表"三"（threeness）（这个概念）。在塔尼娅给我看婚礼照片时，这些照片似乎给劳里提供了一个机会，让他可以以一种新的方式来看待和体验自己与父母的关系。我在想，他会不会因为担心家里出现第四个人而感到焦虑，因为他的父母现在已经结婚了，家里有可能会出现另一个孩子，他会怎样适应这种新情境呢？他会怎样适应与我在一起的新情境？

　　塔尼娅告诉我，在她把劳里送到幼儿园后转身要离开时，劳里总是很难与她分离。她说，在她离开时，他会大声哭着抗议，不过，据老师说，她一走，劳里就好了。塔尼娅还说，她有时候会要求杰克送他去幼儿园，因为她看到劳里哭得那么绝望，就不忍心离开他。她还告诉我，劳里最近出现了尿床的现象。我在想：塔尼娅自己是如此难以与劳里分离，而这又对劳里的入园经历产生了怎样的影响。

　　第一次观察那天，我到达时，劳里正在上厕所，塔尼娅把我带进了卫生间。我很快就意识到，当我作为一个观察者走进一个年纪大一点（相比于婴儿）的幼儿的生活时，将面临一些不同的问题，而且，我也震惊于幼儿观察与婴儿观察（我在之前所进行的都是婴儿观察）的不同

（在这次观察中，这样的不同还出现了好几次）。我要观察的这个孩子已经到了要注意隐私和个人界限的年龄，隐私、个人界限这样的问题对他的成长来说不仅非常重要，而且不可缺少。我清楚地意识到我不希望自己看起来像一个入侵者，于是我跟他问好后马上就退出了卫生间，到客厅等他出来。这位母亲显然提前跟他说过我要来的事情，当我到的时候，她对他说，"还记得我跟你说过的克洛迪娅要来的事情吗？"

过了一会儿，劳里出现在了客厅，他的美深深打动了我。他有一双深邃的蓝眼睛，长长的黑睫毛，还有一头金色的头发。他的脸上带着友好的微笑，个头不高，有些清瘦。在第一次观察中，我观察到，他大多数时间都是舒服地靠在母亲怀里观察我，他似乎在心里想我是谁，我到他们家里是为了什么。塔尼娅解释说，在我来之前，劳里刚刚发了一大通脾气。她似乎因劳里在我到达之前就平静下来而庆幸。随着观察的进行，有一点变得越来越明显：当劳里当着我的面发脾气时，塔尼娅会非常不自在。她经常用一种婴儿一样的声音跟劳里讲话，而这与劳里有关汽车的知识，以及他对于汽车的款式、型号的强烈兴趣形成了鲜明的对比。有关这次观察，研讨班上讨论的问题之一是：塔尼娅努力地想让劳里一直做一个需要妈妈的婴儿，而不是将他看成一个偶尔难以对付且具有攻击性的小男孩。

在前几周的观察中，当劳里开始不再紧紧贴着妈妈，他很快就意识到，不管他到哪里，我都会跟着他。他会从卧室跑到客厅，时不时地回过头看我有没有跟着他，当发现我跟着他时，他就会开心地露出笑脸。我感觉他在试探我，想知道我在他们家里会不会受到热情款待，或者是不是只有邀请我，我才会进入房间，而且，他对于能控制我，即他去哪里，我就去哪里，感到非常开心。在第三次观察的时候，塔尼娅告诉我，劳里已确信我住在他家的楼上。她说，他有一次曾听到楼上有声响，于是就问是不是我在（开车）兜风。对于塔尼娅的叙述，我有点困

惑，因为从第一次会面起，我们就确立了一种仪式（而且，在这一年中，每次观察结束后都是按照这种仪式做的）。在一小时的观察结束后，塔尼娅和劳里会把我送到前门，在我开车离开的时候，他们跟我挥手告别。这个时刻是他跟我分开，然后回到妈妈身边的时刻。有一段时间，只要我在房间，劳里就不允许他妈妈进入房间，在此期间，每当我要离开时，看到他依偎在妈妈身边，看到他们跟我挥手告别，我的感觉是舒适的。他跟我挥手告别时是如此干脆，以至于我不太能够相信他竟然还有我住在楼上这样的幻想。我想，有没有可能是因为他觉得：如果我所待的地方离他的周围环境太远，我就可能不存在了。通过让我"住在楼上"，他就不会因为我的离开而感到愤怒了。这个迹象开始表明，劳里内心压抑了非常多的愤怒情绪，这种情绪至今还未能表达出来。在他的幻想中，告别的仪式被完全抹去，而我就住在他们家楼上。在为期一年的观察中，我曾多次看到他对愤怒情绪的否认，以及他用多种方式设法应对这样的否认时刻。

在头几次观察中，劳里所玩的游戏似乎都在强调一点：当有人要离开他时，他需要与这个人保持一定的距离。他开始将父母睡觉的床当成关注的中心点。这些游戏一开始是跟他母亲一起玩的，他们经常在被子底下玩躲猫猫。但是，没过多久，他的母亲就被他相当粗暴地赶出了她自己的卧室。他会对她说"走开"，而当她离开后，他又会不停地说，"那个女人去哪儿了？"当母亲变成"那个女人"，他似乎就要与她保持距离，不对她产生任何的情感需要，也不与她产生任何的关联了。我想，是不是到了幼儿园，母亲离开之后，她也就成了"那个女人"了呢？在劳里心中，似乎并没有确立一个存在于其他某个地方的妈妈。下面，我们将摘录一次早期的观察。

在劳里三岁两个月时

劳里藏到了床单底下，他问我："你能看到我吗？"我说："噢，看不到，劳里去哪儿啦？"他回答说："我不是劳里，我是汤姆。"他母亲走进了房间，端给我一杯咖啡。劳里从床单底下钻了出来，对他母亲说："走开。"塔尼娅走到了门边，然后站在那里笑着对我说："只有你在这里的时候，他才会到床上玩这个游戏。"劳里再一次非常狂躁地朝着她大喊："走开！"我感到非常不舒服，而塔尼娅说："好，好，我走，我走。"

劳里安静地坐了下来，朝着门看了一会儿，然后说："那个女人去哪儿了？"他不等我回答，紧接着又说："我是汤姆，你是蒂莉（儿童电视节目中的两个角色）。我要去买东西，蒂莉，你要一起去吗？"我温柔但又坚定地说，我会坐在那里看着他。

劳里驱赶他母亲的行为持续了好几个月，而这通常会让我感到很不舒服（很可能他母亲也感到不舒服）。我纳闷，为什么他只在我在那里的时候才会到床上玩这个游戏呢，是不是他一开始与母亲玩这个游戏的时候过于亲密令他感到不安，因此，他需要她走开。我常常有这样一种感觉：我被拉进了他的俄狄浦斯幻想中，而且在那个时段，他不希望房间里有第三个人。阿达莫和马加尼亚在他们撰写的章节中，描述了观察者在幼儿观察过程中如何应对非常强烈的俄狄浦斯情感。在思考劳里的游戏时，我发现，很可能是他让自己与我组成了"一对"（即二人组合），从而将所有有关被忽略或被排斥的情感都投射到了他母亲身上，将她驱赶出了"专属于两个人的卧室"。

就如上文所摘录的观察记录所写，劳里经常会说这样的话，"我是汤姆，你是蒂莉"，然后邀请我扮演"汤姆和蒂莉这个二人组合"中的一方，并到他父母卧室的床上玩"在杜维尔的房子里"的捉迷藏游戏。我总是相当坚定地表示不参加这个游戏，跟他说我就坐在那里看着。有

趣的是，"汤姆和蒂莉"是儿童电视节目中的两个角色，它们住在运河的游艇上。我并不清楚汤姆和蒂莉是一对夫妻还是一对兄妹，但我能够确定的是：驾驶游艇的是汤姆。他坐在"驾驶者的位置"上，而蒂莉则是作为乘客站在他的边上。

在观察中，父母卧室中的床慢慢变成了一辆精心制造的汽车（从来没有变成游艇），上面有一个乘客坐的位置，他坚持说，这个位置是给我坐的。我不得不一周又一周地重复告诉他，我就坐在那里看着，慢慢地，他终于接受了：这个乘客（即我自己）打算坐在她原先坐的地方。一直到观察结束，他都不断地邀请我到他父母的床上去（尽管他的邀请慢慢变得不再那么坚持）。

在观察的这一年中，我只见过劳里的父亲两次。第一次见到他是在我第二次去他家的时候。虽然这两次我都看到他非常专注于自己的工作，但看起来与劳里很亲近且不吝于向劳里表达爱意。劳里似乎很认同他的父亲，经常玩"爸爸开车去上班"的游戏。床变成了一辆小汽车，车上有一个"方向盘"和"收音机"。当然，汽车的尾部还有一个"乘客的座位"，这个座位一开始都是空的。方向盘是用一个盘子或者一个圆形的东西做的。在整个观察的过程中，这些方向盘开始出现在各种地方，而在劳里的想象中，这些地方都变成了汽车。在一次观察中，劳里给我看了五辆小汽车：两张床每张床上一辆，沙发上一辆，椅子上一辆，还有一辆藏在了毛毯下（一直到一个小时的观察快结束的时候，他才向我透露这辆车的藏身之处）。不过，他最喜欢的"汽车"始终是他父母的床。一开始，这辆"汽车"通常是一辆拉达（Lada），他父亲开的汽车就是这个牌子的。有趣的是，"拉达"这个词的发音与很小的孩子说话时发出的声音有些类似，这可能就是这个词吸引劳里注意的部分原因。劳里会坐在方向盘的位置，转过身来跟我挥手告别，然后开车去上班。

我觉得，这是劳里探索分离感受的一种方式。他成了去上班的那个人，成了一个主动的个体，而不是被留下的那个被动的个体。但是，如果劳里通过"成为父亲"来应对分离，那么，这对他同一性的发展会产生怎样的影响呢？劳里似乎成了他父母的一部分，表现为他总是想进入父母的床"这个庞大的躯体"。有没有可能他在父母的心里，父母也在他的心里，但依然互相分离呢？

这些不断出现的小汽车好像代表了充满攻击性的强烈情感，这些情感只能出现在小汽车身上，而不能属于劳里。除了在让他母亲走开时，劳里在活动和游戏中通常态度都比较温和。不过，他经常玩一个叫"甜饼怪"（cookie monster，《芝麻街》中的一个角色）的玩具，"甜饼怪"是一只具有攻击性的吃甜饼的怪物，说话的声音像是咆哮，这个怪物好像代表的是一些诸如愤怒、攻击性这样的感受，而劳里发现他很难让自己有这样的一些感受。他很可能是担心，如果他真的生气发火，他身边的其他人就会难以忍受，而且可能会把身边的所有人都赶走。他很可能是通过玩"甜饼怪"来将他的口唇期攻击性（oral aggression）分裂开来，投射到这个怪物身上，从而将他自己的一部分也投射到这个怪物身上，并让其一直待在那里。

劳里经常搞不清楚书中人物的性别，就好像他至今依然意识不到有一个独立的妈妈、一个独立的爸爸、一个独立的劳里。就像他平时都称呼他们为"先生""太太"（Mr. and Mrs.），所有人都变成了同一个人。这种情况在某种程度上很可能与他对于自己同一性以及他人稳定性的不确定有关。一天，在躲进"杜维尔的房子"之后，劳里突然大声叫了起来："我不见了，我去哪里了？"这句话明显表达了一种暂时丧失了个人同一性（个人同一性的丧失通常伴随着投射性认同）的感受（Klein，1955）。劳里知道自己已经消失了，但却不知道去了哪里。他怎样才能找到并拥有属于他自己的确定的部分，而不会感到过于无所适从？

在观察进行了五个月之后，杰克出了一次车祸。杰克没有受重伤，但汽车损毁相当严重，在公寓外面停放了好几周。显然，这辆被撞毁的汽车，对劳里产生了相当大的影响。在这几周中，每次去观察，劳里都会拉着我的手去看那辆汽车。不过，劳里一开始对这次车祸的影响只做了这样的明确评论：爸爸打算买一辆路虎或高尔夫敞篷车。其隐含之意是：任何东西破了，都可以通过买一个新的、更好的来进行弥补。在这个观察案例中，劳里似乎是利用他有关汽车的知识来隐藏或掩饰所有的担忧或抑郁性焦虑（Klein，1935），而这些担忧或抑郁性焦虑情绪可能是他一直以来都有所感觉的。大卫·辛普森（David Simpson，2004）写道，患有阿斯伯格综合征（Asperge's syndrome）的幼儿往往"从知识积累的意义上说，能够认知，但不能以创造性的方式进行学习"。劳里起初好像就是用他关于汽车的"知识"来"进行认知"的，其方式有点类似于辛普森的描述。劳里需要一些时间才能够玩那些更具象征性的游戏，才能够以更具"创造性"的方式从父亲的车祸事件中学习经验。

在这次观察中，我了解到，塔尼娅对汽车有相当强烈的恐惧。她讨厌坐车，并坚决表示不想学开车。而这很可能就是导致劳里对汽车如此专注的原因。他还可能通过了解所有关于汽车的信息，从而压抑来自母亲对于汽车的恐惧的投射。

就在这场车祸发生之前，当我在房间里的时候，劳里也已经开始允许他母亲回到房间。同时，他的关注点开始集中在汽车里的"乘客座位"上，总是想着：什么样的车子有乘客座位，什么样的车子没有乘客座位。这看起来好像是他在心里努力地想为第三个人找到一个位子。我们可以推断，劳里在父亲发生车祸之前便已经开始探索第三个人的位置，这对他的发展来说是幸运的。由他的俄狄浦斯情感而想象出来的针对父亲的杀气，可能会由于出现了更多的抑郁性情感而有所抑制。这进而让他不至于满心内疚，觉得是他导致了这场车祸的发生。我想，从提供了一个父亲的界限这个意义上说，是不是我温柔而又坚定地坚持界限，不跟他一起到他父母的床上玩游戏，在某些方面帮助他获得了这种发展。在考虑婴儿观察与幼儿观察的差异时，围绕边界和如何获得平衡的问题变得非常突出，我们需要牢记：要快速做出反应，并获得研讨班的帮助，这一点非常关键。如果这样的游戏出现在一个不同的情境当中，那我们很可能会做出完全不同的反应。正是劳里的特定幻想所具有的性质，让我觉得我需要保持自己的立场。

在车祸发生之后的几周，劳里玩游戏的地点从他父母的床转为了他自己的床。我想，是不是他母亲公开地与我谈论她对汽车的恐惧在某种程度上缓解了劳里的焦虑。毫无疑问，在劳里身上，发生了非常重要的改变。他之前的强迫性游戏好像都是为了压制他的焦虑。现在，我观察到，他开始玩起了一种更具变动性和更为自由的游戏。在这种游戏中，劳里让真实的玩具汽车自己移动，而不是他坐在一辆车子里让车子来回移动。劳里依然感兴趣于探索什么样的车子里面有乘客座位，什么样的车子有后备箱，不过，这时车子里面的人开始有了不同的名字，这不同于劳里之前在游戏中一直都是一个人扮演所有不同角色的情况。下面，我将摘录一段这个时期的观察记录——当时，我们在劳里的房间里。

在劳里三岁六个月时

劳里拿起一辆货车，说："这是一辆糖果货车。冰激凌货车里面只有一个司机座位。噢，不是的，它也有一个乘客座位。糖果货车里面有一个乘客座位，这辆货车里面有没有乘客座位呢？"他拿起了另一辆货车，接着说："有的。车子里面坐着绿头鸭先生、蓝头鸭太太，还有绿头鸭宝宝。"他大声笑了起来，问我："你能看到它们吗？"接着，劳里又拿起了另一辆车子，嘴巴里说着："这辆车里面有乘客座位吗？这辆车有，虽然这是一辆雪铁龙2CV。奶奶和爷爷坐在里面。这辆车里

面坐着谁呢？前排坐着两位先生，后排坐着一位太太。"接下来，劳里让不同的车子围着床跑来跑去，车上坐着不同的人，他们会让车子停下来，然后去商店买东西。然后，他又拿起了一辆黑色的出租车，说："这辆车的前排没有乘客座位，看，你看到了吗？"他看起来因此而感到非常伤心。我说："是的，我看到了。"他反复地说："车上没有乘客座位，里面的空间只够一位先生坐。还有一位太太坐在后排。"接着，他继续玩起了车子，让车子围着床跑来跑去。

虽然劳里在汽车游戏中并没有单独与这些想象出来的人物角色玩，但他在说到谁坐在车子里面时，这些人物角色都有自己的名字，且这些名字都是始终如一的。劳里似乎开始探索自己对于谁去了哪里、和谁一起、谁被留下了的感受。他的游戏表明他不再需要一种排外性的二人组合，因为他开始允许乘客座位或第三个人出现在游戏当中。在他的游戏中，我还观察到，劳里开始对东西是怎么进到里面、它们来自何处产生了兴趣。还有一个变化是：劳里开始相当频繁地玩客厅里一块大大的彩色软垫（这是第一次他的游戏中没有出现小汽车）。这是一块相当大的垫子，在游戏中，它成了一个自动贩卖机，里面可以出来各种各样"好吃的东西"。他经常问我想喝什么饮料，或者想吃什么蛋糕、冰激凌，还会给我拿各种各样的调味料。有时候，这些"好吃的东西"尝起来味道不错，而有时候，这些东西的味道并不好。我想，这些是不是代表了他对于"母亲身体内有什么东西"的幻想。

在研讨班上，我们也对这样一种观点进行了探讨：在有些东西很难紧紧抓住的情况下，劳里可能会以一种有些自闭的方式来使用这些小汽车。这种强迫性的小汽车游戏似乎在某种程度上有助于将它们看作"坚硬的盔甲套装"（Bick，1968），或者是一层可以保护他，防止他感觉自己很脆弱的皮肤。所以，当他开始玩这块非常松软的彩色大垫子时，我松了一口气。

那个夏天，我有四周的时间没有见到劳里。在这之前，塔尼娅一直不确定该怎样来安排我的观察时间，因为她换了一份工作，而这份工作的工作时间相比之前的要长很多。她很担心，不知道该怎么安排劳里。我有一种空间不够的感觉。我中断了观察，开始休暑假，心里对于观察的连续性感到很不确定，我还意识到，劳里很可能也有同样的感觉。不过，我们可以安排不同的时间。

暑假过后，我去做第一次观察时，发现劳里非常兴奋。他给所有玩具都取了名字，然后要求我重复这些名字。我感觉，他是在考验我是否还记得他、暑假期间有没有想过他。下面是一段摘自此次观察的记录，描述了当时发生的事情。

在劳里三岁九个月时

他先拿起一辆小汽车，然后又拿起一辆大点的汽车，说："这是一辆救护车。"紧接着，他用车子去撞旁边站着的玩偶。他的声音非常大，比我之前任何时候听到的都要大，而且，他的游戏充满了攻击性和愤怒情绪。他咬牙切齿地把那些玩偶撞倒。然后，他要求我把这些玩偶放好，让它们再次站立，我一放好，他就又会再次撞它们，将它们撞倒。他大声笑了起来，说："那位先生在大笑。"我问："它们受伤了没有？"他说："没有。"接下来，他一次又一次地让它们站立，一次又一次地将它们撞倒。他重复了一遍又一遍。有时候，其中某个"人"会受伤，但重点似乎都是"撞倒"和"被撞倒的那位'先生'对此的不关心"。

到了后来的阶段，那位捣蛋的"先生"因为捣蛋而受到了处罚。让我感到吃惊的是，劳里已经与他的攻击性情绪达成了和解，并能够在游戏中以象征性的形式表现出来。这个游戏似乎也是他探索自己对父亲所遭遇车祸的感受的开端。这好像是他第一次表达出了自己对于一个"挡

在路中间"的父亲的感受，很可能他觉得，那位"先生"要为我暑假期间四周的缺席负责。一种俄狄浦斯情结正慢慢呈现，他因此而产生的焦虑可能使他很难面对自己有关车祸的感受和想法，或者甚至很难去思考。在他离开父母的床并找到自己的位置之前，这种探索对他来说好像都太难了，正如我在前面所提出的，他可能将自己有关汽车的"知识"（Simpson，2004）当作一种防御手段，用来防止自己产生焦虑的情绪。我想，是不是一个暑假的时间给了劳里空间，让他感觉到了对于我的离开所产生的愤怒。可能他觉得，对我生气要比对他母亲生气安全一些，于是，一些直到此时他都没有拥有过的东西开始出现了。

劳里利用我在那里的一个小时，探索了他的幻想和感受，且好像因为我在此期间一直将注意力集中在他身上而获得了帮助。随着时间的推移，他找到了一些有益的方法来利用空间和观察次数的规律性。对我来说，观察劳里的这一年是一段极具吸引力的经历。一开始，劳里和塔尼娅紧紧地纠缠在一起，谁都不想真正放手。不过，他们似乎在观察的这一年中，找到了分离的空间，而且，让我感到有些吃惊的是，在我最后一次观察时，塔尼娅竟然告诉我，她发现自己想要再生一个孩子。显然，他们还要允许自己出现更多的情绪。愤怒、悲伤、爱都是因要再生一个孩子这个消息而产生震撼的一部分，其间还夹杂着因我的观察的结束而产生的情绪。下面内容摘自我最后一次观察的记录。以此作为本章的结语，不失为一个合适的选择。

在劳里三岁十一个月时

劳里在地板上开着一辆巧克力车，车子猛地撞到了乐高积木。"车子撞了，"他把车子拿过来给我，说，"它修不好了，它坏了。"接着，他又拿了一些其他的车子，并将它们排成一队。差不多到了我该离开的时候了，我向劳里解释了一下，并对他重复了一遍：以后每周我都不会再来了。劳里好像没有听到我的话一样，他没有理我，继续将小车子排成一队。我对劳里说："你要这辆车吗？"说着，我把那辆坏了的车子递还给他。劳里说："不要，我想把这辆车子给你。"我说："谢谢，我会把这辆车子带回家的。"劳里说："好的，这里是我家。"

劳里曾说，有些东西已经坏了，再也修不好了。我想，这句话是不是表明他已经承认了丧失与改变。有些东西即将发生改变，不过，或许有人可以帮助他将一些伤害减少，而劳里确实已经拥有了属于他自己的家。

第七章

安东尼奥船长的气球爆炸那一天

◎ 莎伦·沃登

要想看到一个人表现出的真正杰出的品质，必须持续多年地观察他的活动……

——让·焦诺（Jean Giono），法国作家

这一章的标题选自一次指派的观察，这次观察的主人公说他自己是一艘船的船长，他坐在高高的银锥形攀登架上，唱着歌。他这是在回味最近一家人坐船去埃及度假的经历。他的父亲扮演的是一个行人，紧紧沿着底下的一条侧航线走，根据指令上船和下船，并在一次航行中被提醒避免落入海中。

这次观察让我想到了另一位虚构的船长，"他的名字叫安东尼奥·科莱利（Antonio Corelli），他是一个小小的传奇"。在本章中，我选择以路易·德·伯尔尼埃（Louis de Bernieres's）的传奇船长"安东尼奥"①作为本章这位年幼的主人公的名字，这位传奇船长对生活和音乐的热爱甚至为他赢得了他所在军队的人心——在伯尔尼埃的描述中，他是一个"只靠一把曼陀铃"便赢得了战争的人。我猜想，这两位

---

① 路易·德·伯尔尼埃是一位英国小说家，安东尼奥·科莱利是他的小说《科莱利上尉的曼陀铃》的主人公。——译注

船长有着相似的童年经历。

本章内容大体上可以分为两部分。第一部分更多的是描述性内容，介绍了"安东尼奥船长"（即本章中被观察的幼儿）及其父母，还提到了一些相关的观察材料。第二部分主要讨论摘自观察记录的片段。由于很多材料都是围绕俄狄浦斯冲突的，因此，我围绕三个主题组织了本章内容。这三个主题分别是：观察父子及父子关系的俄狄浦斯冲突；前俄狄浦斯焦虑及"厄运与绝望的地窖"；气球爆炸的那一天，以此作为俄狄浦斯认知（oedipal knowing）的隐喻。

有关安东尼奥船长

安东尼奥是家里的独生子，他于1995年4月26日在家里出生。在我们的第一次观察中，他的父亲伊恩（Ian）就骄傲地描述了这个过程。他说，安东尼奥的母亲路易丝（Louise）和他都觉得出生是一件痛苦的事情，因此，路易丝想以温和的方式让孩子认识这个世界。在怀孕后期，她放弃了开车；在安东尼奥出生后，她大概有五周的时间没有出过门，一直在家里带安东尼奥，由伊恩给她送饭。在安东尼奥出生后的头几个月，他们把小安东尼奥带到了后花园，过了一段时间之后再把他带到前花园，再之后，才把他带到更远的地方。伊恩总结说："事实上，我认为她大约有六个月的时间没有去过我们当地的商店！然后，有一天，她觉得他们已经准备好了，于是他们就去了'布拉德福德（Bradford）'市，路易丝的娘家！"

安东尼奥与他母亲的关系，以及在安东尼奥出生后的一段时间他们是怎样蜗居在家中，直到准备好了才离开家门，之后也只是一小步一小步地去更远的地方，这些在与这家人的最初几次讨论中都有所体现。这让我们想到了温尼科特的"原初的母爱贯注"（Primary Maternal Preoccupation，1956）：由父亲来应对现实和外在世界，打猎采集，或者"把肉带回家",而母亲则与孩子的需要捆绑在一起,将自己想与外在世界发生关联的需要搁置一边。我有这样一种感觉:这是一个与她的孩子,以及她自己的身体协调一致的母亲。此外,我还感觉到,安东尼奥从这种思想中获益良多。

安东尼奥现在四岁了。伊恩认为,安东尼奥比他的同龄人要高大一些,不过在我看来,虽然他像科莱利一样看起来要比实际的身形要高大一些,但总体属于矮胖身材。他有着一头修剪整齐的深色金发,还有一双明亮得像海一样的蓝绿色眼睛。他的皮肤是浅桃色的;圆圆的脸蛋,脸颊由于经常在户外玩耍红扑扑的,他有着温柔的笑容,无疑可以温暖所有冰冷的心。他最喜欢的是一个灰色的自行车头盔,几乎不离手。安东尼奥似乎将其他所有的衣服装饰都看作附带的。他的衣服很少成套,衣服还经常丢失,不过,不管怎样,衣服的搭配倒也从来不会不协调,我习惯了以后,总觉得看起来非常舒服。

安东尼奥是一个反应非常迅速且聪明的孩子,能够适应周围的环境。他无论到什么地方,通常都能成为那个地方的主人。他看起来思维缜密且比较敏感。从第一次观察开始,他就对观察者产生了强烈的认同,到第一次观察快要结束的时候,他就坐在椅子上看着,全神贯注地倾听。在第三次观察(这是唯一一次对路易丝进行的观察)进行到一半的时候,安东尼奥对观察者说:"我们都在忙着工作,你就在边上看着吧。"他爬下台阶,拿起一块塑胶玻璃,在房间里走来走去,透过玻璃看观察者和房间四周。他似乎很喜欢被人观察。到第五次观察时,他非常高兴地跟观察者打招呼,说:"你好!你现在每天都来。"两分钟后,当他父亲想跟他一起完成一项做蛋糕的游戏任务时,安东尼奥跑去了楼上,还诱惑观察者,让她跟着一起去。伊恩问安东尼奥要给观察者看什么。他说:"所有的东西。"

俄狄浦斯冲突看起来健康而充满了活力,在安东尼奥的内心深处有节奏地跳动着，他总是纠结于父亲使用的工具的大小，想打断并掌控他母亲的音乐课。不过，这对父母是以一种直觉来理解他们的孩子的。他们喜欢他，且会迎合他的需要。就像星星为古代水手提供方向一样，他们通过在一个"导航系统"中给他们提供安全感，帮助安东尼奥顺利通过无边的"惊涛骇浪"。

俄狄浦斯星星

安东尼奥跟他的父母、他们的德国房客"玛丽"，还有两只黑白相间的猫生活在一起，他们住在一栋常见的如奶酪般楔形的用石头砌成的房子里。他们会经常对房子进行一些修整改造。最近，他们拆了一堵分隔墙，扩展了厨房的空间，因为路易丝希望当她在厨房做饭的时候，安东尼奥能够在厨房有地方玩，并能跟她说说话。她说，她很讨厌让女人单独在厨房准备食物，没有地方可以坐，也没有人跟她说话，从而导致她在做饭的时候与外界隔离。接下来，他们还要铺一块石板地，还要在壁炉上装一个木材燃烧器。

对这家人来说，这栋房子是一个相当惬意的空间。一栋装满了东西的房子，充满了音乐及相关的事物；孩子们进进出出、上课、下课，这是一个非常具有包容性和滋养性的环境，以至于观察者在第一次观察之后，就很确定她想搬进来住！楼上的空间也装得满满的：客厅上面是两间大卧室，客厅的下面是地窖。玩具、人、食物、音乐、活动、自行车、家具，到处都是。但我还是有一种秩序感；从安东尼奥在厨房拱形区域的橘色飞机秋千，到走廊内小猫的食物架，所有东西都井然有序。一切都迎合了需要，而不会让人感到任何困扰。在第六次观察中，安东尼奥解释说，他对于家里空间的秩序感是确保所有的自行车都停放在前面的墙边。他还给出了停放顺序：先是路易丝的，接着是一辆双人自行车（这是他父亲的自行车，上面还有他的位子），然后是他的，这些车

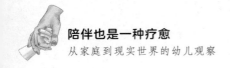

子都连在了一起。他看起来好像与他当前生活和环境中的俄狄浦斯顺序（oedipal order）协调一致。

伊恩和路易丝都快三十岁了，两个人个头都很高，稍微有点胖，都留着深棕色的短发，皮肤都是深橄榄色的。路易丝跟她儿子一样，有一双像水晶一样清澈透明的蓝绿色眼睛，还有像钻石一样洁白的牙齿。伊恩长得比较普通，不怎么引人注目，虽然他非常勤奋努力，但总让人觉得有些混乱。父母两人跟安东尼奥一样，对衣饰的搭配都非常随意。他们都是音乐老师，两人在一起做点小事业。伊恩教授吉他和管乐器，他的专业是萨克斯；路易丝教的是铜管乐器和钢琴。虽然事业和爱情交织在一起，但父母双方在这栋房子之外都有自己的生活。路易丝正在接受培训，她想成为一名施坦纳（Steiner）[①]的老师。她所接受的培训需要经常周末去伦敦，有时候安东尼奥会陪着她一起去。

观察的过程给了我这样一种感觉：这家人有强烈、深刻的共同感、共享感，这是一个家庭的核心。伊恩和路易丝都是心思缜密的人，他们都非常忠实于一种特定生态的生活方式——这种生活方式中几乎不会出现现代科技。他们家没有汽车，也没有电视机；他们出行都是骑自行车，或是坐公共汽车和火车。他们家有一块地，伊恩在地里种了有机蔬菜，将土地以及他们一家人放在一起，让人有一种节律感。我们在第一次小组讨论中，就对这家人的生活质量的深刻性进行了探讨。他们考虑到了生活的所有方面，但思想并不是"喷射"出来的。它有其真正的深度和明晰性，他们通过日常生活将这种思想传递给了他们的儿子。父母给了安东尼奥很多空间去思考和探索。父母也经常邀请他来就手头的任务提出想法和解决办法，重点是分享和参与。小组讨论时，大家思考了

---

① 施坦纳教育法，也称华德福教育法。这种教育强调整体教育，即在孩子的教育过程中同时考虑认知，身体和精神方面的因素。——译注

这对于安东尼奥来说意味着什么，"这是一幅小男孩在一个充满包容性的池子里游泳的画面"。

事实上，所有对这对父子的观察都发生在路易丝去给一个叫杰克（Jack）的小男孩上大号课的时候。在整个观察的过程中，杰克在大号方面的熟练程度为安东尼奥的发展提供了背景。

俄狄浦斯节奏，观察父与子

作为一名曾在建筑行业工作过的、有资质的土木工程师，伊恩只要一有机会，就会建造东西。他自己完成了大部分的房屋工程。他非常看重自己的建筑技能，希望通过实践学习把这些技能传给儿子。他允许安东尼奥使用所有的工具，如果有需要，他也会给他提供一些帮助。在安东尼奥使用工具的过程中，每一步他都会跟安东尼奥商量。他经常会说这样的话，"你打算做什么……告诉我你的想法，小鬼……你有巧妙的计划吗……你想到了什么"，诸如此类。他还会让安东尼奥自己选择工具——是想要一个大锤子还是一个小锤子？是想要一把大锯子还是一把小锯子？安东尼奥自然会选择大的工具，他不希望自己与小的东西联系在一起。安东尼奥常常会尝试自己的想法和提出解决办法，伊恩会就此提出一些建议，反过来也一样。

安东尼奥非常崇拜他的父亲，经常会模仿他。在第二次观察中，当要到地下室去找一些胶水时，安东尼奥很快就指出了他父亲的架子。他爬到了其中一个架子上，非常自豪地指着一排让人印象深刻的建筑工具让我看。他说这些工具全部都是伊恩的。他拿了一个非常大的钻头，为了向我展示这是做什么用的，他便假装钻一张长凳子。显然，地下室是爸爸的领地，这一点绝不会错，而且父亲有非常多的工具和很大的工具。工具、工具的大小和功率、建筑、修理、安装、连接等主题，普遍地存在于所有的观察中。

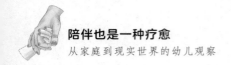

陪伴也是一种疗愈
从家庭到现实世界的幼儿观察

　　这对父子之间的关系是愉悦的。这非常像男人对男人的关系，让人感觉他们就像是"两个在一起的男孩"。例如，在第十八次观察中，我到达他们家那块土地的时候，看到这对父子正站在一堆粪便中间。安东尼奥告诉我，他们正在搬运一些"臭草"，他说这些臭草是"牛便便"。伊恩不同意，他说这是马便便，他一边说着，一边把粪便装到他自己的独轮手推车和他儿子的玩具手推车上。安东尼奥上上下下地打量了我一下，然后说，他旁边都是臭草，我不能下去，因为有点儿脏。伊恩也表示赞同，说我穿了漂亮的衣服，不是那种可以沾上粪便的衣服。安东尼奥看了看他自己的衣服，又看了看伊恩的衣服，然后大声地说，他们穿的衣服弄脏一点儿也没关系。在这样的情况下，我才注意到，这对父子穿着一模一样的衣服：运动衫、牛仔裤、雨靴的颜色和款式都一样，只有大小的区别，不过这个区别让人印象深刻。安东尼奥雨靴的侧面有一只帕丁顿熊的图案。这对二人组合爬出了粪便堆，推起了各自的手推车，朝着那块地前进，走到那块地尽头的时候，他们把"臭草"倒了出来，堆成一堆。他们这样来回了很多次。这是"男人的工作"，不能让身穿干净衣服的女生做。观察者扮演的就是那个女人——母亲的角色，看着男孩子们在地里工作，把身上弄得脏脏的。

　　有关谁更大一些，观察者观察到的是："谁"这样一种竞争性对抗经常出现。伊恩称呼安东尼奥为"小鬼"，强调他比他儿子更大，揭示他儿子还不成熟。安东尼奥对父亲提及他的年幼感到非常愤怒。例如，在第十二次观察中，安东尼奥跑进了厨房，说："看！我们正在做苹果汁！"他拿起了一把尖锐的刀。伊恩跟进了厨房，一把夺过那把刀，说："不许用这把尖锐的刀！"他给了安东尼奥另一把刀。安东尼奥强烈抗议，他把他父亲后来给他的那把刀扔过桌子，扔向他父亲。伊恩看起来有些愤怒，但还是对安东尼奥说，他不能使用那把尖锐的刀，因为那把刀是大人用的。他告诉安东尼奥，他可以选择让伊恩帮他切，也可以选择自己用伊恩刚才给的那把刀来切，他把那把刀递还给他儿子，安东尼奥拒绝了，说他想要用那把"真的"刀。伊恩觉得，安东尼奥可以用他给的那把刀切得很好。安东尼奥试图把苹果切成片，并抗议说这把刀不够尖锐。伊恩问他想不想让他用真的刀来切。安东尼奥同意了，把苹果递给了伊恩，但随后又批评伊恩切得不好，说他切得太大了，不适合用来榨汁。伊恩把苹果片再切了一次，并问安东尼奥这样是不是好一点了。安东尼奥说是的，但补充说"路易丝切的苹果片刚刚好！"

安东尼奥想通过使用一把尖锐的刀来证明他已经长大了，尤其是在观察者的面前，但伊恩揭露了他的脆弱性，给了他一个"你需要保护"的信息。安东尼奥的反应是用"一个警告"做出了反击：母亲切的苹果片刚刚好！

就在这同一次观察中，安东尼奥问我能不能听到大号的声音。他说那是杰克在吹大号！伊恩给我们每个人都泡了茶水，然后像往常一样问安东尼奥："小鬼，你想把路易丝的茶端过去吗？"安东尼奥点了点头，端起了茶杯，小心地端到了路易丝所在的房间。他一进房间，便开始仔细检查杰克的大号，他甚至盯着杰克的椅子下面看，想要看清楚一切。伊恩把他带出房间，但安东尼奥的眼睛还是紧紧地盯着杰克的乐器。回到厨房，安东尼奥得意扬扬地告诉我："我看到杰克的大号了，它是颠倒着的，一直到椅子下面杰克的脚边。"大号的声音在整栋房子里回响，安东尼奥说这个声音像教堂的钟声，他还模仿这个声音，咯咯笑个不停，最后他的身体笑得发抖。接下来，他说他饿了，想吃点东西。

再后来，在卧室里（这间卧室在路易丝和杰克上课房间的正上方），安东尼奥猛击他的琴键，将音量开到了最大，他告诉观察者，在《彼得与狼》（*Peter and Wolf*）中，狼把鸭子吃掉了。伊恩把音量调小。安东尼奥又会把它调大，还变本加厉地在他的琴键上制造出各种特

殊的效果。他要向观察者展示的似乎不仅仅是"他的机器"。他是充满妒忌地想打断下面的课程，也是在与父亲斗争，争夺音量键的控制权。

有关这次观察，小组讨论评论了安东尼奥偷窥杰克的大号以满足其好奇心的行为。他非常兴奋，想知道他母亲和那个小男孩到底在那里做什么。在被提醒他年龄还小以后，安东尼奥认为自己无法胜任的感觉更加强烈了。大号很大，安东尼奥满心羡慕、愤恨和嫉妒。他似乎产生了非常难以应对的"像狼一样的"感觉，然后，他觉得饿了，好像是为了填补一种有什么东西丢失了的感觉。他的父母理解安东尼奥的妒忌。他们允许他把茶水端到房间里给路易丝，伊恩在后面跟着，两人之间保持一定的距离。不过，尽管这一举动考虑到了安东尼奥的感受，但不可避免的是这家人还挣扎于其他的感受中，陷入"厄运与绝望的地窖"之中，譬如那些与破裂、分歧、分离相关的感受。

前俄狄浦斯焦虑，航行去埃及，并回到"厄运与绝望的地窖"之中

要逃避那些从内心深处吞噬我们的怪物是不可能的，打败它们的唯一方式是与它们搏斗，就像雅各布对战天使，或者大力士对战蛇，要不然就不要管它们，直到它们放弃且消失。

路易·德·伯尔尼埃《科莱利上尉的曼陀铃》

我在前面曾提到过，观察者在第一次观察之后就被这个家庭迷住了，表现为她最初的一个理想化愿望：想搬进这个家。因此，一开始她也觉得被包容在了这个具有滋养性的、考虑周到的环境之中。不过，在间隔一个月之后再与这家人接触时，这种愿望开始慢慢消失。一方面，他们都没有提及间隔的这段时间和分离，尤其是伊恩开始变得非常具体实际，立马就对这栋房子的建筑工作进行了详细的土木工程解释。另一

方面，安东尼奥对观察者如是说：

"……我坐飞机去度假了！"

"还坐了轮船。"他的父亲从后面补充说。

"是的，非常大的一艘船，比这还大（他尽可能地伸开了他的双手），比我的房间还大，甚至比我们家所有的房子都大！"安东尼奥大声叫着，圆溜溜的眼睛睁得大大的。

"那是很大。"我说。

"是的，船非常大，我们就坐着它去了埃及！我们看到了金字塔，一个比一个大。"他点着头，补充说道。

他的话让我印象深刻，我重复他的话，"埃及……金字塔，天哪！"安东尼奥看着我，满意地微笑着，站在他后面的父亲的表情与他的表情一模一样。伊恩再次提起了当前要重建这栋房子的地窖的细节，安东尼奥反复说，因为现在的地窖已经破旧了，所以他们需要彻底重建地窖。

安东尼奥在第六次观察时曾对我解释说，这栋房子有两个地窖。他曾带我去看过他们家地板底下的地方。伊恩曾补充说，这两个地窖有点冷，且杂乱无章。我记得这两个地窖也都是他的"领地"。他们叫这两个地方为"厄运与绝望的地窖"。就在这时，安东尼奥插话，之所以叫这个名字，是因为这两个地窖又冷又潮湿，而且还有一个烟囱往下倒，需要做一些特殊的处理才能把它支撑住。

就在这次观察中，路易丝和伊恩出现了意见分歧，之后：

……安东尼奥跑进了厨房，拿起一块茶盘盖布，他告诉我，这个上面有他的火车。他意识到拿颠倒了以后，就把它转了一下，说它有一个

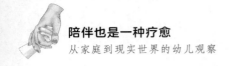
角破了。我说我看到了。他紧接着把这块布系到了桌腿和地窖的门把手上，开始拉桌子，他一边拉，还一边喊伊恩过来帮忙。茶盘盖布连接上了，安东尼奥移动了桌子。这看起来好像很费力，但他解释说，他可以用这张桌子开门、关门。一条桌腿卡在了地毯上，伊恩过来把桌腿抬了起来。安东尼奥继续开门，但要把门关上却有点问题。另一条桌腿又卡住了。他喊伊恩过来帮忙。伊恩走了过来，抬起了那条桌腿，然后轻轻地关上了门。安东尼奥抬头看了看，注意到门关上了以后笑了，他说："看那儿！"伊恩笑了笑，赞同说门已经关上了。安东尼奥接着又玩起了一个大塑料袋，他钻进塑料袋，把自己裹起来，然后趴在地板上，从袋子里面往外看着观察者。

安东尼奥的行为变得非常偏激，就好像他必须让伊恩不要再去想他与路易丝之间的分歧。在他们发生分歧之后，安东尼奥有没有可能是想拿一块茶盘盖布来做扫尾工作呢？这个东西缺了一个角：它是不完美的，就像这家人一样，现在，观察者已开始用一种更为现实的眼光来看待这家人——最初理想化的想法早就已经消失了。

在小组讨论中，我们思考了安东尼奥的焦虑。他度假回家后，告诉观察者，坐飞机、轮船去埃及是一次非常深刻的体验，但回来后却发现自家房子的根基不稳固了。事实上，这肯定反映了他自己内心深处的焦虑，这是一种前俄狄浦斯恐惧的象征。安东尼奥内心深处很害怕有许多东西都需要修理吗？他很可能害怕自己会像碎石瓦砾一样被摔成碎片。当他玩大塑料袋时，观察者有点担心他的安全，在小组讨论时，大家思考的是：这一行为与比克提出的第二层皮肤形成（second-skin formation）的观点有关，它的重要意义体现在哪里？安东尼奥看起来似乎与他世界里一些错误的东西是协调一致的，而且他好像很害怕的样子。这个游戏是通过给他提供第二层皮肤，从而缓解了他的焦虑吗？这是这家人处理基本焦虑的方式吗：将愤怒感受排除在外、加以回避，把它们留在"厄运与绝望的地窖"之中？

在思考了因"与怪物斗争"而产生的不可避免的焦虑之后，我想在总结部分将关注点转向因在成长和改变过程中所涉及的分离而产生的不可避免的痛苦上。

气球爆炸的那一天：俄狄浦斯认知的出现

每一次离别都是一次死别。

路易·德·伯尔尼埃《科莱利上尉的曼陀铃》

第十九次观察比平时开始的时间晚了15分钟，因为观察者的汽车出了点故障。

安东尼奥跟我打招呼，他问我能不能听到杰克正在吹大号，并给我看一个紫色的大气球。他指给我看气球系在了哪个地方，并说气球是路易丝吹的，还帮他系了起来。他还加了一根红色的鞋带，挂在一头。他把这个气球系在了一辆玩具卡车上，并问我，我的汽车加的是哪种汽油（这是他经常问的一个问题）。他问这个问题似乎是有意的，最后他告诉我，路易丝租车出去度假时用的是黄色的喷嘴，这辆车像他的卡车一样，用的是比较好的柴油。他把他的玩具车往楼上拖，拖进了他的卧室，留下一大串玩具乘客散落在走廊上。他玩起了这辆卡车，说到了他缠在卡车上的用鞋带打的结。他说结有好多，并抬头看着我。我说是的，但不想按照他所暗示的去做。安东尼奥问我能不能解开这些结，因为他解不开，但紧接着他就开始解其中的一个结。我说要解开这些结看起来似乎有些难，但他自己解了起来。伊恩走进了房间，解开了这些结，并把刚刚拿下来的气球递给了他儿子。安东尼奥接过气球，拿起了

一盒磁带，问我喜不喜欢看《邮递员派特叔叔》，并问我能不能帮他把磁带放进去。伊恩说他可以帮他放，但安东尼奥马上就把磁带放进了机器，并把机器打开了。伊恩看到后，大声地说，他自己能够做到。安东尼奥跟着音乐跳起了舞，一圈又一圈地转动着，他手里的气球上下跳动着。他把气球松开又抓回来，距离一次一次地逐渐变大。他停下来，听着音乐，还说到了气球发出的声音，说这是一种响亮的拍击声，然后又继续跳起了舞。气球有时候会从他的头上弹起来，安东尼奥觉得这很滑稽。当气球快要碰到我的腿时，他就会兴奋地大声叫着，说他几乎要"抓到你了！"他描述了气球移动的方式：忽上忽下，几乎碰触到了电灯，忽左忽右，然后又飞高了。安东尼奥在玩这个游戏时，高兴地大声尖叫着，发出了很大的噪声，这让我有些担心路易丝在楼下房间是否能正常上课。

安东尼奥开始上蹿下跳。他跳到了父母的床上，继续跳上跳下。每跳一次，他就显得更加兴奋一些。他双膝跪下，接着仰面躺倒，像一个小婴儿一样抬起双腿乱踢乱蹬，与此同时，还有一个紫色的气球在他的肚子上弹跳着。然后他站了起来，继续在床上跳着，一不小心撞到了风铃。他告诉伊恩和我，说他撞到了风铃，并开始瞄准风铃，用气球砸它。突然，一声巨响，气球爆炸了。安东尼奥在床上大声哭了起来，伊恩跑过去抱着他。他像完全疯了一样。他哭了好几分钟，一边哭一边问伊恩能不能把气球修好。伊恩努力解释说修好也没有用了，但安东尼奥不理解为什么他们不能用胶水把气球粘起来。他看着手里瘪了的气球碎片，进而又想到了透明胶带。伊恩说不行，并再一次试图向他解释原因。安东尼奥哭得更加伤心了，他问他父亲为什么不能修好他的气球。伊恩似乎无言以对。接着，他注意到床上有些东西，他跟安东尼奥说，有些东西在他身上，因此需要把它们捡起来拿出去扔掉。伊恩抱起了安东尼奥，安东尼奥告诉父亲这些东西只是小米。路易丝曾把这些小米放到气球里，让气球发出"哗哗"的响声。

他们回来了，安东尼奥坐在父亲的大腿上，看起来非常伤心，头低着，用手指触摸着已经破了的紫色气球。他又开始哭起来。

"为什么我们不能把它修好？"他哽咽道。伊恩说这个气球修不好了，并提出他们可以再买一个。

"但是这个气球是路易丝吹的！"安东尼奥回答道。

"是吗？"伊恩说，并且看起来有点困惑不解。接着是一段短时间的沉默。

"伊恩，她会注意到吗？路易丝会注意到这个气球吗？"安东尼奥问。

伊恩认为路易丝会注意到，安东尼奥又开始哭了起来。伊恩问他，这个气球是不是路易丝买给他的。安东尼奥说，是她去看他奶奶时在布拉德福德买的。他又问伊恩，路易丝会不会注意到，伊恩不知道这有什么要紧的，因为他觉得路易丝会理解的。于是，他试图转移儿子的注意力，说起了他的下一个生日。他说他的生日快到了，到时候他将会有非常多的气球。"你马上就要四岁了！"他积极乐观地补充道。

安东尼奥再一次哭了起来，说他不想要四岁，他一点都不想长大。

"你不想过生日啦，宝贝儿？还有礼物也不想要了吗？"伊恩试图说服他。"不要！我不想要四岁。"安东尼奥痛哭了起来。

"好，好，不哭你就可以一直三岁了。"伊恩说着，一边把儿子拉到了身边，亲了亲他的头。

门铃响了，他们两个人都站起来去开门。回来后，安东尼奥走到了我身边，看起来情绪平复了一些，他说，邮递员派特叔叔正在去伊哥路的路上。录像带上放着邮递员派特叔叔真的是在去伊哥路的路上。伊恩走了进来，他问安东尼奥想不想做一辆玩具火车。"小鬼，你想让我帮你做什么？告诉我，你想让我给你做什么？"他问道。安东尼奥这个时

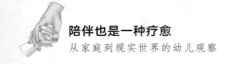

候看起来情绪平复了，他坐了下来，跟父亲讲父亲能为他做什么。

对所有人来说，这次观察都是一次让人沮丧的体验。安东尼奥意识到了观察者的迟到，于是问起了她的车、汽油，甚至还要询问是谁帮她装满的，他这么做很可能是想证明他知道成年人需要互相满足、相互照顾。他接着去玩起了他的气球：一个紫色的大气球，里面被路易丝装了小米。这个气球是她吹起来的，（"吹起来"）这个词用来形容安东尼奥欣喜若狂的情绪状态非常合适，他的这种状态还让人感受到了他对母亲和母亲的美丽充满了爱和感情。装了小米的气球具有双重的性象征：装有种子的子宫；或者，这些种子可能代表了想象中的兄弟姐妹竞争者。安东尼奥在父母的床上跳起了一种具有性欲色彩的庆祝舞蹈，以表达他对这个气球的喜爱之情，而观察者和伊恩在一边看着。他被这个气球迷住了，像一个小婴儿一样拍它，那样子几乎可以说像一个恋物癖患者。这让人感觉这个玩具好像是一个他深爱的人、他的客体（这让我想到了弗洛伊德提出的有关阉割情结和恋物癖的理论观点）。他跳舞时放的音乐非常吵，干扰到了楼下的母亲和她的学生。接着，气球爆炸了，安东尼奥崩溃了，他要求父亲像修理其他东西一样把它修好，让它恢复原样，但父亲无法修好气球。安东尼奥认识到，一切都不可能永远存在。气球爆炸了，婴儿期的全能感即将消逝，尽管他有欲望，但他也需要善待他的客体，承担起责任，否则他就有可能会摧毁它。伊恩则认识到，不是所有的东西他都能够修好，他不得不忍受因儿子日渐成熟而产生的无力感，父子二人必须一起忍受这样的现实。伊恩试图安慰安东尼奥，想到有更多的气球和生日，但安东尼奥知道，随着年龄的增长和日渐的成熟，更多让人痛苦的现实将会出现：他不想要长到四岁，他想保持自己的全能感。他因这日渐清晰的认识所带来的丧失而感到悲伤，当他与父亲的相处回到了熟悉的节奏中时，邮递员派特叔叔却开车走

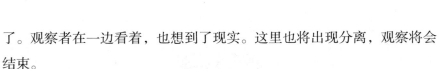

了。观察者在一边看着，也想到了现实。这里也将出现分离，观察将会
结束。

船长颂歌

安东尼奥船长顶着一块满是俄狄浦斯星星的毯子，航行到了埃及，
回来的时候，他唱着有关木星、金星、火星的天堂之歌。在"厄运与绝
望的地窖"之上，有一个理想的男人，还有几个和母亲一起制造许多噪
声的让人头疼的小男孩。

有一种父子，他们深爱着对方，
他们骑行到了一个地方，在那里，
有棕色的干草，味道闻起来不像是它该有的样子，
集水桶里满是木头。

突然，有一天早晨，他毫无预兆地离开了，
在心碎、痛苦的混乱状态下，
他相当惊奇地发现自己长大了，已能意识到——
所有的气球都爆炸了。

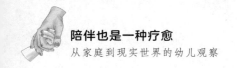
第八章

被观察的幼儿和观察中的幼儿：幼儿对弟弟胎死腹中的复杂反应

◎ 西莫内塔·M.G. 阿达莫

"孩子们通常觉得，离开妈妈、爸爸、老师是一件非常困难的事情。"那个小女孩沉思了一会儿说道。观察者说："或许我也是这样。""是的，是的。"小女孩立马表示了赞同。

上面这段话是观察者和一个四岁的小女孩在暑假快要开始之前展开的一段对话，观察者每周都会到这个小女孩家观察一次，已经持续了一年的时间。这项观察是在幼儿观察和研讨班的框架内进行的，还要持续一年，这是意大利塔维斯托克培训课程常见的模式（Adama & Magagna，1998）。

这个小女孩的名字叫乔琪亚（Giorgia）， 她看起来好像能够反思她自己的经历，更确切地说，她能够对各种分离以及这一年的时间带给她的收获进行思考。从许多方面看，这都是艰难的一年。她的母亲本来怀孕了，但却因为胎死腹中而终止妊娠，这个悲剧对乔琪亚产生了很大的影响。不过，上面那段话也表明了她的心理活动：她能够进行自我观察，也能够与她自己选择的对象交流想法。在这一年中，观察者谨慎、敏感地目睹了乔琪亚在冲破俄狄浦斯冲突的过程中所面临的情绪混乱和不稳定状态。这是一个充满暴风雨的十字路口，之所以这么说，部分原因在于她的内在装备（internal equipment），她的内在装备中既有一些显著的资源，同时也混合了某些脆弱的东西。显然，这次创伤性事件对她来说是一次严峻的考验。在随后的观察阶段，乔琪亚画了一幅这样的画：一艘小船漂浮在暴风雨中的海上，没有帆，也没有船舵。这是一个非常恰当的意象。

观察者[1]仔细地记录着她艰难的成长历程，并逐步获得一种观察立场，据此，她可以透过自己的心理状态以及各种心理状态的转换来思考问题。不过，观察者的作用并非仅限于此，而是要发挥一种更具动力性的功能，要鼓励幼儿不断发展他自己的观察能力和反省能力。

之前的一项研究（Adamo & Magagna，1998）也探讨了相似的问题。不过，这两项研究有一个重要的区别。在那篇文章中，我们面对的主要是幼儿在以下两者之间的挣扎和斗争：一是表现出她对新生婴儿的攻击性情感；二是退回到她和观察者共享的"私人空间"（在这个空间里，她能够抑制住自己想要采取行动的冲动，并在游戏中以象征的形式表达自己的情感）。而本章的案例与此不同：由于胎死腹中这一创伤性事件，关注点更多是在内在的哀伤过程上，我们可以从幼儿的游戏、绘画、言语表达、讲故事等行为看出这一点。通过幼儿在这些活动中的表现，我们便可以追踪哀伤过程的发展情况：从它最初的状态（其特点是强烈的被害情感和抑郁情绪），到更为抑郁的状态和修复能力的获得。

❦ 脆弱的心理皮肤

观察者第一次去乔琪亚家见她的父母，跟他们讨论观察这个孩子的可能性时，她三岁半。乔琪亚的家人包括她的父母（她的父母都是敏感的专业人士，夫妻两人关系很好），和一个比她小21个月的妹妹加布里

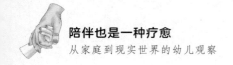

埃拉（Gabriella）。

此时，乔琪亚的母亲又怀孕了，两个月后就要生下一个小男孩。观察者在与乔琪亚母亲的第一次面谈中得知，乔琪亚自出生起就患上了情绪性痉挛（emotional spasms）[2]，一旦处于强烈的情绪紧张状态，她就会晕厥。这种情况第一次发生在她一岁的时候，后来也时有发生，不过发生的频率低了一些。最初，她母亲给她换了一块尿布，她就痉挛了。她母亲还记得，当时她就"抱着这个看起来好像断了气的孩子"在屋子里转来转去。还有一次痉挛发生在她母亲打她时。她的母亲还告诉观察者，她曾去看过一个儿童神经精神病学家，他让她放心，没有对她进行任何的责备，不过，他也补充说，乔琪亚是一个"需要被周围所有人都关注到的孩子"。

观察者认识到，这位母亲害怕再次发生相似的情况，而且威胁一直若隐若现地存在，它们可能隐藏在看起来非常平凡的事件及其他一些问题中。虽然那位医生的话让这位母亲稍微平静了一些，但她的内疚感还是几乎触手可及，后来，她还公开地承认了这一点，她在提到近期的一次抑郁症发作时，将其归结为她自己的完美主义倾向，以及她总是认为自己要为屋子里所发生的一切冲突（包括她女儿的生活）负责的倾向。

另一个孩子的即将出生唤醒了乔琪亚母亲的这些记忆和担忧，与观察者的接触也让她的这些记忆和担忧涌上了心头。这位母亲坦诚地表达了她对观察的怀疑：以后她要忙着照顾三个年幼孩子的生活，这是不是一个额外的负担，乔琪亚将会做出怎样的反应？她要怎样将观察者介绍给乔琪亚？这位母亲可能也在一个无意识的水平上表达出了她自己的焦虑，观察者可能会用一种批判的、评判的视角来看待她，指出她的不当之处和问题，而这会加重她的内疚感。不过，她表现出她有能力应对这些冲突，并在自己的内心斗争以及后来与观察者的辩论中能够坦然地面对这些冲突。因此，她最终同意接受观察的决定是深思熟虑的结果，而不是一个冲动的决定。

根据这些评论，我们可以说，这位母亲可能是在表达一种希望：她希望乔琪亚在她弟弟出生前后这段微妙时间，能够因为观察者对她的特别"关注"而获益。参照那位神经精神病学家的诊断和意见，乔琪亚的母亲开始尝试性地考虑用不同的方法来走近和理解她的女儿。或许观察者就是那个能够提供一种新视角的人。

毫无疑问，乔琪亚的母亲所叙述的有关乔琪亚的经历让我想起了关于其他婴儿的类似描述（Miller, Rustin, & Shuttleworth，1989），当给他们脱衣服时，这些婴儿就会出现"一种惊恐和崩溃的反应"，这很可能是因为他们的"心理皮肤还不够强韧，强韧的心理皮肤能保护……（他们）不会因为脱衣服而产生强烈的焦虑情绪"。这些描述让我们想到的是幼儿体验的性质，而很可能不是其体验的强烈程度。我们需要谨记一点：在痉挛发生时，乔琪亚已经一岁了，不是一个只出生了几周的小婴儿。她的焦虑情绪无论如何都无法通过哭喊或活动来缓解，而是引发了一种躯体短路：情绪性痉挛。我们面对的不是一个恐惧死亡的幼儿（如果是一个恐惧死亡的幼儿，那么母亲通过一个成功的容纳过程便可以使其得到缓解和调节），而是母亲和幼儿在其中都经历着一种共同的"死亡危险"体验的情境。

✎ 整理衣服

第一次观察是在九月份，当时，乔琪亚和她的母亲，还有妹妹一起坐在一堆婴儿衣服中间。

"我们正在整理秋天的衣服。"她的母亲向观察者解释说。

"不，是我在整理衣服。"乔琪亚纠正了母亲的话。

观察者立刻看到了这个幼儿的能力（她在叠衣服的时候不仅表现出了足够的能力，而且叠得很正确），以及她明确地表示自己不需要母亲的在场和帮助。对这种需要的否认使得她的能力表现出了一种防御性、类似于虚假成人的特性。

乔琪亚拿起一只塑料狗，把它放在小桌子上，然后用两件毛线衫盖住了它的身体，就好像这两件毛线衫是毛毯一样……过了一会儿，她去拿了另外一只玩具狗过来——这次，她拿的是一个绒布玩具——她拿这个绒布玩具的目的是让这两只狗睡在离彼此不远的地方，但她很快又确定（她甚至都没有尝试一下）空间太小，不够两只狗都睡在这里。她换了一个游戏玩，嘴里说着："不玩这个了，现在，我来放电影。"她把一个玩具投影仪放到了桌子上，搬了一些椅子过来排成几排，然后把她的动物玩具，还有她的妹妹都放到了椅子上。接着，她喊她的母亲和观察者过来当观众。

"一切准备就绪后，"乔琪亚说，"所有人都要保持安静。电影马上就要开始了。你们想看哪部电影？"没有人回答……于是，乔琪亚说："我给你们放关于滑雪和雪的电影吧。"

电影结束了，乔琪亚走到了衣橱边，她的母亲在那里忙着整理衣服。

她拿起了一双用小细绳做成的鞋子，有点像中国传统特色的鞋子。鞋子很小，可能是某个玩偶的鞋子。她走到了妹妹身边，虽然这双鞋子并不适合妹妹穿，但她还是拼命地想给妹妹穿上。乔琪亚失去了耐心，其中有一部分原因是妹妹不停地推她，差点儿把她从椅子上推下来……

接着，她让观察者递给她一个大玩偶，并再一次想把那双鞋子给玩偶穿上。最后——

她拿起一个芭比，脱掉了它的成人服饰，给它穿上了一块尿布和假装给它穿了一件衣服。她把这个玩偶放进了婴儿车，一边还说着："她昨晚哭了。现在，我要把她留给菲律宾女佣，然后出去吃晚饭。"

但过了一小会儿，乔琪亚却自己流着眼泪，恳求她母亲："妈妈，别走，就待在这儿。你要去哪儿啊？"她母亲走出了房间两次，每次都出去了一会儿，而乔琪亚两次都说了这样的话。

评　论

在这段材料中，最引人注目的是出现了一个主题，这个主题隐含在上面有关婴儿期创伤的描述中，而且在观察中，这个主题还会经常出现：想要找到庇护和保护从而避免处于一个寒冷环境之中的需要。乔琪亚在她的游戏中用毛毯和两只小狗引入了这个主题，她理所当然地认为，"毛毯不够大，不能把两只小狗都盖住。"

她觉得容器不够大，不足以容纳两个人的体验，更为明显地重现在了随后的一个情境中，当时，她因为母亲离开了房间几分钟而变得非常焦虑。这就好像是她需要母亲一直真正地陪伴在身边，这样她才会感觉她与母亲是合为一体的；而如果母亲离开，即使离开的时间非常短暂，她的婴儿自我（baby self）也会重新出现，而这样的一个自我是她无法独自应对的。

不过，那块无法盖住硬塑料狗和柔软毛绒小狗的毛毯或许也可以解释为她的自我表征，这是一层无法将她自己各个不同的、分裂的方面都包含在内的心理皮肤：她有能力的部分，以及她那个软弱易受伤的婴儿部分。我们看到乔琪亚一次又一次很粗暴地想把那双玩偶的鞋子穿到妹

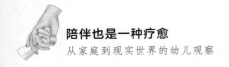

妹的脚上，就好像她想通过投射性认同让自己摆脱那个婴儿自我一样。

她玩芭比（芭比被脱去了衣服，成人身份也被剥夺了）的那个游戏似乎就阐明了这个过程的动力。乔琪亚好像在说，放弃虚假的成人身份并表现得很幼小且依赖于他人是非常危险的事情，因为在她的内心体验中这天然地意味着被放弃和被残忍地拒绝，"她昨晚哭了。现在，我要把她留给菲律宾女佣，然后出去吃晚饭"。

在心理层面上，整理衣服的行为（决定哪些衣服还合身，哪些可以不要了，给妹妹穿）并不像乔琪亚一开始所认为的那样简单。事实上，这个行为包含了以下两个重要问题，且这两个问题之间存在本质的差异：一是放弃衣服（这些衣服代表的是她的心理状态），因为她已经长大了而穿不下这些衣服了；二是她想要让自己摆脱这些衣服，并强迫其他某个人穿上这些衣服。一旦内在的过滤器使得乔琪亚将内在与外在容器的不合适视为理所应当，那么，她马上就会开始"放电影"游戏。"冷"这一主题再次出现，不过，此时，她好像是通过分离、控制、躁性防御（manic defence，将遭遇寒冷转换成一项喜欢的体育活动）来处理这个主题的。

处于寒冷中的小狗

在两个月后的研讨班报告会上，我们才得知，乔琪亚母亲肚子里的小宝宝死了。在一项常规检查（在这次检查中，所有指标似乎都良好）后，母亲开始进入待产状态，但却再也听不到胎儿的心跳声了，后来才发现，胎儿已经死产好几天了。乔琪亚的母亲在电话里跟观察者交谈了很长时间，她告诉观察者她很难开口把这个消息告诉乔琪亚，因为她一直以来都真的很期待有一个弟弟，而且，她已经给弟弟选好了一个名字。

"在我从诊所回家之前，我丈夫就决定由他来把这个消息告诉乔琪

亚。他告诉她，她弟弟不能回家了，因为虽然妈妈和爸爸很努力地劝他跟我们待在一起，但他还是坚持要回天堂，现在，他生活在一片小小的云朵上。"

观察者问这位母亲，乔琪亚对此有没有说什么，她回答说："当时她什么都没说，在我回家的时候，她撇开了这个问题，问我：'我弟弟在那片小云朵上有毛毯来取暖吗？因为天太冷了。'"

在接下来的那次观察中，乔琪亚在玩一个玩偶时，用她妹妹的一条毛毯把它包了起来，还散了一会儿步。

当她妹妹走近母亲时，乔琪亚放下那个玩偶，不玩了，她让母亲给她一个可爱的玩具。母亲给了她一个非常漂亮的玩具小猫，并对她说："你告诉埃马努埃拉（Emanuela），是谁给你买的这个可爱的新猫咪，好吗？"乔琪亚回答说："外婆！"这位母亲于是转向观察者，补充说："因为妹妹加布里埃拉抢了乔琪亚原来那个玩具，所以我母亲前几天给她买了一个新的玩具猫。"乔琪亚打断了她的话，纠正说："喵喵是加布里的，这个是我的。"

观察者看着这只白色的玩具小猫，突然想到了那部动画片《猫儿历险记》（The Aristocats），于是，她说：

"她看起来很像《猫儿历险记》中的一只猫咪。"乔琪亚的母亲说："是的，她看起来就像那只猫咪……哦，它叫什么名字来着？我觉得是叫Minou（意即猫）。"

观察者证实了这个名字。乔琪亚接着问她母亲："你还记得它们待在又冷又下着雨的外面时怎么样，都哭了吗？"母亲沉默了。于是，乔

琪亚接着说："我想看《猫儿历险记》，但加布里埃拉最好别看，因为她害怕暴风雨。"

抱着必须要看到这部动画片的决心，乔琪亚站了起来，径直走到了电视机边上，缠着她母亲要看那部动画片，并反复强调妹妹最好别看，因为妹妹会害怕。动画片开始了，姐妹俩看起了动画片。突然，乔琪亚走了过来，似不经意地坐到了观察者的腿上。

乔琪亚在这么做的时候所表现出来的自然确实让观察者吃了一惊，她只是趁机站了起来，把妹妹推开了，然后，她的样子好像是要回到原来坐的地方，结果坐到了观察者的腿上。

观察者用手环着这个孩子的腰，紧紧地抱着她，她们就这样坐了至少十分钟。这个时候，动画片里放的是：外面下着雨，这些猫咪被邪恶的管家丢弃到了一个不知名的地方。

错过了一次面谈之后，观察者见到了一个完全变了样的乔琪亚。这个小女孩跟她的外婆在一起，她对外婆非常苛刻，极具控制性。外婆向观察者抱怨，乔琪亚最近非常难带。

乔琪亚的腿上放了满满一盘饼干，与此同时，她的右手放在鼻子和嘴巴上，手心朝外。她看起来像是在吮吸她的中指，但事实上，她几乎是在不知不觉地上下摩擦她的手。

乔琪亚对观察者表现得很冷淡和不屑。她没有向观察者问好，而是走到离观察者很远的电视机前坐了下来。电视再一次成了乔琪亚唯一的关注点，电视上放的又是一些处于危险之中的小狗的画面。

乔琪亚正在看《101忠狗》（ *101 Dalmatians* ），当屏幕上出现了那些斑点狗在雪中逃跑的场景，她开始表现得有些不安，并要求她外婆把电影快进到下一个场景。外婆不同意快进，并试图让她安定下来，跟她说这个故事的结局很美好。但乔琪亚看起来好像完全不能面对其中一些特定的画面，她带着一种恳求的语气："求求你了，外婆，我不想看到雪，好冷。"

观察者的自然反应是，很可能她是怕那些小狗会死在这么大的雪中。乔琪亚看着她，点了点头。接下来，乔琪亚一次又一次地想拿遥控器来跳过其中一些场景，但她外婆不让她这么做。于是，乔琪亚拉起外婆的手，把她外婆的手放在了自己的两手中间，并要求外婆把手贴紧她的手。电影的画面变成了一只小狗落在了后面，因为很冷，它走不动了。乔琪亚继续恳求外婆跳过这一段，她甚至哭了。当那些小狗安全地到达牛棚时，她高兴地跳了起来，并要求再看一遍这个片段，但她外婆再一次没让她如愿，说自己不知道怎么操作录像机。库伊拉（Cruella，追捕小狗的人）再次出现时，她还是感到很害怕，"看，库伊拉真丑，真坏！她看起来就像是一个魔鬼！"乔琪亚再一次抓住了外婆的手，直到电影结束才放开。

在这次观察结束时，乔琪亚似乎很担心与观察者分开。

这个孩子用一种微弱的声音，问观察者要去哪里。她的声音有些奇怪，带着哭声，听起来有些压抑——完全不同于她在很想要某些东西时所发出的激动的声音。这两种不同的声音听起来好像完全相反。

评 论

这些观察让人非常难过，它们强有力地传达了这家人由于胎儿死亡

而产生的丧失感。在这次事件之后，乔琪亚的母亲在一次电话长谈中告诉了观察者一件悲惨的事情：她先前的一个伴侣去世了。我的脑海里重新浮现了早先她在描述乔琪亚第一次情绪痉挛发作时的一个画面，这位母亲抱着自己"看起来好像断了气"的女儿在屋子里转来转去。

"住在云朵上的孩子"这个意象很可能不仅是父亲想要找到"恰当的词语"来把弟弟死亡的消息告诉乔琪亚而做出的努力，而且也是乔琪亚母亲的需要：她需要找到庇护所，来逃避赤裸裸摆在她面前有关胎儿死亡的细节。在接下来的那次观察开始时，乔琪亚在母亲的催促下，用一个惊讶的微笑跟观察者打招呼，好像她并不是真的相信她能再次看到观察者一样。虽然谁也没有明确地告诉她到底发生了什么，但总是有东西不断提示着她。外婆给她买的那个新玩具猫好像成了一个象征性的替代物，用来暗指那个应该在家但事实上却并不在的孩子。它还意味着大人们对于这个大孩子所经历痛苦的担心。他们似乎努力地避免让小一点的那个孩子表现出任何的软弱感或脆弱感。尽管我们后来看到，乔琪亚想把这些软弱感或脆弱感投射到妹妹身上。她说，她想"保护妹妹"，不让妹妹看那部电影。不过，事实上，她是想把她自己的恐惧和痛苦投射到妹妹的身上。

有人可能会问，乔琪亚由于自身脆弱部分的分裂和投射性认同而产生的牢固防御是否也可能是她无法给她的新玩具猫取名字的原因："喵喵是加布里的，这个是我的。"乔琪亚（她已经为她弟弟想好了一个名字）似乎是想保护自己，不让自己承认"给玩具猫咪取名字"这一行为所蕴含的个人关系和特殊依恋。[3]

不过，虽然没有直接说，但观察者还是用象征性媒介物的方式理解了这种丧失，她自然而然地联想到了《猫儿历险记》这个故事，联想到了邪恶的管家想要除掉的那些小猫咪，那个邪恶的管家之所以想要除掉那些小猫咪，是因为她妒忌，以及她害怕自己不能成为主人遗产的唯一受益人。乔琪亚无法取名字的表现好像与她母亲所说的难以找到词语来告诉她女儿小宝宝已经去世这个消息是对应的。因此，观察者的联想解释了母亲—幼儿关系中的一种深层需要，填补了这个空缺，并使她们之间的沟通交流得以继续。

乔琪亚和她的母亲两人都认可并采纳了观察者以上的观察发现，这似乎证实了观察者的分析。现在，一种新版本的丧失通过《猫儿历险记》这个故事表达了出来，这不同于有关那个小宝宝的故事：那个小宝宝不愿意跟他们待在一起，回到了他的云朵上。乔琪亚对妹妹的攻击（她想把妹妹从妈妈的腿上推下来，不让妹妹坐在妈妈的腿上）清楚地表明了一点：由于失去弟弟而产生的痛苦与迫害性焦虑（这种迫害性焦虑由于她想除掉一个潜在竞争者而产生）混到了一起。不过，观察者的可利用性似乎给乔琪亚提供了一种不同的解决方式——利用一个替代者。通过坐在观察者的腿上，被安全地保护在观察者的怀抱中，乔琪亚的身体获得了容纳，因而才能够应对电影中出现的一些场景。

☙ 与观察者关系的发展

在接下来的一次观察中，一种不同的情况出现了：两个月过去了，母亲已经回去上班了。除了这一事实以外，还有一个情况是：观察者取消了一次来访。观察者立刻就震惊地发现，乔琪亚有强烈的想要获得口腔满足的欲望，而且，她几乎就像一个暴君一样控制着她的外婆，而外婆对这种状况只能一忍再忍，可能是因为她怕乔琪亚的情绪痉挛再次发作。她不仅要求外婆给她非常多的饼干，而且她第一次出现了手淫性质的满足形式，表现为她的吮吸方式以及她对于用手背摩擦嘴唇而产生触觉的探索。乔琪亚耀武扬威地忽视和粗暴地对待观察者的行为可能是对观察者的缺席的惩罚。不过，后来发生的事件让我们看到，乔琪亚具有原谅他人的能力。当观察者认识到并用言语表达出乔琪亚看到斑点狗被

邪恶的库伊拉追捕（一旦被追捕到就有死亡的危险）的场景可能会非常痛苦时，她感激地看了观察者一眼。

有诗人曾警告说："去吧，去吧，去吧——鸟儿说——人类忍受不了太多的现实（Eliot，1944）。"当乔琪亚几次要求外婆用遥控器快进跳过那些最为悲伤的场景，只看那些让人更为安心和更抚慰人的场景时，她好像是在表达她不想面对现实和想调节需要面对的焦虑的程度。不过，在面对乔琪亚的要求时，外婆不变的反应使得她没有可能做出任何调节。外婆所表达的困难同时也是这次观察的中心，而且，这对于一个幼儿的发展来说也是非常关键的：要想对幼儿做出有帮助的反应，则要有能力将幼儿的需要和她想要控制他人的想法区别开来。

∽ 城堡里的囚犯

在夏天来到之前的几个月，对乔琪亚来说，与父亲的关系变得尤其重要，这表现在以下两次观察中。

在第一次观察中，乔琪亚似乎因为父亲的在场而变得非常兴奋。不过，当他离开后：

气氛立马紧张和低落下来，好像无处释放一样……沉默了一会儿后，乔琪亚要求妹妹跟她一起扮演两个出去买东西吃的女人。她要求观察者扮演店主。乔琪亚拿了一整篮子的玩具水果和玩具蔬菜，并将这些玩具水果和玩具蔬菜全部倒给了观察者。紧接着，她想来买东西了。乔琪亚兴奋地走到了观察者面前，说她想买一些橘子，然后，没等观察者回答，她就自己拿了一些橘子。接着，她又想买一些香蕉和西红柿。她把所有这些东西都放进了一个塑料袋，几乎没有给妹妹任何买东西的机会。

接下来，乔琪亚提议妹妹跟她一起扮演辛巴（Simba）和娜娜

（Nala）（《狮子王》当中的两个主要角色）。两个小女孩在地板上爬来滚去，一会儿互相攻击，一会儿又抱在一起。观察者感觉到，乔琪亚正试图使这个游戏蒙上性欲的色彩。她们两个人都不说话，尤其是乔琪亚，像一只狮子一样咆哮着。在房间的一角，乔琪亚建了一个兽穴，她爬到了兽穴里面，并要求妹妹也进去。她开始发出一种呻吟声，而这让加布里埃拉有些害怕，加布里埃拉离开了兽穴。乔琪亚试图把妹妹带回兽穴，然后，依旧是爬着回到了洞穴里面，她说她要孵蛋。她张开双腿，坐到了一堆玩偶上面，她说，"看，我的小娜娜们出生了。"加布里埃拉看着她，好像对她的表演一点也不感兴趣，也可能她是有点儿害怕。她问她姐姐："乔，妈妈很快就回来吗？"乔琪亚用一种相当不爽的语气回答说："是的，她晚点儿会回来"。

父亲的在场让这两个女孩非常兴奋，尤其是乔琪亚，但一旦他离开，这种兴奋立马就会消失。在接下来的游戏中，我们可以观察到，乔琪亚存在一种心理状态的转变。她一开始有认为自己总是能够接近母亲的乳房的幻想（她宣称自己对母亲的乳房具有专属控制权），即认同原场景中的母亲；后来又转而认同生宝宝的母亲。

在蔬菜水果店的游戏中，她一开始极不耐烦且贪婪地走来走去，就好像她什么都想要，想掠夺店主（乳房）的所有食物一样，她什么东西都不想留给店主以及她的妹妹。她一点都不尊重时间和规则。

后来，她提议玩狮子王的游戏，并给自己预留了娜娜的角色，她对于自身俄狄浦斯欲望与幻想的认真扮演，使得它们无法有效地被容纳在一个象征性的水平上。因此，这个游戏具有一种过于现实的特征（Hoxter，1977），这使得观察者感到有些不安，而且吓到了她的妹妹，以至于加布里埃拉开口问起母亲（母亲能够确保父母角色和权利的恢复）什么时候回来，以此让自己放心。

有趣的是要注意一点，这些主题再一次出现在了后来的材料中，但出现的形式不同—— 一幅画——而且，这些主题也成了乔琪亚和观察者之间一次详细的言语交流的主题。

观察者到了乔琪亚家，还没进门，就听到乔琪亚一边哭一边说："我要爸爸，我要爸爸。"加布里埃拉一看到观察者就说："乔琪亚在哭，因为她想爸爸。"

这两个小女孩的房间门是关着的，我能听到乔琪亚在里面哭。观察者在加布里埃拉的指引下，走了进去，看到乔琪亚坐在窗户下的一个角落里，双手托着头，胳膊放在膝盖上保持平衡。观察者没有走得太靠近她，便开口问她为什么这样伤心和生气。她没有立刻回答，部分原因是加布里埃拉突然插话说："因为爸爸去上班了，对吧，乔？"

后来，乔琪亚说，她之所以不高兴，是因为他们不允许她像以前一样跟着爸爸去上班。她已经能够用语言来表达她的欲望和受到的伤害了……

"是的，这是因为小孩子都想跟他们的爸爸妈妈在一起，"加布里埃拉应和她的话，并接着说，"我想和妈妈在一起。"接下来，乔琪亚拿起了一本书《小美人鱼》（*The Little Mermaid*），开始给观察者讲故事。故事的主题是竞争：海巫婆乌苏拉偷走了小美人鱼爱丽儿的声音。乔琪亚将这两个角色作了一番对比，想知道她们两人谁更漂亮一些。

接着，她想画画，但决定先穿上她的睡衣。她脱衣服、穿睡衣的方式，以及她奇怪的动作，让观察者感到非常吃惊……

在穿衣服的时候，她看起来就像是"一条真正的美人鱼"。她用一种特别复杂的方式从上往下穿她的睡衣，看起来就好像是在模仿一个大人给小孩穿衣服的样子。

观察者在这之前就已经惊奇地发现过一些类似的东西，当时：

乔琪亚试图控制自己对妹妹的愤怒情绪，她抓过妹妹的手，用力地打妹妹的手掌。观察者评论说："她让我想到了一个微型版的旧式教师。"这表明这种对成人角色的认同具有投射的性质，而不是内投的性质。

当乔琪亚准备上床睡觉时，她拉起观察者的手，她们走进了客厅，那里有一些可以画画的纸张。加布里埃拉也想画画，于是也跟了过去。

两个小女孩都坐在地板上。乔琪亚开始画一个狭长的城堡。她在城堡里画了一个小女孩，她指着那个小女孩说她不是公主。在城堡外面，她画了一个国王和一个王后，在城堡的另一边，她画了一些图形，她让观察者猜这些图形代表什么。她给了观察者一个提示，说它们是甜的。它们的形状像一个倒过来的杯子。她画了两三个这样的图形。在每一个图形的上方，她都随意地乱画了一通，看起来有点类似于一种花边装饰。图形的颜色非常鲜艳。画中的小女孩有着一头黑色的头发，她看起来有点像假扮成小美人鱼爱丽儿的海巫婆乌苏拉。王后的头发是金黄色的。乔琪亚跟观察者谈起了她画的画，她解释说："我是那个小孩，你是王后，爸爸是国王，不对，我的意思是说妈妈是王后。"然后，她在这张纸的顶端写下了："妈妈和爸爸"。

过了一会儿，当观察者跟这两个小女孩说她们稍后可以把画的画给

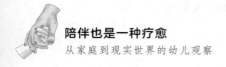

父母看时，乔琪亚说，她还要把她的画给老师看。观察者同意了……乔琪亚问她："你会成为老师吗？"

观察者感到相当吃惊，她想乔琪亚所问的应该是她为什么要进行这次观察，于是，她告诉乔琪亚，她会成为一个老师，不过是成为一群因为有问题而表现得不是特别好的孩子的老师。

乔琪亚听到她所说的话，沉思了一会儿，然后说："小孩子通常觉得，离开妈妈、爸爸、老师是一件非常困难的事情。"说完，她沉默了下来。观察者说："或许我也是这样。"那个小女孩立刻回答说："是的，是的。"

评　论

这一次观察，迎接观察者的是乔琪亚的哭声，她的哭声还把观察者引到了她的藏身之处：她把自己关在房间里，半隐在窗下，整个身体蜷成一团坐在地板上。在这次观察中，乔琪亚的妹妹（即加布里埃拉）第一次表现出她真的长大了，已经能够用言语来表达她姐姐的痛苦了。她能够理解姐姐的痛苦，虽然她并没有承受过同样的痛苦了，因为就像她后来所说的一系列话语所表明的那样，她距离俄狄浦斯冲突所导致的悲伤还太远。乔琪亚向观察者解释了她哭的原因，她说，"这是因为小孩子都想跟他们的爸爸妈妈在一起"，而此时加布里埃拉对照自己的感受，纠正了她的话，"我想和妈妈在一起"。

乔琪亚的疏离感很可能导致她更加难以用言语与保姆进行沟通，保姆是唯一始终陪在她身边的成年人，她知道的意大利语很有限，只能用一些事实性的描述来表达她想说的话。[5]观察者曾多次注意到这个困难，在后来的一次会面中，乔琪亚的母亲也用了很长时间谈到了这个问题。乔琪亚想要获得父亲关注的需要、她强烈的受伤感，以及她想要分享自己其他生活空间但却总是得不到满足的欲望，似乎驱使她产生了对母亲进行投射性认同的幻想。在有关小美人鱼的材料中，出现了"谁是这个王国中最漂亮的女孩"这样一个传统的主题。海巫婆乌苏拉想用她的诡计和巫术偷走爱丽儿的外貌和才能——她的美貌和她动听的声音——以赢得王子的爱。观察者的敏感性使得我们能够追踪该幼儿的情感变化，以及她通过一系列不同表达形式表现出来的认同活动的变化：哭、言语沟通、行为、画画。想要通过投射性认同的方式来逃避痛苦的想法，不仅出现在了讲述乌苏拉和爱丽儿之间关系的故事中，而且在乔琪亚其他的行为细节中也有所体现。乔琪亚的行为让观察者想到了一个微型版的旧式教师，乔琪亚脱衣服的动作让观察者想到了一个大人正在给一个小孩脱衣服的画面。

不过，俄狄浦斯情结以一种甚至更为复杂的方式出现在了她后来所画的画中。我们可以说，乔琪亚不仅正遭受俄狄浦斯痛苦，而且她具有承受这种痛苦、反思这种痛苦并分析这种痛苦的能力。她的画画的是一个小女孩被囚禁在了一个狭长的城堡中。她画这个小女孩所用的线条和颜色呼应了乌苏拉在偷走爱丽儿容貌后的样子。尤其让人感兴趣的是乔琪亚对画中女孩所做的说明：虽然她是国王和王后的女儿，但她不是公主。除了这种被排斥在外的痛苦（这种痛苦会让她觉得她无法获得任何的财富——既无法获得食物，也无法获得情感联系）外，乔琪亚似乎还表达了一种甚至更为痛苦的情感，这是一种被剥夺了最完整纽带的感觉："这个小孩是他们的女儿，但她不是公主。"她在画中把杯子倒过来、顶端有一根羽毛装饰——这幅画象征的是一个带有乳头的乳房，是善意与营养的存放之所——且还有一对夫妻（即国王和王后）的画中，乔琪亚似乎在告诉观察者，她之所以感到痛苦，是因为以下两种"不可接近"：她既接近不了母亲（乳房），也接近不了那对俄狄浦斯象征意

义上的父母。在这一点上，我们有必要提出这样的疑问：她弟弟的死有没有在各个层面上导致她的这些焦虑更为严重了，因为这个死去的孩子可能会被她看作一个在妈妈心里的隐秘竞争者。

更为确切地说，我们可以观察到，乔琪亚之所以在很大程度上将母亲视为是不可接近的，是因为母亲把自己封闭了起来，独自悲伤和难过。因此，与一个活着的孩子（这个孩子至少有时候能给认同关系带来一些慰藉）在母亲心里所占据的空间相比，乔琪亚要想探索、控制并分享这个死去的孩子在母亲心里所占据的空间就更为困难了。沿着这条思路，我们可以重新思考一下前面有关那些被追捕的、身处冰天雪地之中的小狗的材料，我想，这些小狗有没有可能代表的就是乔琪亚的部分自我（即她的婴儿自我，这部分自我害怕：母亲这样冰冷的抑郁状态会导致她不再给她温暖的母爱）呢？不过，如前所述，对这段材料的分析也表明乔琪亚已经拥有各种各样的资源，这使得她能够不至于长时间被困在同一种心理状态之中。我们看到，其中一种资源是乔琪亚在向观察者解释她画的画时所表现出来的关心（care），她要确保观察者能够理解这幅画，其中不仅包含一种希望被人理解的欲望，而且对该幼儿而言，这种欲望还意味着一种责任，即有责任做出贡献，帮助对方理解。在乔琪亚与观察者的关系中，这种情况曾多次出现，这意味着在这个幼儿的内心世界里存在着一个理解性的客体。

还有一点比较让人感兴趣：从她在画中所表达的俄狄浦斯痛苦来看，乔琪亚似乎已经能够继续向前发展，并已经接受了自己的幼儿身份。因而，她能够承认在她成长过程中产生的一些新的关系，比如与老师的关系。也正是在这个时候，乔琪亚与观察者进行了一次重要的交流。通过问观察者她最终要做什么，乔琪亚似乎已能够思考另一种成长方式：如她后来所说，这是一种更为缓慢、更加困难、"没有魔力"的成长，这种成长不会抹除时间这个维度。这种方式承认过去、现在、将来之间的差别，承认做一个小孩与做一个大人之间的差别，因而，它意味着：品质是通过经验、学习和内投性认同逐渐获得的。

～ 波动：受到攻击的婴儿——对那个逝去胎儿的哀悼

不过，暑假过后，重新开始观察并不是一件容易的事情。乔琪亚完全不受限制地用言语表现她对观察者的攻击性——"走开，你是个坏蛋"——除了言语攻击外，她还对观察者又是吐口水，又是踢的。

同样，在幼儿园，她也经历了一段非常时期。当她回到幼儿园，发现那个地方已经被隔开了，新建了给新生婴儿用的婴儿室，据她的老师们反映，乔琪亚经常会攻击他们，还摇晃他们的婴儿车。但她自己反过来却害怕自己班上的小朋友，觉得他们对她有威胁，会攻击她。

不过，与此同时，她开始与观察者谈起她因弟弟的死而感受到的悲伤，因为她认为，弟弟之所以死，是因为他不愿意跟他们待在一起。

乔琪亚正玩着一个梨子形状的音乐盒，她和观察者一起大声笑着，她说这个音乐盒的形状好奇怪。

……紧接着，她沉思了一会儿，突然又补充说："你知道吗，这个音乐盒原本是打算给弟弟的，但他不想跟我们待在一起，我们也无能为力。我们想让他继续跟我们待在一起，但我们无能为力。"

她看着窗外。于是，观察者问她弟弟去哪儿了，她回答说："在一片云朵上。"观察者说她能想象乔琪亚一定很伤心，因为弟弟没有跟他们待在一起，乔琪亚用一种虚弱、悲伤的语气回答说："是的，我想让他跟我们在一起。"她们两人都沉默了好几分钟。观察者也感到很悲伤。

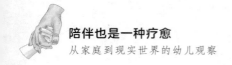

评　论

在这次观察中，特别吸引人的是空间，它提供了谈话的背景。乔琪亚的新床（她父亲设计的）似乎以象征的方式暗指她需要在父亲和观察者身上找到一个"心理圈"（mental lap，Adamo & Magagna，1998）。心理圈能充当一个更具容纳性的空间，它曾一度因为一些与死亡相关的感受而被视为是让人不堪重负的。母亲无法直接告知弟弟死亡的消息这一事实，可能激发了这个幼儿的体验。不过，也可能是乔琪亚在走近母亲时所遇到的问题激起了她的体验，她之所以无法走近母亲，是因为她对那个想象中的婴儿充满了敌意，从而因为内疚感和迫害性焦虑而情绪低落。因而，观察者不仅成了一个沉默的见证者，还成了她成长过程中的一个陪伴性存在，慢慢地，成长过程朝着抑郁性心态的方向变得越来越清晰，越来越稳定。

✑ 大猩猩和聪明狗的童话故事

在二月初的那次会面（乔琪亚此时五岁了，加布里埃拉三岁四个月）中，母亲和两个女儿都在场。母亲私下告知观察者，她又怀孕了，但两个小女孩至今还不知道。两个女孩在玩游戏的过程中明显表现出了更冷静和从容的分享能力，母亲的在场支持了她们的分享行为，并对其进行调节。

一开始，观察者发现乔琪亚的身体是蜷缩的，几乎把她自己隔离了起来。她正用一只手给一幅图画上色。这让观察者想到了这两个女孩之前曾唱过的一首儿歌，在这首儿歌中，每一根手指都与大家庭中的一位成员相对应。[6]乔琪亚的这种自我隔离似乎是在保护她自己，以避开母亲和妹妹之间的冲突。加布里埃拉现在的年龄与观察刚开始时乔琪亚的年龄差不多，她让观察者想起了她的姐姐。现在，不能忍受限制的是加布里埃拉，她经常与母亲发生激烈的冲突。

与之前的情况相比，现在，母亲短时间的离开或与妹妹一起做什么事情，并不会立刻导致乔琪亚停止游戏。现在，她能够安静地完成自己手头正在做的事情，然后再加入母亲和妹妹的游戏中。当母亲和加布里埃拉平静下来，并开始玩一些小动物玩具时，乔琪亚先完成了自己的画，然后让母亲递给她一些妹妹当时没有玩的小动物玩具。当乔琪亚想要妹妹手上的一些东西时，她会跟她商量，而不是吵着非拿到不可或伸手就抢。

尽管不是很明显，但再一次怀孕的主题还是存在的，母亲所做的一些象征性准备预先告知了这一点。

母亲走到了一边，用乐高积木拼搭了一棵树，树上还有一只小猫。她让加布里埃拉告诉观察者她们前一天看到了什么。加布里埃拉一脸疑问地看着那棵树。然后，母亲提醒她说，她们看到了消防车鸣着警笛声，从一个车库里开出来。加布里埃拉问她："那辆车子去哪里了？它来我们家了吗？"她的母亲回答说："没有，幸好消防员们不需要来我们家。他们可能去救一只爬到树上却下不来了的小猫了，就像我搭的这棵树上的小猫一样。"加布里埃拉看着她母亲的作品；乔琪亚停下了手头整理动物玩具的动作，她让母亲指给她看那只需要拯救的小猫在哪里。然后，她又回去做她自己的事情了。

这位母亲用她极高的智慧，采取一种迂回的方式，通过对一个物体（"小猫"）和一个地点（"外面，而不是这里"）的象征性移置（symbolic displacement）这一迂回路线，帮助这两个小女孩理解这样一种观点：在家庭中为另外一个孩子修复并重新建构一个空间是有可能实现的。

从乔琪亚所玩的游戏、在游戏中所说的话，以及困扰她的一些想法，我们可以看出，她的内心进行了一场具有隐喻性质的对话。

乔琪亚把所有的动物玩具收集到一起，并整理了它们，让它们全部朝同一个方向站立。然后，她拿起了一只大猩猩（它是所有动物玩具中体型最大的），让它面朝其他动物。她在这么做的时候，嘴里还轻声地说着什么，她以大猩猩的口吻说着一些观察者听不懂的话。于是，观察者稍微走近了一点，乔琪亚问她："你能听到我说的话吗？"观察者说听不到，于是，这个小女孩让她再走近一点，然后，她重复了一遍大猩猩的话，声音依然很小："现在，所有人都听我说。你们一个一个地过来告诉我你们想要什么，我会帮你们的。"首先，她拿起一头麋鹿，把它带到了大猩猩面前，以一种甚至更低的声音说着什么，她的声音非常低，以至于观察者必须离她很近才听清了她说的话："我再也没有爸爸妈妈了。你能帮我吗？求求你了。"乔琪亚转身看着观察者，问她有没有听到她说了什么，想不想让她再重复一遍。观察者告诉她，她已经听清了。于是，她拿起了另一只动物，把它放到大猩猩的面前，用它的口吻说："我再也没有朋友了，甚至一个都没有了。我失去了所有的朋友。你能帮我吗？"于是，大猩猩喊来了小狗，用一种自创的语言含混不清地跟它说了什么。之后，她说大猩猩想做一个公开声明，声称："站在我身边的这只小狗告诉我，你们刚才说了许多蠢话，你们说的都不是真的。你说你没有爸爸妈妈，这不是真的。你在胡说。还有你，你说你没有朋友，也不是真的。你也是在胡说。所以，我打算谁都不帮了，因为你们说的都不是真话。"

评　论

在幼儿和观察者之间私下的亲密交流中，大猩猩和聪明狗的故事是一个非常关键的内容。请其他动物说出问题所在的大猩猩很可能代表了一个好的母亲客体，这个客体不会逃避它作为一个容纳者的角色，而是很乐意接受这样一个角色。在移情中，这个幼儿很可能会把这个角色分配给观察者，观察者则通过她持续、敏感的在场，以及她的理解能力，实现了这一角色。

不过，这个大猩猩—观察者的功能并非纯粹是一种接受性的功能：他还承担着重建真相的任务，而且，这种真相必须是得到了明确承认和"公开宣告"的真相。因为开启了一场内在的对话，所以这是有可能实现的。从另一个视角来阐释，这为厘清真相提供了机会。

因此，这则观察材料反映了该幼儿逐渐获得了这样一种能力，即"走到一边，观察一种他自己并不直接卷入其中的关系"的能力，在布里顿（Bulton，1989）看来，这样一种能力给有关俄狄浦斯情境的阐述画上了句号，并标志着自我观察能力的形成。西格尔（Segal，1991）指出："在心理生活中，要想有洞察力和仁慈的好奇心（benevolent curiosity）的存在，则必须具备这个具有观察能力的部分，而且这个部分也是一种建设性的认识论的基础。"

现在，这个幼儿展现出了一种新的能力，她能够将真实的丧失和一种迫害性、抑郁性焦虑区别开来，在她的内心世界里，这种焦虑会延伸至她所有的好客体上，从而认为这些好的客体已被摧毁或已消失。正是这种焦虑，使得乔琪亚认为她自己不再是父母所承认的女儿（她画的画中那个不是公主的女孩儿），也使得她感觉自己被同班小朋友孤立和迫害。这个幼儿的转变似乎与母亲的治愈过程类似。母亲不仅有了全新的生活——又怀了一个小宝宝——而且，她不再因为日积月累的死亡体验而不堪重负，她与孩子们沟通交流的能力恢复了，她还通过象征性游戏和拯救小猫的故事让孩子们为即将发生的新事件做好准备。

∽ 每个人都有自己的女巫

在接下来的这次观察中，两个小女孩显然还不知道她们母亲怀孕的事情。

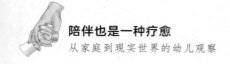

观察者到的时候，看到她们两人都在忙着用纸剪一些卡通人物。乔琪亚把它们一个一个地拿了起来，给观察者看。

当她看到《魔法师的学徒》（*Sorcerer's Apprentice*）里面的主角米老鼠时，她停了下来，跟观察者说，米奇（她确信他是一个巫师）已经陷入了"重重麻烦"之中。然后，她问观察者："他怎么把自己搞得这样一团糟啊？"

观察者简要地跟她讲了一下电影《幻想曲》（*Fantasia*）[1]当中的片段：米奇演的是大巫师的助手，他很确信自己的魔法技能，有一次，在大巫师不知道的情况下尝试了一次魔法公式，让扫帚和水自行打扫整栋房子，而不需要他自己动手。但他最后却不能让扫帚和水停下来，结果房子被淹了，直到真正的大巫师出现，才让一切恢复原样。

接着，这两个小女孩决定看电影《睡美人》（*Sleeping Beauty*）。乔琪亚心不在焉地看着，直到屏幕上出现了那个邪恶的王后[2]，这个邪恶的女巫牢牢地吸引了这两个孩子的注意力，她们坐在电视机前面，一动也不动。

乔琪亚一边盯着电视，一边问观察者："那个邪恶的女巫为什么那么生气？"观察者回答说，因为她没有被邀请参加舞会，乔琪亚接着又问："是因为他们忘了，还是因为他们不想让她参加舞会呢？"观察者回答说，那是因为她是一个不受欢迎的客人。这时，加布里埃拉加入

---

① 《幻想曲》是由迪士尼制作发行的音乐短片合集，其中包括《魔法师的学徒》。——译注

② 按照电影《睡美人》故事，此处角色应为邪恶的女巫，原书疑有误。为方便读者理解，后文中统一改为女巫。——译注

了进来，她说："那么，那个邪恶的女巫生气是对的。"乔琪亚说："是的，她可以生气，但她没有权力在小公主长大后把她杀掉。"加布里埃拉坚持说："噢！但是，她生气是对的！"几分钟之后，乔琪亚告诉观察者，她母亲小的时候，外婆经常在早上对她大吼大叫，因为她母亲总是上学迟到。接着，她又说："外婆小时候，他们放《白雪公主》（Snow White）；妈妈小时候，他们放《灰姑娘》（Cinderella）；我小时候，他们放《小美人鱼》。"

电影还没结束，当放到睡美人在森林里遇到王子这一幕时，乔琪亚说她不喜欢看到睡美人和王子在一起唱歌跳舞。当观察者正准备离开时，她听到乔琪亚大声地喊她："快，快过来看！"她走了过去，但那一幕已经结束了。观察者问她发生了什么。乔琪亚回答说，她看到一个善良的仙女没有使用任何魔法做了一个蛋糕。因为她并不擅长做蛋糕，所以蛋糕掉得满地都是，为了不让蛋糕再掉下去，她拿了一根扫帚柄来让它保持平衡。

观察者和两个小女孩都大声笑了起来，然后，观察者离开了。

评 论

这次观察的时间是在乔琪亚偷偷告诉观察者大猩猩故事的那次观察之后不久，在那次观察中，乔琪亚还向观察者说明了她自己的想法。这次观察开始时，乔琪亚正忙着剪纸。这似乎与她的内心工作相对应，她的内心工作旨在设置那些将她和她的母亲区别开来的界限。她在讨论伪装成魔法师学徒的米老鼠的图片时所暗指的正是这种内心工作。乔琪亚是知道这个故事的，她对这一点的强调很有价值。她想要知道的是：为什么米奇要通过把自己装进巫师的鞋子里这一手段来偷取巫师的魔法？她知道，这样一种无所不能的手段可能会导致"混乱"或"一团糟"，

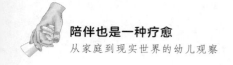

事实上已经导致她的内心世界出现了"混乱"。这个问题一直没有答案，直到她兴奋地喊观察者看善良的仙女"没有使用魔法"制作蛋糕的一幕，她才间接地给出了答案。放弃无所不能的手段会导致过程更加缓慢、更加辛苦，其间会有成功，也会有挫折和失败。

这里有一点值得我们指出：乔琪亚心里现在更感兴趣的是"为什么"的问题，相比于行为本身，她更感兴趣的是行为背后的原因。当那个邪恶的女巫出现时，她问观察者的问题意在探究女巫被排除在舞会之外的原因。

与过去相比，在现在这个发展阶段，乔琪亚已能够应对女巫的意象，并能够思考与邪恶女巫被排斥这一情况相关的各种可能性：是因为他们不想让她参加，还是因为他们把她忘了？即使在观察者证实是故意将她排斥在外之后，她还是没有像她妹妹加布里埃拉那样采用一种惩罚性、报复性的逻辑，加布里埃拉坚持要为邪恶女巫生气的原因辩护。"是的，但是她也不对。你要知道，她长大了就要把她杀了！"这是乔琪亚内心修复工作所取得的成就，尽管因为被排除在外而感到非常生气和痛苦，但这些感受并不能成为想要消灭某一竞争对手的合理理由。修复工作不仅使得一个内在家庭得以恢复，而且通过重划界限（这些界限之前因为投射性认同而被胡乱抹掉了），才有可能将多代人都放在他们恰当的位置，并分析有什么东西能够将他们联系到一起（尽管他们之间不可避免地存在一些差别）。这个主题在之前的观察中已经出现过，当时，乔琪亚用一只手来比喻一个大家庭，在这里，这个主题再次出现，并有了进一步的发展。[7]在提到自己母亲小的时候（母亲小时候经常被外婆训斥），以及后来评论电影时，乔琪亚似乎有了这样一种反思：每一代人都有其自身的女巫。每一个小女孩都会将她的母亲看作一个女巫，但最终，她也不得不接受这样一个观点：当她长大成人后，她自己也同样将会被她的女儿视作一个女巫。虽然明显出现了各种变化，且还有善良的仙女，但这个情节却是我们谁都无法逃避的。

内在世界中缺失的客体

到了五月，这两个小女孩慢慢地知道了她们母亲怀孕的事实。"没有魔法的"成长过程中所承受的各种痛苦这一主题，在一次会面时又一次出现，当时乔琪亚刚度完假回来，她告诉观察者："傍晚，许多孩子都围到她的床边，而他们的坏父母不听她的话，他们不想上床睡觉。"她非常生动、具体地描述这个场景，就好像她真的看到了一样，她还详细叙述了一些看似幻觉体验的东西。

在这次观察中，当妹妹决定看《小鹿斑比》（Bambi）时，乔琪亚断然反对，因为她不想看片中（斑比）母亲死去的场景。接着，她妥协了，不过，她转身背对着电视机，先画了一幅画，然后回到了自己的房间。她画的是一艘小船在波涛汹涌的海面上，这艘小船既没有船舵，也没有船帆，然后，她跑回了自己的卧室。观察者跟着乔琪亚进了房间，但她不想让观察者待在房间里，她用近乎是带着哭腔的声音说，她必须去跟妹妹一起看电影，必须待在她边上。

当电影放到斑比的母亲死去那一幕时，加布里埃拉喊乔琪亚，乔琪亚走过来，坐在观察者旁边，跟她们一起看电影。

乔琪亚开始提出她的疑问："但是，死去的母亲依然爱着斑比，是吗？"然后，她接着说："当然，她在天上；或者她也可能不在天上；她也可能在猎人的肚子里，因为我刚听到他们说要吃了她。"接着，她又补充说："但是，当伤心的时候，斑比可以想想他的母亲，虽然她不在了，但她依然爱着他"。

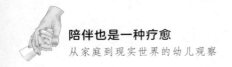
评 论

观察至此已经持续了两年的时间，同时也到了即将结束的时候，在这次观察中，最具吸引力的是有机会通过相关主题的重现以追踪幼儿的发展。这次会面与她弟弟死后不久进行的那次会面有很多相似之处，当时，乔琪亚想要"保护"她的妹妹（她当时投射性地认同于自身更为脆弱的自我），不让她看到身陷危险的小狗。

母亲再一次怀孕了，乔琪亚看起来很担心母亲肚子里的那个孩子，不知道将会发生什么，她是如此忧虑，以至于她请求妹妹不要哭，"因为哭的话，这个小宝宝也可能不愿意留下来了"。不过，与过去相比，乔琪亚已经能够不再将自己的焦虑强加到妹妹身上，她承认这种焦虑是属于她自己的。而这种对自身担忧情绪的承认，使得她能够对妹妹产生移情，并希望妹妹也能产生被观察者容纳的感觉。这是一种她过去曾有过的体验，但现在，她能够自己应对这些焦虑，并在观察者的帮助之下对它们进行反思。

这个幼儿所问的根本问题其实牵涉的是她与内心世界中那个缺失的客体之间的关系。它是一个迫害性客体（因为我们要为它的死承担责任，它在内心折磨着我们），还是一个已丧失的、曾深爱的、让我们哀悼的客体——一个"活"在我们内心世界中的客体（因为它通过一种充满爱的亲密关系与我们相联系）？在这次观察中，小鹿和猎人代表的是自我的两个不同方面，以及与缺失客体的迫害性或抑郁性关系。在心理世界中，这个客体对应的可能是她死去的弟弟和她的母亲（母亲因为失去小宝宝而受到了致命的伤害）。玛丽亚·罗德（Maria Rhode，1984）在一篇很有意思的文章《魔鬼与想象》（*Ghosts and Imagination*）中提出，一个人自由运用想象的能力取决于他在内心世界中赋予其自身"魔鬼"——即缺失的客体——的特征。她提出，想象的困难程度取决于"这个客体被赋予一个死去的弟弟杀人复仇色彩的程度"。把这个缺失的客体看作一个好的客体（而不是当前的一个坏的客体）的可能性，在乔琪亚的心里似乎正慢慢地蔓延开来。

传下来的衣服

此时，已是六月，观察很快就将结束。乔琪亚的母亲在家，因为她肚子里的宝宝几个月后就将诞生，因此，出生和分离的主题贯穿了整个观察。

观察者一开始就惊奇地发现乔琪亚的外表变化很大。她现在看起来长大了许多、高了许多。

乔琪亚要求观察者给她拿两个洋娃娃：其中一个一丝不挂，另一个穿着冬天的衣服。这个孩子想让观察者拿着那个一丝不挂的洋娃娃，而她自己则去照顾另一个娃娃，她把另外那个娃娃的衣服脱掉又穿上。在扮演那个洋娃娃的母亲时，她问观察者能不能送她一个圣诞节礼物——一个既会大笑也会大哭的玩偶，叫西乔·米奥（Ciccio Mio）。观察者告诉她，可以问圣诞老人要，这个孩子回答说，她已经让妈妈给他写信了。

过了一会儿，乔琪亚蜷缩在母亲身边，轻轻摸了几次母亲明显怀孕的肚子，她还指着肚子里的宝宝说："你真小！"她是咬着牙齿说出这句话的，就好像她正压抑着某种程度的攻击性一样。接着，母亲和乔琪亚开始玩一个游戏，这个游戏是乔琪亚非常喜欢的。母亲问乔琪亚爱不爱她。如果乔琪亚回答说"不爱"，母亲就挠她的痒痒。如果她说"爱"，母亲就给她一个拥抱。乔琪亚很纠结，不知道该说"爱"还是"不爱"，因为她真的很喜欢母亲挠她的痒痒，所以，她在两个答案之间不停地变换着。

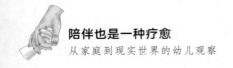

　　接下来，观察者与她们讨论了有关即将到来的假期和观察结束的问题。

　　她的母亲说，上周，她去学校给乔琪亚登记入学了，她在描述这件事情时显然很感动，一想到她的女儿已经到了要上小学的年纪，她就要掉眼泪。这是真实情感流露的时刻，似乎与即将到来的和观察者的分离也有关系。

　　其间，乔琪亚突然决定换衣服。她打开衣柜，拿出了一条淡蓝色的漂亮小纱裙，上面还有一条白色的缎带。她问母亲，她能不能穿那条裙子，过了一小会儿，她便穿好出来了。在这期间，加布里埃拉试穿了无数双鞋子。她的母亲告诉观察者，她在乔琪亚这么大的时候，曾穿着这条裙子参加一个亲戚的婚礼。观察者还注意到，这条裙子与这位母亲拍结婚照时穿的礼服类似。

　　一个小时结束了，加布里埃拉走了过来，像往常一样亲了观察者一下。接着，乔琪亚像以前一样跟观察者挥手告别，然后站了起来，也走过去亲了观察者一下。她们的母亲也亲了观察者一下，等观察者走出去后把门关上了。

评　论

　　当观察者背后的门被关上后，我们有一种见证了一段互惠旅程的感觉。在观察者的专业训练过程中，这家人和这个小女孩一直陪着她，让她有机会参与她们最为私密的情感体验，并从她们那里学到了很多。观察者也陪伴这个小女孩及她的家人度过了生活中非常艰难的一段时期，不仅分担他们的痛苦，而且见证了他们心理成长的能力。几乎像镜像一样，这次观察从整理衣服开始，以这两个小女孩试穿新衣服结束。

　　最后这次观察的特点是：给人一种和谐的感觉。从横向上看，两个小女孩之间很和谐；从纵向上看，两代人之间也相当和谐。观察者（乔琪亚让她帮忙拿着那个一丝不挂的洋娃娃）不仅目睹了她最为脆弱的时刻，而且也见证了她心理结构的发展与巩固。

通过问观察者要一个洋娃娃作为礼物，以及后来问母亲她能不能穿母亲小时候穿的且与结婚礼服非常相似的那条裙子，乔琪亚事实上是在请求允许对生儿育女的母亲产生一种"预期性认同"（anticipatory identification，Alvarez，1992）。此时，她已能够表达出对"妈妈肚子里的那个小人"的攻击性，以及对母亲的矛盾情感，而且这种攻击性和矛盾情感因为这样一种预期而得以缓解：终有一天，她自己也会生儿育女，也会在她自己的内心世界中重新建立一种具有创造性的二人关系。

就像在外在世界中一样，在她的内在世界里，她也是一会儿哭，一会儿笑，有时候深爱她的母亲，有时候又不爱。

注　释

1. 非常感谢观察者埃马努埃拉·帕斯奎托（Emanuela Pasquetto）允许我大量引用她的观察记录，这次观察是我在罗马的玛莎·哈里斯研究中心举办的幼儿观察研讨班背景下进行督导的。

2. 一些关于儿童期常见神经精神疾病的小册子将情绪痉挛详细地描述为：更为常见的是紫绀型情绪痉挛，当受到挫折或出现生理性疼痛时便会发作，往往还伴随间歇性的大哭……会导致呼吸暂停、发绀和意识丧失……还有一种"症状轻微一些的"形式，这种形式往往发生得更为突然，通常由恐惧或创伤引起，不会大哭大闹，不过会有短暂的尖叫，会导致意识丧失。症状通常朝着积极的方向发展，到了幼儿二至四岁时便会消失，不会导致任何癫痫性质的后果。（Di Cagno，Ravetto & Rigardetto，1982）

3. "没有名字，就是一个可怜的笨蛋"——这是杜鲁门·卡波特（Truman Capote）的著名小说《蒂凡尼的早餐》（*Breakfast at Tiffany's*）

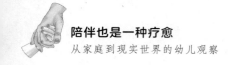
中的主人公说的一句话：她从童年开始一直过着"漂泊的"生活，成年后，她选择不与任何人建立情感联系；她清楚地表明，一个名字对于一种特定关系的建立而言是多么重要，与此不同的是，一个代词或一个常见的名字通常所表达的是一种客体与关系的未分化感和可互换性。

4．在这里，评价一些句子在语言学上的细微差别并分析其可能的含义，是一件很有趣的事情。我所指的是乔琪亚接连使用的两个句子："是的，这是因为小孩子都想跟他们的爸爸妈妈在一起。"还有一句是："孩子们通常觉得，离开妈妈、爸爸、老师是一件非常困难的事情。"我认为，事实上，在第一个句子中，乔琪亚首先指的是她的父亲，然后是她的母亲，因为这个顺序与她当前对所爱客体的分类是对应的，而在第二个句子中，顺序颠倒了，这是因为乔琪亚已经修通了发展顺序：从原初客体逐渐发展到"发现"父亲，然后发现其他重要的人，比如，她的老师。

5．珍妮·麦格纳（Jeanne Magana，1997）在一篇基于婴儿观察的文章中分析了保姆及其他在孩子成长过程中给母亲提供了帮助的人所发挥的重要作用，但其重要性却通常被低估了。

6．这两个小女孩所唱儿歌的确切原文及所配动作解释如下："这是爷爷"（碰一下自己的食指）；"这是奶奶"（碰一下自己的无名指）；"这是爸爸"（碰一下自己的中指）；"这是妈妈"（碰一下自己的无名指）；"最小的这个，谁认识？"（碰一下自己的小指）；"这就是我们一家"（她们用双手敲地板）。"小指"所占空间的不确定性尤其引人注意，它可能表达了这个幼儿的脆弱，也可能表达了该幼儿认同的不稳定性，其性质和所认同的客体都有可能发生改变。

7．在近期发表的一篇文章中，萨皮索钦（Sapisochin，1999）思考了这样一个问题：为了解决俄狄浦斯冲突，在一条包括了三代人（包括爷爷、奶奶、外公、外婆）的直线上重新确立幼儿的位置是何等的重要。

03

第三部分

在幼儿园观察

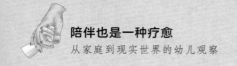
在第九章中，我们介绍了一次在一所市中心幼儿园进行的观察，此次观察的观察者本·约偶尔也到幼儿家中进行观察。这在很大程度上丰富了他对这个幼儿的理解，从而使这个案例成了一个很有价值的案例，成为幼儿园观察一个很好的范例。

重要的是，被观察的这个小男孩很可能由于一位男性观察者的定期在场而受到了特定的影响，因为在整个观察期间，他的父亲都不在家，去了孟加拉国。该幼儿所玩的游戏印证了埃里克·埃里克森（Erik Erikson，1963）所说的男孩建造塔楼的经典主题。本·约将弗洛伊德的视角与克莱茵描绘内在世界之建构的视角整合到了一起。

伊丽莎白·丹尼斯撰写的第十章，记录的是一个小女孩为应对进入幼儿园这个新世界而作的斗争。她刚上幼儿园的时候，家里正好新添了一个小宝宝，因此，海伦娜（Helena）非常敏感脆弱。这是一种非常常见的巧合，会引发这些幼儿的深层焦虑，他们害怕自己被家人排斥在外，害怕失去他们在家庭中的地位。我们在想，许多幼儿在应对与母亲之间第一次如此长时间的分离时，会不会在一种象征性的水平上觉得：只有将自己的婴儿自我分裂出来，把它留在家里跟母亲待在一起，这样才能应对分离，才能面对幼儿园的新情境及其要求。还有一种可能发生的情况是：完全认同于这个婴儿部分，并与幼儿园老师及幼儿园这个新环境建立一种退行关系。在有关另一个小女孩杰茜卡（Jessica）的描述中，我们看到了这种可能发生的情况。观察者评论说："她（被观察的那个幼儿）是应该让自己成为一个个头大、身体壮、充满了活力的海伦娜，还是应该留出空间给一个比较脆弱的、不那么自信的小女孩？"这句话说出了这个幼儿的两难困境。不幸的是，幼儿园中盛行的文化态度似乎"没有给年龄稍大一点儿的幼儿提供合理的机会……让他们变成小宝宝"。因此，幼儿的角色变得相当固定和刻板。这就使得海伦娜只能通过生病来表达她极度的匮乏。幸好，她的父母理解她想要表达的是什么，并做出了反应：减少她待在幼儿园的时间。

这次观察还有一个吸引人的方面：教师给幼儿的断断续续的关注所产生的深远影响。海伦娜被推着前进，用一种"惊人的速度"说话。在这里，我们用生动鲜明的、强有力的案例证明了贝恩和巴尼特（Bain & Barnett，1980）在他们的研究中所得出的结论，他们曾写道，相比于一次又一次与依恋对象的分离（这是幼儿上幼儿园时必须面对的），断断续续的关注对幼儿的破坏性甚至更大。

转变（transitions）和分离（separations）也是接下来两章内容的中心主题，这两章进一步探索了幼儿的需要、焦虑与幼儿园的文化、组织之间的关系问题。第十一章的作者是伊丽莎白·泰勒·巴克和玛格丽特·拉斯廷，主要关注了一个从很小开始就必须适应长时间待在幼儿园的小男孩的问题。这种很小就过群体生活的转变已经产生一种特定的人格，这种人格在大多数时候都能很好地为他提供服务，但他很容易因外在环境的改变而受到伤害，因为他高度依赖于外在的确认。他对群体生活的适应是以牺牲自己的某些方面为代价实现的，如果这些方面能够与周围更多的成年人建立动态关系，那么这些关系应该可以丰富他的内心世界。本章还提到：有必要给幼儿园工作人员提供一些支持，因为他们每天面对的都是幼儿各种各样的需要，而他们所能获得的人力资源却无疑非常有限，再加上幼儿的情绪状态也给了他们很大的压力。通常情况下，他们所接受的训练并没能让他们完全准备好应对工作中的各种要求，而是将他们直接暴露在这些要求面前，因此他们很容易受到伤害。

在西莫内塔·M.G.阿达莫撰写的第十二章中，幼儿快从幼儿园毕业了，全班幼儿都在为分离做准备，有一个幼儿通过想象性游戏表演了分离。"房子是一艘船"——这是被观察的那个幼儿说的话，他要搬到另一个城镇去了，因此，他成了这群幼儿的代言人——这句话效仿了罗伯特·路易斯·史蒂文森（Robert Louis Stevenson）所写的一首诗的标

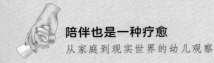

题"我的床是一艘船"（My bed is a boat），这便是该幼儿在梦中想象出来的旅程的所在地。被视为理所应当的稳定性消失了，有助于确定方向的熟悉的参照点不见了，对新参照点的恐惧以及因其而产生的兴奋被唤起，而且，这些幼儿在他们自由发挥的游戏中修通了这种恐惧和兴奋。最为有趣的是，我们看到，这种情感状态既没有表现出来，也没有被分裂，而是在那个即将离开的幼儿的带领下，所有幼儿都以象征性的方式容纳了这种情感状态。这群幼儿并不需要连接在一起，以补偿被大人遗弃的感觉。理解这些幼儿的老师们甘居幕后。他们尊重幼儿的需要，给他们独立的空间以戏剧化的方式表现出来并分享他们的感受，因此，他们会在这个过程中提供一些帮助。成年人在"中心人物"和"旁观者"这两个角色之间的这种来回变换（既可以与幼儿建立亲密关系，也可以让分离成为可能）非常关键，它促成了这样一种可能性，即幼儿可能会将分离看作一件痛苦的事情，但并非灾难性或破坏性的事情。于是，好的体验可能会像种子或小植物一样被聚集到一起，被珍惜，它们将在相似的良性环境中生根发芽，茁壮成长。

第九章

游戏的功效：一位男性观察者对一个父亲不在身边的小男孩的逐渐了解

◎ 本·约

在一次幼儿观察的头几周，当观察到力量与脆弱、搭建与坍塌之间的动摇不定时，我有些担忧，不知道该怎么理解法伊祖（Faizul）的游戏。我想把他界定为一个脆弱或自信的幼儿——要不然，我害怕，我能写出一篇前后一致、条理分明的叙事文章吗？随着时间的推移，我认识到，正是这些摇摆不定，构成了一个幼儿健康发展的基础。沃德尔抓住了不同状态之间的节律，她称之为"不断的相互作用"（constant interplay），或者更为常见的说法是发展阶段之间"即时的来回反复"。（Waddell，1998，p.8）就像法伊祖的内在客体处于"在建"的状态一样，我对幼儿发展的复杂性的理解也在不断建构中。

法伊祖仔细地将彩色木质积木一块一块地往上搭。他先把一个蓝色的小立方体放到桌子上，然后把一个大一点儿的黄色积木放到了它的上面。搭了四块积木之后，这个新搭成的塔状物开始变得摇晃起来，倒塌了。法伊祖没有气馁，再一次开始搭建塔状物，最底下的基块还是用的那块蓝色的较小的立方体积木。搭好就倒，搭好就倒，这样重复了好多次，每一次，法伊祖都试图把这个塔状物搭得再高一点。（第一次观察）

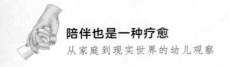

　　这是我第一次见到法伊祖时的游戏片段，当时他刚刚四岁。阿尔瓦雷斯（Alvarez）提出，"我们需要了解的有关患者的一切其实都包含在了第一次面询中，要是我们拥有足够的智慧和理解力，能看到这一切就好了"。（Alvarez，1992，p.15）根据我观察了一个幼儿在园一年情况的经验，我认为，这个观点同样适用于幼儿观察：这个开篇顺序的象征意义为我在接下来的几个月中观察法伊祖提供了很多线索。

　　在我观察他的这段时间里，法伊祖搭建了很多塔状物。这些塔状物的外形、大小、材质、形状各不相同。我逐渐了解到，这些塔状物的搭建和倒塌在某种程度上象征了一个小男孩对自身力量感的把握。（Erikson，1963）在他的内心世界里，幼儿园就是一个"搭建的"场所。他放在塔状物最底端的那块小积木表明他缺乏一个牢固的"根基"，就像幼儿园中他周围的许多小朋友一样，他内在的父母客体的构建（Klein，1958，p.238）在很大程度上是一项进行中的工作。具有重要意义的是，每一次塔倒塌后，他都坚持把塔再搭建起来，他在追求力量的过程中展现了韧性（resilience）、希望和决心。就像他的塔越搭越高一样，在我的整个观察过程中，法伊祖的内在客体似乎也变得越来越强大。

　　法伊祖出生在原英属孟加拉，他来自一个穆斯林家庭，像其他大多数幼儿一样上了幼儿园。我是一个白种英国男性观察者，拥有几年在英国的孟加拉社区工作的经验。我的大多数观察都是在一所幼儿园中进行的，这所幼儿园是市中心一个缺乏教育资源的区域中一所规模很大的小学的附属幼儿园。这所幼儿园有两个教室，虽然教室很大，但有时让人感觉很拥挤，因为幼儿的数量非常多。在室外，还有一个相当大的混凝土游戏区域。幼儿可以自由地选择参加各种不同的活动，这些活动分散在幼儿园的不同区域。

　　我在和法伊祖的母亲商讨有关在幼儿园进行观察的事宜时，我们达成了一致意见：我可以在幼儿园放假的时候去家里观察法伊祖。在这些家庭观察中，我了解到，法伊祖有两个哥哥——一个七岁，另一个在上初中。

在 建

在我第一次见到法伊祖后，他很快就被转移到了幼儿园的另一个区域，那里有一个塑料箱，里面装满了乐高积木。法伊祖努力地寻找同样宽度的乐高积木，然后把它们装到一起。他非常用劲地把这些积木装到一起，以至于我看到他在按积木的时候，指甲都变白了。然后，他把一块较长的积木（这块积木的长度是其他积木的两倍以上）装到了一个由较小的积木做成的柱状物的一端。他抓着那块较长的积木（看起来就像是一个扳机），把它当成了一把枪。他拿枪对着墙，瞄准，并假装射击。法伊祖开始变得非常兴奋，嘴巴里还说着一些我听不懂的话。（第一次观察）

在不断地搭建木质积木以及积木倒塌之后，法伊祖选择了一种新的搭建材料，这一选择具有非常重要的意义。乐高积木可以更为牢固地拼装在一起，法伊祖通过把它们用力地按在恰当的位置，把积木拼装牢固。他不再用一个脆弱的小积木作为基块，而是把一个较大的积木装到了建造物的一端，这个较大的积木很可能代表了一种父母角色。随着他把积木稳稳地固定在恰当的位置，且一端有稳定的父母角色，法伊祖的力量感和创造力都增强了，他拿起了自己建构的作品，把它当成了一把枪。在对一个手持枪械的强大男性角色产生认同后，法伊祖变得非常兴奋，都不知道该用什么话来表达自己的心情了。法伊祖似乎开始运用更为牢固的结构，而对持枪者的认同让他在幼儿园中待得更安心了。

真正让法伊祖感兴趣的是垂直的塔，而不是我们在其他幼儿那里看

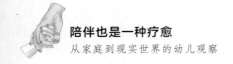

到的体积庞大或形状各异的建构物。但是，如果没有坚实的基础，法伊祖搭建得越高，他搭建的这个建构物就会越笨拙、越不稳定，塔就会哗啦一下倒塌，或者分裂成不同的部分。在头几周的观察中，法伊祖身上都明显存在同一种动力——他努力想变得更高大、更强壮、更年长——但是，在面对脆弱和倒塌的时候，这种动力往往会受到阻碍：

法伊祖在操场上跑来跑去，像一个拳击手那样挥舞着拳头，嘴巴里还重复说着一句话，我猜想，他说的这句话应该与《恐龙战队》（*Power Rangers*）有关。他在跑的时候，把夹克衫的帽子套在头上，将一只胳膊往前伸，像超人一样。他在操场上快速地一会儿跑到这里，一会儿跑到那里。他的动作会突然停下来，看起来像是在思考，又有点像迷了路的样子，好像几乎什么都想不起来了。这些时刻，我感觉，他更多地意识到了我的存在，他有点紧张地看着我，把手伸到背后挠了挠脖子。（第二次观察）

在摘录的这段观察记录中，法伊祖像一个超级英雄一样在操场上跑来跑去，但他的故作勇敢带有焦虑的色彩。他的超级英雄姿态具有一种无所不能的性质。克莱茵（Klein，1935，p.278）曾提出，我们可以将无所不能看作一种躁性防御（manic defense），而且，法伊祖很可能是在借此"掩饰"自己的脆弱。就像超人变成了克拉克·肯特（Clark Kent），法伊祖的脆弱和"渺小"会暴露出来。在这段话的最后，法伊祖把手伸到了背后挠了挠脖子：他有一些较小的皮肤问题，看起来有点像湿疹。时间久了，我慢慢了解到，他经常在感到焦虑和脆弱的时候挠痒痒。比克曾提出过一个"皮肤容器"（skin container）的观点（Bick，1968），而法伊祖的湿疹可能就表明了他缺乏内在的资源，且他内心感觉到的容纳不够。就像他搭建的塔会不断倒塌一样，他的脆弱性也会透过他的皮肤"渗出来"。

法伊祖经常拿他搭建的作品与其他男孩搭建的作品做比较。

在第三次观察中，法伊祖跟另外一个男孩一起站在一张野餐长凳的边上，两人都在用积木搭建塔状物。随着他们搭建的塔变得越来越高，两人都不停地吹嘘自己的作品："我的塔大""我搭的塔比你的大"。于是，塔在他们的想象中变成了"剑"，以两人的战斗游戏作为结束。在竞争性的建构作品比赛中，我看到法伊祖老是紧张地看向对手搭建的塔，他还经常用手挠自己的脖子。

在我第一次去他家拜访（第九次观察）时，我看到了这种竞争性游戏的另一个方面。在这次拜访中，我先遇到的是法伊祖的哥哥纳茨穆尔（Nazmul），他比法伊祖大三岁。两个小男孩正围着一个音响听音乐。纳茨穆尔向我描述了这首乐曲，他告诉我什么样的是"孟加拉"节奏和旋律。一秒钟都不到，法伊祖就像一个沉闷的回声一样，他试图重复哥哥说的话，但却说得磕磕巴巴的，然后他陷入了沉默。在这次观察中，这种情况发生了好几次。这给我的感觉好像是：对一个小三岁的男孩来说，他哥哥的语言过多、过于冗长了。这对兄弟之间的互动揭示了法伊祖与他哥哥之间关系的矛盾之处。一方面，哥哥在法伊祖的语言发展和认知发展中扮演了非常重要的角色；但另一方面，哥哥也是一个竞争者，他总是让法伊祖想到他自己的"渺小"。米切尔（Mitchell）提出，我们需要更多地关注兄弟姐妹之间的竞争，他认为，这是俄狄浦斯斗争中非常关键的一个方面，但却常常被忽略了（Mitchell，2000，p.23）。在这次观察中，兄弟之间的竞争无疑非常明显。个头较大的哥哥纳茨穆尔把"弱小""无能"投射到了年幼的、个头较小的弟弟法伊祖的身上，而法伊祖则不遗余力地想要在身高方面追上哥哥，想要像哥哥一样有更大的能力。此外，这对兄弟还常常争斗，都努力地想要胜过对方，以"赢得"我（观察者）的注意。

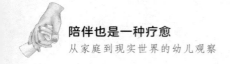
　　家里的环境比较空，几乎没什么玩具给这两个孩子玩。这与幼儿园的刺激性环境形成了鲜明的对比。不过，法伊祖还是利用周围的资源，试图证明他的"高大"。有一次，他爬上了餐厅的桌子，高出我和他哥哥许多。就像他在操场上像超级英雄昂首阔步一样，这种力量的炫耀也具有脆弱性。事实上，当看到法伊祖摇摇晃晃地爬到桌子上，而他母亲在其他房间时，我总觉得自己不得不打破观察的立场，要求他从桌子上下来。

　　我在第二次家庭拜访时（第十三次观察）发现，法伊祖之所以经常用积木搭建物体，其实有一个至关重要的动机。这两个男孩带着我把家里参观了一遍，我们到了主卧室。法伊祖的哥哥纳茨穆尔指着床对我说："这是我妈妈睡觉的床……"然后，他停顿了一会儿接着说："……她一个人。"他接着告诉我，他们的父亲在孟加拉国。这条信息为法伊祖如此痴迷于搭建塔状物提供了一个新的背景。很可能法伊祖是在努力理解父亲不在家这一情况，他试图通过搭建物体来恢复一个难以找到的父亲客体。情况也可能是这样的：他和他哥哥在父亲不在家的情况下，将他们与父亲之间的竞争移植到了彼此身上。在看到法伊祖摇摇晃晃地坐在桌子上时，我所产生的必须要采取行动的感觉，对我来说很可能意味着一种压力：作为一个替代父亲来介入他的行为。

❧ 重 建

　　虽然在最初的几个月中，法伊祖经常处于脆弱或"倒塌"的状态，但他具有重建自己的能力。法伊祖能够利用幼儿园的资源来帮助自己：既包括物理性的资源，即幼儿园配备的积木，也包括情感性的资源，即幼儿园老师及其他幼儿的支持。

　　第六次观察我到得很早，因为我想跟法伊祖的母亲一起安排一下圣诞节假期期间的家庭拜访。法伊祖走进幼儿园时，紧紧地贴着他的母亲，而当母亲离开时，他开始不停地啜泣。几分钟之后：

法伊祖不哭了，他带着满眼泪水慢慢走到了"家庭"角。一位保育员把他安排到一张桌子前，一些小朋友在那里串珠子，将许多不同颜色的小珠子用一根绳子串到一起。绳子的一端打了一个结，这样，珠子便不会从另一端掉落。这位保育员开始将一颗珠子串到绳子上，她鼓励法伊祖跟她一起做，法伊祖没有反应。但这位保育员很耐心，她问法伊祖想让她往绳子上串什么颜色的珠子——法伊祖有点犹豫。她拿起一颗珠子，问他这是什么颜色，他轻声地说出了答案。然后，好像有什么东西发生了改变一样，法伊祖开始参与这个活动。他拿起一根绳子，开始自己串起了珠子，就在此时，保育员走开了。在保育员离开后，法伊祖开始哼着曲子，继续串珠子。他不时把手伸到背后挠脖子，有一次轻轻地喊了一声"哇哦"，有可能是抓疼了。（第六次观察）

在摘录的这段观察记录中，保育员发挥了非常重要的作用，她帮助法伊祖从母亲离开所导致的低落状态中恢复了过来。法伊祖慢慢地走向"家庭"角，很可能他是想重建一种与父母客体的联系，此时，他正处于一种情绪崩溃的状态。他的皮肤状况所导致的痛苦恰恰反映了他当时正经历着多么强烈的焦虑。保育员提供了一种"容纳性"机能。（Bion，1962a，p.90）在她逐渐哄劝他加入串珠活动的过程中，她抱持并容忍了他的焦虑。于是，法伊祖似乎更有能力忍受自己的焦虑感受了，他还获得了力量，因为他开始自己串珠子了。对于处于此种危机中的法伊祖来说，这个活动好像完全是为他而设计的：绳子和结将珠子连接到了一起，这使法伊祖得以产生一种聚集在一起的感觉。当保育员离开现场后，他能够哼着曲子，利用自身的资源，维持这种感觉。

正是在这一次观察中，当法伊祖更加安定下来后，他觉得自己能够

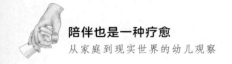
更进一步地探索分离这个主题了。

法伊祖走到铺了地毯的区域，捡起了一个闪闪发亮的红色小球。他把球抓在手里，然后让它掉落到地板上。有那么一会儿，他嘴里说着"消失了"，并闭上眼睛，然后，他又睁开眼睛看着我。接着，他把手里的球放开了，球在他面前滚来滚去，他就那样让球滚着，然后走过去把它拿起来，他这样重复了好多次。在这个游戏中，他看起来放松多了，甚至躺在了地毯上。（第六次观察）

法伊祖似乎是在尝试弄懂一个缺失客体的出现与消失，这让我想到了弗洛伊德对他孙子及线轴游戏的描述。（Freud，1920g，p.15）[1]在此次观察的即时背景中，他可能是在尝试应对与母亲的痛苦分离。法伊祖也可能是想在我与他不在家的父亲之间建立某种联系，因为他在说"消失了"这句话时是直接看着我的。

由于在观察的前半部分得到了保育员容纳性机能的支持，到了后半部分，游戏呈现出了更为放松和探究性更强的特点。他似乎正以一种游戏的方式探索客体的出现和消失，而不是因此感觉自己受到了迫害。

在我的第十次观察中，法伊祖展示了他是如何利用幼儿园的不同方面来帮助"重建"他自己的。这次观察一开始，他一个人坐在地毯上，旁边有很多小朋友跑来跑去。他看起来筋疲力尽的样子，脸上带着悲伤的表情，我猜想他是不是生病了。地毯上，有一个小男孩开始用大块的方形乐高积木搭建一个塔，其他小朋友也加入了进来，跟他一起搭建。法伊祖脸上的表情开始出现变化，我把他描述为：脸上出现了一种"紧张的"表情，就像"一个在执行任务的人"一样。他开始起劲地寻找各种积木，跟那群小朋友一起搭建宝塔。法伊祖将幼儿园中周围小朋友的力量聚集到了一起，通过这种方式，小朋友们一起努力，构成了一个功

能组。（Bion，1961，p.143）

在同一次观察中，法伊祖后来去到了外面的操场，有一些游戏用的软垫呈一个巨大的长方形堆放在那里。软垫上还放了一个斜坡形状的软软的大型块状物。

法伊祖怀着巨大的喜悦跑着跳上了斜坡的顶端，然后又跳到了下面的软垫上。他这样重复了许多次。每一次，他都看起来比前一次更具表现力和更为自信。当他跳下来的时候，软垫接住了他，起到了缓冲的作用，防止他摔伤。他戏剧性地翻滚，然后伸开手脚平躺着。一个小男孩走过来说，法伊祖是在装死。（第十次观察）

在这个游戏中，法伊祖利用操场上的设备，帮助自己探索"充满力量"与"倒塌"这两种内心状态之间的来回变化。在斜坡的顶端，他无所不能，但到了下面的软垫上，他倒塌了，还装死。法伊祖利用这些游戏装置，以一种游戏的方式探索自身力量的起落，而不是因为自身的脆弱而产生被迫害的感觉。

在这个部分一开始的时候，我让大家看到了法伊祖是怎样努力应对与母亲的分离的。但到了第三个月的时候，他的韧性和力量有了明显的发展，他能够以一种更具游戏性、更为有力的方式来应对分离了。

在母亲离开幼儿园前，他用手指了指自己的脸蛋，让母亲亲他一下。他看起来非常开心，我感觉他已经控制了他的母亲。对他来说，幼儿园好像是一个明亮的、令人开心的地方。（第十二次观察）

到了第七个月的时候，随着内在客体变得越来越强大，法伊祖还能帮助刚上幼儿园的幼儿应对从家到幼儿园的转变。他帮助一个看起来比

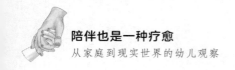

较虚弱的小男孩安心地开始了画画，他在引导那个男孩的时候说了这样一些话，"这是一支蜡笔""你需要一张纸"等。

在第二十次观察中，法伊祖开始用木块搭建一座塔。我突然认识到，他专注于"成长"和"倒塌"的现象已经消失好几周了：这个现象出现在他花时间搭建积木塔时。很可能是他与幼儿园小朋友、老师及幼儿园中的设备的"横向"关系的扩展，给了他足够的内在资源，使他得以摆脱他"垂直的"建造物中所涉及的搭建与倒塌的循环。

∽ 与观察者的关系

观察到第五个月的时候，法伊祖曾一脸沉思地看着我，并断言："你不是老师……"停顿了一会儿之后，他又说："……你是一个在边上看的人。"所以，在这个部分，我将介绍一下我跟法伊祖之间的关系，以表明他的陈述是怎样证明我们之间关系的发展的。我还对作为一名男性观察者的一些特殊方面进行了思考。

一开始，我努力地想在幼儿园中找到自己的位置，这一点好像也反映在了法伊祖的体验中。在我去进行第一次观察时，幼儿园的一位老师曾把我误认为来修电脑的"ICT家伙"！同样，他们也搞不清我要观察的到底是哪个法伊祖。这所幼儿园里至少有两个叫法伊祖的小男孩，有一个老师就问过我："你要观察的是哪个法伊祖啊？"这就反映了这所幼儿园有时候会非常忙乱；有时候，这所幼儿园让人感觉老师太少了，不足以关注到如此多的幼儿，其中有很多幼儿还非常小。

在最初的几周，由于法伊祖经常处于一种"倒塌"的状态，因此，我的注视让人感觉有一种迫害的性质。

操场上，法伊祖正向攀爬架走去。他神情有些焦虑地频频往后看。我有意识地跟他保持一定的距离，生怕自己成了一个起抑制作用的存

在。每一次我们的目光接触时，他都看起来有些不自在，随后会转向操场，东张西望，看起来有些不知所措。（第二次观察）

在这些敏感时刻，我通常会把头扭向一边，"淡化"自己的注视。作为一名成年男性观察者，我有时候觉得自己增加了法伊祖的渺小感。我必须时刻保持敏感性，不仅要注意自己应该看哪里，同时还要注意自己所站的位置。当法伊祖从我身边走过时，他常常会表现出不自在的迹象——要么很夸张地昂首阔步，要么重复地发出某种声音，这很可能是想给自己壮壮胆。

我很希望能够利用自己的资历和经验走到法伊祖身边，帮助他安心地参与幼儿园的某项活动。这对我来说是一个非常具有挑战性的角色，我必须很努力地保持观察的姿态。

随着时间的推移，法伊祖的力量开始增强，这体现在了他与我（观察者）的关系之中。在第六次观察中，他相当有力地跟我说："你迟到了！"曾经我被视为一种具有迫害性的力量，现在，法伊祖不再受此控制，而且，他让我知道，我对他来说已变得非常重要。原先令人神经紧张的注视现在已经变成了一种完全不同的东西。

法伊祖站起来走开了，他在离开我的视线之前回头看了一眼，好像是在鼓励我跟上他。（第十二次观察）

大概就在我发现法伊祖的父亲在孟加拉国的时候，我对他的感觉受到了影响。一些小男孩聚集在操场上。

又一个小男孩加入这个群体，谈话的内容转到了父亲。这个小男孩用积木做了一辆小汽车，他说："我爸爸有一辆捷豹，它发出的声音非

常大。"他低声地咕哝了一句。其他孩子继续讲述着有关他们爸爸的故事："我爸爸叫我小木偶……""我爸爸咬我的脸。"其间，法伊祖继续拼装他的布里奥（Brio，一个品牌）积木。我回想起上一周在他家里得知的消息，他哥哥告诉我，他们的爸爸在孟加拉国。法伊祖静静地坐着，不过，后来他也加入了他们的谈话："我爸爸……"但他的话马上就变成了"我妈妈"。他紧接着开始说些什么，但已经没有了声势，他的声音被淹没在了其他男孩子的叽叽喳喳声中。（第十四次观察）

在这次互动中，我非常同情法伊祖。在他试图理解一个不在身边的父亲时，他的声音被淹没在了其他男孩子的叽叽喳喳声中。由于（这个幼儿园）在数量上占优势的是具有传统家庭价值观的穆斯林家庭，因此对于大多数上幼儿园的幼儿来说，家庭生活的典型特征是既有妈妈，也有爸爸。法伊祖属于少数的那部分，他家里只有一个照看者。在这次观察结束的时候，我发现自己很难开口跟法伊祖说再见，然后离开幼儿园。我内心的一种父母功能已被唤醒。在我心里，我已慢慢地开始扮演起了法伊祖父亲的角色，而现在我要抛弃他。法伊祖很可能也有这样的感觉：在前一次到他家里进行的观察中，他似乎非常关心我在观察结束之后要去哪里，他把头伸出前门外，看着我沿着路走远。

观察进行到第六个月的时候，我们之间的关系得到了更进一步的发展。法伊祖大多数的时间都待在"艺术与手工角"，他在那里用彩色糖纸做了一些假的手表。老师鼓励幼儿选择一些图画贴在纸手表的带子上，用来表示手表面。法伊祖总是选择变身侠阿奔（Ben）（变身侠阿奔是在幼儿园小男孩中非常受欢迎的一个电视卡通人物）的图画。他经常全神贯注地做"手表"，把这些"手表"戴到手腕上，然后又拿下来。他很可能是试图在他的这两种关系之间建立某种联系：一种是他和观察者本（Ben，观察者的名字）之间的关系，另一种是他与不在身边的父亲之间的关系。将表带扣上和解开，可能象征了一位男性观察者和他父亲的出现和离开，以及因此而产生的容纳或缺乏容纳的感觉。后来，我观看了《变身侠阿奔》（*Ben 10*）那部动画片，有趣的是，我看到，在动画片里，手表是一种变身装置，它使得变身侠阿奔可以变身成为外星人。很可能法伊祖是希望他自己能变成一位观察者或父亲，这样他就不会感觉自己被人抛弃了。事实上，他很有技巧地用透明胶带把那只"手表"固定在手腕上，"手表"整整一周都没有掉下来，他对那个纸带感觉很满意，一直重复唱同一句话："我是一个大人，我是一个大人，我是一个大人。"

观察进行到第六个月的时候，有一天下雨了，所有幼儿都挤在室内，法伊祖利用我的存在为他自己创设了一个安静的空间。他等我跟他一起去了外面一个有顶的阳台，他在我的注视之下一个人玩了20分钟的拼图游戏。到了这个阶段，我感觉，法伊祖已能主动利用我的存在来弥补幼儿园里幼儿与老师在数量上的不平衡。我成了一种额外的资源，法伊祖可以利用我来建立一个强大的内在客体。

后来的观察清楚地表明，我已经在幼儿园立足，而幼儿园老师似乎也能更好地将法伊祖放在心上。到我的观察快接近尾声的时候，有一位幼儿园老师很热情地跟我打招呼，她说，他们注意到法伊祖现在比以前自信多了，她说了法伊祖在最近几周的一些表现，她还跟我说出了她内心的疑惑：不知道这是否与我的观察有关？

ᨀ 总　结

我慢慢地对法伊祖有了更多的理解，我在接受培训过程中所接触的人和组织也给了我支持。同样，法伊祖在情绪方面的成长也不是单独获得的：幼儿园是一个有很多设备、幼儿、老师，还有一个观察者的场所——所有这些都可以被法伊祖用作"支撑"，以强化他的内在客体。

有时候，这种支持会以"容纳"的方式出现，而我感觉，在实现这种功能的过程中会涉及很难应对的情绪方面的工作。在情绪崩溃期间，我感觉法伊祖有时候好像会把他的焦虑投射到我的身上。做一堵挡土墙并不是一件容易的事情，不过我已学会消化并挺过他的恐惧。在其他时候，法伊祖会利用与他人的竞争来断定自己是有能力的——与哥哥的竞争，表现为两人为获得观察者（我）的注意而展开斗争；与同班小朋友的竞争，通常是比谁搭的塔或剑更大。

我之前一直把法伊祖的塔描述为建构（construction）物，但也可以将它们解释为破坏（destruction）之下的幸存物。倒塌和成长反映的是破坏与恢复的循环，这是克莱茵所说的偏执—分裂样心态（paranoid-schizoid）与抑郁性心态（depressive positions）之间来回变换的特征。由于父亲在孟加拉国，法伊祖可能不仅要努力恢复一个难以找到的客体，而且他很可能还要与自己的破坏力作斗争——他会不会因为父亲的消失而谴责自己？或者他是不是正在努力地重构一个处于危险之中的内在客体？在这些方面，克莱茵提出：

建构性活动之所以会获得更多青睐，是因为幼儿通常会无意识地认为，通过这种方式，他可以重新获得自己曾经伤害过但又深爱的人。（Klein，1995，p.259）

由于生活在内在或外在不稳定的威胁之下，法伊祖不停地搭建（以及重建）塔状物，我们或许可以将他的行为理解为一种稍具躁狂性的防御行为，从而抑制自己的破坏性感受。但是，法伊祖的建构物似乎还具有一种真实的、根深蒂固的、持续存在的元素。他似乎是在锻炼自己的能力，每一次倒塌之后，他都会重建，而他内在的"胶合剂"随着时间的推移也变得越来越坚固。法伊祖表现出他可以从自己的破坏性冲动中恢复过来，而且，好的客体可以"一次又一次地重新获得"（Klein，1957，p.187）。随着时间的推移，他受到了吸引，开始建构一些可以更为牢固地拼接在一起的材料，像乐高、布里奥等，而这与他在幼儿园中更为自信的表现也是一致的。阿尔瓦雷斯（Alvarez）曾指出了躁性防御与一些更具建设性的东西之间的差别，这对我们来说很有帮助：

> 重要的是要知道强迫性机制什么时候会被用来防御一种有关更具活力、更为自由、更少控制的客体或感觉的体验，以及它们什么时候代表的很可能是第一次尝试，或者至少是一次新的尝试，以获得宇宙中某种微不足道的秩序。（Alvarez，1992，p.113）

如果幼儿园是一个建筑场所，那么，它包含了"正在工作的男人"和"正在修通的小男孩"。在我的观察中，男子气概（masculinity）似乎是一个首要的主题——搭建像男性生殖器一样的塔，一群男孩子在一起玩耍，一位不在家的父亲，以及法伊祖与我这样一位男性观察者的互动交流。我所看到的客体关系似乎具有一种非常明确的性别扭曲。在我逐渐形成的图景中，我作为一位男性观察者的存在可能也是一个构成要素。

随着时间一个月又一个月地过去，我注意到，法伊祖专注于建构或破坏物体的现象有所缓解。这似乎与他越来越自信，并与幼儿园的小朋友一起参与更大范围的活动相一致。在我最后几次观察中，法伊祖跟我诉说了他的惶恐不安，因为他下一年就要上学前班了。基于这一段时间我所看到的情况，我相信，只要不发生巨大的变化，法伊祖已经奠定的坚实基础就足以让他面对未来的挑战。

∽ 注 释

我想感谢温迪·沙尔克罗斯（Wendy Shallcross）以及幼儿观察研讨班上的同学们，感谢你们提供了"肥沃的土壤，让我思想的种子有地方可以生根发芽"。

1. 弗洛伊德曾看到他的孙子在自己的小床上玩一个线轴，他把线轴扔出去，然后又拉回来，嘴巴里还开心地说着"da"（here，即"这儿"的意思）。（Freud，1920g）弗洛伊德解释说，这是他的孙子在试图控制他母亲的出现和离开。

第十章

不能光看表面：观察者眼中
一个在幼儿园努力寻找自我的孩子

◎ 伊丽莎白·丹尼斯

当我在她家第一次见到她时，海伦娜三岁两个半月了。她是一个有着浅棕色皮肤的小女孩，黑色的卷发随意地散在脸颊两边。她有一双棕色的大眼睛，嘴巴大大的，大门牙之间有缺口。海伦娜的父母来自不同的种族。她的母亲是一个体型优美的白人女性，有六英尺高，非常友善且开朗。海伦娜的父亲从外表看很年轻，身材较为瘦小，看起来像是亚洲人。他对人也很友好，但要矜持一些。

我到她家的时候，海伦娜告诉我要脱鞋子，因为我不能弄脏新铺的蓝色地毯。然后，她把我带到了前厅。我注意到，她家过道上挂了一些耶稣圣心的画像。这个房屋让人感觉很舒适，但并不富丽堂皇。海伦娜的父亲坐在一张扶手椅上，手里轻轻地抱着一个小宝宝，我坐到了对面的长靠椅上，跟海伦娜的母亲坐在一起。我记得当时有这样一种感觉：那个小宝宝吸引了所有人的注意力。当海伦娜的母亲跟我讲话时，海伦娜正在相邻的一把长靠椅后面玩，这就意味着我看不到她。海伦娜的母亲跟我说了一些有关海伦娜的情况，就好像海伦娜不在场一样，她还拿了一些海伦娜画的画给我看。她告诉我，海伦娜可以用来"被研究的"！她在之前的一项婴儿营养研究（Baby Nutrition Study）中曾被观

察过一次。到了我这次拜访快要结束的时候，海伦娜走到了这个房间的中央，手里抱着一大堆玩具。在经过一番讨论之后，父母最终决定：观察者可以到幼儿园去观察海伦娜。

幼儿园

海伦娜上的幼儿园是一所蒙台梭利幼儿园。园内大多数活动都是有时间限制的，结构性很强。幼儿园有四位接受了充分训练的老师，还有一位助理，她是到幼儿园进行短期实习的，似乎来一段时间之后就要走。教师—幼儿的比例很好，每一个年龄段都有一位老师。群体规模最大的有八名幼儿。各种各样引人注目的项目陈列在墙上，且经常会更换，展示了幼儿园给幼儿们提供的大量活动。尽管如此，这个幼儿园还是让人感觉有点光秃秃的，好像缺少了点什么。幼儿园的建筑是一栋维多利亚时代的房子，楼下所有的房间都被用于开展各种不同的教育活动。前厅分成了一个艺术教室和餐厅，后面有一个区域铺上了地毯，用于讲故事，还有一个角落做成了"温迪屋"（即供孩子玩耍的游戏室），任何时候都有十五六个孩子在那里。在幼儿园中，小的还在蹒跚学步，大的已经四岁半了，马上就要上小学。这所幼儿园是多种族的，幼儿园的价值观以反对种族主义、反对性别歧视为荣。这是一所私立幼儿园，收费很高。

观 察

我非常喜欢克莱茵女士的观点，她写道，"我觉得，没有哪种纯粹的描述能够把游戏分析时间里所充斥的颜色、生活以及各种复杂的情况讲得恰到好处"（Klein，1932，p.64）。我在试图将自己观察了海伦娜一年的体验表达出来的时候，也在某种程度上遭遇了相似的困境。海伦娜是一个充满活力的小女孩，她的生活也充满了复杂的情况和与痛苦作斗争的现实。

到了九月份，海伦娜开始上全托幼儿园时，她的妹妹爱丽斯（Alice）六个月大了。因此，海伦娜清楚地意识到，她的小妹妹会一直待在家里，占着这个"窝"。奶奶、爸爸会轮流照顾她，而海伦娜却自己一个人在外面。爱丽斯对海伦娜与家人之间关系的重大侵蚀，是本次观察的主要主题之一。一直到不久前，海伦娜都觉得自己是家里唯一的孩子。而现在，到了幼儿园，她面对的是一个巨大的、空旷的空间，她在第一次观察期间画的一系列图画就表达了这一点。

在每一张图画的每一条边里，海伦娜都画了一条短短的"之"字形曲线，然后画了一个大大的相当夸张的H，她说："'H'代表的是Helena（海伦娜）。"也就是她自己。我注意到，海伦娜有点心不在焉地在纸上那些"之"字形曲线的下方做了一些模糊的标志。

对海伦娜来说，关键的问题是：如何存在于如此巨大的空间中？她还能够出现在家里的画面中吗？最为重要的是，她应该让自己成为一个个头高、身体壮、茁壮成长的海伦娜，还是可以给那个比较脆弱且不那么自信的自我留点空间？

在第一次与海伦娜见面时，她似乎对我写在手上的字很感兴趣（为了提醒自己，我在手上做了个记号）。这样的书写方式是否提供了一种方式，帮助她留下不可磨灭的印记——一种永远都不会消失的印记？在接下来的一次观察中，海伦娜注意到我手上的那些字不见了——被洗掉了。当有其他幼儿在场时，尤其是当有小宝宝吸引了大家的注意力的时候，海伦娜似乎觉得有必要给人留下深刻的印象……在我的第一次观察中：

海伦娜专注地看着我的脸，然后微微笑了笑。不知怎么地，她的表情让我感觉她好像早就存在于我的记忆里，让人难以忘记，她给我留下了非常深刻的印象。

还有一次：

班主任突然走了进来，显然，她是在引导一位怀里抱着小宝宝的妈妈参观幼儿园……我看到海伦娜抬头看了一眼那个妈妈和宝宝，然后把脸转向了一边。接着，她看着我，对我露出了她最迷人的笑……

有一天，她告诉我："你知道吗？你离开后，我想你了。"

我认为，她可能是想弄清楚：当她不在家的时候，有没有人想她。

在埃米莉（Emilie）老师的一节阅读课上，海伦娜读到了"雾"（mist）这个词。她告诉老师，"雾"就是每天早上妈妈去上班时她感觉到的东西……

我出现在幼儿园，让海伦娜想到了在家里发生的一些事情，因为她知道我曾经去过她家。海伦娜想知道我离开幼儿园后去了哪里。她问我："你是去上班，还是回家？你是一个妈妈吗？"

显然，海伦娜非常渴望与人建立特殊的亲密关系。在第一次观察中，她画的一幅两只手紧紧握在一起的画，唤起了她想要与人建立亲密关系的需要，而这是幼儿园老师无法完全提供给她的。海伦娜渴望的是一种单独把她从其他幼儿中挑选出来，并与她拉近距离的体验，而且她害怕自己输给家里的小宝宝。她在家里曾拥有的滋养性经验似乎在某种程度上使她能够从容地面对幼儿园的喧闹，并使她能够抵抗被人遗忘的恐惧，以及后来当家人开始计划移民新西兰时，这种经验甚至让她能够抵抗被留下的恐惧。尤其是，她所穿的衣服和给人的整体印象显然是非常讲究的，这似乎以非常具体的方式让她觉得她是被人珍视的，同时还让她回忆起了自己曾经受到的温柔照顾。我一直都不确定，这种特定的充满爱的关注指的是她奶奶给予她的，还是她妈妈给予她的，或者是她们两个人给予她的？

海伦娜非常小心、温柔地拿起她的粉色针织开衫。我在想，这件衣服是不是特意为她织的。她成功地穿上了开衫。埃米莉表扬了她，并问她这件衣服是不是专门为她织的。海伦娜回答说："是奶奶织的，妈妈买的毛线。"……埃米莉鼓励她自己把所有的扣子都扣上，并教她怎么扣扣子。

还有一次，当埃米莉告诉小朋友们什么是病菌，以及有必要随身携带纸巾时，海伦娜迫不及待地告诉大家，在裤子口袋里放一包纸巾是非常重要的事情……

基于她在家里的经历，特别是在实践领域的经历，海伦娜有这样一种假设，即我们可以寻求帮助，当幼儿园老师给予帮助的时候便可以利用这种帮助。对她来说，问题是：需要付出相当大的努力才能寻求到帮助，而且，在幼儿园，这种与老师的特殊联系随时都有可能被打断，尤其会因为一些"小宝宝的入侵"而被打断。

在一节课上，一位幼儿园助理走了进来，她手里抱着一个睡着了的小婴儿……她对埃米莉说："他终于睡着了……这孩子脾气真暴躁……"海伦娜好奇地抬起头，瞥了一眼那个小婴儿，然后再一次把目光转向了别处。我发现自己也产生了一种被人打扰的感觉，就好像我们

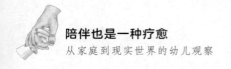

没能恰当地完成什么事情一样。很可能我的感觉与海伦娜有些相似……

不仅在幼儿园有这些干扰，而且现在家里也出现了类似的干扰，于是海伦娜看起来好像是要用极快的速度来让自己渡过难关。不管什么时候，只要她发出声音，只要她开口说话，她似乎都想要超越自己的本来的速度（事实上，她在做大多数事情的时候，都是这样），而且我早前曾注意到她缺乏身体协调。她的头和腿好像不同步，而这可能会让她因身体失去平衡而摔倒。

有一次在幼儿园，我观察到，班主任正在测试海伦娜有关数字的知识。有一次，她跳过了一个数字，而我在想，班主任有没有注意到这一点。她给予每一个小朋友全心全意的关注是非常珍贵的，教室里的氛围让人感觉非常安静、包容。

不过，幼儿园里经常有怀里抱着小宝宝的母亲来参观，而且定期会有小至18个月的幼儿出现，这样的环境不可避免地会导致海伦娜产生矛盾的情感。这些年幼的幼儿常常被幼儿园老师抱在怀里。在讲故事时，以及在幼儿园小朋友齐坐在艺术室地毯上吟诵儿歌时，他们通常被老师抱着坐在腿上。在这些时刻，这些场景会让人产生几代人的感觉，而海伦娜的地位看起来好像是一个"大姑娘"。有时候，当小宝宝们或其他小朋友撞到她，她会诉诸一种无所不能的心境，而且，她显然有能力让自己忘掉那些她不想看到的让自己感到痛苦的东西。她似乎把自己封闭在一个只属于她自己的世界里，其他人则完全不存在。

海伦娜完全专注于自己的事情，不理会其他小朋友以及他们正在进行的活动。她利用自己需要的东西，随意拿起彩色蜡笔和纸张，几乎一点都不关注其他小朋友。

后来，海伦娜偷偷摸摸地拿了旁边小朋友的"财产"，这可能是她有意为之，不过，她似乎确实已经发展出了一种防御能力，使她能够随意地切断与其他小朋友的联系。她经常在游戏区域一个人自言自语，为的是不让自己感觉那么孤单，这样，她才能避开孤独和对建立联系的渴望。有时候，她把自己装进一种自恋的茧里，在那里，她是一切的中心，她一个人狂欢，凭借自己的力量玩得非常开心，这打破了在她的内心和她周围只有荒芜空间的幻象。

海伦娜选择了一辆货车，货车上放着一个小小的废料桶。她一圈又一圈地转着，而我再一次惊奇地发现，她的四周给人一种非常空旷的感觉。她让她的货车围着很大的圆圈行驶着，她在开这辆货车的时候，不停甩着一头黑色的卷发，她放声大笑，就好像她是皇室家族的成员一样，或者至少是一个正准备拍照的小杰奎琳·奥纳西斯（Jacqueline Onassis），她转了无数圈，从货车上往外看着其他小朋友。我想，她一定是渴望有人给她一个回应，她看起来有些孤独，尽管她给人玩得非常痛快的印象。

✿ 与其他幼儿的接触

当她真的开始与另一个幼儿或一位幼儿园老师接触时，明显的狂躁状态逐渐让人难以忍受，而且她瘦弱的身体似乎无法支撑这种兴奋。她完全沉浸在这种与他人建立关联的兴奋感受之中，她开始变得语速飞快，口若悬河，以至于从她嘴巴里吐出的字都含混不清。有时候，她会语无伦次地大喊大叫，而这会导致其他人离她远远的，从而使她更加难以获得她所渴望得到的关注。

有一次，海伦娜跟一位老师说，她去给老师拿一些薯条过来。海伦娜现在是"妈妈"，她非常兴奋地跑开了，她跑得非常快，就好像她的

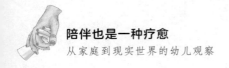

思想跑得比她的躯体快一样。她跑回到那位老师身边，那位老师看起来似乎并不感兴趣，有点心不在焉地回应海伦娜的热情，但她似有若无的回应却让海伦娜非常着迷。她冲到了瑞卡娅（Rikaya，另一个小女孩）身边，对着瑞卡娅的脸兴奋地大声说她要去商店买些炸鱼薯条回来。瑞卡娅对她说："不要大声叫，海伦娜！"

还有一次，当她开始和朱内勒（Junelle，另一个小女孩）接触时，她欣喜若狂，极度兴奋：

终于，她开始与人接触了！她的眼睛闪闪发亮，充满了生气，她开始与朱内勒追逐打闹。这两个小女孩一圈又一圈地跑着，海伦娜似乎很难放慢她快速的步调。她想全力奔跑。在老师的要求之下，她放慢了速度，以至于有好几次她在想提高速度之前，都有点不自然地慢了下来。

于是，她的玩伴选择跟另一个小朋友玩了：

朱内勒对海伦娜说："我们坐下来吧。"海伦娜坐了几分钟，但过了一会儿，朱内勒开始与海伦娜旁边一个金发蓝眼睛的小女孩聊了起来，那个小女孩好像是在玩一个较为安静的游戏——旋转一辆蓝绿色的婴儿车。海伦娜立马从她的位置上跳了起来，然后又坐了回去。

她有没有可能是想快速避开那些让她无法忍受的感受呢？

对海伦娜来说，重要的是要屏蔽其他小朋友的悲伤表现。杰西卡（Jessica）似乎有意挑起与其他幼儿及幼儿园老师之间的冲突，而且常常是以号哭结束：

杰西卡可怜兮兮地站在排水管旁边，哭得越来越大声了，她哭着要妈妈……在各种喧哗吵闹的拥挤环境中，杰西卡不停地哭着……海伦娜跳上了放置在一旁的蹦床，并开始弹跳起来。她似乎有些不安，看起来好像是想要借此屏蔽掉杰西卡的号哭声。整个氛围有种狂躁且不受控的感觉。其他小朋友经过杰西卡身边，偶尔会大声斥责她。

海伦娜对现实的全能性否认（omnipotent denial）体现在了她的一幅画中，她画了一个小爱丽斯漂浮在太空中：

海伦娜画了一个火柴人，有着大大的肚子、两只胳膊、两条腿，还有一个圆圆的脑袋。埃米莉问她画的是谁，她回答说是妈妈。接着，她在妈妈身边画了一个稍微小一点的人，然后，她甚至又画了一个更小的人，漂浮在另外两个人的上方，距离另外那两个人有点远……

当她的同伴取得的成就超过她时，她也会试图屏蔽掉这一点，并切断自己与他们的联系，把自己封闭起来，或者她会诉诸理想化自己的作品。

有两个小朋友成功地建成了金字塔，而这对海伦娜来说是一场"战斗"。我注意到，海伦娜好像完全没有看到他们的努力成果一样，相反，她的两只眼睛紧紧盯着壁炉或天花板看。埃米莉告诉我，海伦娜对于自己做的东西一直都感到非常自豪，一旦她完成了某一任务，她就会心满意足地看着其他小朋友，而不会尝试对自己的作品进行任何改进……

在幼儿园里，年龄大一点的幼儿似乎没有什么合理的机会可以当小

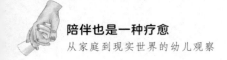

宝宝。当海伦娜或另外某个幼儿试图爬上宝宝椅（这些宝宝椅都足够结实，可以承受住他们的重量）时，年轻一点的幼儿园老师就会要求他们立刻下来。有一位叫卡罗尔（Carol）的老师似乎理解了这些幼儿的需要，她允许他们坐宝宝椅。但是，当海伦娜以能够让人听懂的方式造了一个句子来表达她对其他幼儿的攻击性时，卡罗尔告诉她，不许故意模仿小宝宝说话。杰西卡是年龄大一点的幼儿中唯一一个经常被幼儿园老师抱起来的幼儿，因此，当海伦娜看到杰西卡被老师抱起来这一幕时，她内心的痛苦和敌意不可避免地被唤起了。于是，这两个小女孩开始发生冲突。

海伦娜性格中隐藏的方面

在快到三月份的这段时间里，我似乎很难一直将海伦娜作为关注的焦点。一些更具吸引力、更为活泼的幼儿，如瑞卡娅、尼瑞莎（Nerissa）等经常会吸引我的注意力，而海伦娜则会消失在我的视线里。很长一段时间，我都把这个现象归因于我没有关注海伦娜，直到我开始思考海伦娜的隐藏行为，并想知道她在多大程度上熟练地隐藏自己的一些方面，不让其他任何人看到。我回想起我第一次去她家拜访时，她就是躲在一把长靠椅的后面玩。最近，有一次，她告诉我："你去过我家，当时你穿着一套绿色的衣服！"我不得不重新思考，并承认，一直以来，我们都是在观察着对方。有时候，海伦娜自己选择隐藏起来，但在其他时候，她却因为小爱丽斯或其他一些幼儿使她黯然失色而非常愤怒。

幼儿园的道德规范（或者，这是不是特指海伦娜的老师埃米莉？）显然认为，幼儿不可以表现出攻击或敌意的迹象。当幼儿园老师看到幼儿之间发生冲突，会立马要求他们"亲吻对方并和好"。杰西卡经常遭到排斥，因为她更为公开地表现出的挑战性行为会招致各种各样的不同反应。而这很可能吓到了海伦娜。在第三次观察中，瑞卡娅表现出了非常杰出的创造力，这似乎引发了杰西卡非常强烈的妒忌心和攻击性，以至于海伦娜做出了这样的反应：确保自己不会遭遇相似的命运。因此，她搭建的乐高建构物非常普通……

瑞卡娅看着她拼装好的甲板，然后说："这是一个生日蛋糕……"杰西卡一把从甲板上抓下几块，并且明显非常兴奋地说："我有一块蛋糕了，我有你的蛋糕了！"瑞卡娅此时显然很难过和愤怒……这块甲板就掉落在离海伦娜不远的地方。她拿起甲板，然后拿了一些很普通的竖杆放到甲板上，甲板这下看起来就像是电缆塔了……

海伦娜行为的一个关键之处在于：她试图让自己变得渺小。从表面上看，她会使自己适应于其他人，而且常常会在操场上盲目地模仿更为强大的领导者。同样，她的攻击性被伪装或隐藏了起来。正如前面所提到的，她必须采取一种巧妙且又讨人喜欢的方式控制自己对他人的反社会行为，她所采取的这样一种方式通常不会激起幼儿园老师或其他小朋友的敌意。

海伦娜轻轻地、小心翼翼地从切尔西（Chelsea）的一堆立方体中拿了几块。我原本以为会发生某种吵闹，但她拿得如此温柔，以至于切尔西都没有做出过度的抗议……海伦娜想出了诀窍，以这样一种方式掩盖自己动过切尔西的立方体的痕迹，几乎没有引起一点冲突。

在幼儿园，她通常被视为一个"好女孩"，而且她非常努力地想让更多的人认可这一点。有时候，她会扮演一个监督者的角色，她的行为表现得就好像她是一名幼儿园老师。她会温和地斥责其他幼儿，并向老

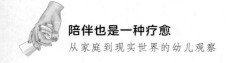

师报告他们的行为。

海伦娜发现他们的箱子里有一块不应该放在那里面的乐高积木。她马上就告诉了埃米莉，埃米莉把这块积木放到了旁边的桌子上……

圣诞节前后，幼儿园老师告诉我，海伦娜要在关于耶稣诞生（nativity）的戏剧中扮演玛丽……她的攻击性情绪和敌意情绪似乎无处发泄。在幼儿园里的一整天，对结构化活动的强调使得海伦娜几乎没有时间可以进行自由表达。当海伦娜有机会参与更具攻击性的游戏时，她几乎控制不了自己，要表达出自己的情绪。

不过，在一些场合下，我看到了她不同的一面。这通常是她在看到小宝宝时做出的反应。

我看到一位老师怀里抱着一个小宝宝。海伦娜在操场上，抬头看了看他们，然后，她突然把手里的手柄用力地乱扔一气。手柄四散飞去。海伦娜把手柄往后拉了回来，然后又用力地向前扔，猛击她上方的树枝，这根树枝显然挡了她的路。

海伦娜想要控制周围成人世界对她行为的看法，因此，我的周期性存在对她来说变得越来越成问题，因为她深信，亲密和爱的给予是以她的良好表现为条件的。她认识到我可能会看到她的其他方面，这一事实暂时性地把我变成了一个令人恐惧的人。一开始，她采取的办法是让我消失在她的视线中。当我到达幼儿园的时候，她只装作"看不见"我。我看到，她的眼神变得很空洞。接着，她变得充满敌意，并开始问我："又是你，你为什么又来这里？"当她看到我出现在幼儿园，便会皱着眉头，而不是像之前那样对我露出迷人的微笑：

海伦娜拿着一小堆积木，她看了看我，把这些积木哗啦一下放到了一起……她选了一些绿色的积木、一块长长的长方形积木，还有一块小的绿色积木，并开始切这些积木，她的动作极具攻击性。我意识到，我穿的正是绿色的衣服……看到我正看着她。海伦娜改变了她的动作，变得温柔了一些！她告诉埃米莉："我在切奶酪，埃米莉，我喜欢绿色的奶酪。"埃米莉有点疑惑："绿色的奶酪？"海伦娜补充说："还有黄色的奶酪。"

潜在的焦虑

随着时间的推移，对于我经常跟着她，以及我目睹了她显然不能让人接受的攻击性行为，海伦娜变得越来越焦虑：

有一次，在操场上，海伦娜发现地上有一只瓢虫，她告诉了一位幼儿园老师。老师没有采取任何的行动。一个小男孩驾驶着车子过来了，他故意地想从这只瓢虫身上碾过。我阻止了他，并试图把这只瓢虫放到一片树叶上，但没有成功。海伦娜走过来，非常霸道地对我说："别碰它！"我告诉她，我不想让这只瓢虫被碾死，但我不确定她是否恰当地理解了我说的话……她骑着车子走了，然后又掉头回到我面前，车轮从我的一只脚上压过。她偷偷地看了看我的鞋子，我看到她脸上有一抹愉悦的神色……就好像我才是那个该被碾压的人。

她越来越担心会失去她更为熟悉的感觉，即她能够隐藏有关自己的一些东西，而她之所以担心，是因为我在幼儿园，她曾问过她的老师和她母亲，我去幼儿园是不是为了看她是否"调皮捣蛋"。在一个对海伦娜来说充满紧张的、有可能被害的情境中，她母亲的回答非常有帮助，于是，她消除了疑虑，让自己平静了下来。

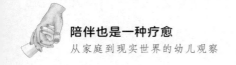

大约就在这个时候，海伦娜的父母开始计划移民新西兰。海伦娜害怕她的家人会把她排除在外，而且，这种害怕被家人抛下的恐惧表现在了她的游戏中。

她把平的乐高积木收集到了一起，拼成了一辆拖车，她用这种方式拼成了两辆独立的拖车，并排放到一起。她用一块短短的黄色塑料把一节小车厢撬开了，她一边撬，一边嘴里还说着："快点快点"。她在这么做的时候似乎非常高兴，最终剩下一小节车厢，还有两堆堆在一起的东西。我听到她喃喃自语，说这两辆长长的拖车中有一辆是"妈妈"。她还告诉我："我也可以把我的（另一辆拖车）撬下来（成为一个同伴）。"……海伦娜对此次转折性事件的反应是：确定谁将会被留下来。

我想，她此时一定正因为自己失去了在家里的地位以及（幻想中）被驱逐出家庭产生的悲伤而感到不知所措。对新出生的小宝宝的嫉妒意味着，"调皮捣蛋的"的海伦娜有可能会失去爱，且有可能会被抛下。

一定要在她和新出生的小宝宝之间二选一吗？他们两个人中必须有一个要被压倒或排除出去吗？

有一次，海伦娜发现，盒子里的多米诺骨牌中有一些不见了。埃米莉帮她一起轻轻地将盒子里的多米诺骨牌拿了出来，并帮这个小女孩把它们一块一块地放了回去，把每块多米诺骨牌都整齐地放好。海伦娜显然松了一口气，因为每一块多米诺骨牌在盒子里都有自己的位置。

对海伦娜来说，问题之一是关于她的皮肤颜色。小爱丽斯的肤色是白色，而海伦娜从外表上看就是一个混血儿。有好几次，海伦娜似乎非常纠结这样一个问题：从肤色上看，她和爱丽斯谁更受人喜欢？这个问题一直困扰着她，并促使她追问我："你更喜欢哪种肤色？"她显然对我的答案很满意。有一次，她在和尼瑞莎一起玩时，她要拿她用多种颜色画成的蝴蝶与尼瑞莎用单一颜色画的画比一比，比谁的更好看，这个例子就说明，她需要强调她和她金头发、蓝眼睛的玩伴一样漂亮。在之前的观察中，海伦娜曾热衷于宣称，她和尼瑞莎是一样的，因为她们两人都围着同样颜色的围裙，但尼瑞莎摇摇头，严肃地说："不，我们不一样。"她似乎是根据她们肤色的不同来做出区分的。

快到复活节了，海伦娜努力不承认自己痛苦感受的现象越来越严重，她生病了。我听说，她得的是轻微哮喘。她频繁请假不上幼儿园，同时还患上了胸腔感染和腺体肿症。她父母非常担心，因为她每次从幼儿园回来都是一副筋疲力尽的样子，最终，在复活节假期之后，她从每天都上幼儿园变为一周去幼儿园三天。在幼儿园，海伦娜明显精神萎靡，需要他人的帮助，且经常有气无力地向他人求助，她好像缺乏必要的活力，以致她无法从老师或者我这里获得帮助，我目睹了她的挣扎：

她要求我帮她建一座像尼瑞莎那样的塔，我拒绝了，然后，她低下头看着自己搭建的东西，拿起两只大大的塑料手……她把这两只手分别放在她所搭建的圆柱体的两侧，紧接着，又把它们拿开了。

在这次观察中，她似乎觉得，家里那个精力超级充沛的小宝宝已经拿走了她的一切。她看起来非常沮丧，所有的生命能量都消失了。大约就在这个时候，我看到海伦娜把一块小小的积木放到了旁边小朋友搭建的巨大建构物上，然后整个建构物都倒塌了……海伦娜自己看起来也是摇摇晃晃，一副随时都会倒的样子。她没有活力，不能吸引玩伴或幼儿园老师的注意。

在之前的一次观察中，尼瑞莎做了两个邪恶的女巫，这让海伦娜非常着迷，但她却无法聚集足够的能量来与尼瑞莎建立联系：

海伦娜几乎像是自言自语："两个邪恶的女巫！"但却没有获得尼瑞莎的回应，于是只能放弃这个游戏。她再一次开始胡乱地玩弄着乐高积木，把它们拿起来，然后轻轻地放到桌子上。她的活动给人一种忧郁的感觉。接着，她轻声地对我说："我要上厕所。"她无法吸引老师的注意力，让老师帮助她上厕所。

遗憾的是，幼儿园老师错过了这样的时刻，因而海伦娜无法及时地获得她所需要的帮助：

我再一次注意到她奇怪的内八字走路姿势，就好像她有可能绊到自己的脚摔倒一样。她全能的防御也到了完全倒塌的边缘。在她回到之前坐的桌子旁边时，一个刚学会走路的幼儿试图占她的位置。海伦娜对我说："你能把他弄走吗？"然后她双手环抱着这个幼儿。

当她坐到地毯上时，其他幼儿正组成一个小组，轮流站到中间表演节目。海伦娜看着瑞卡娅用她完美的发音朗诵童谣。我注意到海伦娜一会儿把两只手放在一起，一会儿又松开。我想她是不是感到有些焦虑。当轮到她表演的时候，她再一次有点笨拙地站了起来，用很小的声音吟诵道："玛丽，玛丽……"当另一个幼儿尼瑞莎像一个"大女孩"一样朗诵了她的押韵诗时，我再一次看到海伦娜把手放在一起悄悄地拧来拧去。

到了这个时候，海伦娜因自己的困境而产生的苦恼和痛苦达到了顶峰。最终，埃米莉缓解了当时的情境，她给海伦娜提供了某种迟来的帮助。对海伦娜来说，这个时候的观察似乎是一段特别哀伤、心酸的经历。她努力地伸展她的翅膀，但却无法飞翔。正是在这个时候，幸好她父母出面干预了，减少了她上幼儿园的时间。

∽ 利用观察者

随着上幼儿园的天数的减少，以及待在家的时间的增多，海伦娜似乎恢复了信心，再次相信父母对她的爱，以及自己在家庭中的地位。海伦娜的抑郁情绪慢慢消解，她的活力慢慢恢复。她的身体协调能力似乎也有所提高。她似乎已经强化了自己是一个"大女孩"的感觉，尤其是当她表现出了自己在阅读方面的能力时更是如此。我看到她小心翼翼地像某种"动物"一样在地毯上爬，有一次她很满足，因为一些比她大的幼儿也加入了混战，跟她一起在地毯上爬……最近，她玩起了我的钥匙圈，一次又一次地把一把小钥匙的护套拿掉，让这把小钥匙暴露在我们的视线中，然后又把这把小钥匙藏进护套之中。我想，她是不是感觉更为自信，从而可以让我看到她更多的方面了？她要求我把那把小钥匙从钥匙圈上拿下来，我照做了，然后，她把那把小钥匙拿在手里玩了一段时间。接着，她要求我把小钥匙放回钥匙圈，跟其他的钥匙放在一起。我花了一点时间才把它放回去，在放回去之前，海伦娜一直有点焦虑地在一旁看着。终于，我放回去了，她松了一口气。小钥匙回到了原本属于它的地方。对于被排除在外的恐惧还在某种程度上困扰着海伦娜，但她现在看起来好像已经能够承受某种分离感了。这个小女孩过去一直在与困难的问题作斗争，现在也依然在战斗，但现在她似乎已经重新感觉到自己在家中是有位置的，而且她也感觉到了家人对她本身的爱。最近，我听到她告诉埃米莉说，爱丽斯有很锋利的小指甲，说她用指甲抓她……爱丽斯好像正成为一个与她实力相当的对手。

海伦娜对于爱丽斯降生的反应唤起了她对于失去爱的恐惧和敌意，

而这些感受对于海伦娜来说是陌生的，且让她感到焦虑。她对于获得亲密关系和获得认可的需要导致她出现了各种各样的改变，包括躁性防御，以及有时候对现实的全能性否认。由于这些感受困扰着她，再加上她显然没有办法抹去和缓解她的攻击性感受，她开始变得越来越抑郁，身体也出现了不适。幸好她父母认识到，有必要减少她去幼儿园的天数，并帮助她重新相信他们对她的爱，以及她在家里的地位。现在，海伦娜似乎更有能力承受分离了，而且，她在一般情况下似乎能更轻松地独处，以及跟他人相处。海伦娜与观察者之间关系的变化是极精彩的，这反映了她为成长而做的努力。

第十一章

关于文化变迁的思考：乔纳森从家到学校，从班级到班级的过渡

◎ 伊丽莎白·泰勒·巴克、玛格丽特·拉斯廷

接下来的观察重点强调幼儿生活中的一个方面。即使是很小的幼儿，也常常会生活在不止一种关爱文化中——例如：家和托儿所或家和幼儿园。在家庭内，当然也会有许多不同的微型文化：父亲和母亲将提供不同类型的关爱，爷爷、奶奶、外公、外婆、临时照顾幼儿者、哥哥、姐姐、叔叔、阿姨等也会给幼儿提供不同的体验。幼儿观察者一直都很注意幼儿心里的家庭画面，因为他们在幼儿园的反应是以此为背景的，但是本章的例子不太常见，本章描述的是一个幼儿在幼儿园从一个班级转到另一班级的情况。这样的转变会唤起之前刚上幼儿园时那种更为深刻的体验，但这样的转变也让我们可以研究幼儿园班级这个小社会，及其对个人发展的影响。

乔纳森（Jonathon）对于转到一个新班级的强烈反应（即使这个新班级与他原先的班级有一个很大的共享空间，而且任教两个班级的老师有些是同一个），这生动地说明了个人身份认同和安全感在转变时期是多么容易遭到威胁。

观察者每周一次的不间断存在很可能促使乔纳森的个性发展出现了某些更为令人不安的倾向，而之前在红班（Red Class，他刚进幼儿园时

就在这个班级）时，他是比较擅长表达个人观点的。当然，观察者是进入儿童世界的一个新元素——他是存在于儿童生活背景中的一个可信赖的、不做任何判断的角色，他饶有兴趣地观察着他，但几乎不会干预他的行为，除非这个幼儿主动找他。事实上，观察者存在的连续性可以将干扰这个幼儿平静状态的其他不连续的方面集中起来。现在，让我们来看一看乔纳森的故事是怎样展开的。

◈ 乔纳森

观察开始的时候，乔纳森三岁四个月大。他是一个瘦小的白人小孩，跟他的亲生父母还有弟弟生活在一座大城市郊区的一栋半独立式房子里。乔纳森从六个月大起就上了一所日间幼儿园，一周上五天，在观察开始的时候，他弟弟六个月大，此时也上了同一所幼儿园。

我写了一封信给乔纳森的母亲，问她是否同意我去幼儿园观察她的儿子，她给了我肯定的回答。在与幼儿园老师联系后，我给她打了个电话，并约定去他们家里做一次拜访。这次拜访挺难安排的，因为乔纳森的父母工作日都要上班。他们通常都是很晚才把乔纳森从幼儿园接回家，他母亲说，通常只有等他上床睡觉了，她才有时间随便吃几口对付一下。如果这次准备性的拜访需要乔纳森在场的话，就只能安排在周末。因此，我们把我去他们家拜访的时间安排在了周日下午。

◈ 家庭拜访

下面摘录的内容选自首次家庭拜访的记录：

乔纳森的母亲把我带到了客厅，乔纳森正在一张咖啡桌前玩一套飞机模型。过了一小会儿，他爸爸走了进来，他母亲向他介绍了我。他手里抱着乔纳森六个月大的弟弟保罗（Paul）。乔纳森的母亲问乔纳森应该把保罗放到哪里。"放到椅子上。"乔纳森说。"这一张吗？"妈妈问。"不是，"乔纳森笑着说，"那一张是我的。"

他妈妈问我打算写一篇什么样的论文，我解释说不用写论文，只要写一篇小短文即可。乔纳森的爸爸说："读这篇文章一定很有趣，看乔纳森会不会成为一个连载主角。"我说："通常情况下，只有导师会读这些文章。"乔纳森的母亲说，她认识一位教育心理学家，并询问我做的工作跟这个有没有什么关联……

乔纳森的父母经常评论他的卖弄炫耀行为。他看起来很活跃、健谈，不过行为表现良好。把飞机模型套装收走后，乔纳森和他爸爸开始一起拼"杰克与魔豆"（Jack and the Beanstalk）的拼图。他爸爸让他端一杯饮料给我，但他没有端。他爸爸又说了一遍，乔纳森拒绝了。我对他爸爸说我刚喝过了，于是，他爸爸又问其他人要不要喝饮料，但最终只有他自己想喝。他回来的时候，手上拿着一些切好的梨子，他对乔纳森说："这些是爸爸的。"接着，他又试图让乔纳森吃这些梨。"不要。"乔纳森说。"不要，还要说什么？"他爸爸问。"不要，谢谢。"乔纳森说。乔纳森的父母告诉我，虽然幼儿园老师说他在幼儿园吃饭表现挺好，但他在家里却很挑食。

从一开始，我们就计划，将大多数的观察放在幼儿园进行，不过，我也曾希望我能够到他家里进行一些观察。不过，结果却是：我几乎没什么机会可以到他家里进行观察。乔纳森每个工作日都是早上八点半到幼儿园，下午五点半离开幼儿园，而且，除非一家人要出门，否则他整个假期都要上幼儿园（虽然他父亲是一名教师）。由于这些原因，我几乎没有可能去乔纳森家里进行更进一步的观察。

显然，乔纳森的父母对他有很大的期望。他们表现出了某种对他（他的"卖弄炫耀行为"）的担忧，这可能也表达了他们对于观察者将会看到

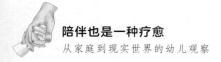

他们儿子的表现的担忧，乔纳森的父亲用一些嘲弄性的话语谈论他的未来，他可能就是用这样的方式来避免让自己受到这种担忧的影响。家里的一切让人感觉秩序井然，所玩的游戏可能也带点儿"教育的"氛围，但让观察者最为吃惊的是：乔纳森待在幼儿园的时间竟然如此之长。有迹象表明，我们在家里看到的乔纳森与在幼儿园里看到的乔纳森可能不一样。观察者曾希望进行一些家庭观察，这就意味着观察者也要剥夺乔纳森有限的在家时间。人们通常期望，幼儿要适应自己的生活。在这个家里，"杰克"必须爬上魔豆，在很小的时候就要面对这个大大的世界。在幼儿园里，他必须应对一种不安的感受，这种感受类似于我们大多数人在面对庞大的、势不可挡的人群，以及机场的巨大动静时都会产生的感觉。

幼儿园里的乔纳森

观察开始时，乔纳森所在的班级是一个三至四岁幼儿的班级，叫红班。他的班级教室在一栋独立的建筑里，从主大楼穿过操场就到了。乔纳森的班级和黄班（Yellow Class，该班的幼儿要比红班的幼儿稍大一些）都在这个地方，黄班在矮隔断的另一边。六个月后，乔纳森从红班转到了位于隔断另一边的黄班。在红班，最早与乔纳森建立最亲密同盟的好像是克拉丽丝（Clariss），他们两个在幼儿园里一起升了班级。乔纳森还有另外一个好朋友李（Lee），他年纪要稍小一些，所以克拉丽丝和乔纳森一起升到了黄班，但李还在原来的班级。

妈妈爸爸们

在开始第一次观察的时候，乔纳森在红班，他已经在这个班上待了一段时间。在观察研讨班上，有人评论说，乔纳森和他的朋友克拉丽丝就像两个年长的代言人，在班级里会受到优待。下面的片段摘自观察者在幼儿园的第一次完整观察，当天，这个班级的两个带班老师都因病缺勤了：

此时好像是点心时间，两位老师要求小朋友们帮助她们收拾一下桌子。很显然，这两位老师并非总能知道各种玩具都放在什么地方，于是，她们就会问乔纳森和克拉丽丝。这给了我一种他们是妈妈和爸爸的印象。（第一次观察）

这绝不是唯一一次乔纳森和克拉丽丝被赋予妈妈和爸爸的角色：

克拉丽丝走到了桌子旁边，乔纳森正在那里玩一些塑料的农场动物玩具。她以一种带着怀疑和敌意的方式看着我，样子有点好笑，就好像我是乔纳森生活中的另一个女人一样。乔纳森给她看一匹马摔倒了，并告诉她它撞到了头。克拉丽丝拿起一匹小马，并开始对乔纳森的行为做出回应。接下来，她试图得到他的注意，让那匹小马一直对着他的大马，嘴巴还不停说着"爸爸，爸爸"。（第五次观察）

两周以后：

乔纳森在教室里四处走动，然后在一个垫子上坐了下来，克拉丽丝也在那里。她给了他一只玩具大象，说"爸爸"。乔纳森说："我们造一艘船吧。"其他幼儿也坐到了这个垫子上，克拉丽丝说："谁来做妈妈呢？"她选择了李，并把另外一只玩具大象给了他，而把那只玩具小象留给了她自己。她说："乔纳森，我们上床睡觉吧。"乔纳森用他的大象撞倒了另一个也叫乔纳森的男孩正在建造的一座塔。他们两个人都大笑了起来……

马克（Mark）走了过来，他试图拿走克拉丽丝和乔纳森旁边的一个模型建筑的屋顶。他们两个人异口同声地说："不许拿，这是我们的屋顶。"马克开始用一只玩具雄山羊攻击这栋建筑物。乔纳森和克拉丽

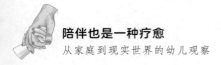

丝玩起了玩具马，一会儿让它们跑进这栋建筑物，一会儿又让它们跑出来。建筑物的门口有一只玩具小狗，他们让这些玩具马把它踩在脚下，说："他不是我们的朋友。"马克似乎想让我注意到他，他告诉我，这只玩具雄山羊非常厉害。乔纳森说："马一家要去度假了。"马克似乎想与乔纳森竞争以吸引大家的注意，他邀请所有人去野餐。乔纳森和克拉丽丝拒绝了邀请……（后来）乔纳森和克拉丽丝一起保护他们的房子免受马克新一轮的攻击。这一次，马克拿了一个玩具猪来攻击房子，他说："我是一个怪兽。"（第五次观察）

在这里，乔纳森和克拉丽丝似乎扮演了一对父母的角色，保护他们自己免受侵扰。同时，我们还可以将他们的行为看作一种对他们因一位年幼幼儿的到来而产生的共同体验的反应。他们的游戏可能反映了这样一种愿望，即将他们刚出生的弟弟或妹妹驱逐出去，或者是他们将一种认为自己被排除出了母亲—婴儿二人组合的感觉投射到了马克身上。当然，当母亲和保罗在家时，乔纳森还继续全天待在幼儿园。在我们第一次见面时，乔纳森的母亲就对我说，乔纳森没有表现出任何的妒忌情绪，除了在他们全家人出去度假的三周期间。在我们的观察研讨班上，我们做了这样的思考：在那三周里，乔纳森很可能表现出了妒忌情绪，此时对他来说是一个很好的机会，可以重建一种与母亲的全天联结，这样他便可以感受到与母亲分离，以及必须与弟弟分享母亲的痛苦。

✎ 容纳与排斥

有一个主题贯穿整个观察的始终，这个主题是：容纳与排斥、圈里人和圈外人、好人和坏人。当乔纳森在红班时，他在很大程度上是一个圈里人：

克拉丽丝、李和克雷格（Craig）正走向饮水机。乔纳森犹豫了一下，然后加入了他们。他们每个人手上都有一个小杯子。乔纳森假装喝自己杯子里面的水，其他人也跟着他做。接着，乔纳森真的喝了一口水，然后吐了出来。这时，幼儿园的保育员尼莎（Nisa）喊了起来："我希望你们只是假装吐水，而不是真的吐出来。"克拉丽丝说："我们假装（喝水）吧。"然后夸张地模仿小口喝水的动作……克拉丽丝把水弄到了眼睛里。李也开始揉眼睛。乔纳森大声笑了起来，自得其乐……他和李在墙角处互相推来推去。

（后来）这四人小团体还是在一起，他们互相挠痒痒，尤其是乔纳森，克拉丽丝和李都盯着他。李对乔纳森又是抱，又是挠，他看起来好像能吃了乔纳森一样。（第七次观察）

正如我们在前面摘录的一些片段中所看到的，乔纳森和克拉丽丝、李之间有着特别强烈的联系。大多数时候，乔纳森可以轻松地处理这些联系，但有时候，也会唤起一些竞争的心理：

乔纳森在克拉丽丝和玛莎（Martha）旁边，正和杜普洛（Duplo）一起玩。尼莎抱着吉尔伯特（Gilbert），让他坐在她膝盖上，对他说："周五我真的想你了。"不一会儿，她走到了李所在的垫子上。她说："你不能一直跟乔纳森一起玩，你必须也要跟其他小朋友一起玩。他不是我们班的小朋友……"

让我们觉得惊奇的是，长时间待在幼儿园的幼儿很可能既需要挤出有限的在家时间来探索早年强烈的情绪变化，同时也必须在幼儿园寻找机会以解决一些非常根本的问题。乔纳森喜欢和克拉丽丝一起扮演父母角色的行为表现，可能在某种程度上符合幼儿园老师的期望，就像他有

能力接受家里人所期望的大哥哥角色一样。但我们也看到，幼儿园群体给他提供了机会，让他的不同感受可以通过其他幼儿的回应得到表达。

> 尼莎问克拉丽丝还喜不喜欢乔纳森。克拉丽丝说喜欢。然后，尼莎问乔纳森喜不喜欢克拉丽丝，乔纳森也说喜欢。尼莎问："幼儿园里还有没有其他你喜欢的小朋友？"乔纳森说："没有。"尼莎又问克拉丽丝是否还有其他喜欢的小朋友，她说："有，凯莎（Keisha）。"乔纳森说他也喜欢凯莎。李慢慢走回了桌子旁边，在乔纳森的对面坐了下来。乔纳森亲了尼莎一下，尼莎在他耳边轻声地说让他也亲克拉丽丝一下，但他没有这么做。她又说了一遍，但他还是不愿意。尼莎问他："你怎么只亲大姑娘，而不亲小女孩呢？""等我长大了，你到那个时候会亲我吗？"克拉丽丝问。尼莎站起来走了，李喃喃地低声说："我不喜欢那个尼莎……"（第十五次观察）

乔纳森和李显然已经闹翻了，尼莎似乎有意挑起他们的对立情绪，而不是帮助他们解决冲突。尼莎自己好像也正处于因自己喜欢的一些人而产生的强烈情感困境中，她还试图让她所照看的幼儿也产生同样的情感反应。此时已经到了乔纳森要转到黄班的时间了，他强烈的情绪意味着，乔纳森很难与红班的小朋友分开，也很难与尼莎分离。

幼儿园里一些年轻老师相对不成熟，具有一种跟幼儿一样的体验特征。幼儿园老师在能够处理幼儿微妙且复杂的对于获得理解的需要之前，需要获得情绪支持和容纳。

✎ 转到黄班

这次观察是乔纳森转到黄班后的第二次观察，观察时间已从上午重新安排到了下午：

我到的时候，红班和黄班的小朋友都在操场上。我走进教室，把外套脱下来放好，我看到地板上有一些血迹，还有一个小朋友在哭。尼莎在那里，我对着她说了一句："哦，天哪。"她说，受伤的不是这个正在哭的小女孩，她用手指了指吉尔伯特，他的嘴唇破了。尼莎正试图让这个小女孩道歉，她应该以某种方式来承担责任。

　　出教室后，我走到了乔纳森边上，他正和其他小朋友一起来回奔跑，但过了一会儿，他就好像漫无目的了，只是在那里转来转去。他跑过去躲到了一个棚的后面，其他小朋友也跟着他躲了过去，他们开始玩起了游戏。

　　乔纳森继续漫无目的地走来走去，我想是不是我的突然到来干扰到了他。有一些老师也注意到了这一点。尼莎当时正与凯莎、克拉丽丝、帕特里夏（Patricia）一起坐在木马上，她大声喊乔纳森，但他没有理她。

　　后来，尼莎让乔纳森跟她，还有克拉丽丝坐到一起（克拉丽丝保证不会亲他）。她问他怎么啦，她问他是否还喜欢克拉丽丝和帕特里夏。接着，她带着乔纳森、克拉丽丝、帕特里夏一起去了花园，我也跟了过去。她让他们看一些植物。尼莎对我说，她很喜欢跟他们在一起，就好像是她的一帮老朋友回来了，她想念他们。我想，是不是因为换班以及一种丧失感，使得乔纳森无精打采呢。（第二十二次观察）

　　除了想念原来一起玩的小朋友外，乔纳森似乎还怀念他作为年长者的代言人角色。与原先就在黄班的一些男孩相比，他看起来既矮小，又没有什么信心。

　　在这里，乔纳森似乎正努力地想找到自己在这个新班级中的位置。年龄大一点的男孩知道规则，他们利用这些规则把乔纳森排除在外，而他原来的朋友克拉丽丝和凯莎在谈论芭比娃娃和衣服的时候，让他觉得

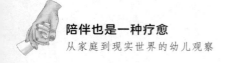
自己受到了冷落。乔纳森试图给自己打气，他做了一列长长的大火车，但他不再是大家特别喜欢的幼儿，朵拉（Dora，黄班的老师）要求他把火车拆掉，把车厢分给大家玩。

慢慢地，乔纳森似乎了解了黄班的规则制度，并确立了自己在班级中的位置：

房间里传出了小朋友们活动时发出的精力充沛的吵闹声，乔纳森问他能不能进去玩。琳达（Linda，黄班的老师）说，再过五到十分钟就到点心时间了。她把手表给乔纳森看了看。乔纳森也带了一只手表，那是一只塑料手表，里面有一个小的滚珠迷宫。她给他看她的手表上有指针，而不是一个滚珠。

乔纳森开始把玩具恐龙分成两群。小朋友们被告知要赶快做好准备，吃点心时间到了。克拉丽丝冒昧地说，他和乔纳森刚刚洗过手了，但老师告诉她，因为她刚才一直在玩，所以需要再洗一遍。乔纳森还在后面整理玩具恐龙。琳达对他说了声谢谢，他对琳达说："这一群是好的，那一群是坏的。"（第二十五次观察）

不过，乔纳森并没有得到像在红班那样的优待，而这似乎让他有些不安：

今天轮到丽卡（Rika）点名拿点心。乔纳森在她一开始点名的时候就被喊到了，他站起来走向那张桌子。他走过去的时候，用脚踢了一下里奥（Rio）之前搭建的一个房子，房子散架了。琳达挡住了他的路，抓着他的两只手说："乔纳森，你这样做非常不对，是不是？"乔纳森看起来非常沮丧，他眼含泪水走到了桌子边，坐了下来。他一直低着头，并擦去了眼泪。（第二十六次观察）

❧ 我与乔纳森及幼儿园的关系

在最近八个月的观察中，我惊奇地发现，乔纳森几乎不愿意跟我进行任何交流。在幼儿园里，虽然其他小朋友会盯着我、靠着我或者向我提出疑问，但乔纳森几乎没有跟我有过直接的接触：

从我进幼儿园，乔纳森似乎就意识到了我的存在，而现在，他注意到我要走了。他在椅子上转来转去地看着我，我对他笑了笑，扬了扬眉毛，但他没有理我。（第一次观察）

我每次到幼儿园的时候都会跟乔纳森说你好，走的时候会跟他说再见。乔纳森有时候会对我挥挥手或者说再见，但并不是每次都会这么做。不过，虽然乔纳森通常情况下并没有公开地利用我，但他似乎也在调整与我的距离：

其他小朋友都走开了，只留下了乔纳森和克拉丽丝两人在我对面。我自我反省：我常常离他们太远，听不到他们都说了些什么，他们说话的声音很容易被嘈杂的背景音淹没。在这之后不久，乔纳森真的就跑到了离我更近的一张桌子边。（第九次观察）

乔纳森在一张桌子旁坐了下来，桌子上放了一些麦卡诺（Meccano，一个品牌）的玩具模型，他开始将一个三角形的东西当作一把锯子。他在一张椅子上忙活了起来，好像是在修理或是拆卸着什么。他不停摆弄着，另一个叫乔纳森的孩子也加入了进来。他走开了，走到了我坐的椅子旁边，并开始对这张椅子忙活了起来，锯它的腿，并假装用一个扳手做一些调整。（第十四次观察）

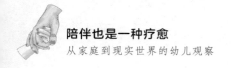

他似乎还会监控我的行为，常常能注意到一些不同寻常的东西：

> 乔纳森很快就吃完了点心，他站了起来，回到了那些恐龙玩具那里。他从好的那堆玩具恐龙里选出了一只最大的做"爸爸"。其他一些小朋友吃完了点心，走过来跟乔纳森一起玩，还有一些小朋友则坐在桌子边看着他们玩。凯莎拿了一只小一点的玩具恐龙，她把玩具恐龙放到乔纳森的玩具恐龙旁边，叫它爸爸。里乌（Riu）要了那群坏玩具恐龙，她说她想要那些小玩具恐龙。我就坐在旁边，里乌开始试图把我也牵扯进去，有一次，她拿着一只玩具恐龙在我面前挥来挥去，因为离我的脸非常近，所以我不得不将手举起来阻止她。我站起来走到了一边，但她还是继续试图让我也参与其中。我蹲了下来，对她说，我到这里来真的不是为了跟她一起玩的。"为什么不是？"她问。我说："因为我到这里来是为了观察乔纳森。"一看到里乌在跟我说话，乔纳森径直跑到了我身边，问我："你对她说了什么？"我告诉他，我说我真的不能跟里乌一起玩，因为我到那里去是为了观察他。（第二十五次观察）

乔纳森看起来好像并不知道如何利用我。我们在研讨班上讨论了这一点：他看起来好像不会把我当成一个可以利用的成人，而这可能也是因为他长期待在幼儿园中。在幼儿园，成人的存在是非常稀缺的。乔纳森很可能从这样的经历中学会了依赖其他幼儿，依恋其他幼儿，比如克拉丽丝、李等。他的不自信可能也反映了幼儿园老师对我的矛盾态度。在观察的早期阶段，我有一种感觉：红班的老师感觉受到了我的威胁，这很可能是因为我对幼儿的认同要多于对她们的认同：

> 到幼儿园后，我去把外套和背包放好。尼莎跟着我走了进来，她问

我是否可以跟我谈谈有关乔纳森的情况，在我每次观察之后，乔纳森都看起来有些忧郁。她说，他通常情况下话非常多，但我在那里的时候却似乎很安静，而且，在我离开之后，他会变得很黏人，到处跑来跑去。她说，她们想，如果我坐得离他稍微远一点会不会好一些，这样的话，我看起来就好像是在观察所有人。我听了她的话后，对她说，乔纳森知道我是在观察他，因为我曾经去他家里看过他。尼莎说，她想知道乔纳森会不会觉得我会把他所做的每一件事报告给他的父母。我解释说，我只会告诉他母亲那一周我是否会去。我还说，我认为乔纳森在我在场的时候稍微有些不同并没有什么关系，那是可以理解的，不过我还是很高兴她们能告诉我这些，了解情况很重要。尼莎说，乔纳森目前似乎还没有因此而有痛苦的表现，不过，如果情况有变化，她们会通知我。这一次谈话让我感到很心烦，就好像尼莎在对我展示力量、施展权力一样。（第十二次观察）

尼莎和我之间的麻烦之一可能在于我是管理者介绍来的，而且似乎对她有一定程度的不满和敌意。不过，尼莎的"话"让我感觉到了我作为一个观察者处境的敏感性，并敏锐地意识到了我对乔纳森所产生的影响。用前面讨论的话来说，我感觉自己好像是"一个坏人"，或者是一个闯入者。不过，有趣的是，在这次谈话之后，尼莎似乎更能接受我的存在了，甚至为了适应我而重新安排时间表或者中断讲故事：

尼莎让所有小朋友都到读书角来听故事。她抬起头，问我讲故事可不可以，因为她不想打断我正在观察的活动。我说可以的。在讲故事的过程中，她偶尔会向我评论一番——"他们绝对不理解这个词的意思……我花了一半的时间来解释。"（第十八次观察）

当乔纳森转到了黄班，我像他一样，也不得不去认识另外一个教师群体。

∽ 讨 论

唐纳德·梅尔策写道：

现在至少有一点是清楚的：个体确实会，且必须生活在多样的世界里。如果他搞不清这些世界的意义、价值观和运作方式，那么，他将陷入混乱和困惑，会产生焦虑的情绪，面对这样的焦虑情绪，他必须找到某种防御机制来加以缓解。（Meltzer，1984，p.90）

在我对乔纳森的观察中，我看到他已经掌握了红班的价值观和运作方式，以至于他被视为一位年长的代言人或爸爸的角色。我还看到，他在转到隔壁的黄班后，稍微有些不知所措，然后便开始适应。他很可能就是梅尔策所描述的"组织人"（organization man）：

从人格结构看，组织人符合比昂（Bion）所描述的以基本假设为基础建立起来的群体心态（group mentality）的机能水平……对组织人来说，他在群体中的地位保证了他的安全，而群体的稳定是其地位的基础……组织人的人格结构通常不会有所发展；他只会变得更为熟练地操控他的群体，以提高其地位和安全感。对基本假设的顺从，是组织人的唯一美德。这就意味着他通常会顺从于那些等级比他高的人，而迫使那些等级比他低的人顺从于他。（Meltzer，1984，pp.100-101）

在"战斗—逃跑"（fight-flight）的基本假设下，群体心态的一个方面是：存在一种共同的危险或一个共同的敌人。（Stokes，1994， p.21）这就以一种有趣的方式阐释了我们在前面所讨论的贯穿整个观察的"好与坏"的主题。

梅尔策在讨论幼儿园对一个一岁幼儿所产生的影响时指出，我们所有人都必须学会在组织中如何加以应对。像乔纳森这样的幼儿从很小的时候起就必须学会这么做，而且，相比于"家庭人"（family man）角色，他可能更熟悉"组织人"这个角色。

林恩·巴尼特（Lynn Barnett）在她有关日托幼儿园的讨论中，曾这样评论道，"一些幼儿在（环境）对他们影响最大的那几年中……他们清醒的时候待在幼儿园的时间要多于待在家的时间"。（Barnett，1995，p.223）她和她在塔维斯托克的同事在一所市中心幼儿园进行了一项研究，思考了日托对幼儿产生的影响。"这项研究的一个主要结论是：接受日托是导致幼儿攻击性增强和语言发展迟缓的原因。"不过，她补充说："另一方面，该研究也表明，日托幼儿园有可能具有更大的治疗性功能，且扮演了一种教育的角色。"巴尼特指出，当幼儿园将强调的重点从"家庭看护"（domestic care，保持幼儿的整洁并注意他们的安全）变为关爱儿童（child care，理解幼儿的行为，并有任务分工），那么，这样的情形就会得到改善。（Barnett，1995，p.222）

让我感到吃惊的是，乔纳森的幼儿园却介于这两者之间，有时候，幼儿园老师在感到压力大时便会求助于一种"拖把和水桶"的育儿取向，而在其他时候，她们也会寻求思考的空间，试图理解幼儿身上所发生的事情。当然，每一所幼儿园照顾幼儿的情况也是不一样的，这取决于每一位老师的态度。接下来是一个乐观的结局，摘自我最近的一次观察记录，这一次，乔纳森的老师非常细致地思考了如何让六个幼儿一起玩游戏：

我到幼儿园的时候，看到乔纳森跟一小群同班小朋友，还有琳达

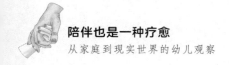

在外面的操场上。琳达告诉我，9点半到9点45分一直都是黄班的游戏时间，但由于天气原因，我在这之前只见过一次他们在这个时间出来。她跟我说，今天只有六个小朋友，他们要组成一个小组一起玩。她告诉我，虽然他们在玩着各自不同的游戏，像（扮演）女巫温妮、睡美人等，但所有这些游戏都是交织在一起的……

（后来）琳达对我说，虽然外面没有自行车，也没有其他的装备，但她很高兴看到小朋友们都能运用自己的想象力四处奔跑，而不是在那里争抢玩具。

马克（Mark）站在滑梯的顶端，大声说他要开一个茶话会，邀请所有人参加。卡琳（Karin）听到了，大喊了一句："马克要开茶话会了。"克拉丽丝和凯莎在旋转木马上，她问："谁是王子？""我是。"乔纳森说着，走向了她们。"不是的。"克拉丽丝说，"因为你不愿意吻公主。"然后，他们都走过去参加马克的茶话会了。（第二十七次观察）

这次观察是一次不同寻常的机会，让我们可以在三个不同的背景中观察一个小男孩——家庭背景、幼儿园背景，还有转到一个新班级的背景，因为从红班转到了黄班，这个小男孩必须处理一些因丧失而产生的痛苦，并需要应对一种觉得自己渺小、不被认可、受伤且愤怒的感受。虽然乔纳森身上"组织人"的方面相当明显，但他所能表达的各种感受，以及他所参与的各种想象性游戏，都表明他已经获得了更为全面的发展。尼莎对观察者所说的有关她的到来对乔纳森所产生影响的话很有趣，值得我们深思：我们可能会想，他身上更为安静的一面（不会驱使他不惜一切代价地想守住自己在群体中的位置）是不是从观察者的安静在场中获得了一些支持；他对于与成年人有更多接触的渴望（"黏人"行为）是不是也因为观察者对他的反应的开放性而变成了现实。

第十二章

房子是一艘船：一群面对分离的幼儿

◎ 西莫内塔·M.G. 阿达莫

在这一章中，我打算描述这样一个问题：一群幼儿在幼儿园学期结束的时候是怎样经受和应对与幼儿园、老师以及幼儿彼此之间的分离体验。我的目的是想说明，如果老师们保持敏感性，并能够支持幼儿，给他们提供一种容纳性的环境和关系，那么，幼儿在他们的相互关系中便可以找到额外的资源。通过形成一个群体，他们便能够获得支持，帮助自己面对分离和转变。

在那些班级容量大、师生比例远远达不到理想状态的幼儿园环境中，这一点尤其重要。老师确保维持一种自由、安全的氛围（在这样的氛围中，幼儿能够与老师建立关联）的能力，能够有助于调动起支持性的新资源。群体关系事实上能够让幼儿分享彼此的情绪状态，而且通过自由游戏，他们便获得了表达和象征性容纳的机会。

本章的这个例子选自在一所幼儿园进行的为期两年的观察记录，这个观察案例曾在幼儿观察研讨班上讨论过，它是在那不勒斯的玛莎·哈里斯研究中心举办的塔维斯托克模式观察课程的一部分。[1]

第一次观察是在六月份，学期快结束的时候进行的。对观察者观察的那个幼儿马里奥（Mario）来说，这是他在这所幼儿园和这座城市的最后几周。事实上，他将在不久之后离开这里去法国（他母亲的祖

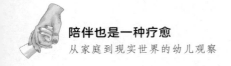
国），并永久地生活在那里。幼儿园的老师们充分意识到了这样一种分离对这个幼儿将会产生的影响，于是跟观察者就这个问题进行了长时间的讨论。她们向他指出，因为这个幼儿的母亲用法语跟他讲话，所以，他不仅将失去与熟悉的地点、熟悉的人的联系，还将失去与他生活至今的这个国家的语言的联系。在我开始进行这次观察时，马里奥四岁整。

观察者一到幼儿园，就发现小朋友们正聚集在一栋木房子旁边的花园里，这栋木房子在这之前就已经在那里了。

这是一栋很简单的房子，很像小朋友们画中的那种房子，有一个门，房子两边各有一扇窗子。马里奥手里拿着一个大扫帚，正在房子里面扫着地，并把灰尘往外扫。里面还有三四个小朋友，他们不停地喊着他的名字，还给他拿来一些叶子，问他这些叶子行不行。他手里拿着扫帚，回答说他们做得很好。他穿着浅蓝色的衬衫和短裤。他看起来非常笨拙地把扫帚拿在手里，因为扫帚比他还要高。

他没有停下清扫工作，走出了玩具屋，来到我面前，并用扫帚敲了两下我的头……儿童群体中的气氛不像平常那样嘈杂混乱，游戏的开展也有组织多了。马里奥说他们正在海上，而那栋房子是一艘船。

接着，他开始用扫帚扫墙壁，嘴巴里还说着："现在，让我们来擦洗窗子。"小朋友们都非常配合，这个游戏似乎创造了这样一个空间：房—船。其他小朋友收集植物，并拿给马里奥。

随后，他走进了房屋，把手里的植物放到了一个窗台上，这个窗台上放了各种各样的植物。小朋友们说，其中一种植物是罗勒（尽管这不是真的），他们还说了好几次。另一个窗台上则放了一些纸板……

在这种情境中，马里奥表现出了"像船长一样的"行为……

马里奥即将离开幼儿园，不会再回来了，他似乎成了所有小朋友都感受到的分离焦虑的代言人：船长、计划者，以及游戏的指导者。

不过，有趣的是，观察者注意到，这些幼儿并没有利用马里奥来缓解他们自己的焦虑，也没有把自己的焦虑情绪放到马里奥的身上（如果马里奥感觉他被排除在外、被隔离开来，那就代表他们有把焦虑情绪放到马里奥身上）。相反，他们与他建立联系，试图在群体游戏中表达他们的感受。随着学期的即将结束和分离的即将来临，他们的生活中便不再有任何固定点，而幼儿园生活有规律的节奏和仪式所提供的重要的稳定感也将不存在。房子变成了一艘船，分离变成了一次旅行。但这些幼儿在他们与老师及整个幼儿园的关系中，明确找到了一种积极的体验，他们感觉到，自己已被认定为一个独立的个体，且他们可以聚集在一起组成一个集体。"老师们总是设法找到恰当的东西说给每一个孩子听。"观察者经常这样评论道。因此，他们似乎都没有以一种灾难性的方式来看待分离。他们建造了自己的诺亚方舟，这可以把他们带到安全的地方，而他们要完成的第一项任务便是把它打扫干净。"但是，他们必须打扫干净什么呢？"我们可能会这样问。分离的体验总是会重新激活因被驱逐、被保持一定距离、被抛弃而产生的焦虑感，从马里奥突然敲打观察者的头这一显然没有动机的动作中，我们或许可以发现这些焦虑感受的痕迹。

不过，这些感受相对而言是边缘性的。事实上，这些幼儿的中心体验是觉得自己能够分离，觉得他们自己能够被容纳，能储备各种由记忆、情感、感觉组成的东西——颜色、熟悉的味道、罗勒以及其他植物——这些是能够移植的体验，希望这些体验在其他地方、在其他背景下、在与其他人在一起时也能够生根、发芽。还有一些餐具象征性地代表幼儿通过他们在幼儿园的经验而获得的营养，他们可以随身带着这种营养，这种营养也能帮助他们应对分离，以及分离所导致的各种丧失和伴随分离而来的未知未来。马里奥似乎充分意识到了一点，即他即将面

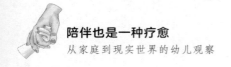

对的是更为艰难、更考验人的时刻。这对他的能力和勇气而言是一大挑战。

过了一会儿，他大声说："谁想跟我一起过河？"一开始，谁都没有注意到他，不过，过了一会儿，有几个小朋友就跟着他去过河了。这个游戏是这样玩的：他们悬挂在铁环或一根运动杠上，然后坚持……

接下来的一次观察是在一周后，这天正好是马里奥在这所幼儿园的最后一天。

马里奥走到了花园里的木屋附近。他走路的时候耷拉着脑袋，看起来很悲伤，几乎要哭出来了。他一个人围着花园闷闷不乐地走着。快走到木屋的时候，他摘了一些种在花园里的野花。他手里抓着一小把野花，看起来相当笨拙，不知道该把野花放到哪里。他做了各种尝试，最后把它们放到了他穿的粗布工装裤前面的口袋里……他慢慢地走向观察者，看着他……他走到观察者面前停了下来，弯腰捡起了从树上掉下来的一颗没有成熟的榛子。他把这颗榛子放进了口袋，并继续绕着花园慢慢地走着。此时，其他小朋友都在玩游戏……

有一位老师对观察者说："马里奥今天的情绪真的很不好，他不想来幼儿园，他是哭着来的……"其间，马里奥走到花园中间停下，蹲了下来。他似乎是在捡草地上的什么东西。观察者惊奇地发现，平常跟他走得很近的朋友都不见了。

两个平常不怎么跟他玩的小朋友走到了他身边。其中一个摸了摸他的头发；另一个模仿前一个小朋友的样子，也摸了摸他的头发，然后轻轻地拍了拍他的头。与此同时，一位老师过去了，走到他身边蹲了下来，跟他说着什么。

马里奥让两个小朋友去摘一些跟他之前摘的同样的野花。这两个小朋友把花摘了给他，他把这些野花分了开来，他摘下了花瓣，把它们弄成了一小堆。他最好的朋友贝皮（Bepi）走了过来，叫他一起玩，马里奥甚至看都没有看他一眼。

过了一会儿，小朋友们都聚集在了主教室里吃蛋糕。马里奥站在园长身边，园长跟小朋友解释说蛋糕是马里奥带来的。今天，他就要离开幼儿园了，他想跟大家说再见。马里奥手里拿了最大的一块蛋糕，这块蛋糕是中间的那一块。过了一小会儿，小朋友们都回到了花园。贝皮坐到了马里奥旁边，跟他说蛋糕非常好吃并问他蛋糕是谁做的。马里奥断然回答道："我做的！"这让贝皮非常钦佩。

一个小朋友走过来问他："你今天要走了吗？"他没等马里奥回答就走开了。马里奥远远地对着他喊道："是的，我再也不会回来了！"

在这个场景中，一群小朋友正在玩假装被老师绑起来的游戏。在游戏进行的过程中，卢卡（Luca，马里奥最好的朋友之一）走到他跟前说："我不相信你会走。"然后他大声笑着走开了，甚至在马里奥不止一次地说这是真的之后，他还是不相信。贝皮一直在马里奥旁边，他问马里奥，他们有没有买好房子。马里奥说买了。另一个小朋友想知道他们买的是一栋新房子，还是一栋早就已经建好的、已经装修好的房子。

后来，小朋友们开始玩捉人游戏，马里奥走向他们，搬过一把小椅子，说："我就看着你们玩。"他一直坐在小椅子上，看着其他小朋友玩游戏。

观察结束的时间到了，观察者走到马里奥身边，本能地用手摸了摸他的头，然后离开了。

分开并不一定意味着告别。不过，在上面描述的情境中，孩子们在成人的帮助之下学习告别，并充分体验了说出"再见"这种关键性的

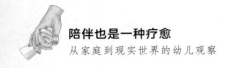

痛苦经历。就像我们在上述观察记录中所看到的，联系越紧密，分离就越难。

观察者将他细心观察到的一幕幕都记录了下来：马里奥最好的朋友们都出乎意料地不在他身边，以及后来马里奥对他们表现出的无动于衷。"我不相信"是他一个好朋友的反应，他大声笑着走开了，其中传达了他的愿望：他不相信这是真的，这一切都只是开玩笑。

一开始，马里奥花了很长时间在花园里慢慢走着，收集各种东西，他用他的手、眼睛和心追溯一些需要记住的东西和关系，比如与观察者的关系，马里奥看着观察者很长一段时间，并在他的脚边捡起一个野果。之后，两个与马里奥并不那么亲近的同班小朋友走到了他身边。

在马里奥具有深远象征意义的活动中，这两个小朋友帮助了他。在他撕扯花瓣的行为中存在一种真正的分离——小朋友们玩的被老师圈住的游戏很可能也无意识地旨在容纳因为分散和分裂而产生的焦虑情绪——此外，还可能存在这样一种可能性，即把花摘下来，将花瓣收集到一起。

围绕蛋糕的观察片段，园长站在马里奥身边，在这个时刻，园长给了他实质性的支持，正式承认了他即将离开的事实。也正是在这个时刻，马里奥能够给他的朋友们、老师们"提供食物"，以回馈他们对他的爱，并表达他的感激之情。

正如我们看到的，离开不仅对于要离开的人来说是一件很困难的事情，而且对于留下的人来说也是很难应对的事情，因为留下的人会产生被人离弃、被人抛弃的感觉。他最好的朋友贝皮通过称赞蛋糕，其实是想向马里奥以及他自己强调一点：他们的关系是好的，他们之间的互动是好的。这在后来他表现出的对马里奥的关心中得到了进一步的证实。对于马里奥来说，小朋友们的问题给他带来了希望：他在那个等待着他的陌生地方将会找到庇护和保护之所。一个小朋友很想知道他的新房子是全新的（因而是完全陌生的），还是包含一些体现了连续性的、熟悉的元素（就像一栋已经装修好了的房子一样）。为了能够分开，人们通常还需要设法保持一定的距离，马里奥也是这么做的，直到最后，他都选择不主动参与其他幼儿的游戏。不过，从他的行为，我们可以看到，他并不是通过变得更强或诋毁来保持距离的。相反，这是一种当一个人准备好了不再成为某项活动的一部分、准备好了说再见时所采取的保持距离的方式，他会小心翼翼地尽可能将这些体验收集到一起并进行整合。就像马里奥坐在离其他小朋友很近的椅子上所说的"我就看着你们玩"，很可能他是在模仿观察者的活动。

注 释

这篇文章最初于2000年6月16日提交到在那不勒斯举办的有关"转变"（transitions）的研究日（Study Day）活动上，这是那不勒斯城市委员会"零—赛"项目（Project "Zero-sei"）所组织的培训方案的一部分。

1. 我要感谢达里奥·巴基尼（Dario Bacchini）博士允许我使用他的一部分观察记录。

04
第四部分

应　用

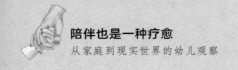
　　这个部分包括三章内容，这三章都偏离了幼儿观察主流的教育方向，而转向了这样一个视角，即观察者扮演了某种治疗师的角色。

　　第十三章作者是德博拉·布莱辛和卡伦·布洛克，探讨了在一所有特殊需要的幼儿园中进行的一次参与性观察。该章作者将参与性观察界定为恰当观察与临床工作的中间领域。这个案例中的观察起初是为了培训，但出人意料的是，它竟对这个幼儿（一个表现出了孤独症特征的五岁小女孩）产生了明显的治疗性影响。本章内容以感人的方式描述了该幼儿与观察者之间关系的发展：一开始，她经常无法走进观察者的心里，这可能在她的游戏中表现了出来——支配她内在世界和外在世界的是不稳定的关系；慢慢地，观察者和她之间的互动持续的时间越来越长，关系越来越稳固。本章的结尾让人非常难过，这个孩子的未来被蒙上了一层不确定的阴影。不过，本章也提出了一些重要的问题：对于广义上的孤独症谱系的幼儿，幼儿园老师感到越来越担忧。她们常常不知道该如何走近他们，而且，她们也因为这些孩子经常被她们忽略而感到担心。这些孩子之所以会被忽略，部分原因在于其他幼儿的存在，他们会以一种更为积极主动、更为强烈的方式表达他们的困难和需要。他们的父母有时候很难认识到自己孩子身上所存在问题的心理影响因素。这种情况尤其经常发生在孤独症谱系的幼儿身上，其部分原因在于过去的一种职业倾向：对于孩子身上出现的病理情况，人们往往会谴责母亲，就好像母亲是罪魁祸首一样。

　　诸如第十三章所描述的这样的干预非常有价值，因为它们表明了何以能够在幼儿园环境中给那些由于不同原因而无法获得特殊帮助的幼儿提供帮助。这种支持不仅能够再一次让该幼儿受阻的情绪获得发展，而且能够缓解老师的无力感，以及其他幼儿在面对这样一个完全意识不到他们存在的小朋友时所体验到的不安感。这些创造性的试验很可能会被纳入那些对幼儿心理健康负有责任的政府当局所提出的一系列干预措施中，如接下来的一章内容所描述的情况。

安妮-玛丽·法约勒撰写的章节（第十四章）描述了在一个家庭中所进行的观察，在这个家庭中，有一个孩子汤姆患了一种严重的疾病。从事患有慢性疾病或威胁生命的疾病的幼儿工作的专业人士都知道，要想帮助他们接受正常的心理治疗是多么困难的事情。通常情况下，他们的父母必须面对孩子的生存问题，常常因为孩子的痛苦而崩溃，以至于无法充分地认识到疾病及其治疗对孩子的心理状态所产生的影响。对于一个已经接受过很多医疗手术和治疗的家庭来说，再增加一个治疗意味着日常生活又多了一个障碍。这就促使多个专业团队开始关注如何找到不同的方法来支持患病的幼儿及其家人，例如，在儿科提供接受咨询或心理治疗帮助的可能性。但这并非总是可行的，或并不是最好的解决方式——例如出于从医院到家的距离这样的实际考虑。有时候，最需要的是分享这个幼儿的日常生活，认识到并支持他通过游戏和想象表现出来的心理活力。

在这个案例中，一位儿童神经精神病学家建议进行一次参与性的家庭精神分析观察，以帮助这个幼儿和他的母亲。在这次观察中，发生了很多事情，观察者也理解了很多事情，但明确地表达出来的却非常少。这些要想明确地表达出来是不可能的，而且也可能没有这个必要，真正重要的是它们发生了。恐龙游戏使得汤姆可以表现出原始的生存斗争，对抗危及生命的致命威胁，以及父母对其后代安全的担忧。观察者的存在、其对幼儿和他母亲的关注，使得幼儿有可能减少外在孤独和内在孤独。我们深切地意识到了观察者必须承受的痛苦、观察者让心保持开放的勇气，以及她需要在督导小组的支持下成为她自己，她需要确信相似的试验对于思考患病幼儿的情绪痛苦和需要，以及计划能够满足他们需要的创新服务而言非常重要。

精神分析观察研讨班的目的之一是帮助学员提高他们的观察技能，

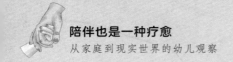

好让他们能更好地将这些技能用于他们的工作。在塔维斯托克课程中有一个工作讨论研讨班，学员在这个研讨班上可以提交有关观察工作情形的详细描述，这个研讨班可以帮助学员实践他们的自我观察能力。这个部分的第三章，也是最后一章是梅尔·塞林撰写的（第十五章），是一个很好的例子，证明了观察技能是怎样给她这样一个监督父母与幼儿之间接触（孩子已经不让他们照顾了）的专业人士提供重要启示的。幼儿观察中始终存在的一些焦虑，在这里以某种方式得以具体化。在这个案例中，父母因害怕观察者的评判和批评而产生的恐惧和焦虑，因双方都意识到了她的观察和书面报告将会影响法庭的决定而加大了。正如作者所说，她的工作包括三个部分：监督、支持和观察。这一章中所包括的一些例子让我们看到：为了对幼儿的心理状态有新的理解，并将一些东西反馈给幼儿和他的父母，她是怎样明智地利用她的观察的。对这个孩子来说，分离并不仅仅是一个发展性问题，而是一个日常的现实，而丧失、抛弃、消失并不仅仅是焦虑，而是迫在眉睫的危险和真实的体验。不过，本章的主要关注点是：该幼儿个人资源的发展，即一个虚构人物给他的支持，还有周围成人给他的支持，因为他们了解这个虚构人物对他而言的特殊意义。《托马斯和朋友》（*Thomas the Tank Engine*）是一个父亲为他年幼的儿子而写的睡前故事，这个故事使得保罗（Paul）能够通过这个象征性表征所代表的安全网来处理他的一些焦虑情绪，并提供了一个很好的例子。这说明：对幼儿来说，好的文化产物能够"赋形于他们内在世界的体验"。（M. E. Rustin & Rustin，2001，p.15）

第十三章

缝影子：在一项参与性观察中获得的维度

◎　德博拉·布莱辛、卡伦·布洛克

各种可能性的缓慢融合是想象力激发的。

艾米莉·狄金森（Emily Dickinson，1867），美国诗人

　　在母亲与婴儿的互动空间中，一位婴儿观察者（更宽泛地说，是研讨班成员）往往会觉得她见证了一些关系的发展，以及一个幼儿的心理和人格的形成。虽然坚持一种不主动、不干预的观察模型始终是一大挑战，但观察者具有这样的优势：在受到深刻影响的同时，什么都不要做，只要努力停留在她自己的感受里，密切关注房间里所发生的一切即可。在临床工作中，我们会唤起观察的特质来忍受强烈的焦虑并密切关注反移情，但我们同时也要做一些特殊的事情来应对我们所看到和感受到的一切，通过一些干预手段和解释工作，力求对（观察者的）心理变化产生影响，以发展出更强的反省能力和情绪能力。

　　在这一章中，我们探索了一个中间领域，即参与性观察。观察者尝试将幼儿观察运用在幼儿园里的这样一些幼儿身上：他们无法像普通幼儿园里的幼儿一样表达他们的想法和需要。我们已逐渐将这个中间领域——既不是纯观察领域，也不是心理治疗领域——看作一个有潜力的

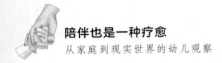
领域，其中，有些东西可能会发生改变。在这个案例中，观察者没有设定任何的目标。除了收获更多的经验外，没有预期会发生任何事情，但一些意料之外的事情却真的发生了。

在这项参与性观察中，卡伦·布洛克（婴儿观察与幼儿观察项目的一名学员）开展了一项志愿者工作，一周花两个上午去教室帮助老师，与孩子们交流互动。她的目标是获得更多的幼儿工作经验。随着她越来越投入这项工作，她邀请我（德博拉·布莱辛）帮助她搞清楚她所看到的一切的含义。我们在一起思考了她所遇到的一个非常懒散、退缩的5岁小女孩凯瑟琳（Catherine）的情况，她在有些方面和彼得·潘的故事类似。正如你所想到的，彼得·潘未经允许便通过窗户进入温蒂（Wendy）的卧室，并请她帮忙缝影子①。他恳求她陪他去梦幻岛，这是一个不受时间影响的空间，他和一帮没有母亲的小男孩一起生活在这里。彼得·潘认识到，他丢失了一些重要的东西，一些对他而言更具实质性的属于第三维度的东西。它讲述了这样一个故事：一个幼儿积极主动地寻找某个人来使得他的转变成为可能，并因而丰富了他的发展能力，减轻了他对不可思议的魔力和全能感的依赖。

本章内容选自卡伦和凯瑟琳之间的会面记录，在这些会面过程中，凯瑟琳像彼得·潘一样，开始拉着另一个人帮她缝影子。这个小孩被认为是孤独症谱系上的幼儿，她的老师们描述她：好像"不在那里"，且"不能让人注意到"，但这个幼儿在卡伦看来却是一个"鲜活的客体"（Alvarez，1992），并引起了她的兴趣。经过了非常短暂的一段时间——八个月——凯瑟琳逐渐出现了一种三维的自我，开始能够以象

---

① 在《彼得·潘》这部儿童文学作品中，彼得·潘在一次冒险中不小心把影子弄丢了。他试图用肥皂重新粘上影子，但失败了。后来，他请求温蒂帮助他把影子缝回去。"缝影子"有时也被用来比喻重新找回或恢复失去的部分。——译注

征性的方式与其他独立的个体一起玩。在描述这一发展的过程中，我们想突显这个容纳过程所具有的积极、相互的性质，强调持续的关注和美丽瞬间的转变力量对于释放发展可能性和活跃自我所产生的影响。

教室里一片混乱，有8个四五岁大的小男孩，凯瑟琳是其中唯一的女孩。作为教室里的一位志愿者，卡伦唯一能够利用的是她所看到和感觉到的一切，她只能凭借这些来理解这些幼儿身上所发生的事情。她不了解这些孩子们的经历。我们既不知道凯瑟琳的早期经历，以及是什么导致了她出现第一次观察时所出现的状态，也不能将这个小女孩身上所出现的变化仅归因于卡伦和凯瑟琳之间所发生的事情。关于凯瑟琳的信息，我们只知道，她是家里两个孩子中的老大，她的父母都是专业人士，是来自欧洲的科学家，凯瑟琳可以流利地说另一种语言，她会弹钢琴。A太太（班级老师）跟卡伦说了她对凯瑟琳父母的印象。她说，凯瑟琳的父亲很友好，在他们交谈时，他能一直用眼睛看着她。她补充说："不过，我觉得很奇怪，跟他谈完后，我常常不知道他说的是什么意思。"A太太还说了另外一件事：凯瑟琳的父母曾问她有什么书可以帮助凯瑟琳理解她一位祖辈的去世。虽然A太太给他们提供了一个书名，但这对父母还是决定跟凯瑟琳谈谈存在与非存在之间的区别。A太太补充说，她不知道凯瑟琳或她的家人发生了什么事情，对于卡伦可能获得的任何洞察，她都表示感激。卡伦是这样描述她在教室里的第一天的：

我走进了一间很明亮的教室，墙面装饰着孩子们五颜六色的艺术作品，架子上和大塑料容器里装满了各种玩具和材料。8个古怪的小男孩争先恐后地大声叫着、笑着、吵着、闹着。教室里好像马上就要乱成一锅粥了，充满了紧张的氛围。老师唱起了歌，以吸引这些孩子的注意力。在混乱的边缘，我注意到有一个瘦瘦的、像流浪儿一样的小女孩，

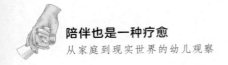

她有一头棕色的直发，穿着有些不太合身的衣服，坐在一张木制小摇椅上。她似乎待在一个只属于她自己的世界里，她的脸上没什么表情，双脚不停踢着地面，手指放在嘴巴里吮吸着，她身体转向了一边，眼睛也不看老师。我环顾四周，惊奇地发现她是班上唯一的女孩。活动开始了，我忙着帮助老师组织活动。后来，我注意到了她，她一个人偷偷地溜到了游戏区域的边缘。看到她，我吃了一惊——同时也因为我自己竟然忘了这个小女孩而感到吃惊，因为她的存在刚刚还让我感到有些惊讶。当我注意到A太太坐在一张桌子前，强行给一个不愿意吃点心的小男孩喂食时，我只能把惊讶的情绪压了下去。A太太坚持让小男孩把点心吃掉，对于这种强加的控制，我感到有些焦虑不安。在教室里，似乎没有任何的空间可以让我思考行为的意义，以及行为背后的动机是什么。

　　在接下来的几周里，卡伦把她对这些幼儿的观察记录带来接受督导。凯瑟琳令人费解的行为（她常常独处，比那些吵吵闹闹的小男孩安静许多）以一种非常迂回的方式，吸引了卡伦的注意。她注意到，凯瑟琳常常会溜掉，她从来不会长时间待在同一个地方，一会儿趴在地板上，一会儿忙着卷某个人的衬衫的一角，一会儿又跑到某个角落，一会儿是心神不定的样子，一会儿又跳又蹦，还吮吸着手指。凯瑟琳常常靠在一些坚固的表面上，如一面墙、一把椅子或者另一个幼儿的后背（尽管这个幼儿并没有同意提供这种功能）。对于其他幼儿的抗议和恼怒，她都一副无所谓的态度，她的兴趣通常集中在他们的外在属性上。她让自己紧紧依附于外在事物及他人的表现，却几乎没有引发更多的互动。凯瑟琳开始尝试性地以相似的方式竭力与卡伦为伴，她让自己坐在卡伦的旁边，或者温柔地触碰她的胳膊，然后快速地跑开。卡伦告诉我们：

　　我走进教室，这是我第五天来教室了。小朋友们跟老师坐成一排，他们背对着墙。我注意到，凯瑟琳坐在这一排的最边上。她跳起来朝我这边看，还往我的方向跳了一步。看到我，她看起来很高兴的样子。我觉得她会过来跟我打招呼，于是开心地期待着这一次接触。但她突然向后转身，一直走到了墙边。她靠着墙，脸完全转到一边，就好像对在场的所有人都完全不感兴趣，并持一种拒绝的态度。我感觉很失望，也觉得自己有点可笑，很可能她根本就没有想过要跟我打招呼。有那么一瞬间，我感到自己得到了认可，但很快这种认可就被抹去，消失不见了。我想，我的感觉跟她的感觉会不会有些相似呢？

　　后来，我对凯瑟琳与她世界里的其他人之间断断续续的联系进行了反思。我意识到，这个教室里出现了一种相互将彼此从心里剔除出去的现象。举一个例子：放学的时候，当A太太跟大家说再见，并提醒每一个幼儿那天他们都做了什么时，她常常想不起来凯瑟琳做过些什么，她总是指望我来填补这个空白。我还注意到，只要潜在的联系没有具体体现出来，凯瑟琳就不会"被看到"。在艺术节那天，当许多父母都跟他们的孩子一起来参观教室，欣赏他们的作品时，凯瑟琳则跟我一起坐在一张小桌子前。我注意到，有一个女人独自一人看着艺术作品，我正在猜她是谁，接着，A太太把她介绍给了我，说她是凯瑟琳的母亲。我有些疑惑：为什么凯瑟琳和她母亲似乎都没有把对方的在场放在心上，也没有做任何的尝试想一起参观？她们看到对方了吗？我想到了躲猫猫的游戏，在游戏中，被人找到是多么开心的事情——但如果没有人找到你，那该有多痛苦。这是否与A太太的疏忽和低期望，或者我自己因凯瑟琳的反应而产生的失望感相类似呢？或许他们每一个人都觉得对方很难让自己感到满足，所以，他们现在几乎不期望能够一起经历什么事情。凯瑟琳的母亲对我说："你不常看见我到这里来。我有我的生活，凯瑟琳也有她自己的生活——我们都很忙。"

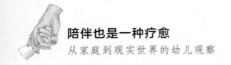

从上面关于这一次参与性观察的开始时刻的详细描述，我们现在快进到了一系列压缩的片段，这些片段追溯了卡伦和凯瑟琳如何建立关联，以及这种关联随后如何发展的轨迹。卡伦一直都将注意力放在凯瑟琳身上，同时承受着大多数情况下都不知道凯瑟琳的互动和交流究竟是什么意思的压力，只有在凯瑟琳能够接受提供给她的东西的前提下，也就是说，只有她积极主动地持开放的态度，接受卡伦提供的心理和情绪方面的滋养，才有可能带来改变。卡伦的观察者立场激发了凯瑟琳的想象力，她想参与其中，而且她似乎也有能力做出选择，领会卡伦所做出的努力和意图，并从中获益。比起她平常大多数时间表现出来的一种不可接近的状态，这是一个很大的改变。下面，我们继续回头看观察材料：

第五次观察

凯瑟琳拿了一大箱子的乐高积木，走到我身边，在地板上坐了下来。我问她准备搭建什么东西。"一个城堡。"她告诉我。在把许多积木收集到一起后，她开始搭建了起来。她把一块积木放在一块平板底座上，接着再往上放一块，再放一块，直到她完成了一面墙。这些积木并没有牢固地拼接在一起，墙也倾斜了。在看着她搭城堡时，我感到有些无聊，同时也担心她所搭建的东西会不稳定。她所搭建的城堡很荒凉，没有外形的设计，也没有人——一个没有生命的残垣断壁。她向后坐了坐，有些心烦意乱地看着教室四周。我想，我是不是又把她"弄丢"了。我走过去试图把她拉回到我这里，我问她城堡里有没有人。"有的！"她说，但没有做进一步的详细说明——她再一次消失了。我又主动问她："他们在哪里呢？"她从箱子里拿出一个人。我问："那是谁？""凯瑟琳！"她大声地说。她一只手抓着这个人，另一只手不停地翻找。她找到了："这也是一个人！"接着，她把这个人拼装到墙的顶端，她非常用力地往下按，这个不稳固的结构倒塌了。她努力地把它们重新拼装到一起，但城堡再一次倒塌了。"它固定不住，我搭不好。"对我来说，这是一个非常痛苦的时刻。我对她说："让我们来看看是不是可以把它弄得更牢固一些。"我给她演示应该怎样拼装。"我们一起拼吧。"我说。我们一起拼装，重新搭建了她的墙，墙是灰色的，当这面墙搭建好后，她说："还有那儿！"她紧接着把两个人牢牢地拼装在了底座上，并开始搭建起周围的其他墙面，这是搭建一个拥有内在空间的城堡的开端。A太太一直在边上看着我们玩。她走近我们，说道："这太不可思议了——她竟然在玩游戏。她以前从来没有这样玩过。"

在接下来的两周中，凯瑟琳总想与我为伴。一天早上，有位老师问我当天要跟小朋友们一起玩什么。凯瑟琳从她坐的椅子上跳了起来，开心地大喊："我想玩 blocks（积木，观察者的姓氏就是 Block［布洛克］）。"

患有孤独症或类似孤独症的幼儿，对人际关系常常缺乏一种相互的、以情感为基础的好奇心（或者对于与他人建立人际关系没有丝毫兴趣）。（Alvarez，2005）凯瑟琳这样一个被动、冷漠，有时候还表现出回避态度的幼儿，唤起了卡伦的"兴趣"。她和卡伦一起冒险进入了一个新领域，并试图抓住人与人之间来往中的某些东西。

第十次观察

我跟3个小男孩在一个小区域玩游戏。突然，凯瑟琳出现了，她手上拿着两个电话机的听筒。她快速地将一个听筒强行塞到我的手里，并把另一个听筒放到了她自己耳边，说了声"你好"。我感觉有点吃惊，但还是把听筒放到了耳边，问："谁呀？"她不说话。我继续问："是

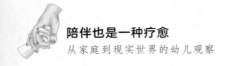
凯瑟琳吗？"她开心地回答说："是的！"我努力地想找一些话来跟她说。我问："你好吗？"她回答说："很好"，然后，从我手里把听筒拿了回去，放回到电话机的基座上。我有种被抛弃的感觉。我们之间的关系发生了什么？过了一会儿，凯瑟琳再次出现在我旁边，我们重演了一遍之前的情节。我又一次感觉到了压力，觉得要说一些有趣的东西才能让她保持在线。如此这般，我们又玩了好几次这个游戏，每次都大同小异。

卡伦慢慢了解了凯瑟琳在转变期间所遇到的困难，以及一种不断被人抛弃的感觉。这是一个熟悉的领域，凯瑟琳现在拥有了控制权。这种互动也表明了一种发展性的转变。凯瑟琳好像是在练习如何在原初对话中轮流说话——她已经认识到该如何开始与他人交谈，而且在谈话中要留出让他人做出反应的时间，不过，她还没有熟练掌握在谈话中间应该怎么做，应该用什么样的方式保持谈话的持续进行。卡伦逐渐体验到了不知道该说什么的痛苦，同时也产生了这样一种渴望，即希望这种联系对两人来说都是充满活力的。

在接下来的一篇观察材料中，随着凯瑟琳越来越清楚地意识到并享受着卡伦的体贴和关注，她对卡伦的迷恋也越来越强烈了。虽然只过去了几个月的时间，但凯瑟琳似乎在跨越横在她和外在世界之间那面墙，且已经迈出了意义重大的一步。她似乎还表达了一种愿望，即想去探究一下一直观察她的那个人的内心。

凯瑟琳站在玩具架子旁边，她拿起放在架子顶端的一个很大的放大镜看了看，然后拿起来放到了眼前，透过它往外看。她慢慢地走近我，透过这个特大的放大镜看着我。她在拿放大镜研究我的时候，脸上露出了好奇的表情。随后，她站到了我的面前，透过镜片看着我。她的脸离我的脸非常近，她紧紧盯着我的眼睛看。我感觉，她是在努力地想看穿我，想看看我是谁。接着，她把放大镜从我脸上拿开，再一次贴到了她自己的眼睛上，然后，她轻轻地靠着我，透过放大镜看着我的头顶，就好像她真的是在检查我的脑袋里有什么一样。我被她所表现出的兴趣感动了——她对我的好奇，她温和的试探性姿势。我很努力地保持一动不动。这样一个时刻是如此微妙，转瞬即逝。凯瑟琳接着把放大镜递给了我，走回去坐到她的椅子上。

　　这是一个美妙的时刻——一个因发现和被发现而感到非常愉悦的时刻。这样的时刻通常会促进成长，并表明了一个更具内投性的过程。每一个人都会被另一个人感动。（Alvarez，1992；Meltzer & Williams，1988）一种像这样的美的体验不能随意唤起，不能随意控制，但当阻碍认知的防御缴械投降，当自我获得认可时，它就有可能不由自主地出现。这是一种融合到一起，但个体在其中也会得到认可的体验。卡伦所描述的情况只会发生在小部分时间里，不过这种情况似乎正不断发生改变。它是随时间推移而不断产生的诸多容纳性体验的顶点。在这一次参与性观察中，卡伦不仅始终保持注意力，努力理解凯瑟琳的焦虑和投射，而且她还触及了凯瑟琳未曾探究过的希望和梦，帮助她认识到了她在情绪生活方面的一些潜力。不过，凯瑟琳扮演了这种体验的共同创造者的角色。她感觉到了卡伦对她的理解，把她从退缩的困惑中拉了出来，并激发了扩大一种关系的可能性的动机。在这个过程中，凯瑟琳逐渐获得了一种更为丰满的自我，并认识到了一个独立的他人所具有的本质特性。

最后一段插曲

　　4名幼儿在走廊上骑三轮车。凯瑟琳在过道里快速地骑着她的自行

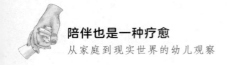
车。她骑的速度非常快，不过她能清楚地看到周围环境，并能小心地不撞到任何人。看到凯瑟琳跟其他小朋友一起玩，老师轻声对我说："凯瑟琳越来越能够与他人一起玩了。她看起来不再像以前那样懒懒散散的了。"在骑着自行车从过道下来时，凯瑟琳看到了我，她用脚刹住了车，开心地对我说："你好！"我友好地回应道——"很高兴见到你。你今天准备去哪里呀？"她摇了摇头："我不知道。"她停了下来，好像是在等我继续说。她再次骑上自行车的时候，我说："凯瑟琳，如果你路上经过商店，可以给我买一些牛奶吗？"她说："好的！再见。"然后骑着车子走了。过了一会儿，她回来了，说："我去商店了，但他们没有牛奶卖。"我说："没有牛奶？嗯，那我用什么来烤蛋糕呢？"凯瑟琳看着我，想了一会儿，说："我去另一家商店买牛奶！再见。"她快速地骑车走了，打算去完成她的任务。几秒钟之后，她回来了，兴奋地告诉我："我买到牛奶了！"我朝她伸出了手，说："噢，谢谢你！"她假装把牛奶放到了我手里。凯瑟琳说："现在，我去给你买一些巧克力！""好主意。"我回答说。她笑了笑，骑着车子走了。当她回来时，她说："这是你的巧克力。"我对她表示了感谢，并说这样真好玩。她笑了，问我："你还需要什么？"

凯瑟琳真的买到牛奶了！在这里，她看起来像一个寻常的小女孩，拥有正常的想象力。凯瑟琳似乎经过长时间的孵化后，破茧而出了。改变的深度和观察时间的短暂性（8个月）表明，凯瑟琳再一次"被找到了"，而不是第一次"被找到"。我们不知道到底是前者还是后者，我们也不知道这些变化是否能够长久保持。不过，这次经历证明了观察和容纳过程所具有的力量。如此令人满意的经历给我们带来高兴的同时，也让我们认识到了另一面：凯瑟琳已经失去了许多重要的发展时机。而且，还有一个令人不安的问题：当卡伦不在那里的时候将会发生什么——她能不能找到一个可以把她拉出来并接受她的客体？我们知道，卡伦提出的让凯瑟琳去接受心理治疗的建议遭到了拒绝，相反，虽然她已经有了一些改变，但他们还是考虑让她服用哌甲酯（ritalin）。凯瑟琳将会找到一个更具反思性（而不是反应性）的环境吗？［在这样的环境中，（人们）会更多地考虑和理解凯瑟琳的心理状态和行为，而不只是试图去控制她的心理状态和行为。］在这一章结束的时候，我们喜忧参半地指出：喜的是，我们认识到了在此次观察中所获得的东西的重要性；忧的是，我们所发现的潜力可能会再一次消失。我们很感激凯瑟琳教给我们的一切。对她的未来，我们怀着希望，同时也因为不知道她未来的发展情况而感到痛苦。

注　释

本章内容选自最初提交至2008年8月在布宜诺斯艾利斯召开的国际婴儿观察大会的一篇文章。

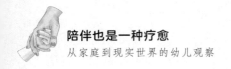
一项对一个患有慢性疾病的男孩的
参与性观察

◎ 安妮-玛丽·法约勒

汤姆（Tom）出生于2005年3月29日，他现在4岁半了。他是家里孩子中的老三。他姐姐11岁，哥哥8岁。他的父亲是一位技术人员，母亲是一名秘书。一家人和和睦睦，关系很好。大家庭的其他成员住在邻近的公寓里。

汤姆出生两天后便被诊断患有巨结肠症。汤姆不能排便，会反刍吃进去的东西。在拍了X光片后，他被转到了大学医院。汤姆患有先天性巨结肠。他在出生四天后就做了手术。他无法自己进食，因为他缺乏通常排列在肠道壁上的细胞。因此，父母只能通过非肠道途径喂养他。

他在区域大学医院从4月待到了9月，也就是说，他在这家医院一直待到六个月大。在此期间，他母亲每个工作日都会去看他。他父亲每个周六和周日会带着他的哥哥和姐姐，还有大家庭的其他成员去看他。

在这之后，汤姆跟他的父母又到巴黎的一家医院待了三周，他们现在学会了如何用肠道外管给汤姆喂食。他的父母这段时间一直待在巴黎，因为他们家离巴黎有300公里远。10月，他第一次回了家。此时，他已经6个月18天大了。

从出生后第四天一直到三个半月，汤姆24小时都通过滴管进食。在这之后，他慢慢出现了环化反应。滴管进食的时间逐渐减少到了一天12小时。汤姆回家后，他的父母到晚上的时候就会给他插上管子。他整个晚上都插着管子睡觉。到了早上，一名护士和他母亲会拿掉他的管子。他需要在器官移植后才能用嘴巴进食。

汤姆第一次去看儿童精神科医生是在11月份，当时他9个月大。有人建议汤姆的父母预约一个精神科医生来支持汤姆和汤姆身边的人度过预期中的漫长手术期，他们听从了这个建议。

在第一次如约见了儿童精神科医生之后，医生建议他们在家中进行一次参与性观察。之所以会这样建议，部分原因是汤姆的年龄，部分原因是他所患的疾病，还有部分原因是汤姆的母亲曾寻求过帮助。要进行这样一项参与性观察，我必须每周花一个小时的时间去他家里。这次观察的模式遵循的是埃丝特·比克最初提出的婴儿观察模式。用詹纳·威廉斯的话说，鉴于情境需要，这成了一次"参与性"观察，在其中，观察者以一种细致界定的方式发挥部分治疗团队的功能。

母亲欣然接受了这种治疗形式。她说，从汤姆出生后，她的生活一直都不轻松。她现在必须辞职在家照顾儿子，她感觉自己被囚禁在了这栋房子里。对她来说，有人来家里，应该会让她轻松一些。

在去他们家之前，一次偶然的机会，我在诊所见到了汤姆和他母亲。汤姆是一个很漂亮的婴儿，体型正常。他有一双棕色的大眼睛，充满了生气和警觉。他见到什么东西都抓，充满了活力。他的母亲是一个非常外向、开朗的年轻女人，很好接触。她的衣着非常时尚、漂亮。汤姆坐在地毯上，抓起一些东西，让这些东西从他的后面滚到他的前面。我解释说，到家里来观察是因为：鉴于汤姆的特殊情况，我们可以一起在他身边，关注他的身体和他的成长过程。汤姆的母亲完全同意这项工作。

在头几次家庭观察中，汤姆还是一个婴儿，他总是很警觉，随时准

备用手抓出现在他身边的所有东西。他总是动个不停，转来转去，或者盯着新玩具，或者发出咕哝声。他对于玩玩具有着强烈的兴趣，且充满活力。整个家里的氛围让人感觉有一种紧迫感。汤姆想把所有东西都放到眼前，而在他母亲看来，所有的东西都必须井然有序，她经常思考怎样确保全家人的日常生活能够顺利进行。

汤姆与他母亲之间形成了一种非常紧密的联系：他需要母亲一直在他身边，随时给他提供帮助，而母亲也能够理解和预期儿子的所有需要。在家庭观察期间，汤姆的母亲曾详尽地谈到她儿子的健康状况，以及她的担忧。有时候，我们很难把汤姆想成一个成长中的小男孩，因为他的疾病的后果和起伏占据了我们的头脑。对汤姆和他的家人来说，生活在很大程度上取决于与他的疾病相关的事件。他常常因为许多健康问题要去最近的大学医院——一般的儿童感染、他的导液管的问题、经常性的流鼻血——他还必须去巴黎，根据他的身体状况进行后续的预约治疗。不过，在每一次健康危机之后，汤姆都能很快康复。一旦他的病情得到控制，他就会回到正常轨道上来。汤姆想最大限度地利用我的拜访，他会把所有的精力都投入到试图与周围的人（不管这个人是谁）建立充满活力的、积极的关系上。

2007年10月汤姆两岁半时，他开始会走路了。接着，他的语言开始发展。汤姆的发音不是很好，只有他母亲能够听懂他说的话。他和母亲之间的紧密关系使得他可以忍受接下来的手术，但是这却让汤姆几乎没有什么空间来表达和发展他自己的感受。不过，到他三岁的时候，在另一位母亲的帮助（这是政府提供的关爱照顾）之下，汤姆的母亲觉得自己已经准备好了，打算出去做一些兼职工作。汤姆和他母亲之间的纽带松了一些，他有了更多的空间来发展他自己的心智。他的语言有了相当大的发展。当他见到我时会开始游戏和讲故事。一开始，汤姆会完全照着他用心记住的动画片情节复述故事。后来，他慢慢地开始编撰自己的故事。2008年9月，汤姆第一次上幼儿园。他适应得很好，而且他对于在班上学会的新东西、获得的新体验非常感兴趣。他不能跟小伙伴一起进行课间游戏，也不能参加小组的身体竞技游戏。2009年1月，他到巴黎接受了器官移植前的检查。接下来，汤姆的名字就出现在了亟须移植的患者等待名单上，但他的肝脏功能不是很好。

我在这里描述的会面都选自他不再非常紧密地依赖于母亲之时。这个时候他已经四岁了。一年之后的2010年，他接受了移植手术。手术进行得很顺利，但几个月之后，却出现了非常严重的并发症，虽然竭力抢救，但他还是在手术一年之后去世了。他一直到生命最后都有着一个大大的愿望：永远过着一个小男孩的生活。他已经发展起来的能力以及我所能观察到的心理生活的丰富性，一直会给予他支持。接下来我们要详细叙述的有关恐龙的故事已被证明是一种具有重要精神滋养价值的源泉。

∽ 我观察汤姆的故事

2009年3月底，汤姆就要四岁了。他相当有规律地每天上午10点到11点半都在幼儿园。如果幼儿园出现了传染性疾病，或者如果他们班的保育员或老师不在，那汤姆就不去幼儿园。他母亲的上班时间是在下午，因此，汤姆可以在母亲的帮助之下，睡一个长长的午觉。每天晚上7点半，汤姆会插上管子，到第二天早上9点半拔掉，一切准备就绪。

汤姆继续用管子进食。食物进入他的胃，然后到袋子里。医生要求汤姆的父母让他逐渐习惯以正常的方式进食，但汤姆不喜欢吃东西，也不想接触食物。他的肝脏功能非常差，这导致他经常恶心呕吐。不过，2007年10月，在他两岁半，也就是他母亲打算回去工作的时候，他开始喝水了。当时他得了一场严重的肠胃炎，肯定感觉非常渴，所以他开始喝水。与此同时，他还开始开口说话了。接着，到了2008年5月，他开

始了接受食物的尝试——把食物放到他嘴边，他稍微舔一下。9月，入园两周之后，他开始愿意舔巧克力蛋糕，而且，当把食物放到他嘴边，他也不害怕了，不过他还是不吃食物。与此同时，他开始发出更多具有攻击性的声音（"呃"），并表现得有些淘气、调皮。

从2008年10月起，我每一次来，汤姆都想跟我一起玩。他会在早上就把玩具准备好，或者一从幼儿园回到家就准备。如果他当天不去幼儿园，那他就会把玩具拿出来放到沙发上，然后等待我的到来。

他的游戏总是关于恐龙，他收集的恐龙非常多。他会用他经常观看的动画片中的故事情节来玩游戏。一开始，游戏必须完全由汤姆导演，而且最为重要的是，必须与动画片的故事情节完全一致。随着会面的继续，游戏大体上变得更像汤姆自己的游戏了，他增加了一些他自己幻想出来的不属于动画片情节的游戏内容。

到这个时候为止，汤姆还是很少表现出他的攻击性情感，或者只是让这种情感一闪而过。游戏中，恐龙没有经常发出咆哮声，也没有经常露出他的牙齿。我还必须注意不能大声说话或突然移动我的动物，因为这样做可能会吓到汤姆。

从11月起，他的游戏以一种一致的方式向前发展，而且没有任何的倒退，虽然家中因他姐姐的生活正处于困难时期而发生了一些事件。

2009年2月的观察

我到的时候，C太太打开了门，让我进去。她偷偷地对我说，汤姆躲起来了。我看到，所有的恐龙都已准备好，在沙发上等着。汤姆在一扇玻璃门后面，但我假装没有看到他，他母亲也假装没看到他。他不能被发现，否则就会非常生气，你必须等到他自己决定现身。他母亲对我说："真奇怪，他五分钟前还在这儿的。"我说，我看到恐龙都在沙发上了。我说，他可能在楼上的卧室里。他母亲回答说，她认为他不在楼上的卧室里，因为他通常不会一个人上楼。她接着说："你先坐下来，把外套脱掉，他可能就来了。"我们说了一会儿话，汤姆就从他的藏身之地出来了，他说他想玩恐龙。他母亲跟我说了一下有关他身体健康状况的一些新信息。汤姆有些不悦，反复地说他想玩游戏。

在每次观察一开始的时候，汤姆总是会玩捉迷藏的游戏。汤姆的生活充满了各种各样的等待：每天早上等着把管子拔掉，这样他才能起床，等着有人准备好给他治疗，等着医生……他还不得不焦急地等着我的到来，并把一切都准备好。通过让我等，他对自己的部分生活有了一点点的控制，如果没有这种控制，将会导致严重的后果。几乎可以肯定的是，这个游戏隐藏了他的攻击性部分，只有当他对自己的双脚更有自信，他才更能够表达出自己的攻击性。他直到两岁半才能够自己独立行走，而且，即使在那个时候，他对自己也很没有信心，非常害怕摔倒，从来不敢有任何的冒险举动。他不知道怎样自己一个人上下楼。他做不到身体协调地来回走动。躲在门后面给了他一种权力感和优越感，而这种权力感和优越感直接指向我。

汤姆和我开始玩起了游戏，他母亲在边上看了一会儿。我们是在客厅玩游戏的。汤姆将他的动物都放到了一张大大的矮桌子上。桌子边有两张沙发。他母亲坐在其中一张沙发上，而我坐在通常所坐的另一张沙发上。电视机放在两张沙发对面角落的一件家具上。汤姆提醒我说，我有三角龙爸爸、三角龙妈妈和三角龙宝宝（它们是友好的食草动物）。三角龙通常用头攻击敌人，以保护它们自己。他向我展示该做什么，以及如何用这些塑料玩具来玩（这是我们之前已经玩过的游戏），重要的是不能只用头来击退敌人。汤姆有一只霸王龙，这是一种危险的食肉动物。他一直把这只霸王龙抓在手里。他还拿了另外一只恐龙，恐龙嘴巴

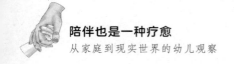
是张着的，舌头还会动，这只恐龙有一个小宝宝。他把它们放到了我所坐的沙发上。我有三角龙一家：三角龙爸爸和三角龙妈妈保护着它们的宝宝，但霸王龙来了，它咆哮着，带走了三角龙宝宝，我必须做一个保护宝宝的"妈妈"和"爸爸"，但我的保护性又不能太强，否则就会妨碍他表达出内心的想法。我也不能什么都不做，不然他就会不满地对我说："你演三角龙妈妈。"

在开始玩游戏之前，他通常会先做指导，这些指导非常明确，汤姆描述一些东西的方式意味着没有其他选择，必须完全按照他所说的去做，仿佛这是一件生死攸关的事情。但是，这真的是恐惧，或是另一种拥有绝对控制权的方式吗？此外，同样让我感到吃惊的是，汤姆在玩游戏的时候没有耐心：当他准备好了，就一刻都不能等。汤姆让我们感觉到了一种对生活的迫切愿望，而不是对死亡的恐惧。

那天，我们找到了一种很好的折中办法。汤姆非常开心：他让他的霸王龙带走了三角龙宝宝，并把它扔到了另一张沙发上。我扮演三角龙父母，非常焦虑，但没有发狂。它们告诉霸王龙，它们想要回自己的宝宝，它们不会抛弃它。汤姆等我说完后，非常得意地把三角龙宝宝还给了我。他重复了好几遍这个场景。然后，他走开了，没有把三角龙宝宝再一次放回沙发上，而是拿去了厨房。他把它藏到了一些茶叶罐和面粉容器中间。走进厨房的时候，汤姆手里拿着的霸王龙绑架并带走了三角龙宝宝，但最后汤姆又把小宝宝送回给三角龙父母。从客厅到厨房的距离相当远，但他走得飞快，脸上还一副煞有介事的神态。他精力很充沛。接着，他又回到厨房去拿那只霸王龙，然后又让霸王龙抓走了三角龙宝宝。霸王龙的家在厨房里。然后，他走到了我身边，拿起了那只张着嘴巴且还有宝宝的恐龙，这只恐龙一直放在我坐的那张沙发上。这只恐龙宝宝玩起了从妈妈后背上滑下来的游戏。汤姆让另一只恐龙宝宝，还有三角龙宝宝也加入了进来。这三只恐龙宝宝一起玩了一会儿。那只霸王龙还在它自己的房子里。接着，他说，它们要睡觉了。我把这些恐龙宝宝放到了床上，汤姆把那只（张着嘴巴的）恐龙，还有我边上的三角龙爸爸和三角龙妈妈放到了床上。霸王龙回来偷三角龙宝宝了。汤姆说得非常明确，说它是来偷宝宝的。他把它带了回去，接着他的游戏停了一小会儿。汤姆看了看他收集的其他恐龙，然后拿了一些放到床上。一个小时的观察快要结束了。汤姆告诉他母亲，哪只恐龙会发出噪声，哪只恐龙会发出怒吼声，哪只恐龙是他喜欢的生日礼物。当我说我必须要走了时，他不开心了。我对他说，周二再见。

汤姆的游戏中不断出现父母的角色。他不再让我一个人"扮演"父母的角色；他还可以让其他人在他的故事情节中扮演某个角色。但是，这些都是好的父母角色吗？在这个部分的游戏中，三角龙父母并没有非常积极主动。它们屈从于霸王龙的暴政，只会大声叫喊。在我看来，跟三只恐龙宝宝一起在沙发上的那只恐龙似乎也代表了另一个消极被动的母亲角色。这只恐龙有大大的嘴巴，但这对它来说似乎一点用都没有。从它后背滑下来是恐龙宝宝们唯一能玩的游戏。汤姆似乎想不出来其他任何东西了。他继续与居住在他内心世界中的人们斗争着。

2009年10月的观察

汤姆前一天才从昂热的一家医院回来。他之所以预约去医院，是因为他的直肠发炎了（直肠炎），且泌尿系统出现了感染。他再一次出现了鼻子出血的症状。我和他母亲一起在客厅坐了下来，她告诉我一些最新的消息。汤姆拿出了一本有鲨鱼图案的书，并把那些鲨鱼指给我看。客厅的桌子上有一些纸张，于是我们开始画鲨鱼。汤姆想让我画

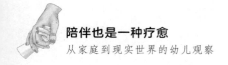
鲨鱼的牙齿。他看着我，等着我画牙齿，还在一边询问一些细节，发表一些评论。接着，他想让我画一只锤头鲨，于是我们在书中找锤头鲨来照着画。之后，他像平常一样，用一种不耐烦的语调说："快快快，我们玩游戏。"然后像往常一样，又出现了动画片里的主角小脚板（Little Foot，它是一只小恐龙），还有它的朋友塞拉（Sera）和戈贝尔（Gober）。戈贝尔是一只食肉动物，其他的都是食草动物。戈贝尔、小脚板和塞拉都失去了父母，它们经常在一起玩游戏，也一起对抗恐龙生活的危险。他像平时经常做的那样，拿了一只大三角龙妈妈给我。那天，他还去拿了戈贝尔的爸爸，他把它带到了客厅，说它已经死了。事实上，汤姆一直拿着这只恐龙玩，但却依然说它已经死了。然后，塞拉也开始寻找它的父亲。他去书房把塞拉的父亲拿了出来。

几周之前，兄弟们出现在了汤姆的故事中。而这一天，父亲们出现了。

接着，恐龙们必须去游泳了。汤姆自己忙着把小恐龙们放进水里，大一点的恐龙就留给我来拿。鳄鱼来了，所有的恐龙都跑开了。汤姆开始组织逃跑，以及其他发生的一切事情，而我必须跟着，拿上剩下的恐龙。如果我比他希望的慢了一点，他就会让我始终保持一致步调。我问他我们要去哪里。汤姆说去"La Blesse"。他母亲一直待在房间里，她不知道这个词是什么意思，我也不知道。我们两个人努力地思考，汤姆也重复了好几遍这个词，但我们还是不知道。于是，他母亲说："这可能是一个你自己造的词。"汤姆承认了，并解释说"La Blesse"就是在电视机后面的意思。

我不知道这个词是不是真的是他造的，但他看起来像是松了一口气，表示赞同他母亲的想法。后来，我们终于明白，这是一个非常重要的地方，它处于食肉动物世界和食草动物世界之间。只有戈贝尔、小脚板及其朋友能够住在那儿。戈贝尔虽然是食肉动物，但它在"La Blesse"没有任何攻击性。但在动画片里，这个地方〔这个地方实际上叫"La Breche"（缝隙）〕却经常遭到外界非常猛烈的攻击。这是一个好地方，但并不安全，它可能会发生突变，也可能会遭到攻击。

事实上，他改变了想法，说恐龙们打算去"神秘谷"。在那里，食肉动物可以吃肉，而食草动物可以吃青草。于是，我们去了餐厅。

汤姆很可能是想通过换地方来保证"La Blesse"的安全。

汤姆在一张矮桌子上设置了这样一个场景：食草动物的食物在一边，食肉动物的食物在另一边。他把恐龙们放到各自的食物边上，然后，他决定去把偷蛋贼拿来（偷蛋贼是一只体型较小的恐龙，以从巢穴里偷来的蛋为食）。偷蛋贼被汤姆拿在手里，它来攻击其他恐龙了。我们再一次逃跑，藏进了厨房各种储存罐后面的柜子里。汤姆又一次拿起了他所有的恐龙，说话的语速非常快。他快速地说了几句关于逃跑的评论——偷蛋贼又来了，恐龙们又一起攻击它了。然后，所有的恐龙都到了储存罐后面的那个柜子里。而汤姆手里还拿着偷蛋贼，它袭击了戈贝尔，并把它带去了客厅。汤姆一个人回到了厨房的柜子边，他说我们必须去找戈贝尔。我们把所有恐龙都拿到了沙发上，并找到了戈贝尔：他在监狱里。是偷蛋贼把它囚禁起来的。轮到偷蛋贼被关进监狱了，但它逃了出来，并又一次抓走了戈贝尔。于是，汤姆在每一只恐龙的耳边轻声说，他们必须进入电视机旁边的"La Blesse"。

"La Blesse"始终在电视机附近。

偷蛋贼又发起了一次新的进攻。一粒石子砸到了偷蛋贼的头上，但它没有死，而是再一次攻击了戈贝尔。戈贝尔这一次快要死了，它必须得到照顾，而这意味着要找到夜里开的花，我们必须去另一个地方。我们去了厨房，但却钻到了一张桌子底下，这是一个我们之前从未到过的地方。他拿起了一个放在那里的冰盒（我猜想，这个冰盒应该是用来装他的袋装食物的），还找到了一个可以用来玩游戏的小物件，这个小物件就成了夜里开的花。汤姆说："我15分钟后回来。"他母亲此时正在吃午饭，她说："这是我和汤姆一起在医院里，我要去买三明治时说的话。"汤姆回来后，问我是否还有时间玩游戏。我告诉他，我们有足够的时间让夜里开放的花照顾戈贝尔，但我们必须停止这个游戏了。汤姆非常失望；他面带怒色，停止了这个游戏。

戈贝尔总是遭到四面八方的攻击。

在研讨班讨论时，我们谈到，与偷蛋贼相关的材料表明汤姆有一个愿望：他想偷走父母的生育能力，并进入父母的身体内部。有关蛋的故事让我系统地思考了有关如何怀上汤姆的叙述。汤姆的母亲C太太原本以为自己不能生育，因为她小时候有一次与男孩子们玩的时候，曾被一个球砸中肚子。这些男孩子中有一个就是她后来的丈夫。这一砸伤到了她的输卵管，医生告诉她，她将永远不能自然怀孕。她的两个大孩子都是通过IVF（体外受精）怀上的。这对父母并没有想要第三个孩子。怀上汤姆完全是意料之外的事情。他母亲认为，汤姆之所以患上这样的疾病，肯定是因为卵子要想在子宫着床，就必须通过她受伤的输卵管，但在这个过程中却受到了伤害。汤姆可能就是在这个过程中"患上"疾病的。

在汤姆这个游戏中，首先出现的是一个蛋，它（戈贝尔，在游戏中象征汤姆）被孵化了出来，但却被偷蛋贼带走了，不过在这之前，它很受小脚板及其朋友们的喜爱。它总是被带到很远的地方，就像汤姆一次又一次地被疾病俘获一样。偷蛋贼总是袭击它们，并会遭到它们的反抗，它们会用石头砸偷蛋贼的脑袋，但偷蛋贼却永远都死不掉。在游戏中，偷蛋贼是一群小恐龙，瘦瘦的，动作非常灵敏，有邪恶的一面。它们与我们头脑中想到的贼的形象非常一致。毫无疑问，汤姆从很小的时候起便已经内化了那些以一种闯入的方式偷走他内心之物的客体，因为他必须接受治疗，且大人们总是需要监控他的健康状态。他每天都必须接受高要求的治疗，且经常需要接受意料之外的治疗。此外，他令人感到不可思议的注意力（他能够注意到周围环境中所有可以看到的东西、发生的事情以及变化的装饰品）和他回忆动画片故事的能力，帮助他能够较好地应对各种变化，而不至于被每天都必须承受的巨大限制给淹没。他对于自己周围环境中的所有一切都有非常精确的了解，这种精确性与他未来的不确定性相对应。

　　汤姆所体验到的"各种必须"反映在了他与母亲的互动中。母亲必须回答他的所有问题，重复他说过的话，并给予确认。当治疗变得越来越难以忍受时，汤姆对母亲的要求也变得越来越高，他不能忍受母亲的意见跟他的意见有一丁点的不一致。在这样的时刻，他的嗓音就会非常高。汤姆的表达能力不太好，他最喜欢做的是让他母亲跟我讲动画片里面的故事，这些故事构成了他游戏的基础。这样，他便可以确信我能很好地理解他的游戏，与此同时他还可以从听母亲讲述的过程中获得巨大的快乐。偷蛋贼可能代表了汤姆的这样一个部分：它们从未停止索取，但永远都不会被摧毁。在这个游戏中，偷蛋贼有一两个，但它们不是一对。它们是独立的、不一样的，就像汤姆生活中的一个部分一样。

　　一对慈爱的父母出现了。汤姆为自己"搭建"了一些东西。不过，困惑依然存在，他的内心世界始终处于一种完全不安的状态……

2009年11月的观察

　　我到达汤姆家的时候，他的外公和外婆在那里。汤姆像往常一样躲在客厅的门后面。

　　我意识到，虽然他的外公外婆在那里，但汤姆还是决定最大限度地

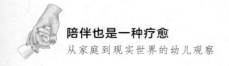

利用这次机会，并想到了自己想要做什么。外公外婆和他母亲也理解这是汤姆的时间，于是他们都走开去做自己的事情了。我问汤姆，他打算做什么。他指着一些乐高积木说："没错，我打算做这个。"

汤姆通常在我到访之前就做好了游戏的准备。在他母亲的帮助下，他已经能够做一些计划，以保护自己免受日常生活中的不确定事件的困扰。他知道每一次游戏都是在哪个地方停止的，他一直都知道他的恐龙们在什么地方。当他必须去医院时，他会自己决定要带什么东西，他的世界通常会很有规律地从客厅被搬运到医院的病房——他的盒式录音带、DVD 播放器，还有他的玩具，他不会忘掉任何东西。

接下来，汤姆开始寻找他的恐龙。这个周末，他拿到了一些新的恐龙，他正在寻找戈贝尔的"双胞胎"。

戈贝尔是最为重要的恐龙，它是食肉动物。在故事中，食肉动物也被称作"尖牙"（Sharp Teeth）。戈贝尔不仅是一个强而有力的朋友（因为它是一个"尖牙"），而且它也让人有些担心，因为"尖牙"通常会吃食草动物。

汤姆带来了戈贝尔，他还带来了戈贝尔的妈妈和爸爸，它们也是"尖牙"，但不是特别危险。他又拿来了另外五六只小恐龙，它们是"双胞胎"。他对我说："我们玩游戏吧。"但他一只恐龙也不给我。在这个游戏中，我的角色是一种心理上的存在，在追随着所发生的事情，并模仿小恐龙的感受（恐惧、吃惊……）的同时，确保将小恐龙安全地运走。

汤姆开始了，他拿着戈贝尔。戈贝尔离开它的爸爸和妈妈，出去玩了。他对戈贝尔的爸爸说："小心点，妈妈说过的，要小心'尖牙'。"戈贝尔走出去，找到了一个地方。汤姆把这些恐龙放到了客厅的一张矮桌子底下，他在那里用乐高积木搭建了一堵墙，现在他能够毫无困难地将积木搭到一起了。他说他是在做岩石，他还做了门，先做了一扇，紧接着又做了一扇。汤姆在搭建这堵墙的时候速度非常缓慢，他一边把积木放到合适的位置，嘴巴里还一边哼唱着，好像是在专心地搭建着什么东西，而事实上，他专注思考的行为好像又超越了这堵墙的搭建本身。

这一天，汤姆用乐高积木来搭建墙，但通常情况下，他都是用动画片磁带盒来搭建墙的。这些结构都是他想出来的。后来，他在搭建墙的时候考虑到了他赋予动画片的重要性，而这些动画片是装在盒子里面的。因此，有些动画片的磁带盒会被放到更为重要的位置，就好像它们能够更好地保护戈贝尔免受攻击一样。

一开始，汤姆自己唱着，一个词都听不清，后来从他的歌中可以听到"尖牙，尖牙……"他的外公外婆和母亲走过来看。当他们来的时候，汤姆想躲起来。汤姆对我说，墙一建好，我就把其他的小恐龙带过来。戈贝尔的父母在找它。汤姆让戈贝尔的爸爸和妈妈喊："戈贝尔，戈贝尔。"汤姆把它表达了出来，并非常努力地想把音发标准。他说："尖牙们来了！"汤姆表达出了某种恐慌状态，但也不是过于恐慌。他拿来了两只大"尖牙"恐龙。它们走到了墙边，汤姆扮演的戈贝尔说："我们必须制订个计划。"他们必须将墙上的岩石推倒，压住两只"尖牙"。我帮助其他小恐龙将岩石推倒，但"尖牙"并没有死。戈贝尔说："我们必须去迷雾之地。"迷雾之地就是厨房里的柜子。我们必须躲到储存罐的后面，两只"尖牙"会前来寻找我们。

接着，汤姆说，我们必须睡觉了，不是因为到了睡觉时间，而只是我们必须躺下睡觉。在我们睡觉的时候，"尖牙"把戈贝尔和小脚板绑架走了。其他所有小恐龙醒了以后，就去寻找它们。它们必须用正确的语调大声喊很多次："戈贝尔！小脚板！"我们在客厅沙发的岩石（垫

子）下面找到了它们。这个藏身之地有一扇门，这扇门是汤姆用一个盗版磁带盒做成的。我们回到了迷雾之地（厨房里的柜子）。我们必须再一次藏起来，戈贝尔和其他一些恐龙藏到了储存罐子里。他将储存罐盖上了。汤姆将戈贝尔的妈妈从客厅带了回来。戈贝尔的妈妈找戈贝尔找了很长一段时间，但她找不到戈贝尔，不知道它在储存罐里……汤姆继续思考正在发生的事情，以及接下来应该发生什么。他丢下恐龙，回到了客厅，回来的时候手上拿着两只"尖牙"，正是之前带走了戈贝尔和小脚板的那两只"尖牙"。他把它们放到了储存罐附近。接着，他让它们缓慢地移动，与此同时，他自己似乎在思考着什么，这样持续了好一会儿。然后，他又去了客厅。回来的时候，他带着海盗宝藏，并把这些宝藏放到了两只"尖牙"中间。

在上面的游戏中，戈贝尔无法依赖于一个足够强大的母亲形象，母亲会寻找它，但却无法找到足够的资源来对抗"尖牙"。它发现自己孤身一人，没有父母跟它一起对抗"尖牙"，它必须努力思考如何满足另一对令人恐惧的父母。它给了它们一些珍贵的东西。

到午饭时间了，此次来访也接近了尾声。汤姆也意识到了这一点，他问我，我们还要不要继续玩。我说，今天的时间到了，我们下周再见。

2010年1月接受移植手术后，这些令人恐惧的形象还继续出现。他引入了一些非常大的恐龙，这些恐龙象征着医生或护士。汤姆的母亲有时候觉得很累，汤姆的流鼻血症状对她来说是非常难以忍受的。她害怕自己没有能力处理。她有时候会像戈贝尔的母亲一样灰心沮丧，她会寻找汤姆，但却找不到他。在汤姆去世前我们的最后一次会面中，戈贝尔和他的父亲被"尖牙"攻击了。它们一起反击，尽管有飞龙的帮助，但戈贝尔和它的父亲还是双双受了伤。汤姆说，我们必须让戈贝尔保持安静，不能打扰它。但这次攻击之后又紧跟着另一次攻击，一只更为巨大的"尖牙"出现了，它彻底摧毁了所有的一切。好的父母形象消失后，紧跟着出现了另一个父母形象，这个父母形象非常强大，但却具有致命的破坏性。

汤姆所患的是一种慢性疾病，也是极其危险的一种疾病。他经常面对严重感染的风险，医生说，他的肝脏是一颗定时炸弹。他的世界被分成了两个部分：好恐龙的世界和坏恐龙的世界，而且在这两个世界之间，他需要继续生活下去，继续接受治疗（这些他已经记在心里），继续关注周围与他亲近的他人和他的游戏，并与其建立关系，还要关注外在的世界（他通常会与其保持一定的距离）。当去外面的时候，汤姆会非常忧虑，他对其他小朋友几乎没什么兴趣，通常会与他们保持一定的距离。考虑到他的疾病属于一个遥远的世界，他从未直接说起过自己的病情。

不过，他已发展出了极强的能力，能够精确地说出自己的感受，尤其是能够说出自己哪个地方痛。他从三岁起就能够准确地做到这一点。他知道，当他疼痛的时候，母亲一直在听，她知道他说的哪些内容是对的。他还能说出他的导尿管，还有他的那些袋子，就好像它们是他身体的一部分一样。他的导尿管确实曾是他身体的一部分。移植手术过后，去除导尿管是一件意义重大的事情。但在移植手术之后，当他的身体状况逐渐恶化，他却越来越不愿意说出自己哪个地方疼，他这样做很可能是为了不让他母亲操心，也为了避免接受更多的治疗。他吃了非常多的苦。他只在移植几天之后回到幼儿园时提到过一次他的疾病，他母亲听到他跟班上的几个小女孩解释说，他再也不用通过一根管道来进食了，他现在有一个"美食按钮"（gastronomic button）了！对于回到幼儿园上学，他和他的母亲都有点儿担心。他找到了一种相当有效的方法来与其他小朋友保持一定的距离，但同时又能确保他自己的特殊地位。

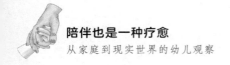

观察使得我们可以支持汤姆的父母，倾听他们的心声，容纳他们的焦虑，而同时又能关注汤姆精神世界的发展。对于一个像汤姆这样的患病幼儿来说，到家里观察要简单许多，且不会引起太多焦虑，因为这样的观察减少了感染的风险。汤姆通常会对"去赴约"感到焦虑，因此，去家里看他就是一种能够走进他精神世界的方式，而且不会过于受到他患病这一事实的控制。

在某人家里进行观察是一种特殊的工作方式。一开始，家人会同意观察者的来访，但却不知道事情将会如何发展。他们让你进入其家庭生活，让你接近其家庭的核心。基于家庭的初期观察往往相当独特，因为不仅这家人不知道观察将会带来什么，而且观察者自己也不知道。我们对于家中所发生一切的接受、倾听和关注，以及我们感受周围环境的方式，会慢慢地建立起各种联系，而这些联系将界定观察的内涵。

与汤姆家人的第一次会面就充满了紧张。即使到了现在，我也依然能够清楚地回忆起第一次去他们家里拜访的情景。紧迫感非常明显。他们都在等我。

汤姆的母亲似乎从我的第一次拜访就敏锐地意识到：我或许可以理解有关他儿子的生命及其日常生活的一切。面对她所体验到的各种焦虑，她需要感觉到自己不是孤身一人。一开始，她带着我，教我怎样去了解她的儿子。慢慢地，她让我与他走得更近了。汤姆对他母亲感到非常愤怒，且攻击性很强，因为在他看来，是母亲让他经历了如此多的医疗手术，也是母亲限制了他的活动。与此类似，母亲也觉得很难忍受汤姆的对抗行为，但她逐渐觉得，对于汤姆这些让她觉得难以忍受的情感生活方面，我可以承受。她让我去接近汤姆这些方面的情感生活，并允许汤姆与我建立这样一种类型的关系。

我们待在一起的时间对于汤姆来说非常重要，因为虽然他的身体机能不是很好，但他在情绪情感上非常敏感。定期关注他的精神世界对他来说非常有价值。有很长一段时间，他需要我参与他的游戏：我们必须拿着恐龙，按照他在游戏中的指令把它们带到准确的地点。后来，他接管了游戏，而我仅仅成为一种心理上的存在。

我想，正是这种特定的关注帮助他认识到了他的欲望，以及他对于生活中各种冒险经历的真实欲求。我作为一种关注性存在，似乎支撑了他的生活希望，再加上他父母的慈爱性存在，使得他可以实现发展的潜能。他的母亲经常说，每一次当他知道要与我见面，就会变得更加活泼，更加充满活力。她说，在他最为艰难的住院期间，汤姆在我拜访之后，从玩恐龙的过程中重新发现了快乐。

汤姆和他的父母凭直觉便知道，他的游戏代表了他的内心生活。汤姆还知道，每一次我去观察时，他母亲都需要一点时间与我交谈。他会给她空间，这样我便可以接受并容纳他母亲所有的感受和焦虑。

对我而言，将观察过程全部写出来并接受督导，使得这份材料可以用来研究和转化。这样一项需要思考的工作通过在家庭成员和观察者之间创造一种特定的心理空间，有助于给每一位家庭成员提供支持。由于是对观察期间建立起来的关系进行的思考，所以会一点一点内化。这些思考随着观察的进行而不断丰富，在两次观察期间以及在观察之外，思考会继续，这可以从我们现在依然会与汤姆家人的偶尔接触中清楚地看到。我们有关汤姆的思考至今依然非常鲜明生动。

在督导的帮助之下，我努力想要做到的是跟着汤姆的想法，理解这些想法，从而不会被与他的疾病相关的痛苦感受给压垮。看到汤姆受苦是一件让人非常悲伤的事情，不过，他的家人已经能够思考他的需要，理解并接受这些需要，而且，他们已经能够接受他的生命的短暂性和有限性了。

第十五章

托马斯和朋友：在一个不确定的
世界里遇到熟悉的面孔

◎ 梅尔·塞林

　　保罗（2岁7个月）兴奋地上蹿下跳着。突然，他离开了蹦床，走到了我跟他母亲坐的地方，语速很快但又有些担忧地大声叫了起来："托马斯，救命！高登，火车卡住了，动不了了。"保罗热切地看着我，神情有些焦虑。当我问他火车怎么卡住了时，他看起来不那么焦虑了。接着，他又有些担忧地列出了托马斯中其他所有角色的名字。他母亲加入了进来，帮他一起说出这些角色的名字，在这次"谈话"之后，保罗看起来好像释放掉了一些困扰他的东西，然后回去玩游戏了。

　　我开始观察保罗的时候，他1岁8个月大。他是家里的独生子，当时，他刚刚从家里被带出来，被安置在一个寄养家庭里，因为他父母滥用药物，有时候不能给他恰当的照顾。作为一个地方当局联络中心的家庭支持工作者，我的角色是监督保罗和他父母之间的日常联络。在这一章中，通过我在联络期间对保罗的观察，我见证了在这一年的过渡时间中该幼儿的情感历程，并探索了他是如何努力维持他的关系，以及如何设法应对分离的痛苦的。

✑ 联 络

对于所有刚刚与孩子分离、孩子被安置在地方当局护理中心的家庭来说，这都是一段让人非常困惑和痛苦的时间。当局通常会尽快安排幼儿在一个有人监督的环境中与其父母见面。在第一次见面并向这些父母解释联络安排时，他们通常会产生震惊、愤怒、困惑、拒绝、无力的感觉。他们可能会努力地想弄清楚到底发生了什么事情，为什么他们的孩子要被带走，他们什么时候可以见到自己的孩子，这些突然闯入的陌生专业人士是谁，他们的角色分别是什么，他们不知道自己可以相信谁。对于那些第一次经历这种事情和来自其他国家的父母来说，这些感受往往更加强烈，因为他们不熟悉英国社会护理法律制度，可能需要解释者给他们提供更多的帮助。

联络工作者的角色是监督者（确保幼儿可以得到安全的护理）、支持者（帮助父母提高其理解幼儿需要的能力）和观察者（每一次面谈的报告都会被用来帮助法庭做出决定）。对于被监督的家庭来说，在有时间、地点的限制之下被人观察，可能会感觉非常困难。了解到工作者将会就他们照顾孩子的情况，以及与孩子互动交流的质量撰写观察报告时，一些父母可能会感到非常焦虑，他们认为这些工作者会对他们做出评判，他们有时候会对这些评判怀有敌意和怀疑。不过，对于另一些父母和幼儿来说，监督者（尤其是当与分派到这些家庭的工作者相一致时）也可能常常会被视作一种有益健康的、能提供帮助的存在，他们有时候可能会帮助促成积极的发展和改变。

在我观察这个家庭的一年中，虽然法庭上有关这对父母参与治疗计划和推荐的事宜产生过争论，但我们还是在联络安排表上做了许多改变，以帮助评估保罗是否有可能回去并安全地获得他们的照顾。联络的地点重新安排到了父母的家里，面谈的时长也增加了，并引入了让他们

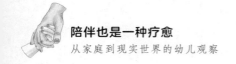

整晚待在一起的安排，另外，还做了两种尝试以帮助他恢复家庭生活。虽然保罗体验到了这众多的日常变化，以及每日所接触的照看者与所待地点的变化，但我观察到，保罗与"托马斯"的关系有了进展，从一般的对其感兴趣，到将托马斯视为痴迷之物。我想弄清楚：在这个痛苦的、充满不确定的时刻，托马斯对保罗（以及他的父母）来说扮演了怎样的角色，我所接受的精神分析观察训练可以怎样帮助我更好地理解他的感受和他所传达的信息，我希望这可以帮助我，在我对他和他家人的工作中给我一些启示。我对温尼科特的过渡客体（transitional object）理论以及这样一种观点尤其感兴趣，即如果一个婴儿能够内化与母亲的关系，将她的身体视作第一个经验客体，那么后来的其他客体可能就会被用来代表这个客体。

　　……婴儿很快就会发展出一种能力，将某些客体当作乳房的象征，进而将这些客体当作母亲的象征。与母亲的关系（这种关系既让人兴奋，也让人平静）会体现在婴儿与拳头、拇指、其他手指、布条或者一个毛绒玩具的关系之中。婴儿情感目标的置换是一个非常缓慢的过程，只有当关于乳房的观念通过真实经历与幼儿整合到一起，这个客体才能逐渐地代表乳房。（Winnicott，1964，pp.54-55）

❧ 是什么使得托马斯如此特别？

　　托马斯是1942年牧师W. 奥德利（W. Awdry）为他三岁的儿子构想出来的一个睡前故事。1945年，第一本图书《托马斯和朋友》（*Thomas the Tank Engine*）出版（Whisky，2002b）。 现在，从它被构想出来之日算起，70多年过去了，托马斯已成为"价值几百万英镑的全球特许经营权"（Jeffries，2007），电视剧《托马斯和朋友》（*Thomas and Friends*）已被翻译成25种语言，在全世界185个国家播放。（Gibson，2008）那么，是什么使得托马斯可以长时间地流行呢？奥布赖恩（O'Brien，2005）提出，这是因为"这些火车头身上满是人类的缺点，无理放肆，调皮捣蛋，脾气暴躁又自视甚高"，而杰弗里斯（Jeffries，2007）就这样一个问题进行了调查：小孩子为什么喜欢托马斯？他引述了一位母亲的回答："小男孩都喜欢火车……我四岁的儿子在玩托马斯的时候很平静，因为它在轨道上行驶的方向是可以预测的。"

虽然相比于小女孩，这些火车更可能吸引小男孩，因为它们的形状类似男性生殖器，再加上它们表现出来的主要是男性角色的特点，温尼科特在其著作《游戏与现实》（*Playing and Reality*，1971）中指出，小男孩更常寻求玩一些坚硬的东西，这可能在某种程度上解释了这些压铸模型的火车头具有强大吸引力的原因。"在婴儿的生活中，他会慢慢地获得一些泰迪熊、洋娃娃和坚硬的玩具。男孩倾向于选择硬质玩具，而女孩则倾向于家庭类型的玩具。"（p.4）

2001年，全国孤独症协会（National Autistic Society）开展了一次调查，探究以下主张，患有孤独症谱系障碍的幼儿往往与托马斯有一种特殊的关系。他们的研究（National Autistic Society，2002）认为，与其他的动画片角色相比，这些幼儿确实与托马斯的联系更为紧密，其原因在于这个角色行为的可预测性、故事的分解，以及这些火车的夸张表情等。虽然这些特性可能会使托马斯对于一个孤独症谱系的幼儿来说很特别，但这些特性对于一个像保罗这样的幼儿而言是否也很重要呢？对保罗来说，应对困难的分离体验可能不仅会使得理解自身感受变成困难的任务，而且可能会导致他尤其难以理解他人的行动和感受。

在设计吸引小朋友的《托马斯和朋友》的故事中，这个年龄段的幼儿由于俄狄浦斯欲望、弟弟或妹妹的降生，以及因上幼儿园离开家而必须处理的复杂情感和无意识过程，都象征性地包括在了这些叙事中。

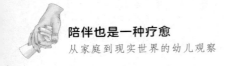

　　如果用这些小火车来比喻一个家庭里的儿童的话，那么托马斯的世界使得我们可以通过这些火车的特征和行为来安全地探索家庭关系的动力。找到一个人自身的同一性，以及自己在家庭中及在兄弟姐妹群体中的地位的困难，通过小火车独特的，且常常具有竞争性的个性特征表现了出来，这些小火车都有自己独特的方式来彼此竞争，为自己赢得关注。高登（Gordon）是小火车中速度最快、最为强壮的，它就像一位大哥哥，它为自己的地位感到自豪。爱德华（Edward）也是较为年长的火车之一，它喜欢扮演助人者的角色，而亨利（Henry）常常被描述为"有点儿疑病症倾向"。（Whisky，2002a）托马斯是最快乐的一个角色，它"有时候可能有点放肆无礼"（Whisky，2002a），而最小的火车培西（Percy）不用承担大火车头的责任，它有着随遇而安的个性特征，但不是非常勇敢。

　　不管它们用什么样的方法来寻求关注，所有的小火车都想获得胖总管托芬·海特先生（Sir Topham Hatt，它是经营铁路线的人，也代表了一个家庭中的父亲角色）的关注和欣赏。胖总管常常被描述为"对它的火车头非常严格，但一直都很公平"，（Whisky，2002a）他控制着（养育）他的小火车们（孩子们），给它们发出明确的指令，惩罚它们的不好表现，并奖励好的行为。例如，在《培西被骗了》（*Put Upon Percy*，Allcroft & Mitton，2004）[1]中，胖总管跟累坏了的培西说："你已经辛苦工作，忙了一天，现在你应该上床，好好地睡一觉了。"

　　虽然《托马斯和朋友》的世界是一个由胖总管操控的父权制特征非常明显的世界（这很可能传达了最初写这些故事的某些时代特性），但我们可以将小火车们居住的多多岛（Island of Sodor，这个名字是虚构的）理解为母亲身体的象征，对婴儿来说，母亲的身体是他们第一个熟悉的领域。胖总管非常热爱它的工作，他致力于确保多多岛上的一切都正常运行，我们可以将他的行为理解为想取悦他的妻子，而岛上小火

车们的活动则代表了母亲和父亲之间的性关系。因此，小火车之间的竞
争感就可以解释为俄狄浦斯欲望的一种表达，它们每一个都想证明自己
是岛上最有用的小火车，来取悦母亲，而不服从的行为或放肆无礼的行
为则可能表达了这样一种幻想，即公然反抗胖总管的命令，并取代他的
位置。

虽然在有些片段中，胖总管的妻子面貌秀美，例如在《托芬 · 海
特先生的假期》（*Sir Topham Hatt's Holiday*，Allcroft & Mitton，2004）
中，但海特太太这个角色的特征是严厉、冷酷无情，这表明出现了这样
一种分歧：一方面是认为有一个一直存在的好母亲，另一方面是认为有
一个一直缺席的坏妻子—母亲形象。

对于因为害怕被新来的交通工具（弟弟或妹妹）取代而产生的
担忧从来都未曾远离。在《可怕的卡车》（*Horrid Lorry*，Allcroft &
Mitton，2004）中，这个小火车头幻想着三辆新来的卡车在一系列"事
故"中全部被摧毁，就表明了它对这三辆新来的卡车的凶残幻想。

后来，托马斯到了。他看了看三辆卡车，大声笑了起来。"好，
好，好！可怕的三兄弟：撞击，破碎，下沉！"三辆卡车不会回来了，
现在，小火车头们甚至更加卖力地干活，以确保它们永远都不会再出
现。（Allcroft & Mitton，2004）

由于没有一个像胖总管这样的成年人提供有益的干预，以缓解它们
的担忧，并让它们觉得自己是有用的从而感到安心，这些小火车头害怕
被取代的焦虑感往往会更加强烈。在托马斯的故事中，小火车一旦没有
用就有可能被送到废料场。这就意味着它们可能要被抛弃了，意味着它
们要离开家的安全港湾，要独自一个人在夜里受煎熬，对于这种状况的
恐惧在《迷路的施德普尼》（*Stepney Gets Lost*）中有形象的描绘。

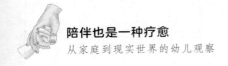

接着，它们来到了一个不知名的地方。司机做了一个决定："我们最好待在这里，一直到浓雾散去。""那些奇怪的声音是什么？"施德普尼很纳闷。然后，浓雾慢慢地消散了。"噢，不！"施德普尼大声哭了起来，"我们在废料场里！"（Allcroft & Mitton，2004）

就像观看这部动画片的年幼儿童开始上幼儿园时可能是第一次离开他们的父母一样，他们面对分离而产生的恐惧感常常以象征的形式表现在了托马斯故事中。M.E. 拉斯廷和拉斯廷（M. E. Rustin & Rustin，2001）提出，年幼的孩子可能非常乐意接受像托马斯这样的主题，在这样的主题之下，他们可以用一种安全的方式探究内在世界中存在的一些感受和冲突。

幼儿生活中想象和现实之间界限的流动性，以及围绕这两者的不确定性和开放性，使得幼儿尤其能够被那些赋形式于其内在世界的经验的故事所打动……这样的作品像分析治疗中最为成功的时刻一样，将内在经验与外在经验联系到了一起，以外在的语言形式或共同的象征表现出无意识的情感状态。幼儿对于其自身内在状态的潜在开放性，使得他们尤其能够成为这种类型作品的"好读者"。

一年的过渡：托马斯的引入（6—10月份）

保罗被安置到寄养家庭后的一天，他与父母约瑟夫（Joseph）和西尔维娅（Sylvia）有了第一次联络。和保罗见面是在中心有人监督的情况下进行的，每个工作日上午见面两小时（我一周监督两次），礼拜天他还会被带到教堂去跟他的父母见面。

当他父母到的时候，保罗会兴奋地跑过去跟他们打招呼，他们则会慈爱地把他揽在怀里。在与保罗的照看者做友好的交流之后，他们就进入联络室。在联络室里，保罗非常生气地把玩具从桌子上全推了下来，他坚持要到花园里去玩。在最初见到父母的兴奋和安心之后，保罗剩下更多的似乎是因为他们之前一直不在而产生的不舒适感，而且他还意识到，在他进入联络室的这段时间，他的照看者不见了。保罗的行为似乎表明了他需要通过跑来跑去和将他的被取代感投射到玩具上，来释放这些难熬的感觉。在见面时间快要结束时，保罗往往会表现出相似的行为，这表明他已经意识到，当他们离开这个房间，他的父母又会再一次离开。

　　当再一次回到他寄养家庭中的照看者身边时，保罗会兴奋地扑进她的怀里，他的行为表现很像他看到父母时跟他们问候的样子。约瑟夫和西尔维娅会陪着他们一直走到她的车子旁边，他们会在那里说再见。在这分别的最后一刻，保罗总会突然大哭起来。好像他因见到照看者在外面等他而产生的快乐，突然就被这样一种痛苦的认识取代了：她的存在也就意味着他的父母马上就会离开。保罗不仅无力阻止他们离开，而且他还要面对这样一种让人苦恼的感觉：得到一方父母总是意味着要失去另一方，他永远都不能同时拥有两对父母。

　　就在这第一个月中，保罗看到了托马斯这个形象，当时，他的照看者带他去跟她朋友的孩子们一起玩，那些小孩拥有一些托马斯玩具。后来，她在教堂想买一个玩具送给保罗时，就买了一辆托马斯火车。在这之后不久，保罗收到了他的第二个托马斯礼物——这一次是他的父母送给他的，他们给他买了一个餐具套装，他可以在联络中心用。收到这份礼物，保罗非常兴奋，这是他的父母送给他的第一份托马斯礼物，这表明他们有能力注意到他喜欢什么东西，并对此做出反应。这同时也让他明白，当他不在他们眼前的时候，他没有从他们心里消失，他们会在两次见面期间准备下一次见面时送给他的礼物。对保罗而言，这套餐具似乎也具有一种容纳的功能。现在，当他父母忙着做一些家里的事情时，

他也可以坚持将关注点集中于餐具上托马斯友好的脸蛋上，下面的观察记录证明了这一点。

当保罗从桌子前站起来时，他父亲大声喊住了他："把你的梨吃完。"保罗按照父亲的指示，重新在桌子前坐了下来，吃完了他的水果。他非常平静，看起来也很满意，他研究着托马斯餐盘上的图画，有时候嘴巴里只是说着"车车，车车"。

就像大多数定期与父母接触的幼儿一样，在经历了一个月父母每天都会回来看他的日子后，保罗似乎已经习惯了他、他的父母以及他的寄养家庭的照看者之间每天分分合合的模式。他似乎更能够相信：当他对父母说再见时，他们并不会（像他想象的可怕情景一样）永远消失，而是像平常一样第二天又会回来看他了。一个月之后，大家达成一致意见：有两天的见面时间增加到三小时，见面的地点改在保罗父母的家里（我监督的面谈依然在中心进行）。

出人意料的是，在接下来的这个月，父母的出现反而让保罗感到有些担忧。在接下来的这周，他们一连几天都没有出现。照看者说，在此期间，保罗在家里表现得非常苦恼，攻击性很强。再接下来这一周，保罗的父母又像平常一样每天会来跟他见面，但我观察到，他的父母从来没有提起过任何有关他们不在这段时间发生的事情。有几周的时间，保罗的行为都很不稳定：他会非常生气地把东西推翻，并开始动手打他的父母。他的表现常常变化非常快，明明在呜呜地哭，但一旦父母把他抱起来，他就立马咯咯地笑，保罗的表现常常让人觉得他似乎并不知道自己的真实感受一样。不过，他的行为确实表明他对所发生的一切感到非常困惑，他非常渴望得到父母的爱和关注，但同时他又对他们非常生气。

　　9月，保罗要过第二个生日了，父母给他买了一个托马斯列车组，他们是在教堂将这个列车组给他的。第二天，保罗带着他的列车组到了联络中心，很想继续玩这个玩具。

　　约瑟夫和西尔维娅给他带了许多未拆封的礼物。他们帮他打开了礼物，并试图吸引他来看这些新玩具，但保罗始终全神贯注地玩他的托马斯火车，在整个接触过程中，这个托马斯火车玩具几乎没有离过他的手。

　　10月，所有的见面都转移到了这家人的家中进行，见面的时间也延长为一天四小时，这给了我新的机会可以观察保罗在父母家中的表现。两个环境之间最显著的差别在于：保罗在父母家中可以长时间看电视，尤其是在用餐期间。保罗看起来好像完全被这个大屏幕上各种不停动着的人物角色给迷住了，这个东西吸引他注意力的方式比原先那个托马斯餐盘复杂多了。

　　到了这个月的月底，保罗的母亲非常兴奋地告诉我，保罗已经进了一所很受欢迎的幼儿园，她还给我看了她给他买的一个托马斯背包。看到他背着的这个新背包，他们都欣慰地认识到，虽然母亲不会陪着保罗待在幼儿园，但他的托马斯"朋友"会在他开始这个新阶段时一直陪在他身边。

托马斯的重要性（10月份到次年1月份）

　　10月，有人建议可以让保罗回家了。在接下来这周，接触的时间延长到了一整天，然后保罗便可以一周在父母家过几夜了。当我在第三天看到保罗时，他的行为发生了很大变化。他看起来非常苦恼不安，大声喊着让母亲抱他，并拒绝父亲对他的照顾。在整整一周的时间里，保罗

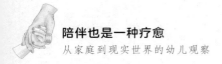

让母亲一直抱着他，而与此同时，为他下一周在家里过夜而做的准备也在进行着。他的照看者说，保罗回到她家里时，常常苦恼不安，他会打自己的脸，晚上还会做噩梦。显然，保罗可能还不能理解所有的计划，但他真切地感觉到了天平的逐渐倾斜，原先他的大多数时间都是待在他的寄养家庭中，但现在他待在父母家中的时间更多了。他不理解所发生的一切，且无力控制自己的感受或者用言语来表达自己的感受，这很可能是他做噩梦的原因，也导致他在感受到父母对他的控制发生变化时，极度需要紧紧地抓着他们不放。当他在父母家度过第一个夜晚后，第二天上午我去看他时，保罗表现得相当不安。

约瑟夫试图把保罗放下来，他好去厨房准备午饭，但每一次他一想把保罗放下来，保罗就会开始大哭，还会大声尖叫"抱抱，抱抱"，并紧紧抓着他父亲的腿，或者把手举得高高的，让约瑟夫把他抱起来。约瑟夫试图鼓励保罗去看电视或玩玩具，但保罗一次又一次表现出非常痛苦的样子，因此约瑟夫只能背着他做午饭。一被他的父亲抱在怀里，保罗就会再次安静下来，但他看起来有些悲伤，且因不安而看起来有些疲惫。

在这次拜访中，当我和他的父母探讨保罗因照看者的消失而可能会感到担忧时，听到我提到照看者的名字，他看起来很感激，如释重负地松了口气。这似乎表明了保罗在与生身父母的关系之外，还能与他在寄养家庭中的照看者形成一种依恋关系，且能够一直把她记在心里。当我谈起她不在场的情况时，这似乎在某种程度上让他感到了安心：虽然他看不到她，但她依然存在，因为她还生活在他的心里。

父母两人都对我说，保罗很黏人。我跟他们说，这一切会让保罗感到非常困惑。我说，虽然保罗跟他们在一起时非常开心，但他也已经习惯了见到他在寄养家庭的照看者，习惯了她总是会回来把他带走，但昨天晚上，她第一次没有回来接他。保罗坐在父亲的腿上专注地听着，当我提到照看者的名字时，他神情有些忧郁地看着我。当我提到保罗很可能会因为不知道照看者是否会回来接他而感到担忧时，他默默地从父亲的腿上爬了下来，穿过房间走到了我身边，并给了我一个拥抱。

他在父母家住了几个晚上之后，让他回家的计划因为一些事件而终止了。在此期间，保罗发了一次高烧，吃不下食物，还摔了一跤，以致嘴巴受了伤。父母与保罗见面的时间缩减到只有上午，一直到第二个月法庭才对这种情况做出审查。

在平静地生活在寄养家庭一段时间，且他的父母每天上午都来看望他之后，保罗似乎再一次安定了下来。不过，就是在这个时候，我惊奇地发现，他出现在父母家里时，手里会紧紧抓着一个空的托马斯DVD盒，他还把这个DVD盒子带到了车上。一路上，保罗都在研究并生动地谈论着这个盒子，这让我觉得纳闷：这个盒子是仅仅给他提供了一张可以随身携带的托马斯图片，还是很可能同时也象征了一种与DVD所存放的父母家的联系？

接下来，法庭命令再实施一次让保罗回家的计划。保罗将在两个月之内回家。一项新的计划已安排好，保罗与父母接触的时间再一次延长，不过现在的常规程序中还需要考虑到保罗要开始上幼儿园这一状况，因此，该计划还包括让保罗的父母陪他一起上两周的幼儿园，以帮助他适应幼儿园生活。

当开始实施这一新的计划时，保罗专注于托马斯的现象变得更明显了。我们明显可以观察到，他在找托马斯时与他想要有人抱他时喊"抱抱"或"妈妈"的情形具有同样焦虑和迫切的特点。

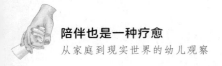
约瑟夫让保罗在自己的椅子上坐好，电视里正播放着一个儿童频道。西尔维娅把保罗的食物端了进来，她把食物递给了约瑟夫，让他喂保罗。保罗突然变得非常不安，一副心浮气躁的样子，他拒绝吃东西。他开始喊"托马斯"，并用手指着电视机。约瑟夫告诉他，他吃完午饭后就可以看托马斯了。保罗还是一副心浮气躁的样子，他坐在椅子上不停地动来动去，还把腿伸出来乱蹬乱踢，这让他父亲根本没办法喂他。僵持了一段时间后，他们决定让西尔维娅喂他，看会不会好一点。约瑟夫解开带子，把保罗从椅子上抱了下来，西尔维娅喊他跟自己坐在一起。保罗径直走向了母亲，一坐到她的腿上就很快安静了下来。

接下来的这周，我的观察安排在午饭时间，我看到电视上正播放着一个托马斯动画片。这一次，保罗没有做任何的反抗，他安静地让他父亲把食物一勺一勺地放到他的嘴里，但是他的注意力却始终牢牢地放在了电视屏幕上。在我后来的一次观察中，当他父母都忙着打扫卫生时，保罗走到了我身边，给我看他的新托马斯钱包。

1月，保罗开始上幼儿园了，同时，为他下一个月再次回到父母家过夜而做的准备也开始了。在一次观察中，当保罗进卧室时，我看到保罗的父母为他买了一个新的托马斯被套，跟他在寄养家庭中使用的被套有些相像。保罗很喜欢在他的床和父母的床中间爬来爬去。托马斯的寝具似乎有助于向保罗传达一些即将发生的变化，这让他看到，父母已经为他准备好了特殊的空间，就等着他回到他们家了。保罗在这两张床上玩的游戏似乎表明：他需要探索这个空间将会给他什么样的感觉，并一次又一次地试验晚上他跟父母之间的亲近程度和距离如何。

在所有这些时刻，当保罗离开这个房子、父母没有关注他，或者晚上一个人在床上时，他都将关注点集中于托马斯，或者说包裹在托马斯被套里而产生的安全感似乎能够帮助保罗振奋精神，设法处理由于必须面对他和父母之间存在的他无法控制的空间这一令人恐惧的现实而产生的难熬感觉。对大多数幼儿来说，分离是一项自然的发展性任务，但保罗不一样，他害怕在分离期间，他的父母，或者说他的照看者可能会永远消失，对他来说这种恐惧真的非常需要关注。在转变的时期，这样的焦虑很可能会被激起，而保罗似乎更专注于把托马斯当作在父母这些让人不适的关注间隔之间架起心理桥梁的方式，他在身体上紧紧抓着DVD盒子、玩具火车或看着钱包上托马斯那些熟悉的笑脸，对他来说，要控制住这些就容易多了。

　　保罗以这种方式使用托马斯，似乎符合温尼科特（1951）有关过渡现象（transitional phenomena）的描述，在这种过渡现象中，客体会逐渐地代表内化的母亲意象与作为一个独立客体且他无法控制的外在母亲之间的空间。"当然，这是一个过渡性的客体。这个客体代表了婴儿从一种与母亲融为一体的状态向一种作为独立的外在个体与母亲建立关联的存在状态的过渡。"（pp.14-15）温尼科特指出，就寝时间通常是需要过渡客体的时间："在就寝、孤独或者一种低落的情绪让他感到威胁时，原先那个软软的客体还是绝对需要的。"（p.4）

　　温尼科特（1951）详细描述了一个客体要想发挥过渡客体的功能必须具备的一些特质："它必须在婴儿看来是能给予他们温暖，能够移动，具有组织结构，或者能够做一些看起来表明其具有自身活力或现实的事情的。"（p.5）托马斯的角色（这个角色是通过一个模型火车或者托马斯在屏幕上移动的声音和意象表现出来的）符合这个标准，可能也因此而很适合以这种方式来使用，不过，我想知道的是：保罗是否会在某个时刻减少他对托马斯的依赖。温尼科特提出："个体在很小的时候就需要一个特定的客体或一种行为模式，到后来出现剥夺的威胁时，这种需要可能就会再次出现。"（p.4）但在通常情况下，随着文化兴趣的发展，这个客体可能会慢慢地被这个幼儿放弃，我在后来的观察中

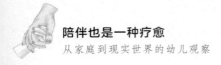
也发现了这一点。

托马斯的起起落落（2—5月份）

2月初的时候，保罗与父母接触的时间延长到了一整天，而他也结束了在幼儿园的适应期。不过，幼儿园老师觉得保罗还没有准备好应对这种分离，于是建议让他再适应两周。

让保罗回家的计划的最后一个阶段是：到月底，再次让保罗在父母家过夜，但地方当局觉得不能进入最后一个阶段。虽然联络报告表明，保罗的父母能够以恰当的方式和敏感性来照顾他们的儿子，但他们还是担心是否有足够的证据表明他们能够为了让保罗永久地回到家中居住而持续地改变他们自己的生活。计划中止了，父母与保罗接触的时间又减少为只有上午。就在同一周，保罗完成了他在幼儿园的延长适应期，开始一周有两天的时间独自上幼儿园，这就导致他在上幼儿园的这些日子里不能再见到他的父母。这一减少接触时间的安排持续了6个月，一直到法院最终审理，对保罗的长远未来做出决定。

在整个2月份和3月份，保罗对托马斯的依恋迅速增强。现在，每当要离开家，他经常是一手拿着一辆火车，这很可能代表他需要抓住与两个母亲角色的关系。同时，他的行为也让人更加担忧了：他开始经常性地打人、推人，而且到了幼儿园后很难与照看者分开（在这个时候，保罗也开始接受如厕训练）。在这个非常时期，当家里和专家群体中都弥漫着担忧的气氛时，托马斯的故事似乎起到了帮助保罗的作用，给他提供了一些词语来描述他的感受，这些词语无疑能够引发此时的他的共鸣。

约瑟夫正在收拾屋子，电视机里正播放着保罗的托马斯DVD。保罗走到了我坐的地方，在我的腿边徘徊着。他看起来有些不安。保罗开始轻声地说："好可怕（scary）。"他反复说了好几次。当我问保罗什么东西好可怕时，约瑟夫告诉我，那是保罗在托马斯DVD里学到的一个词。他说保罗还会用另外一个词，但他不记得那个词是什么了。我们两个人都不说话了，听着电视里面的对话，很快就听到了"像鬼一样的"（spooky）这个词。

复活节，保罗收到了父母送给他的一辆新的托马斯火车。这辆火车与他原先的火车模型不一样（原先的火车都是需要有人推，它们才会沿着轨道移动），这个模型会自己移动，当母亲教他怎样打开和关闭开关时，保罗非常高兴。

保罗开心地坐在地板上，玩他的新火车玩具。他不时地集中所有注意力，艰难地按下火车顶端的小按钮。然后，他会兴奋地跳来跳去，高兴并大声地对他母亲说，他让火车停下来了。

保罗的开心不仅传达出他由于能够熟练操控这个开关而感觉到的高兴，而且传达了他的效能感，他现在能够控制什么时候让火车停、什么时候让火车走了。温尼科特（1951）指出："儿童在游戏中操控外在的现象是为梦服务的，他通常会选择一些外在现象来赋予梦意义和感受。"（p.51）在玩这辆新的电动火车时，保罗还能够开心地占据一种更为全能的地位，就像胖总管决定火车们在轨道上的运动一样。他在幻想中可以逃避一个幼儿总是被带来带去这样一种无助和挫败的状态，相反，他能够开心地扮演那个控制者的角色。

托马斯故事的明晰性似乎也帮助到了保罗，在这些故事里，从这些火车的脸便可以清楚地区分出不同的情绪。保罗热衷于模仿这些表情，并不断试验这些不同情绪的表情和感受。

在约瑟夫走进客厅之前，保罗一直在看新买的托马斯书。保罗跳了起来，抬了抬眉毛，大声叫着"噢噢噢噢噢"，他的嘴唇一直保持着字母"o"的形状。他把书递过去给父亲看，约瑟夫表示赞同，说这辆火车看起来很担忧，并解释说这是因为它很快就要到山下去了。接着，约瑟夫鼓励保罗把他的书收起来，因为到了该出去玩的时间了。保罗开始收拾书，但他接着又晃到了我身边，拿着两本书。他站得离我很近，一只手拿着一本书。他把两本书的书脊按到一起，两本书并排放着，嘴巴里还说着："二。"我表示赞同："是的，你有两本书。"保罗继续细致地将两本书的书脊按到一起，沉思了好一会儿，然后回去继续收拾。

保罗手里紧紧抓着一本书，约瑟夫问他是不是想把书带到车上去，保罗说想。约瑟夫提醒保罗说，在他们要去的那个游乐中心里，有一本托马斯的书，上面有一个按钮可以发出一种"ch-ch"的火车声。保罗听他父亲说完后，拿起玩具火车的一节车厢，走到了我身边。他给我看他的火车，嘴巴里发出"ch-ch"的声音，我学着他的样子，也对他发出这种声音。接下来，保罗开始兴奋地在房间里跳来跳去，转着圈圈，并像疯了一样地把桌子上的纸张扔得到处都是。约瑟夫让他安静下来，但保罗开始兴奋地大声尖叫起来，他把火车车厢弯成弧形，放在头顶。接着，他开始打开装满了纸张的柜子，然后把他的火车推到所能进入的任何一个角落。他的父亲看着我说："保罗把火车到处开。"

就像他父亲所做的恰当总结一样，保罗似乎传达了一个愿望：他的小火车能够进到"任何东西"里面去。我们可以将他打开柜子，并把他的火车推进里面任何一个小角落的行为理解为俄狄浦斯欲望的一种表现，他把两本书的书脊按压到一起的行为很可能也传达了这一点。克莱茵在她的论文《俄狄浦斯冲突的早期阶段》（*Early Stages of the Oedipus Conflicts*，1928）中，描述了幼儿想要认识并占有母亲身体的愿望。

（p.188）不过，对保罗来说，想要占有他母亲身体的内容的幻想可能因为这样一种愿望而提升了：他希望自己能够安全地留在这个空间之中。

　　到了5月中旬，保罗开始表现出了不再那么强烈地依赖于托马斯的迹象。在游乐中心，当看到另一个小男孩拿起他的火车，保罗第一次只是在边上看着，让这个小男孩玩了一会儿之后，他才伸出手去把小火车拿了回来。在接下来的这周，保罗突然意识到，他的小火车不见了。当约瑟夫告诉他小火车在车里时，他表示知道后，继续玩了起来。6月，当保罗发现他把自己的火车留在了寄养家庭时，他能够再一次忍受这一点，且没有任何不安的表现，他知道，托马斯依然安全地待在其他某个地方。保罗让他自己与托马斯之间的距离逐渐变大，似乎是一种健康的发展。除此之外，上幼儿园也帮助保罗拓展了他的见识，发展了他与其他幼儿相处的社交技能，并使得他能够设法应对与照看者分离的时间。当电视上播放《巴布工程师》（*Bob the Builder*）的片段时，保罗很热切地试图给所有不同的角色命名，似乎他已能够与一个新的世界的人物角色"交朋友"。在这段稳定的时间（在此期间，他与他的照看者生活在一起，与父母的接触也从未间断），虽然保罗会继续表现出对托马斯的喜爱之情，但他与托马斯之间的关系中较具依赖性和强迫性的方面似乎已逐渐减少，就像温尼科特（1951）所总结的："其命运是逐渐地不再被依恋，在往后几年的进程中，它会被打入冷宫，完全被人遗忘"。（p.5）

❧　结　论

　　像这些小火车热切地想赢得胖总管的关注和表扬一样，保罗也是一个很努力地想要获得大人关注并能够表达其感受的小男孩，这表明：尽管他生命之初的日子很艰难，但他在婴儿期从父母那里得到的爱和关注足以让他觉得，寻求关系和建立关系是值得的。这一点明显地体现在

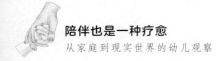
了他的行为中：他极其爱热闹，或者当感到恐惧的时候，他会大声尖叫、哭喊并需要被人抱着。保罗能够与他的照看者形成一种重要的依恋关系，而且在他试图让自己被人理解时，也能够把我视为另一个可以求助的成年人。在这样艰难的时期，保罗将托马斯视为一个过渡客体，我们可以认为，这反映了他内化好的关系体验的能力，就像温尼科特（1951）所说的："当内在客体充满活力、真实且足够好的时候，婴儿便能够利用一种过渡客体。"（p.9）在观察期间，我们明显看到，虽然保罗从一开始便总是觉得很难与父母分开，但慢慢地，当有时候面对有可能与他的照看者（在保罗心里，照看者已经成为一个安全的、可以信赖的人）分离的状况时，保罗就会变得更为痛苦忧虑，也会更加依赖于托马斯。

保罗很幸运，在寄养家庭中可以遇到一个周到、专注且敏感的照看者，她认识到了将她对保罗的观察反馈给专家群体的重要性，于是便以一种深思熟虑的方式制订了联络计划。照看者还认识到，对保罗来说，托马斯扮演的是一个安慰者的角色，她能够将此与其他幼儿以一种更为寻常的方式，比如乐于看托马斯电影、玩托马斯玩具的现象区别开来。这都是由于她认识到了保罗在托马斯身上所找到的安全感，所以她建议他的父母也给他买托马斯寝具。保罗的父母听从她建议的能力，以及带着极大兴趣对保罗所喜欢之物做出反应的能力，使得保罗能够在他两个不同的家、两个不同的父母角色之间建立关联。不过，随着保罗收到越来越多的托马斯礼物，我想会不会有某个时刻托马斯对他来说变得没有任何帮助了呢？它会不会以一种无益的、不健康的方式满足他的迷恋呢？

虽然他的父母似乎表现出了一种对保罗利用托马斯的特殊方式的理解，但我注意到他们也开始利用他对托马斯的依恋，将其作为一种便利的教养工具。在我的某一次观察中，约瑟夫由于保罗行为表现不好而没收了他的火车，这个时候，我是否应该进行干预，告诉他不要拿走这个玩具？或者这是否给了我们一个自相矛盾的信息，削弱了一种我本应该鼓励的与年龄相符的教养策略？在我提交的有关父母照顾其幼儿的能力的报告中，在就餐时间关掉电视机或者不许幼儿玩玩具是否应该是一个证明其拥有设立有益规则之能力的例子？但如果这个节目或玩具是托马斯又该怎么办呢？有没有可能让一些例外情况变得合理呢？有没有可能对不同玩具的意义和功能加以区分呢？

　　作为一位家庭支持工作者，我的角色需要我经常密切接触保罗及他的家人。在我所接受的精神分析观察培训及儿童发展培训的支持之下，这个职位使得我可以进行详细的，有时候是痛苦的观察，这些观察记录为社会工作者证明这一点提供了证据，即保罗外在处境的变化如何影响到了他的情绪幸福感（emotional wellbeing）。在所有的案例中，联络监督者与社会工作者之间的这种交流，在帮助社会工作者（社会工作者与这个幼儿直接接触的机会要少很多）方面提供了一种重要的机能，使他们在为幼儿做出复杂决定时能够一直将幼儿的情绪体验放在他们考虑内容的中心位置。不过，对社会工作者来说，当处于报告要赶最后期限和为一个幼儿提供改变生活的建议的压力下，要一直想着他们的决定所产生的让人痛苦的影响，并非一件容易的事。个人防御与组织防御可能会结合在一起，保护工作者不会在情感上受幼儿的痛苦影响，这个幼儿的痛苦可能会过于强烈而让工作者觉得难以忍受，而且可能会损害工作者支持有关该幼儿未来的艰难决定的能力。这种艰难可能帮助解释了这个社会工作者做出终止第一个让保罗回家的计划的原因，当时寄养家庭的照看者曾报告说，保罗发了一次高烧，吃不下食物，还摔了一跤。所有这些反应都以一种强有力的方式表达出了保罗所体验到的困惑与痛苦的程度，这使得社会工作者在面对这样的痛苦时很难继续实施让保罗回家的计划，这一点让人可以理解。社会工作者与家庭支持工作者之间保

持对话的重要性反过来也成立。社会工作者关于改变联络计划的有效沟通使得联络拜访不仅成为收集信息的资源，同时也能帮助家庭支持工作者为这个家庭提供一种容纳的机能，例如，在保罗第一次在父母家过夜后，家庭支持工作者第二天上午便计划去他父母家做一次拜访。

通过思考保罗在这一年过渡期内的体验和反应，我对于这种经验对一个幼儿在情绪方面所产生的影响有了更多的洞察。这让我看到了非常重要的一点：我所接受的精神分析观察训练是如此的重要，它使我可以对在联络情境中所观察到的互动情况有更好的理解。通过思考幼儿表达出来的内容，以及这些内容可能传达的幼儿感受，我觉得自己可以更好地给我观察的幼儿及其父母提供支持。虽然没有办法消除这个幼儿（或者他们的父母）的痛苦体验，但如果他们获得帮助，觉得在联络面谈中，自己的难熬感受至少有人听到了或者理解了，那么这很可能就可以在某种程度上帮助他们减少他们所受的创伤和困惑。

❧ 注 释

1. 布里特·奥尔克罗夫特（Britt Allcroft）是儿童电视剧《托马斯和朋友》的创作者，导演是大卫·米顿（David Mitton）。

05
第五部分

研　究

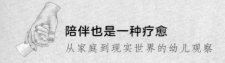

　　第五部分的第一章（第十六章）是安娜·伯尔豪斯撰写的，她让我们看到了一个新的维度：通过尝试将儿童发展研究的取向及发现与来自儿童心理治疗和精神分析取向的观察的发现整合到一起，从而扩大了我们的视野。穆西奇（Music）在近期出版的著作（2011）中就对伯尔豪斯书中曾探究过的一些问题再次进行了讨论。作者从其最初的起源开始追溯了三角关系（triangulation）的发展，这种三角关系一开始是从母亲和婴儿的两人世界中发展起来的。婴儿通常通过"注意协调能力"和他所体验和经历的有关母亲的"共有影响"（shared affects），从而发展出"三元思考"（tink triadically）的能力——也就是说，同时思考三个方面的问题。这些经历为幼儿应对早期俄狄浦斯情结以及后来获得更充分发展的俄狄浦斯情结的三元动力学铺平了道路。成功地修通俄狄浦斯冲突（这些冲突主要是围绕容纳和排斥的主题）使得幼儿能够进入"第三种状态"（third position）（Britton，1989），这种状态的特点是：可以采取一种观察和自我观察的姿态。

　　关于一个两岁半的小女孩的观察记录生动地论证了这些理论概念，这个小女孩的总体发展好像始终有些滞后。由于一种严重疾病的威胁，母亲和这个孩子之间不能有任何的分离。第三方——父亲、观察者、外在的世界——都成了威胁的存在，因而遭到了母女这对二人组合的强烈抵制和排斥。一旦消除有可能患上致命疾病的风险，更为健康的发展过程就有可能再次启动。

　　接下来的两章内容论证了幼儿观察能够为有关幼儿生活的研究所做出的其他方面的贡献。这两章内容都将关注的焦点放在了幼儿园在幼儿成长中所能发挥的作用上，且这两章的作者都是对该领域有着持久兴趣的研究者。

　　第十七章作者是维尔弗里·达特勒、尼娜·霍弗-赖斯纳、玛丽亚·菲尔斯塔勒和马吉特·达特勒，他们主要关注的是从家到幼儿园这一转变对幼儿人格所产生的影响。本章作者表明了幼儿观察方法在以下研究中所具有的特殊地位：将量化方法与质化方法相结合的研究，以及以非常详细的方式描述了其步骤与程序的研究。其中有一些方法具有众所周知的相同要素，这些要素是那些遵循埃丝特·比克所提出的方法并具有培训目的的研讨班的特色所在。其他一些方法则是特定的，因不同的研究目标而使用不同的方法。我们认为，在任何开放、严格的观察中，都有可能获得新的知识和理解。不过，这一章从认识论上对将幼儿观察作为一种研究工具的合理性和特异性展开了更为广泛的讨论，并说明了要完成这一角色所必须满足的标准。本章描述的这个案例是证明该方法有效性的一个非常有说服力的例子，因为它重点突出了幼儿园经历所带来的一种非常容易被低估的负性影响，即"默默承受痛苦的幼儿"的状况。这些幼儿通常不会发展出明显的症状，但从他们精神萎靡、情感淡漠、空虚的迹象和漫无目的地乱走的表现来看，他们似乎出现了让人担忧的精神贫瘠及其人格扁平化的征兆。

而彼得·埃尔费尔撰写的第十八章则集中探讨了能够激励幼儿组织的不同理念和文化。不过，重要的是要指出一点：在这里，我们有两种形式的幼儿组织，这两种组织都给幼儿提供了"足够好的"体验。埃尔费尔区分了两种方法——一种方法优先考虑的是幼儿对托儿所老师的依恋，另一种方法更多强调的则是同伴关系——他还呈现了在这两种不同环境中收集的观察材料。有趣的是，我们看到，这个问题在不同的象征水平上，在托儿所环境中，再一次提出了这样一个主题（我们可以在前面章节所描述的基于在家观察的内容中，看到这一主题）——父母与幼儿的关系、幼儿与兄弟姐妹的关系在幼儿发展中的作用。

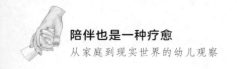
第十六章

现在我们两岁了，很快就会三岁：三元思维及其与幼儿观察背景之下的发展的关系

◎ 安娜·伯尔豪斯

许多幼儿观察最为明显的特征之一是有大量关于俄狄浦斯的材料，其中，我们看到的幼儿正努力应对三角关系的困境和奖赏。这种材料常常会重点突出幼儿觉得自己在一般情况下的家庭生活中是被容纳还是排斥、是一个参与者还是一个观察者的存在方式。这样一些高负荷的（有时候是热烈的）会面通常需要一些潜在的认知技能和情绪技能，来支持幼儿认识、思考并反思自己在家庭中的地位。这些技能包括一种对客体之间的相互关联进行三元思考的能力。

在本章，我打算论证建立关联和"三元思考"的能力对幼儿来说是何等重要。首先，我将描述三元思考的能力是如何从先前的婴儿—照看者二元关系（这种关系是在出生后头九个月形成的）发展起来的。其次，我将论证三元思维是怎样与俄狄浦斯情结和克莱茵的抑郁性心态（depressive position）概念联系在一起，以及这种先是被包括在内，后又被排除在外的体验是如何帮助提升抽象思维能力和三元思考能力的。我将用摘自幼儿观察的材料来论证这样的一些三角动力。最后，我将尝试说明，观察者是怎样在研讨班和培训组织所提供的容纳和反思能力的帮助下，保持一种以三元的形式思考自己在观察中位置的能力的。

❧ 思考、关联和行动三元思考的能力是怎样从二元互动中发展起来的

许多学者都赞同，三元思考能力的发展起源于婴儿和照看者之间在婴儿出生后头9个月的早期"二元"互动。（Bakeman & Adamson，1982；Hobson，1993；Mundy & Sigman，1989）这种"二元"互动的关键特征是"面对面的"接触，其中，婴儿与照看者的情感表达非常协调一致。（Stern，1985；Trevarthen，1979；Trevarthen & Hubley，1979）特雷弗顿（Trevarthen）曾提出，这构成了一个独特的发展阶段，他称之为"原发的主体间性"（primary intersubjectivity）。（Trevarthen，1975，1979，1980；Trevarthen & Hubley，1979）

最初，主要是照看者给婴儿呈现除脸之外的感兴趣的新客体。照看者以这样一种最简单的方式开始引入"三元"的概念。一开始，婴儿无法同时与客体和照看者建立关联，而是继续以一种纯二元的方式建立关联，"仅关注他周围环境的一个方面……几乎没有迹象表明他想与同伴分享这种新的兴趣"。（Bakeman & Adamson，1982，p.1278）在这个阶段，照看者的技能通常会支持和组织婴儿积极主动地尝试以一种相互的方式与他人建立关联和进行沟通。不过，到婴儿6个月大的时候，他便越来越能够独自探索和利用周围的环境。（Tronick，1989）

大约9个月大的时候，原发的主体间性通常会让位于更为高级的继发形式，其中涉及新技能的不断变化。慢慢地，婴儿的行为具有了一种力量感，并开始运用所需要的技能与姿势和他人交流。婴儿开始能够不仅在二元水平上，而且能够在三元的水平上与他人建立关联。婴儿的一些行为表现证明了这一点：拿玩具让照看者检查，通过盯着看或把脸转

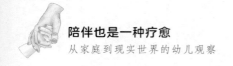

到一边表现出对某些客体的偏爱，等等。

在这个阶段，照看者追随着婴儿对重要客体的关注，兴趣盎然地表现出愿意等待，随时准备回应婴儿想要与人交流的尝试，以此继续支持婴儿能力的发展。照看者用这样一种方法表现出了一种将婴儿"放在心里"的能力，同时也塑造了一种将事物保存起来的方法，这样，一切都不会因为分离而失去。（Alvarez & Furgiuele，1997；Broucek，1979；Bruner，1968）随着婴儿逐渐地内化一位能够以这种方式将他放在心里的照看者，他便开始建构起日渐复杂的三元互动。[1]包括用手指（pointing）、提要求（requesting）、展示各种姿势（showing）在内的感觉运动成就，以及指示性的目光接触会在这个时间发展起来。运用这些"联合关注技能"（joint attention skills），幼儿开始在他自己、照看者以及第三个客体/事件之间建立起认知联系和情感联系。（Bates，Benigni，Bretherton，Camioni，& Volterra，1979；Butterworth，1991；Scaife and Bruner，1975）其中最为重要的是婴儿在几个不同的层面上建立关联的能力：第一个层面是在两个外在客体和他自己之间，第二个层面是内在想法、幻想以及外在现实之间，而第三个层面会超越时间和空间。

联合关注技能总是在一个社会背景中使用，主要用来将注意力和兴趣同时放在其他客体或事件之上，而不是只有一个客体或一个事件。这些技能背后的动机是婴儿因与另一个人分享情感而获得的快乐和启发。它们常用来表示一个客体很有趣，而非必需或想要得到。这一点与其他旨在使身体需要（如饿、冷、渴）获得物质性满足的感觉运动技能不同。这些技能通过情绪（惊奇、高兴、欢乐、害怕、不确定、快乐）的相互交流而获得的满足，重点突出了它们作为人际交往技能和心理技能的重要性。

鉴于这一背景，有趣的是，我们注意到，研究者已发现联合关注技能是一些重要认知技能和言语技能形成的必要前提。这些认知技能和言语技能包括语言的发展、对话的概念、在说话时引用参照的能力、象征的使用、心理理论等。联合关注技能和心理理论之间的关系尤其重要。心理理论的假设是在20世纪70年代后期提出来的，来源于为获得心理学理解而进行的动物实验。从那以后，强调的重点转移到了人类心理学，它试图解释人类是怎样逐渐获得这样一套可以相互理解的心理表征的。它竭力想解释正常的幼儿是怎样发展出这样一种"将心理状态（如信念、欲望、意图等）归结到他们自己以及其他人身上，并以此来理解行为、预测行为"的能力的。（Tager-Flusberg，1993，p.3）这种观点是基于这样一个前提提出的：我们作为一种心理存在（psychological being），不能直接进入他人的内心——也就是说，我们无法随时知道另一个人的想法，当然，我们可能会欺骗，也可能会被骗，隐藏我们自己真实的想法或意图。鉴于这些技能是理解他人心理这一过程中非常重要的部分，因此当我们了解到，联合关注技能的缺失是18个月大的幼儿孤独症的最早诊断指标之一，也就没什么好奇怪的了。（Baron-Cohen，Allen，Gilberg，1992）

从一种精神分析的视角看，这是发人深省的，因为这些技能显然有共同的情感基础。婴儿运用这些技能，便可以坚信自己的能力，即他可以指物，可以注意到他周围的世界，可以探索作为一个参与者和一个观察者之间的区别。他还能够以一种更具创造性、更为灵活的方式进行思考，采取一个第三者的立场，思考自身心理和他人心理的性质，以及这两者之间的关系，其中最为重要的是婴儿在探索过程中表现出来的好奇心（不仅探索外在的世界，同时也探索照看者的"内在世界"）。婴儿常常通过这种方式来感知照看者的回应、情绪、反应和兴趣，将其自身视为具有吸引力的刺激物。

婴儿通过这种互动（通过投射、内投、投射性认同等内心机制，以及感觉运动等）认识到，人是一种"心理"存在——也就是说，人能够

与他人分享和交流心理状态与情感状态。在有了这种经验之后，幼儿便开始感觉到内隐的心理状态是怎样在人与人之间沟通的。这就使得婴儿和照看者之间可以进行心理层面的沟通了，反之亦然。婴儿还慢慢地认识到，他可以对他人的这些心理状态产生强有力的影响，反过来，他人也可能影响他自己的情绪和情感。

正是通过这些共同的心理状态和情感状态，婴儿才慢慢地认识到了他人心理的隐蔽性。二人组合之间行为不同步的时刻使得婴儿更为熟悉的经验连续体上出现了差异。注意到这些不熟悉的差异后，婴儿会开始质疑：什么是真的，什么是假的。婴儿渐渐地能够找出那些他所没有的东西，或者照看者内心世界中那些他够不着的方面。随着这种能力的发展，婴儿开始能够以一种允许戏弄、耍小把戏和开玩笑等的方式与他人互动，而他的经验中也包括了那些"一切都不是表面看起来那样"的时刻。（Reddy，1991）

这一发展促使婴儿有了这样一种感知，即"自我"和"他人"是不同的、相互独立的，各自有不相关联的内在构造或视角。这就使得婴儿的弹性思维（flexible thinking，包括三元思维能力）得到了发展，并开始能够从另一个人的视角来看待事物。就像霍布森（Hobson，1993）所说："十二个月大的婴儿不仅能够认识到另一个拥有不同态度的人是独立的个体，而且认同于那些拥有不同态度的人，他已能够很好地洞悉作为一个人通常意味着什么，这个人对既定的客体和事件可以采取不同的态度。"（p.209）

从一种精神分析的视角看，这进一步证实了一点：情绪对认知的影响不是一个边缘的或附加的因素，而是其自身发展的一种形成性来源。（Urwin，1989）精神分析学家也非常关注"人格内不可避免的内在分裂和冲突，以及这些分裂和冲突对发展过程所产生的影响"。（Boston，1987，p.1）正是从这个方面看，婴儿—照看者关系中涉及的容纳和排斥的元素才具有如此重要的作用。我认为，九至十八个月大婴儿身上发展起来的一些联合关注技能囊括了三角关系中一些复杂的沟通。这些联合关注技能包括从一种"被排除在外的"观察者姿态（如在目光监控中）转变为一种"被包括在内的"参与者姿态（如在直接用手指的动作中）。这通常会让婴儿产生许多强烈的情感，如由于必须与第三个客体分享照看者而产生的对抗、妒忌、悲伤、快乐等情绪。（Burhouse，1999）因此，婴儿会面对一种需要灵活的行为方式和思维方式的动态情境。婴儿的内心体验是培养这些技能的基础。下面，我接着要讨论的正是心理状态的这个内在维度。

三元思维能力及其与俄狄浦斯情结的关系

在克莱茵看来，三元思维能力与从偏执—分裂样心态向抑郁性心态的转变有不可分割的联系。在这个发展阶段，婴儿从只能以部分客体为基础建立关联，发展至形成一种对整个客体的更为复杂的认知。（Klein，1935，1945）在偏执—分裂样心态中，婴儿往往会将乳房让他感觉受挫的方面投射进众所熟知的"坏乳房"这个原初的心理空间。通过投射将自我这些具有破坏性的方面驱逐出去，一种"在那里"（out there）的原初心理感觉得以确立。除此之外，当客体缺失时，婴儿便会体验到"乳房"（breast）与"没有乳房"（no breast）之间的对比。而这通常会使得他的经验连续体出现中断，这足以形成初步的思维。（Bion，1959，1962a）

通过运用这些基本的心理能力，幼儿逐渐开始远离这个让他受挫的乳房，转而寻找新的资源来获得满足或缓解。这就使得在婴儿的心里需要有第三个客体。"婴儿将乳房和他自己身上坏的方面分裂了开来，创造了第三个坏的角色。"（Segal，1989，p.6）阴茎（penis）的概念扮演了这个角色，它既是口部欲求的客体，同时也是虐待狂式投射

（sadistic projections）的容纳者。在婴儿的心里，这个过程慢慢地铺平了道路，使其从好乳房—坏乳房的二元建构走向更为复杂的好乳房—坏乳房—阴茎的"三角关系"（triangulation）。

随着抑郁性心态的出现，婴儿开始认识到，他所攻击和憎恨的那个人，其实就是他所深爱的那个人。因此，婴儿要面对一场持续的斗争，即控制这种此时已被视作属于他自己的虐待倾向和攻击性。这包括各种通过将虐待倾向和攻击性投射到其他某个地方来照顾所深爱客体的尝试。这个阶段的婴儿甚至更需要一个界定清晰，且适于投射其虐待狂式攻击的"三角空间"（triangular space）来容纳第三个客体。在这个阶段，该空间不仅被用来"保护"婴儿所深爱的客体，而且也被用来回避婴儿由于他的攻击伤害了他所深爱的客体且不能挽回而产生的强烈恐惧体验。没有这样一个三角心理空间（triangular mental space），婴儿便会把客体视作一个投射者（projector），而不是投射的容纳者。婴儿因此会产生一种无所不能的恐惧，害怕这种客体—投射将会入侵并摧毁他的内心世界。（Caper，1999）这种无所不能的幻想往往会损伤婴儿区分外在现实与内在现实，或者说"你的心理"与"我的心理"的能力。所以说，三角心理空间（婴儿可以将第三个容纳性的客体投射进这个空间）的建立，对婴儿来说是一种极大的宽慰。

抑郁性关注（depressive concern）还会激发婴儿日益关注，或者说"留心"他所深爱的客体在什么地方、状况如何。这同时还会使婴儿越来越清楚地意识到他周围的环境，同时通过使用其关注的自我功能，婴儿能够检验自己无所不能的感受，并将其与现实相比较。当婴儿发现他的无所不能的局限之处，他便越来越能够以一种抽象的、更为客观的方式进行思考。这进而会促使他的思维变得越来越灵活。婴儿通过运用这些新技能，能够一次思考不止一个客体，从而进行二元思维（two-tracked thinking），甚至是三元思维（three-tracked thinking）。

（Alvarez & Furgiuele，1997）这通常会增强婴儿先天追求知识的本能，还会增强他想要认识事物和学习的欲求。通常与此相伴随的是创造力的提升，包括建立联系、观察和抽象的能力，以及从一种不同的视角来看待事物的转变。

以这种方式形成的三角心理空间通常会激发幼儿产生一种好奇感，他带着这种好奇感，开始更为清晰地思考他的母亲和父亲之间的潜在关联。通过这么做，婴儿开始意识到有对手跟他竞争他所深爱的那个客体，于是开始产生俄狄浦斯焦虑和冲突。从认知和情感上来说，这意味着婴儿在心里要允许存在这样的可能性，即父母之间可能会建立愉快的排外性联盟，而且，婴儿要允许自己因为被置于这个联盟之外而感觉到极端的冲突。因此，这种抑郁性心态使得婴儿感觉到了典型俄狄浦斯情结所导致的真正的痛苦和冲突，通过这种方式，"原初的家庭三角关系给幼儿提供了两种关联，使他分别与父母中的一方建立关联，同时他还要面对这一状况，即他被排除在父母之间的关联之外"。（Britton，1989，p.87）

这种俄狄浦斯三角空间为婴儿采取一种"第三者立场"做好了准备，从这种立场，婴儿可以"设想自己被观察……（这种立场）给我们提供了一种能力，让我们可以在与他人互动的过程中审视自己，可以在保持自己观点的同时考虑到另一种观点，还可以在做自己的同时反省我们自己"。（Britton，1989，p.87）因此，三元思维促成了这种在心理上采取"第三者立场"的能力。随着婴儿的不断成熟，这种技能会发展，将一种认识和思考他人隐秘的心理状态的能力也囊括其中。这种技能绝对是发展一种完全成熟的心理理论的基础，在这种理论中，行为被理解成是由内隐的心理状态所驱动的，如果要理解行为的含义，就必须先推断这种隐蔽的心理状态。"只有当我们提出诸如愿望、信念、遗憾、价值观或目的这样的概念来理解他人的心理世界和自我的心理世界，我们所生活的这个世界才变得有意义。"（Fonagy，1991，p.203）婴儿内投一个主要照看者的内在模型［将其视为一个与元客体相关的（mata-object-related）个体，能够将其他人和婴儿都放在心里］的能力，对于这一发展性转变来说至关重要。

我们回头再看一看这种与他人分享心理状态和情感状态的能力的重要性，通过这种分享，婴儿便可以通过他与照看者的人际互动与内心互动，探索内在现实和外在现实。这需要照看者有能力容纳婴儿的心理，并移情性地或反省性地对幼儿所表达的内容做出反应。（Fonagy，1991；Main，1991；Siegel，1998）比昂强调，照看者对婴儿的容纳要足够他在自己的内心内投一个容纳的空间，使他能够建立 K 链接①，并开始思考。（1959，1962a）如果没有这样一个内化的"容纳者—被容纳者"（container-contained）模型，许多能力（包括联合关注技能）都将要么无法发展（就像孤独症的情况一样），要么衰退。这是因为婴儿必须能够内投并抓住来自外部世界的经验，这样才能让另一个人注意到这些经验。（Alvarez，1992）此外，如果没有一个容纳的空间可以投射，婴儿便无法用现实来进行充分的试验或游戏，因为他不能以一种支持现实检验（reality testing）的方式将内在的状态投射进其照看者的内心。

通过使用"现实的投射性认同"（realistic projective identification），正常的婴儿便可以唤起照看者的心理状态或"内心的状态"。（Bion，1959）当体验到这一点时，婴儿便会开始通过分析照看者对他的投射的反应，尝试用不同的方法认识并确定他自己及他的客体的心理。"这种投射检验（projective testing）使得我们可以同时检验并了解我们自己的

---

① K 链接概念由比昂提出，指个体在人际关系中通过共情和理解来建立深层的情感联系和心智化能力。

内在现实和外在现实：我们通过将我们的内在状态投射进我们的客体（看他们是如何反应的），来了解这些客体的心理，我们通过将我们客体的心理用作衡量的工具（看他们是如何反应的），来了解我们自己的内在状态。"（Caper，1999，p.87）除此之外，婴儿还开始以一种强有力的方式内化他自身能够作用于周围环境的感受。婴儿能够使周围环境发生变化，能够体验到他的行为（他手指的方向和意有所指的表情）与对他人所产生的影响（他的照看者的反应）之间的因果关系。婴儿通过这样的方式，能够具体地感知到意向性（intentionality）。此外，通过这么做，他开始发挥出自己让某些事情发生的创造性潜能，不是通过无所不能的手段或魔法，而是通过他的现实存在：他自己。

在有利的环境中，婴儿能够通过其照看者对他的想法所表现出的显而易见的兴趣，从而内投一种自己本身就是一个有趣的人的感觉。这种潜能和活力在我看来是一种补偿性因素，这或许可以用来解释普通婴儿是怎样开始应对由于失去了"想象中"与照看者之间的排外性关系而产生的痛苦的。它还可以为婴儿提供走向一个现实世界所需的动力，在这个世界里，极少有关系是排外性的。这就使得幼儿与照看者形成了一种新型的关系，这种关系更多地建立在一种社会伙伴关系基础之上。这样，"我们便可以认识到，俄狄浦斯三角关系并不意味着一种关系的消亡，而只会导致一种有关某一关系的想法的消失。"（Britton，1989，p.100）用一种象征的方式来说，将不止一样东西放在心里的能力反映了幼儿接受了自己在世界上的位置，在这个世界里，他并不是照看者心里唯一所想的对象。

作为一个对外部世界好奇和产生影响的个体，以三元的方式思考问题，是心理和情感发展的重要诱因和激励因素。我希望下面的材料可以证明这一点。

幼儿观察背景中的排斥和容纳、二人组合和三人组合

科迪（Cody，两岁半）是一个核心家庭中的独生女。她的母亲在家里做一些临时计件的工作，她的父亲是当地一家工厂的领班。在开始观察时，家人都非常担心科迪的健康状况。她的整体发展有些滞后，她的言语发展仅限于三四个字，一次只能说一个字。她还没有断奶，还穿着尿布，晚上不能好好睡觉，总是半夜"猛地一抽"把自己弄醒。这家人已咨询过许多卫生保健方面的专家，科迪也已经历过几次临床检查。这些检查始终没有给出明确的诊断，但可能的情况是：科迪患上了一种神经性障碍、孤独症，或者是一种危及生命的疾病或肿瘤。在观察的头几个月中，这家人一直都在焦虑地等待着进一步的检查结果。自然，全家人都承受着相当大的压力，在此期间观察到的动力也反映了这种极端情绪化和紧张的氛围。

尤其是科迪的母亲，她的反应是小心翼翼地守着她的女儿，尽其所能地减少她们之间的挫折、分离或冲突，当然，她的反应也是可以理解的。母亲的这种焦虑反应好像加重了科迪本就已存在的发展迟滞现象，阻碍了她通过独立探索获得新技能的能力的发展。这与俄狄浦斯冲突相互作用，似乎将科迪捆绑在了母亲身边，而不是支持她走向她的父亲。科迪对分离的恐惧似乎也与此相关，她害怕父母这对二人组合会结合到一起，这种恐惧干扰了她的睡眠，增加了她的梦魇。为了否认这种冲突，她的父亲经常被她以一种防御的方式排除在母亲—女儿这个二人组合之外，但她父亲在父母卧床上的位置却是一个强有力的提示，这让她看到了她父亲作为一个竞争者的重要性和地位。

这段时间最为显著的特征是母亲和女儿之间的关系所具有的高度排他性。科迪的母亲对女儿的需要非常敏感，总是在女儿试图表达出某些需要之前就预料到了这些需要。这在很多方面让我们想到了之前的母亲—新生儿（婴儿）的二人组合。因此，科迪几乎不需要自己发出声音，在许多方面，言语似乎成了分离的一种象征，或者是对母亲与女儿这一亲密组合的一种威胁。除此之外，这个二人组合之外的任何个体都被认为具有迫害性，就好像他们也是这个具有威胁性的"外在"世界或"异己"世界的一部分，他们最终有可能会伤害或杀死科迪。

这时候，科迪的父亲（当他在场时）和观察者（当她父亲不在场时）被她们视作代表了被排除在外的第三方或危险的异己者。游戏常常是在母亲和女儿之间进行，就好像她们两人都想退到一个没有威胁的"只属于她们自己的世界"里。这让我们想到了一个将她们结合在一起的子宫，只有她们存在于那个地方，或者说，只有她们有能力看到发生了什么。观察者一次又一次地感觉到自己"被她们从心里消灭了"，被强有力地排除在了这个二人组合"之外"，或者被当作不存在。

科迪打开一个手电筒。她拿手电筒照她母亲的衣服，然后，她又拿手电筒照她母亲衬衣的里面，就好像那是一个帐篷一样。科迪的母亲也把自己的头缩到衬衣的里面，就好像是在跟她的女儿一起待在帐篷里。科迪的母亲说："进到里面来，我们是唯一能看见彼此的人。"接着，她又对着观察者补充说："你看不见。"

科迪此时玩的游戏的一个主要特点是：非常专注于两个人一起玩。她会拿两个一模一样的东西给观察者，抓着这两个东西给观察者看，有时候也让观察者拿着。这就好像是父亲和观察者的角色逐渐成了一个更大的世界，即一个更大的充满复杂关系的世界依然存在于母亲—女儿这个强有力的二人组合之外。

这一天终于来了，科迪和她母亲开始一起睡到一个单独的卧室，而她的父亲则在另一个卧室。这个时候，科迪一点都不能忍受自己被放在

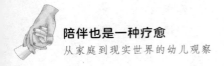

一个被排除在外的第三方的位置上。不管什么时候，只要科迪的母亲想跟丈夫待在一起，或者与观察者说会儿话，科迪就会故意捣乱，她要确保自己始终是被容纳的，而其他某个人则要被置于"被驱逐"或"看不见"的位置。母亲和女儿这个二人组合似乎没有受到科迪父亲的太大挑战。他对她们的健康幸福的关注使得他接受了这样一个角色，即他总是因为女儿与妻子的关系而显得没有存在感。这就好像是任何闯入这个母亲—女儿二人组合的东西都会被视为有可能具有破坏性，就好像是对这个家庭而言的危险（既包括外在的危险，也包括内在的危险）被投射到了阴茎上。科迪的父亲所做的试图走近这个母女二人组合的大多数努力总是遭到科迪的公开拒绝，而且常常也得不到妻子的支持。而且这种倒置的俄狄浦斯冲突由于家人对科迪潜在疾病的担忧而变得更加严重了，三人组合完全不被容许，或者甚至不容想象。

　　科迪的父母紧挨着坐在一起。父亲的膝盖轻轻触碰到了母亲的膝盖，科迪马上就伸出手去，把她父亲的腿推开了。他说了两句话，科迪站了起来，她没有说话，但她的反应表明，她认为父亲应该离开他的座位。科迪的父亲去了隔壁的餐厅，没有做更多的抗议。于是，科迪得意扬扬地坐到了母亲腿上，开始吃吃喝喝，脸上露出夸张的愉悦表情，一边还说着："还要，还要！"

　　这家人收到好消息了。检查结果表明，科迪绝对没有问题，而且（医生）估计她不会有严重的发展迟滞，学习或身体上也不会有问题。收到这个消息后的第一次观察与之前的观察性质完全不同。这种不同突出了这家人曾承受的让人难以置信的压力。在确定了科迪是"安全的"、健康的以后，这对母亲和女儿之间似乎变得越来越能够分开了。科迪还开始公开地对这个二人组合之外的其他人表现出好奇和兴趣。

　　观察开始的时候，科迪正在房间靠里面的一个角落里玩。她在用砖块状积木搭建一栋房子。她母亲在厨房里烤面包。科迪并不在她的视线范围之内。这个二人组合之间的物理空间，以及她们二人都非常专注地各自做着自己的事情的事实，非常引人注目。科迪注意到观察者到了，她第一次用响亮、清晰且感兴趣的声音喊他的名字，向他打招呼。

　　与这种越来越能够分离的能力同时出现的，是母亲拒绝科迪的要求并说"不"的能力的发展。科迪觉得她很难适应母亲的这种变化，当她不能随心所欲时，她就会大哭、尖叫、腿乱踢乱蹬。这个二人组合能够分离和承受发生冲突的能力的增强，促使科迪发展她的言语能力。现在，科迪需要用言语表达她和父母不一致的想法，以及对父母的反抗。这个方面很快就获得了发展，科迪开始能够两个词一起说了，她会说"no-way"（绝不）和"go-way"（走开）了。这些词语表明，科迪越来越希望确定自己的物理空间、情绪空间和心理空间，以超越一直存在的与他人组成二人组合的需要。

　　科迪和她母亲都开始越来越多地表达出对彼此的矛盾情感。在此期间，母亲和女儿之间的亲密身体接触也开始发生了质的改变。科迪和她母亲的接触通常一开始充满爱意和情感，但很快就会变得越来越痛苦和具有施虐倾向。

　　科迪拿起母亲的一张照片。她指着照片说："我。"她母亲纠正她的话，说："不是你，这是妈妈。"科迪走过来，坐到她母亲的腿上。她用一只手给了母亲一巴掌，另一只手伸到了母亲的衬衣里面，捏她的乳房。她母亲说："这就是一边对你好，一边捏你的乳房；这是一种'爱你又折磨你的程序'（love-you-and-torture-you routine）。"

这种施虐倾向的增强源于两个方面：一是科迪对母亲的嫉妒；二是她越来越清楚地认识到，她不仅要与其他人分享母亲，而且母亲主观上也希望这样。科迪的父亲开始成为三人组合中一个更为强有力的存在。对科迪来说，父亲已成为一个越来越重要的角色，当她暂时性地感觉到对母亲的敌意时，便可以转向父亲。她还可以依靠他来探寻不同的视角和观点。此时，三人组合似乎更容易接受了，这家人开始花更多的时间在一起，亲密接触，就像是一个三人帮。

随着时间的推移，当看到她的父母在一起，科迪慢慢地能够忍受了。她开始坐在一边，看着他们聊天，而不是去打断他们，也不会让他们把注意力转移到她身上。这样，她越来越能够接受被排除在外的第三方角色了。她还能够允许母亲自由地与观察者说话，而她则安静地在母亲脚边玩。观察者的角色在这个家庭中也发生了变化。科迪似乎开始喜欢他的存在，他的离开常常会让她感到难过。她常以象征的方式让观察者生活在她心里，在观察者不在的那周，她会假装给他打电话，对他说"你好"，以此来保持与观察者的联系。

另外，这家人花在以创造性、独创性方式反省、观察、思考彼此方面的时间也显著增多了。例如，当这家人去度假时，他们编了一个关于三只狐狸的家庭游戏。这三只狐狸中有一只会在一个"黑暗的狐狸窝"中迷路，与另外两只狐狸分开。另外两只狐狸则会找啊找啊，找这只迷路的狐狸，直到它们又团聚在一起。每一个家庭成员轮流扮演这个被排除在外的第三方角色，科迪的父母尤其对科迪一开始扮演这个角色时所表现出来的焦虑产生了共情。这个家庭似乎是在庆祝这样一个事实，即科迪是安全的，他们家不会因为她的过早去世而从三个人减少为两个人。

很快，大多数夜晚，科迪都能够在她自己的床上整夜安睡，而不会去打扰她的父母了。这个阶段的特点是，科迪在认知和情绪方面都有了迅速的发展。她开始使用完整的句子，在游戏中能够使用拟人化的手段，并能通过许多新的方式来学习，包括计数和基本的字母识别。科迪还能与母亲分离了，她开始上幼儿园。她结交了朋友，完全断了奶，并接受了如厕训练。

认识到科迪是"安全的"之后，这个家庭内被否认的一些冲突和攻击性重新出现了。科迪和她母亲开始更能够表达她们对彼此的爱和矛盾情感。科迪变得越来越独立，同时也能修通她的丧失感和对被抛弃的恐惧了。让人吃惊的是，科迪此时已接受了她父母的关系，并开始运用三元思维方式。另外，她在各个方面也都有了很大的发展，其中包括进行抽象思维和三元思考的能力。

观察者的三元思维

就像我们在上述材料中的父母身上所看到的，在面对压力、创伤或强有力的无意识情感时，要想保持一个三维心理空间（three-dimensional mental space）是一件极其困难的事情。就像偏执—分裂样心态和抑郁性心态一样，一个人掌握了三元思维的能力并不意味着这种能力就固定了，可以长期不断使用。不过，二元思维确实是三元思维的发展所必需的，或者与其有因果的关系。比昂阐明了在二元思维出现之前，思维最初是怎样从不能思考的状态中发展起来的。（1959，1962）他强调，照看者加工"不能思考的内容"，然后以一种"可思考的"、透彻理解了的形式将其返还给幼儿的能力，能够在很大程度上帮助婴儿内投这种能力。我认为，只有在借鉴婴儿期容纳的模板时，才会用到三元思维，当此种内在或外在的容纳不存在时，就无法使用三元思维。

在不那么和谐的时刻，前俄狄浦斯的二元思维或早期碎片式的思维就会突然出现在我们所有人身上。这有可能会限制我们采取第三种心理状态（a third mental position）的内在能力，影响我们正确看待事物、清

楚思考外在现实以及从另一个视角看待事物的能力。因此，它会阻碍我们的抽象思维、明晰观察、记忆和共情的能力的发展。正如我们所看到的，这些特质是幼儿观察和婴儿观察的学员所必须具备的。

很多研究者都写过观察者在婴儿观察或幼儿观察中所扮演的难以做好却有价值的角色。（Miller，et al.，1989）研究者也承认，在观察期间有可能会体验到强烈的反移情情感。如上所述，当被观察的家庭处于焦虑或压力很大的时期，观察者可能就会被要求发挥一种容纳性的功能，或者扮演某个特定的角色。正是在这样的时刻，尤其是当观察者体验到这个家庭在某个方面"符合"他们自己的无意识共鸣时，观察者也需要某种容纳。

研讨班和研讨班的领导者和培训组织在理想的情况下构成了一个可以容纳观察者的反思性三维空间。在这种帮助之下，观察者通常能够充分地容纳他们的感受，以维持他静静在一旁关注的观察姿态。当观察者回到观察的家庭，能够带上一个内化了的"第三"维度，同时保持自我反思。在思考所产生的一些微妙情境，或观察者被要求去扮演的一些难以应对的角色时，研讨班或研讨班领导者的这种"内在的声音"可能会非常有帮助。研讨班和研讨班领导者的这种反思能力，能够深化和扩展观察的经验。

在观察者审核观察材料时，研讨班和研讨班领导者也能提供帮助。他们能指出一些新的大家感兴趣的领域，表达对一些材料内容的好奇（而这些内容观察者之前从未思考过），发现一些重要的细节，重要的是，他们还能指出当前观察与过去那些观察之间的关联。这样，观察者便获得了帮助，在思考过程中可以找到新的视角。这能防止观察者视野过于狭隘，只提出与被观察家庭的材料相关的观点。它还能防止观察者过分认同于某一特定的家庭成员，以及将此付诸实施而在某方面可能会遭遇的相关风险。最为重要的是，研讨班和研讨班领导者提供了一个容纳性的三维空间，这个空间对观察者来说足够安全，他可以在思考过程中冒一些风险。这使得观察者建立关联和探索新情绪领域的能力能够获得飞跃式发展，尽管他们依然害怕未知的或"不能思考的"领域。

总　结

三元思维是一种非常宝贵的技能，一旦形成，它就会给我们提供一种内在资源，让我们带着好奇心生活。该技能最初与一种痛苦的认知有关，即幼儿认识到自己被排除在了父母这个二人组合之外。不过，一旦幼儿开始接受想象中与主要照看者之间的排外性关系的失去，那么，这种技能也会以新的、让人兴奋的思考和观察世界的方式，提供补偿。在具备了这些新视角之后，幼儿便能开始思考自己、周围环境以及他人的心理之间的关系。于是，他便能更为积极主动地展现他自己的潜能、创造力和抽象思维能力。所以说，三元思维的形成代表着一个苦乐参半的发展时刻，在这个时刻，痛苦和丧失是门槛，跨过去，就能因生活在一个三角关系的世界里而获益。

注　释

我想感谢马丁·斯特恩（Martin Stern）、凯茜·厄温（Cathy Urwin）、凯特·巴罗斯（Kate Barrows）和萨拉·兰斯（Sara Rance）在我撰写这篇文章的过程中为我提供支持、督导和鼓励。

1. 这里的"他"指婴儿。

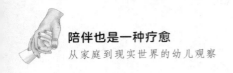

第十七章

用作研究工具的幼儿观察：探究日托机构中学步期儿童的发展

◎ 维尔弗里·达特勒、尼娜·霍弗-赖斯纳、

玛丽亚·菲尔斯塔勒、马吉特·达特勒

～～ 鲍丽娜在日托中心的第一天

鲍丽娜（Paulina）两岁八个月大了，她的父母和她五岁大的姐姐萨拉（Sarah）跟她一起去了幼儿园，她姐姐萨拉已经在这所幼儿园上了两年了，工作日的每一天她都会来这里。以前早上送萨拉到幼儿园，或者下午从幼儿园接她回家时，鲍丽娜经常会跟在一起。但现在，鲍丽娜自己要真正待在日托中心的日子开始了。

从莉萨·施韦道尔（Lisa Schwediauer，2007）撰写的观察记录（记录了鲍丽娜第一天在日托中心的情况）来看，我们可以猜到这个日托中心有两个教室，在一天中的某些特定时刻，年纪小点的孩子和年纪大点的孩子会分别待在这两个教室里。年纪小点的那一组（鲍丽娜现在也是其中一员）的名字叫"杂乱无章"（Higgledy-Piggledy），而萨拉所在的年纪大一点的那一组叫"马戏团帐篷"（Circus Tent）。

一大早，当鲍丽娜和萨拉被送到幼儿园时，两个小组的教室一开始还是对所有幼儿都开放的。就好像是世界上最为自然的事情一样，鲍丽娜跑到了萨拉所在小组的教室"马戏团帐篷"。鲍丽娜跟她姐姐一起爬进了建在高台上的一个小木屋。过了一会儿，她就在一面镜子前摆起了各种姿势，当然也是跟她的姐姐在一起。接着，她就在教室里到处乱跑了起来，她好像是在这附近找她母亲K太太，K太太此时和她的丈夫K先生正在衣帽间。当照看者舒斯特（Schuster）太太喊所有年纪小点的幼儿跟她一起回到"杂乱无章"小组教室时，她对鲍丽娜友好地笑了笑，说：

那么，鲍丽娜，难道你不想跟我们一起走吗——啊？！萨拉也会来哦，她已经认得路了。（Schwediauer，2007，1/6[1]）

事实上，鲍丽娜和萨拉，还有其他幼儿一起跑进了"杂乱无章"小组的教室。在那里，他们冲向了一个木屋，这个木屋与"马戏团帐篷"小组教室里的那个小木屋有些相似。当鲍丽娜发现在这个木屋的下面有一个盒子里面装了木质的铁路轨道时，她便在萨拉的帮助之下，开始将这些玩具轨道连到一起。

所有这一切都让照看者舒斯特太太有这样一种感觉，即鲍丽娜很可能不用父母陪伴便可以很好地应对一整天都待在日托中心的状况。当鲍丽娜的父母问他们可不可以开始把鲍丽娜留在日托中心时，舒斯特太太回答说："嗯，我们一般不会让幼儿第一天来的时候就单独待在这里。通常情况下，头四天，父母要待在这里，最多只能离开一个小时。"（Schwediauer，2007，1/7）但是，她紧接着又补充说，鲍丽娜的情况不一样，她已经很熟悉这个日托中心了，而且，不管怎样，她的姐姐萨拉也在这里（Schwediauer，2007，1/7）。鲍丽娜父母对她这句话的理解是：他们可以离开，把孩子留在幼儿园，这完全没有问题。当父亲先跟鲍丽娜说再见，过了一会儿，母亲又跟她说再见时，这个小女孩确实既没有哭，也没有其他任何外在的悲伤表现。这似乎进一步证实了舒斯

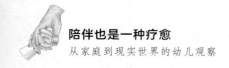

特太太的假设，即鲍丽娜不需要父母陪伴就可以自在地待在日托中心。

几天之后，当在研讨班上讨论这一次观察的记录时，大家都觉得，父母的离开对鲍丽娜的影响肯定比一开始所看起来的要大一些。从下面的观察记录可以看出这一点：（1）当K太太说她马上就要离开时，鲍丽娜突然避开了她的母亲。这似乎表明了一点：鲍丽娜是在主动地避开这种迫近的痛苦的被抛弃体验，转而主动创造一种不是把她自己，而是把她母亲置于突然被丢下的处境。（2）研讨班还进一步注意到：在她父母离开后，鲍丽娜便专心致志地努力组装火车轨道和拼图的各个部分，就好像她是在以一种象征性的游戏方式思考如何将分开的东西再一次拼装到一起。（3）最后，观察者观察到，大约一个小时后，当鲍丽娜的母亲回来时，这个小女孩的反应有些矛盾。当K太太站在"杂乱无章"小组教室开着的门边，来接鲍丽娜时，这个小女孩先做出了一种高兴的反应：

鲍丽娜转过头，看了她母亲一眼。她露出了一个大大的微笑。她的眼里明显闪耀着光芒。她朝着门的方向走了几步，两只眼睛一直盯着她的母亲，母亲也一直看着她。（Schwediauer，2007，1/11）

但接着，鲍丽娜突然犹豫了，就好像她不确定自己是否想用这样一种无比开心的状态来迎接她的母亲。她走到一半停了下来，转身，在地板上躺了下来，目不转睛地盯着照看者舒斯特太太，舒斯特太太知道，她想先完成她已经开始拼的拼图，然后再跟母亲一起走。

当研讨班在讨论鲍丽娜的这些反应时，他们想到了有关不安全 —— 矛盾依恋型幼儿（insecure-ambivalently attached children）的描述。研讨班假设，鲍丽娜必须与之斗争的痛苦情绪可能比舒斯特太太或者她的父母一开始所能想象的更为强烈。同时，研讨班还想知道，鲍丽娜从在家接受照顾到在家之外的日托中心接受照顾这一转变过程，以及鲍丽娜在之后的几周、几个月在日托中心的关系体验将会怎样进一步发展。

研究项目

"学步期儿童对家庭外护理的适应"

这样的一些问题启发了维也纳大学的一个科学家团队设计并实施了一个第三方付费的研究项目"学步期儿童对家庭外护理的适应"（Toddlers'Adjustment to Out-of-Home Care）。[2]这个项目的目标在于探究104名幼儿从在家接受照顾到在家之外接受照顾的转变过程。在第一次上幼儿园时，大多数幼儿的年龄都是在一岁半到两岁半之间。该研究团队想找到下面这些研究问题的答案：

1. 在最初的六个月时间里，适应（或不适应）在家庭之外的日托中心接受照顾的过程是怎样发展起来的？

2. 有关幼儿体验这一转变过程的方式，哪些方面是有帮助的，或者哪些方面是一种阻碍？

3. 就照看者所受的教育和训练而言，从该研究的结果可以得出什么样的结论？

为了能够确定哪些因素可能有助于促成这些转变过程的成功，我们第一步必须界定一个成功的转变过程的含义是什么。（Datler，Hover-Reisner，& Fürstaller，2010）在这样的背景之下，参考精神分析理论和发展心理学理论，我们假定，这样的转变过程是从在家接受照顾转为在家之外接受照顾的过程必然会涉及的，对于所有的婴儿和幼儿来说，这都是一次痛苦的分离体验，所以如果一个幼儿能够独自或者在某个人的

帮助下做到以下这几点，我们就可以认为这是一个成功的转变：

1. 他们在新的照顾环境中能够体验到并表达出快乐和愉悦。
2. 他们能够饶有兴趣地探索和探究新环境中出现的各种状况。
3. 他们能够参与和同伴及成年人互动。

　　为了获得多种材料以便对主要的研究问题进行分析和讨论，该研究项目团队采取了一种混合方法的研究设计。因此，他们使用了多种与量化研究方法和质化研究方法这两个领域相关的研究工具。（Ahnert，Kappler，& Eckstein-Madry，2012；Datler，Funder，Hover-Reisner，Fürstaller，& Ereky-Stevens，2012）大多数的资料都是在以下三个不同的时间点收集的（见图17.1）：

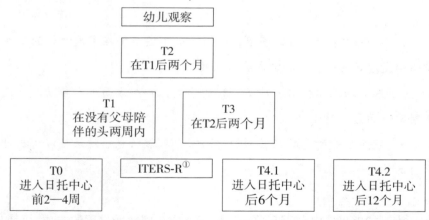

图17.1　时间表

注：此图表将2007年、2008年及2009年开始进入日托中心的104名幼儿观察的资料整合在同一年。

――――――――――

　　① ITERS即"婴儿/学步儿童环境评定量表"（Infant / Toddler Environment Rating Scale），ITERS-R指的是修订版的ITERS。――译注

1. T0：从收集有关幼儿家庭信息的那天到大约在幼儿进入日托中心之前的2—4周。

2. T1：幼儿在没有父母陪伴的情况下独自待在日托中心的头两周内。

3. T2：大约（在T1的）两个月后（或者在幼儿进入日托中心后大约第11周的时候）。

4. T3：大约（在T2的）两个月后（或者在幼儿进入日托中心后大约第20周的时候）。

5. T4：幼儿进入日托中心头20周后，T4.1为进入日托中心后6个月，T4.2为进入日托中心后12个月。

在项目开始的头两个月，项目团队会用德语版的"婴儿/学步期儿童环境评定量表"（ITERS）对日托中心的总体质量特征进行调查。（Harms，Cryer，& Clifford，1990；Tietze，Bolz，Grenner，Schlecht，& Wellner，2005）除此之外，项目团队还从104名幼儿中选出了11名幼儿，用幼儿观察的方法进行观察，从幼儿进入日托中心后第六个月到第八个月，平均每周观察一次。

从下面的概述中，读者或许可以明白我们为什么要用幼儿观察方法，以及我们是以何种方式将幼儿观察当成一种研究工具来使用的。为此，我们将先详细介绍一下研究项目中所使用的录像，这样便可以获得一个比较的框架，作为我们后面阐释幼儿观察工作所带来的特定优势和收益背景。在这么做的过程中，我们将一次又一次地重新提到鲍丽娜，我们在本章开头的报告就是鲍丽娜第一天在日托中心的情况，她也是我们用幼儿观察方法进行观察的11名幼儿之一。

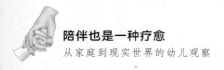

录像的等级评定及对资料的统计分析

在 T1、T2、T3三个时间点上，用录像机记录下每一个幼儿的两个片段：（1）他们早上到日托中心的情况（20分钟）；（2）上午一个小时在日托中心发生的事件，通常是早饭和午饭中间的一个小时（60分钟）。通过这种方式，我们整理出了这104名幼儿的录像材料，每个幼儿的录像材料大约有204分钟。

为了对这104名幼儿彼此之间的转变过程进行比较，项目团队根据前面提到的三个时间点，对录像材料所记录的幼儿从在家接受照顾向在家之外接受照顾的过渡进行了等级评定。（Datler，Ereky-Stevens，Hover-Reisner，& Malmberg，2012；Datler，Funder，et al.，2012）为了这个目的，项目团队将录像剪辑成了一个个五分钟的片段。一些受过专门培训的项目助理用一个1—5的量表来评定这些简短的片段，其评定的依据是幼儿在这五分钟的片段中在以下五个方面所表现出来的强度和持续时间：

1. 积极的情绪。
2. 消极的情绪。
3. 探索性/探究性兴趣。
4. 与照看者的互动。
5. 与同伴的互动。

在合计出T1、T2、T3这三个时间点上各个五分钟片段所得分数的总分，并计算出各时间点的平均分后，我们便可以将所得到的这些数据转换成图形来表示，该图形反映了每一个幼儿在转变过程中的特定形象。

因此，鲍丽娜在转变过程中的形象便以这种方式呈现了出来（见图17.2），该图表明，鲍丽娜有两个方面的行为从时间点T1往后几乎没有发生任何的变化：这个小女孩几乎没有表现出任何消极的情绪，而积极的情感也仅以非常温和的方式表现了出来。此外，与其他幼儿的互动不断地减少，不过，在T1和T3之间，与照看者的互动不断增多。

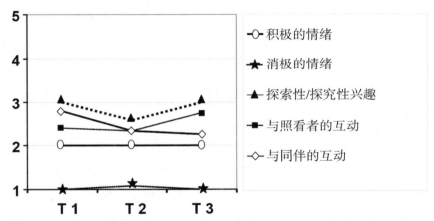

图17.2　鲍丽娜录像的评定分数（Datler，Funder，Hover-Reisner，Fürstaller & Ereky-Stevends，2012，p.70）

为了弄清楚是否有一些重要的改变在这104名幼儿的转变过程中起到了决定性的作用，项目团队把从幼儿在T1、T2和T3三个时间点上所获得的1560分全部放入了一个数学模型，以确定所有这些数据之间的变化是否有统计学上的显著意义。（Datler，Ereky-Stevens，et al.，2012）除了其他的结论外，我们还可以从中得出如下论断：

1. 幼儿的转变会经历很多不同的过程。从所呈现的数据集，看不出其分数差异较大的幼儿小组。在基于所有这五个变量的评定值的变化范围内（见图17.2），找不到任何可以用来描述各种不同类型的转变过程的模式。

2. 在两个变量领域中，可以看出变化：在所有104 名幼儿中，与照看者的互动交流在T1 到 T3 这段时间呈下降趋势，而与幼儿同伴的互动交流呈现上升的趋势。[①]

我们将这些统计结果写成了一篇文章，发表在了《婴儿行为与发展》(*Infant Behaviour and Development*) 杂志上。(Datler，Ereky-Stevens，et al.，2012)该项目团队有充分的理由为其成功而欢庆，尤其是这些经过统计验证的结果，可以做进一步的分析，还可以分析这些结果与其他数据之间的关系，这样便可以找到更多的答案来回答该项目主要的研究问题。

不过，如果当前的研究项目只能获得一些具有此种统计性质的结果，那么，研究团队是不会感到满意的。当涉及对转变过程的研究时，整个团队对以下这些问题产生了尤为强烈的兴趣：找到幼儿在这些转变过程中所遭遇的关系体验这一问题的答案，这些关系体验是怎样对幼儿的内心世界产生影响的，以及如何对这些转变过程的成功或失败产生了影响。不过，只要研究者的方法仅限于上面所列出的录像等级评定，以及对以这种方式发现的数据进行统计分析，那么想要找到这些问题的答案的尝试就注定会失败。(cf. Shpancer，2006)

☞ 研究过程中幼儿观察的使用：本项工作的三个阶段、十一个步骤

研究团队中的一些成员已有这样的经验（这些经验是通过其他研究项目积累起来的）：通过使用塔维斯托克模式的观察，是有可能分析关

---

① 据图17.2，从T1到T3，幼儿与照看者互动交流呈上升趋势，而幼儿与同伴的动态互动呈下降趋势，原书分析疑有误。——译注

系体验与内在心理过程之间的关系的。[3]后来，有研究者提议，选出11名幼儿，用幼儿观察的方法对其进行观察。这样安排的目的是：基于一系列每周一次的观察，开展11项个案研究，这样的研究将始终会考虑到该项目的主要研究目的，可以让我们看到每一次转变过程独有的特征。我们之所以追求这样一种特定的行动路线，是因为其他学者发表的两个系列的文章让我们感到非常振奋。

1. 第一个系列是自1997年发表的论文，这些论文对于使用基于塔维斯托克模式的观察方法获得与特定洞察方式有关的基本原则进行了讨论。这些论文可能与理论框架的不断发展有关，因而也与研究者对研究兴趣的追求有关。（Elfer，2010；Lazar，2000；M. J. Rustin，1997，1999，2002，2006，201la，2011b；Trunkenpolz，Funder，& Hover-Reisner，2010）

2. 第二个系列包括那些报告了基于塔维斯托克的观察以何种方式成功地运用于其他完全不同的研究项目的论文。（Briggs，1997；Davenhill，2007；Diem-Wille，1997；Urwin，2007；Shuttleworth，2010）关于这一点，彼得·埃尔费尔的研究提供了一篇尤其鼓舞人心的论文，这些研究是在基于塔维斯托克模型的观察的帮助之下，在英国开展的，已经在一些研究项目的进行过程中对幼儿的幼儿园体验进行了探索。（Elfer，2006，2007a，2007b，2011；Elfer & Dearnley，2007）

这些研究经验和研究报告所遇到的挑战促使我们在维也纳的研究团队将研究过程分成了三个阶段，每个阶段又细分为几个程序步骤。（cf. Datler，Hover-Reisner，Steinhardt，& Trunkenpolz 2008；Datler，Datler，& Hover-Reisner，2011）

第一阶段：澄清研究项目

一旦确定了为什么应该使用幼儿观察的方法，以及使用什么样的录像设备及其他研究工具，我们就会在与我们合作的幼儿园园长的帮助下，着手争取8名家长的支持，这8名家长已经同意让我们对他们的孩子进行观察。在这之后，邀请一些有教育专业背景的有经验的学员来担任观察者。在要求申请者先尝试做一次观察后，我们选出了8名学员，他们必须做到：

1. 观察一个幼儿，每周一次，整个观察期至少持续六个月，从这个幼儿被送到日托中心的第一天开始观察。

2. 参加过一个幼儿观察研讨班或其他各种研究的研讨班。

3. 在其毕业论文的框架内，草拟一项个案研究，主要内容涉及他们所观察的那个幼儿的转变过程。

这8名学员被分成了两组，一组4人，并确定其中一组一周见一次马吉特·达特勒，另一组一周见一次维尔弗里·达特勒，在幼儿观察研讨班的框架内讨论学员们的观察报告。尼娜·霍弗–赖斯纳、玛丽亚·菲尔斯塔勒、蒂娜·埃克斯坦（Tina Eckstein）也要参加这两个研讨班，他们是团队中负责整个项目的另外三名成员。

在项目实施的第二年，第三个幼儿观察研讨班成立，由马吉特·达特勒负责，这个研讨班上讨论的观察报告主要关注的是另外三个幼儿，其中两个是一对双胞胎。

第二阶段：对培训和继续教育背景中的实践的观察

在研究过程的第二个阶段，由于之前已经经过初步培训和为扩展或增强技能而开展了继续培训，所以观察者以一种业已熟悉的方式开始进行幼儿观察。相应地，这个过程的特点体现在以下六个常见的步骤中：

第一步：观察与记忆——观察者的现场行动

第一步，观察者到日托中心开始观察，他们把所有的注意力都集中在要观察的幼儿身上，他们试图记住所有能够以最好的可行方式感知到的一切，并将其保存在记忆里。在这种情况下，"记录工具"是作为个体的观察者自身，他们要动用自己所有的感官和心理能力。

第二步：观察者记住并尽可能以描述的方式详细写下观察记录

在观察时间结束后，观察者紧接着要马上凭记忆，以详细报告的形式，把所有感知到和意识到的东西都写下来。在这么做的过程中，观察者通常要面对这样的任务：在自己内在的心理过程中消化、转换这些以多种形式获得的印象。消化、转换的方式要能够将这些印象组织成前后一致、条理分明的单元，然后将这些单元转化成语言，并用一种主要是描述性的形式写下来。

在方法学上，有一个重要的问题需要思考，那就是"记录工具"，即亲临观察情境的个体——需要在他自己的心理结构的基础上，提交有关意义和评估的复杂总结，同时提供精简但足够详细丰富的描述。这两个方面都是观察报告的组成部分，该项目的观察报告通常要打印5~7张纸，因此，他们的观察报告的篇幅长度设置，要考虑到让大家能够在研讨班上对这一小时的观察时间中所发生的事情进行深刻的反思，而无须对其做进一步的转写、压缩或其他为达到这一目的而必需的编辑工作。

第三步：观察者将观察报告提交至观察研讨班[4]

幼儿研讨班成员每周聚集一次，通过倾听他人经过深思熟虑而发表的观点，观察者的心理能力得到了拓展，所有研讨班成员也因此才有可能形成一种一致的想法，和小组成员一起，以及在小组中开展研究。（Skogstad，2004）

研讨时间是这样安排的：观察者先参加每周一次的幼儿观察研讨班，提交观察报告（通常是最近完成的观察报告），并大声地在研讨班上读给其他人听。声调的变化、语速的快慢、语调的扬抑往往非常有助于观察者传达观察的氛围和情感内容，再加上所提交的文本，小组成员的内心世界中便会开始播放起一部"内部电影"（internal film）。

首先，这部电影应该最大限度地与观察者在他觉得自己所处的情境中所感知到和体验到的东西类似。

其次，小组成员因此而产生的意象和情感应该能够触发这样的联想，即他们可以对文本的潜在内容做各种各样的推断，因而也可以对在日托中心观察的那个幼儿的体验做各种推断。

第四步：研讨班上对观察记录的讨论

带着这样的目标，观察者提交给小组评议的观察报告应该是一行一行、一段一段地仔细检查过的，这样做的目的是对幼儿在其世界里所遭遇的事情及其对关系的体验提出自己的想法，并进行反思。这种方法的核心是要抓住以下这几个问题：

1. 这个被观察的幼儿在单次的一小时观察中可能产生了怎样的感受？这个幼儿可能对他自己（或她自己）以及他（或她）周围的环境产生了怎样的体验？

2. 在这样的背景之下，我们可以怎样来理解文本中所描述的这个被观察幼儿在不同情况下的行为表现？

3. 他（或她）在那些情境中产生了怎样的体验？

4. 那些体验反过来对他（或她）的情绪产生了怎样的影响？

在这个阶段，还要鼓励观察者参与到对报告的分析中来，分析过程应该包括并夹杂着他的个人想法和感觉。除此之外，观察者还可以将其他研讨班成员在讨论报告期间所说的话为自己所用，就像他成功地以恰当的方式呈现他所观察到的一切一样。这是一个持续的机会，可以使其不断对报告进行修改，做出越来越精确的阐释。这个方面非常重要，因为小组的任务就是找到上面所引用的那些问题的答案，通过参考这些用描述性的措辞写成的报告和观察者所做的补充评论，这些问题可以得到尽可能好的证实。（Lazar，2000，p.410）

第五步：研讨班的另一位成员（该成员不是撰写所讨论的报告原稿的观察者）草拟讨论纪要

给研讨班的一位成员安排这样一个工作：在讨论报告期间快速做好笔记。然后，在这些笔记的基础之上，整理出讨论纪要。笔记记录者还要面对这样一项任务：再次形象化地回想讨论报告的过程，然后在他的心里浮现出来。毕竟，讨论纪要最为重要的一点是：确定讨论报告期间所提出的主要观点并加以总结，然后将它们呈现在纸上，好让研讨班随后（甚至是几周之后）在读到这些内容的时候能够追溯和理解。

第六步：临时报告的撰写和讨论

第一步到第五步的工作，通常要求研讨班避免提及该研究项目的研究问题，甚至是避免试图寻找在这个早期阶段便已经可以找到的那些研究问题的答案，否则将不合理地缩小了评估的重点。而且在一个过早的阶段（给出答案），这将意味着无法充分利用基于塔维斯托克模式的观察所提供的特定选择。第六步将重新明确地提及该项目，这需要研究项目有一个精心的调整。现在，观察和在研讨班内对观察进行讨论的环节已经结束，观察者需要再一次仔细检查所有观察报告和讨论纪要。在这样做的过程中，观察者必须将他的注意力指向被观察幼儿的一个特定方面，然后仅讨论有哪些因素对幼儿的关系体验产生了影响，尤其是有哪些因素对这个改变或没有改变的方面产生了影响。在我们的研究项目

中，焦点专题的选择需要与有关幼儿转变过程的主要研究问题密切相关。为了这个目的，观察者需要形成"临时报告"，然后将这些临时报告以书面的形式提交至研讨班，并在研讨班内展开讨论。通过明确地提及主导性的研究问题，这些临时报告已经提供了一座通往研究过程第三阶段的桥梁。

第三阶段：对材料的进一步加工

第三阶段精简了第二阶段的结果，将研究过程往前推进了一步，意在找到这些研究问题的答案。当然，这些答案在实施个案研究的过程中需要进行调整。为了确保一些根深蒂固的思考模式和解释模式不会未经思考就涌现出来，让以批判性的视角处理这些观察报告的圈子扩大，因此在第二阶段的研究过程中就已经建立的"观察小组"（observational groups）必须解散。它们的位置被"研究小组"（research groups）这个新名字取代了，其任务包括：在一位研讨班讲师的督导（但没有个别的指导）之下，再一次将观察者的注意力转移到特定的个人报告上。

在我们研究项目实施的第一年，"研究小组"形成，包括从第二阶段组建的一个"观察小组"中选出的两名成员，以及从另一个"观察小组"中选出的两名成员。将两个小组的成员混合在一起，是为了确保在每一种情况下，"研究小组"中都有两位成员已经熟悉将要讨论的观察报告；而另外两位成员则既不熟悉观察材料，也毫不知晓小组之前工作的结果。在项目实施的第二年，"观察小组"变成了"研究小组"，其依据是这样一个事实：一个新的研讨班领导者将负责研讨，他完全不熟悉一些原先即属于"观察小组"的成员在此之前曾钻研过的材料。

第七步：将观察报告提交至研究小组

观察者精心挑选出一些观察报告，再一次提交至研究小组。

第八步：对有关研究问题的报告展开讨论

报告提交之后，便会通过两个步骤对这些报告展开讨论。第一步，根据那些已经指导过观察小组工作的问题，对报告进行思考。在这样做的过程中，对第二个工作阶段所撰写的纪要也需要进行共同的评估。在第二步中，讨论主要围绕研究问题展开，期望从这个过程中找到讨论至今的主题的答案（不过，这一次更明确地将关注焦点放在了主要的研究问题上）。

第九步：草拟讨论纪要

跟第五步一样，研究小组中有一位成员整理纪要。

第十步：对研究问题的最后讨论，找到答案

当第七步至第九步的反复循环结束后，观察者在研究过程的这个时刻便已经开始将讨论的结果收集到一起，并进行扩展。他们已经开始撰写最终的研究报告，这份报告将以毕业论文的形式完成。这些报告的每一个章节都会定期在研究小组内讨论，也会与研究团队的两位成员一起讨论，此外，还会以摘录的形式在一个研究研讨班上讨论。

第十一步：发表结果

最后是写毕业论文。要考虑到这一点：这项新研究与之前发表的理论和研究发现有怎样的联系。（cf. Fatke，1995；M. J. Rustn，2002）现在，这些毕业论文通过一个维也纳大学图书馆的链接便可以免费获取。[5] 有一篇毕业论文出版成了书。（Heiss，2010）此外，个案研究中的一些初始结果和部分结果也以一篇篇独立文章的形式发表了出来。（cf. Funder，2009；Datler，Datler，& Funder，2010；Datler，Fürstaller，& Ereky-Stevens，2011）

鲍丽娜的转变过程

从准备到完成这11项个案研究的过程中，大家再一次发现，在一个

采用了塔维斯托克模式的研究项目中，在合理的时间范围内，是有可能收集大量的材料并对其进行分析的，这样便可以洞悉在几个月的时间里一直不断发展的过程。（Datler，Datler，& Hover-Reisner，2011）

虽然从方法学的视角看，将每一个幼儿的录像等级评定结果与其他幼儿的进行比较，相对来说要容易一些，但从一种更为综合的视角将这些个案研究的分析结果联系到一起并进行讨论，在丰富或提升理论之前，还是有必要先做一些方法的澄清。不过，必须要指出的是：熟读每一项个案研究，通常会让我们获得大量有关每一个幼儿转变过程路线和动力的极其复杂的洞见。这样，我们便有了机会可以逐步地理解任何一个幼儿在他刚上幼儿园的头六个月内所体验到的东西，以及哪些因素在其中起到了促进作用，哪些因素起了阻碍的作用。

这些深刻的见解与观察报告、发表的个案研究的叙事基调有关，同时也与这样一个事实有关，即基于每周一次的观察写成的观察报告对于（进入日托中心的）转变过程的记录，比在独立的三天时间里所录的录像要密集和细致得多。对录像进行等级评定的依据是每一个幼儿在四个小时的时间里所发生的事件，而以某个幼儿（如鲍丽娜）为中心的报告则描述了在约21个小时的时间里所观察到的过程。这就增加了这样一种可能性，即观察报告中所描述的事件可能更为重要，更能够揭示对每一个幼儿的转变过程的理解。

鲍丽娜与姐姐的分离

在涉及鲍丽娜的转变过程的报告中，可以看到，第八次观察的报告应该要做专门的考虑。（cf. Datler，Funder，et al.，2012）从观察者之前的报告，我们可以得出这样的结论，即鲍丽娜似乎很喜欢待在日托中心，她从未在哪一天因父母的离开而痛苦，或明显表现出其他痛苦或反抗的迹象。（Schwediauer，2009，p.51ff.）甚至是现在，鲍丽娜已经在日托中心待了五周了，这个小女孩还是会像之前一样，在母亲和姐姐的陪伴下，高高兴兴地摇晃着走进这栋大楼。但这一次，当鲍丽娜在更衣室换好衣服后，她像往常一样和姐姐一起走进大孩子那一组的教室"马戏团帐篷"时，她被拦了下来，这是她第一次被阻止进入这个教室。在报告中，观察者是这样描述接下来发生的事情的：

　　K太太（她母亲）倾身向前，亲了亲鲍丽娜的嘴唇。过了一会儿，鲍丽娜转身，并且走过那扇通往"杂乱无章"小组教室的门。她继续朝着年纪大点的那组幼儿所在的教室，即那个叫"马戏团帐篷"的教室走去。萨拉在后面跟着她。K太太快步追上鲍丽娜。她把两只手放在女儿的肩膀上，把鲍丽娜的身体转了一下，让她朝向她应该去的那个教室，即"杂乱无章"教室的门口。舒斯特太太正站在门口。"快点，鲍丽娜，去你自己的小组。舒斯特太太在等你呢。"K太太说，鲍丽娜停了下来，抬头看向"杂乱无章"小组的教室。舒斯特太太还站在门口，开口喊她："你好，鲍丽娜。"她说着，脸上带着微笑，朝鲍丽娜招了招手。（Schwediauer，2007，8/3）

　　鲍丽娜垂下眼睛，似乎一点都不想进入这个年纪小点的幼儿的教室，也不想因此与姐姐萨拉分开。但这好像恰恰就是舒斯特太太和K太太共同的意图，后者刚才把两只手放在鲍丽娜的肩膀上，现在牵着她的女儿，走向了舒斯特太太。

　　鲍丽娜此时正站在舒斯特太太面前。"我想跟萨拉在一起。"她轻声地说，并抬头看着舒斯特太太。萨拉此时也在过道里，她站在舒斯特太太旁边。舒斯特太太说："嗯，你现在要跟我一起待在'杂乱无章'小组。十点以后，你可以再回去找萨拉。"她一边说，一边用手轻

轻拍着鲍丽娜的后背。"不要，不要，不要，我不想去。"鲍丽娜大声喊叫着，并开始哭了起来。她向K太太求助，嘴角向下垂着。她的嘴巴微微张开了，并开始大声哭了起来，"哇哇哇！"鲍丽娜整张脸涨得通红，眼泪止不住地从她的眼里滚落。现在，她张大嘴巴吼叫，眼睛则紧紧地闭着。K太太在鲍丽娜面前蹲了下来，轻声地安慰她。鲍丽娜依偎在K太太怀里，哭得非常大声，以至于我听不清K太太对她说了什么。（Schwediauer，2007，8/3）

K太太犹豫了一会儿之后，她决定暂时离开日托中心。此时，鲍丽娜的大声号哭变成了低声的呜咽。（Schwediauer，2007，8/5）过了一会儿，鲍丽娜甚至已能够跟舒斯特太太坐在一起，跟她一起看一本图画书。而且，当舒斯特太太开始与一名助理交谈时，鲍丽娜便离开照看者，自己一个人专心致志地将一些剪下来的图形和木棒放到两块木制拼图板的恰当空缺处。不过，在这样做的过程中，她似乎一心想把本属于一个整体的分开部分放到一起。随着游戏的继续进行，她的力量和能量似乎一次又一次地完全离开了她。在这些片段中，她的目光开始变得空洞，表现出了疲倦的迹象，她不停地跑到门边，她母亲就是通过这扇门离开这个小组教室的，而且，如果有人想去萨拉那个小组的教室，即"马戏团帐篷"的话，也必须通过这扇门。（Schwediauer，2007，8/5）

鲍丽娜与姐姐萨拉的关系——有帮助，但同时也是负担

我们不能在此处全面追溯鲍丽娜的转变过程。不过，如果遵从施韦道尔的分析（2009），我们可以概括地说，于鲍丽娜而言，在进入日托中心的头几周中能够一直与萨拉保持密切联系，是非常有帮助的。在五周之后，当被迫与萨拉分离时，鲍丽娜显然没有准备好，她突然要面

对分离的痛苦和孤独的体验。在这之后，鲍丽娜没能得到个人的帮助和支持，而这种帮助和支持是她要适应与萨拉的逐渐分离所需要的，也是整个转变过程的成功所需要的。从观察报告我们可以看到，甚至在进入日托中心8个月后，鲍丽娜还明显需要与萨拉保持高水平的接近，才能够：

1. 觉得在日托中心的处境是舒适的，甚至是愉悦的。
2. 能够带着任何程度的兴趣将注意力转向日托中心发生的状况。
3. 与同伴进行动态互动。（Schwediauer，2009，p.142f.）

同时，报告中描述鲍丽娜哭，甚至大声尖叫的发生率下降了。确切地说，从观察报告中，我们可以看到：虽然并非一直如此，但鲍丽娜越来越多地表现出了一种类似于那些被称为"默默承受痛苦的幼儿"（silent suffering children）表现出来的行为。他们的行为经常会表现出这样的特点：精神萎靡，情感淡漠，还有一些空虚的迹象，甚至是漫无目的地乱走的迹象。（Grossmann，2011；Fürstaller，Funder，&Datler，2011）在关于最后一次观察的报告中，一开头就描述了这样一个情境：

鲍丽娜坐在早餐桌前，用一双圆圆的大眼睛盯着我看。她把两只胳膊肘都放在桌子上，整个上身稍微前倾。她的右手拿着一个吃了一半的圆形小面包，上面还涂了一层厚厚的黄油。今天，鲍丽娜的脸色很苍白，眼睛下面还有蓝色的一圈……鲍丽娜的嘴角有些下垂，眼里流露着浓浓的悲伤。（Schwediauer，2008a，21/3）

观察者没有控制住自己的冲动，对鲍丽娜微微笑了笑，但鲍丽娜没

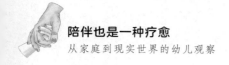

有做出任何的回应：

　　鲍丽娜没有笑着回应，而是白了我一眼。同时，她嘴唇紧闭着，做了一个咀嚼的动作，她的嘴角有些向下垂。过了一会儿，她不再看向我，而是看着她的小面包，她的右手一直抓着这个小面包，距离她的嘴巴大约五厘米远。鲍丽娜此时向前伸了伸头，咬了一口手上的小面包。（Schwediauer，2008a，21/3）

　　即使是在吃东西的时候，鲍丽娜也几乎没有表现出任何的活力。她的目光扫过游戏角时，也没有明显变得活跃起来，当时，游戏角正在进行某种有些吵闹的游戏。相反，过了一会儿，鲍丽娜才振作了起来，她放下餐具，走过衣帽间（从那里，她可以去萨拉的小组教室"马戏团帐篷"），走向了一扇通往"杂乱无章"小组教室的门。这扇门一半开着，一半掩着。

　　鲍丽娜的右肩膀靠着此时已经关上的那部分门。她往衣帽间里面看去。突然，鲍丽娜挺直了上半身，我听到了她的呼吸声，听起来就像是一声深深的叹息。（Schwediauer，2008a，21/5）

　　鲍丽娜就这样站着，直到她打了一声喷嚏，这使得她不得不走去拿纸巾，之后，她又回到了门边，在那逗留了一会儿，而后开始在房间里走来走去。她走向了一栋搭在一个架子上的小木屋：

　　鲍丽娜现在花了几分钟站在架子前，触摸着小木屋的墙。她在这么做的时候，目光不时地扫过房间。过了一会儿，鲍丽娜转身，四下张望着。慢慢地，她往前走了几步。再看看她自己，鲍丽娜此时漫无目的地

在小组空间里走了一会儿。（Schwediauer，2008a，21/7）

　　根据观察者的分析，所有一切都表明，鲍丽娜并没有很好地适应日托中心。参考相关的出版物，我们可以注意到，哥哥或姐姐的在场（presence）只有在一些特定的条件下才看似有用，但这并非总能有助于幼儿的转变。（cf. Kercher & Höhn，2006；Merker，1998；Peterson，1995；Schwediauer，2009，p.141ff.）

最后再看一下通过评定录像等级而获得的资料

　　分析幼儿观察报告所得到的结果让我们清楚地看到了至少两个方面的变化，这两方面的变化也反映在了录像等级评定所得到的数值中（见图17.2）：

　　1. 鲍丽娜无法成功地以一种可行的方式与她的同伴建立联系，这一事实与另一事实相对应，即根据图17.2，代表同伴之间的动态社交互动的数值一直在下降。而同时出现的反映与教师之间动态社交互动持续时间和强度的数值的上升，也与施韦道尔的记录（2008b，p.34）相对应，这份记录表明，在日托中心里，与舒斯特太太及其他成人保持亲近的关系对鲍丽娜来说已变得越来越重要。

　　2. 不过，施韦道尔（2008b，p.34）指出，同样是这些成人，却似乎常常不理解鲍丽娜想要与其保持亲近、想要跟他们待在一起的愿望，因此也常常不能满足鲍丽娜的这一愿望。从这样一个背景看，对于代表积极情感的数值从开始一直很低，就没有什么好奇怪的了。评定出来的代表消极情感的分值也始终保持低水平，这一事实与另一事实不谋而合，即在很长一段时间里，鲍丽娜的行为方式都有点类似于一个"默默承受痛苦的幼儿"。（Grossmann，2011；Furstaller，Funder，&

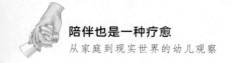
Datler，2011）

从所能收集到的这些评论中，尤其是通过对幼儿观察报告及相关个案研究的讨论，我们作为该研究项目的参与者，再一次对转变过程的动力有了深刻的洞悉。即使该研究项目还在继续，但这也促使我们与维也纳日托中心取得了联系，想通过我们的努力提出有理有据的概念，帮助幼儿顺利度过转变过程，我们还考虑到了在这些转变阶段中所体验到的深刻情感，既包括幼儿的深刻情感，也包括父母和照看者的情感。在这个过程中，我们采用了——除了其他工具之外——工作讨论的形式，这是对基于塔维斯托克模式的观察的又一种应用。（Klauber，1999；M. E. Rustin & Bradley，2008）那是另外一个故事，已在其他地方做了报告。（cf. M. Datler, Datler, Fürstaller, & Funder，2011；Fürstaller, Funder, & Datler，2012）

✒ 注 释

这篇文章是在研究项目"学步期儿童对家庭外护理的适应"的基础上写成的，该研究项目得到了奥地利科学基金会（Austrian Science Fund，FWF）的资金支持，由维尔弗里·达特勒（Wilfried Datler）（教育系/"教育中的精神分析"研究单位）和维也纳大学（发展心理学系）的莉泽洛特·阿纳特（Lieselotte Ahnert）共同负责。研究团队的成员包括：尼娜·霍弗–赖斯纳（Nina Hover-Reisner）（负责项目协调）、凯塔琳娜·埃赖基–史蒂文斯（Katharina Ereky-Stevens）、蒂娜·埃克斯坦–马德里（Tina Eckstein-Madry）、安东尼娅·丰德（Antonia Funder）、玛丽亚·菲尔斯塔勒（Maria Fürstaller）、迈克尔·魏宁格（Michael Wininger）、马吉特·达特勒、塔玛拉·卡奇尼格（Tamara Katschnig）和格雷戈尔·卡普勒（Gregor Kappler）。

1．第一个数字代表的是这段话引自哪一次观察。斜线后面那个数字指的是这段话引自观察报告的哪一页。

2．参见 www.univie.ac.at/bildungswissenschaft/papaed/forschung/x10_WiKo.html。

3．更多的信息，可参见 Datler，2004；Datler，Hover-Reisner，et al.，2008；Datler，Trunkenpolz，& Lazar，2009；Trunkenpolz，Datler，Funder，& Hover-Reisner，2009；Datler，Datler，& Hover-Reisner，2011；Datler，Lazar，& Trunkenpolz，2012。

4．幼儿观察的实施者包括：丽塔·布吕梅尔（Rita Blümel）、阿格尼丝·博克（Agnes Bock）、西尔维娅·恰达（Sylivia Czada）、安东尼娅·丰德（Antonia Funder）、埃丝特 · 海斯（Esther Heiss）、贝蒂娜·霍弗（Bettina Hofer）、阿格尼丝·耶德莱兹伯格（Agnes Jedletzberger）、雷吉娜·卡尔特赛斯（Regina Kaltseis）、汉娜·丰德纳（Hanna Pfundner）、乌尔丽克·朔伊费勒（Ulrike Schäufele）、莉萨·施韦道尔和埃伦·魏兹舍克（Ellen Weizsaecker），感谢他们每一个人的辛苦工作，以及他们在这个项目上的付出。

5．在该项目的首页上可以找到所有毕业论文的清单：www.univie.ac.at/bildungswissenschaft/papaed/seiten/datler/6forschung/forschungsprojekte2.htm。

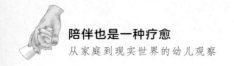

第十八章

幼儿与托儿所老师及同伴的关系：
对两个分别为29个月和25个月大的
女孩的观察

◎ 彼得·埃尔费尔

不断深化对作为社会背景的托儿所的理解

许多人可能会将"托儿所"（nursery）这个词的意思理解为"幼儿园"（nursery school），即一种给三四岁幼儿提供教育的地方。不过，在英国、西欧的大部分地方（除斯堪的纳维亚这一特例之外）和北美洲，由于不同的历史原因，出现了一些不同类型的托儿所，准入标准不同，人员配备不同，工作方式也不同。托儿所的范围包括：给三四岁幼儿提供的主要关注早期学习的幼儿园、给从不足一岁到满法定入学年龄的幼儿提供的主要关注家庭支持的日间托儿所，以及给父母都上班的幼儿提供的托儿所。在过去的30年中，这些不同类型的托儿所已逐渐遵从整合政策，整合成为综合托儿所，同时提供所有这三种功能：早期教育、家庭支持和为双职工父母照看孩子。这些托儿所通常招收至少6个月大的孩子（也有招收比6个月更小的孩子），孩子在托儿所待的时间与成年人的全职工作时间差不多，而且经常比成年人的全职工作时间还要长一点，这考虑到了父母们上下班路上需要的时间。

在英国和北美洲，一直都有人问这样的问题：这些给非常小的孩子提供的托儿所是否会对他们的长期发展产生不利的影响？这虽然需要一种更为广阔的视野，但现在人们已经广泛接受了这种给非常小的孩子提供的托儿所。幼儿的长期发展取决于他们在家、在托儿所的经验，以及与这些不同的社会环境相互关联的方式给他们的所有体验。（Ahnert & Lamb，2003；Leach，2009；Rutter，2002）但很明显，虽然不能将幼儿在托儿所的经验与他们在家的经验分开来看这一点很重要，但托儿所的经验确实很关键。一所现代的托儿所应该建在什么样的地方？它是否应该效仿在家庭中已发现的一些理想的理念和互动方式？它是否应该被建构成更像是一个教育机构，将关注点放在显性课程和学习目标上？或者，它是否应该成为一个与社会机构完全不同的机构，由其成员（既包括幼儿，也包括成人）构成，不去试图复制家庭或学校的环境？（Dahlberg，Moss，& Pence，1999）

许多研究已经表明了在托儿所体验到的依恋型互动（attachment interactions）对幼儿来说的重要性。（Brooks-Gunn，Sidle Fuligni，& Berlin，2003；Melhuish，2004；Belsky，2007；Ebbeck & Yim，2009）此外，许多国家的早期政策都强调托儿所工作人员给幼儿提供机会使其可以与工作人员形成依恋关系的重要性。（英国：DfES，2003，2008；DoE，2012；DoH，1991；（英国以外的）欧洲国家：OECD，2006；美国：Clarke-Stewart & Allhusen，2005；澳大利亚：DEEWR，2009）有关托儿所可以采取什么样的方式来促成这种依恋关系，也有大量的实践指导。（Manning Morton & Thorp，2001；Goldschmied & Jackson，1994；Lee，2006；Nutbrown & Page，2008；Elfer，Goldschmied，& Selleck，2011）

不过，现已发展出了两条批判性评论的路线。一条关于实践，另一条关于幼儿对托儿所工作人员的依恋的原理。第一条路线主要关注的

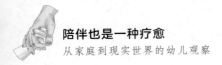

是：在托儿所中要让幼儿能够与托儿所实践者形成依恋关系，托儿所实践者需要做些什么。第二条路线主要关注的则是托儿所依恋的"机会成本"（opportunity costs）——也就是说，认为需要优先考虑幼儿对托儿所工作人员的依恋的观点，通常会让我们看到幼儿与其朋友建立亲密关系，以及在群体中建立亲密关系的重要性，而这一点在之前往往被忽视了。这些内容在其他地方曾有过讨论（Elfer，2012；Elfer & Dearnley，2007），不过，我们在这里要对其做一个概述。

托儿所依恋及其对实践者的要求

贝恩和巴尼特（Bain & Barnett，1980）在其观察托儿所幼儿的基础上所进行的开拓性工作，通常只能获得短暂的关注，进而获得了许多不同的托儿所工作人员的关注。他们称这为"多重不加选择的关注"（multiple indiscriminate care）。通过使用"社会防御系统"（social defence systems，Menzies，1970）这一概念，他们便能够说明，工作人员在照顾幼儿的过程中，之所以会回避与幼儿建立更为亲密的关系并与幼儿保持更为一致的互动，是因为这样的互动可能会让他们体验到个人的需要和痛苦的情绪。

"社会防御系统"这个概念所具有的重要意义在于：识别出由托儿所衍生而来的集体"社会性"或"组织性"实践和过程，并对其加以命名，以对抗幼儿在其日常工作中提出的各种充满压力的要求。人们认为，托儿所（这个体系）会随时间推移而不断发展出社会防御，部分是在无意识中"对抗"工作所引发的痛苦体验。例如，托儿所工作人员和幼儿之间有可能会形成一种依恋关系，而当幼儿离开托儿所，或从托儿所升入小学时，工作人员和幼儿都会非常痛苦。这样的防御可能包括各种限制依恋关系产生的方法，比如，"注意不到"幼儿的痛苦或他们想要获得安慰的需要，将幼儿的此类需要看作"具有破坏性的或坏的"行为，或者将卫生和管理活动作为优先考虑的事项。贝恩和巴尼特运用这种有关托儿所依恋所具有的让人感到痛苦且引发焦虑特性的洞察，来解释托儿所工作人员总体上会避免此种互动的原因。

霍普金斯（Hopkins，1988）在贝恩和巴尼特之后不久开展的一项研究中，利用自己在小组关系（group relations）方面的专长，帮助一些托儿所工作人员讨论他们的工作经验，包括因为幼儿对其产生了依恋而引发的焦虑等。她的报告指出，有些工作人员"依然能够非常清楚地回忆起当和幼儿分开时，自己和幼儿都是多么的痛苦"，（Hopkins，1988，p.102）有些工作人员担忧托儿所依恋有可能会削弱幼儿在家里的依恋，还有工作人员担心幼儿的母亲有可能会产生妒忌的情感。

贝恩、巴尼特（1980）和霍普金斯（1988）研究的托儿所都优先考虑了那些来自在幼儿保护方面有让人担忧的情况或其他严重困难的家庭的幼儿。这就使得与这些幼儿形成托儿所依恋所面临的挑战，要比那些来自其体验到了更多安全感或更为一致的互动的家庭的幼儿要大得多。大约25年后，托儿所已经有了相当大的变化，在社会上招收的幼儿要比之前广泛得多。不过，工作人员和幼儿之间的依恋型互动似乎依然很难形成，有时候，一些托儿所甚至会避免形成这样的依恋型互动。（Goldschmied & Jackson，1994；Elfer，2008；Datler，Datler，& Funder，2010；Drugli & Undheim，2012）

幼儿对实践者的依恋及为此而付出的代价

批判性研究和讨论的第二条路线将关注的焦点放在：为什么说促成幼儿和托儿所工作人员之间的依恋型互动在幼儿园背景下是没有必要且无济于事的。达尔伯格、莫斯和彭斯（Dahlberg，Moss，& Pence，1999）曾提出，如果幼儿在家里已经获得了安全依恋的经验，那么，托儿所便要提供大量的机会让幼儿参与不同的社会互动，让幼儿与同伴互

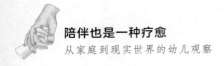
动，结交朋友，参与小组活动：

人们通常认为，幼儿——不管是三岁以下的幼儿，还是三岁以上的幼儿——能够管理与小组其他幼儿及成人的关系（事实上是能够渴望与他们建立关系，并让这些关系不断发展），而不会有影响其自身健康或造成其与父母之间关系的风险……放弃亲密、舒适惬意的想法，并不意味着要变得冷漠无情、铁石心肠……相反，齐厄（Ziehe，1989）提出了一个与亲密（closeness）相对应的概念，即关系强度（intensity of relationships）概念，其含义是指一个将人、环境、活动相互联系在一起的复杂的密集网或网络，它通常可以为幼儿提供大量的机会……（pp.81–82）

这里提出的观点是：从原则和实践上看，托儿所依恋的"代价"在于，它创造的理念及其与幼儿的个人关系常常导致托儿所为幼儿提供同伴互动这一独特的社交机会被忽略或低估了。这一观点也被其他一些研究者所接受。德戈塔迪和皮尔逊（Degotardi & Pearson，2009）提出，至少有一种方法可以平衡托儿所里的亲密关系，这种观点向过于强调幼儿与托儿所工作人员的依恋的观点提出了挑战，让研究者更多地关注到了同伴互动。

有关托儿所依恋研究和讨论的这两条路线是分开进行的，两者之间并没有相互启发。不过，它们之间可能存在内在的联系。如果托儿所工作人员采取过于防御的心态，那么，他们可能就不太能考虑到他们与幼儿的互动，以及幼儿想要表达的愿望和感受。运用这些对幼儿的情绪体验非常敏感的观察方法（例如，基于塔维斯托克幼儿观察方法的那些方法，Elfer，2011）或许可以从幼儿的视角表明其需要的不同模式和形态，幼儿不仅需要依恋于某一特定工作人员的体验，而且也需要从友谊，以及成为小组一员的过程中获益。详细的观察资料，再加上对这些资料进行思考和讨论的实践者和评论者的支持，或许可以使得有关托儿所中亲密关系的观点不会成为一种极端地强调依恋工作人员或同伴互动的观点。

因此，本章的目的在于说明：

1. 两所不同的托儿所（一所优先考虑依恋，另一所优先考虑同伴互动）是怎样促进幼儿的亲密互动的。

2. 工作人员针对他们在托儿所的感受说了些什么，他们是怎样应对工作向他们提出的情感需求的。

3. 两个幼儿（一个二十九个月大，一个二十五个月大）通过她们的行为和情感交流，表达了哪些有关她们在托儿所中的亲密互动（既包括与托儿所工作人员的互动，也包括与同伴的互动）的内容。

✎ 观　察

对沙恩（29个月大）的观察
沙恩的托儿所

这次观察是在一个只开办了两年的早教中心的环境下进行的。该中心的开办目的有多个：给三四岁的幼儿提供幼儿园教育，给父母都上班的1—4岁的幼儿提供日托服务，时间从上午8点到下午6点。

对沙恩（Sian）的观察进行了三次，每次观察时间为一个小时。沙恩所在的教室是一个供24个月至36个月大幼儿使用的教室。她会在一周中的三天来托儿所，时间是从上午8点半到下午6点。沙恩的"关键人物"（key person）是达娜（Dana）。在英国，"关键人物"这个词通常用来指这样一个人：他在一小组幼儿中担负着特殊的责任，他的工作是与幼儿及其家人形成一种稳定的依恋关系。（DoE，2012）不过，不

同的托儿所对"关键人物"这个角色的解释不一样，有些托儿所认为这主要是一个管理、联络的角色。在沙恩所在的托儿所里，人们对这个词似乎还没有形成自己的理解。

文件中只是简单地把这个角色描述为：

……与家长及所负责的幼儿建立一种特别亲密的关系。家长应该知道你是谁，不管什么时候，只要有可能，就要鼓励家长和你一起讨论任何信息或所关注的问题。记住，这并不意味着你只要和你负责的幼儿打交道就可以了，你不应该让你所负责的幼儿只依恋于你一个人而不愿亲近其他任何人。

不过，对工作人员的访谈表明，应对这些亲密关系是一件非常复杂的事情。有证据表明，那些已经与其形成依恋关系的幼儿的需要经常会让他们感到焦虑不安：

大部分内容都讲到了她与刚满两岁的珍妮（Jenny）的斗争，她对另一位工作人员解释说，珍妮一大早的时候还好好的，但到了十点就会泪流满面。"我不能带她去厕所，我解释说我无法带她去厕所，但她不愿意让其他人带她去——我真的一直就是这样被她逼着做一些事情，但我确实有必要跟她保持一定的距离。"

不同于非常详细、复杂的学习计划，工作人员似乎只能在这样两条重要原则的指导下，用他们自己的方式处理对幼儿个体的情感投入问题：平等地对待所有幼儿，不要让幼儿"过于依恋"他们。

对沙恩的观察

从观察一开始，工作人员就很明显地强调要采用小组的方法：

（托儿所工作人员的名字用斜体标出。）

　　达娜开始把小朋友们集中到一起，准备讲故事。小朋友们似乎非常熟悉程序，他们都集中到了教室的一个角落，在书架边上的椅子上坐了下来。罗茜（Rosie）和罗杰（Roger）坐在彼此旁边，两个人推推搡搡地大声笑着，还互相挠着痒痒。沙恩坐在他们边上，但没有跟他们一起打打闹闹，而是较为平静地等着。

　　小组集合完毕，这个小组由四个幼儿组成，达娜拿着一袋东西，在他们前面坐了下来。她从袋子里把东西一件一件地拿了出来，一边把这些东西举得高高的给小朋友们看，一边说出它们的名字：钟表、鱼、饼干、猫咪、熊妈妈、熊宝宝威廉。她邀请小朋友们来拿这些"道具"，问谁想要熊妈妈。罗杰马上大声地说："我！"罗茜也以同样的方式拿到了钟表。沙恩比他们安静一些，她问能不能把熊妈妈给她，罗杰把熊妈妈给了她，她把熊妈妈放在了腿上，随后，又把它放在了旁边的空椅子上。达娜在读故事的时候，会说到一些角色或物体的名字，当说到这些角色或物体的名字时，小朋友们需要把它们列举起来。

　　我们或许可以将达娜的活动和幼儿的反应理解成他们在一个群体中需要做的事情：在保持一种个性感觉的同时，让自己成为集体体验的一部分。对沙恩来说，宣称其个性的方式很可能就是她要求得到"熊妈妈"的举动。这有没有可能表明她觉得在与母亲的关系中她是一个独立的个体呢？

　　接下来一部分的观察让我们看到，达娜很擅长帮助幼儿加入群体当中：

　　另一个幼儿此时跟她母亲一起到了，她们安静地走进了教室。这

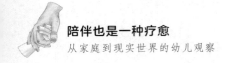

个幼儿看起来很安静、顺从，似乎对于是否加入群体有些不确定。她母亲没有跟任何人打招呼，工作人员也没有站起来迎接她和她的孩子，虽然达娜对她母亲说了声"你好"。她母亲没有走到托儿所教室的中心区域，而是待在了挂外套的架子边，工作人员没有走过去向她问好。不过，这个幼儿确实慢慢地走向了小朋友围成的圆圈，当达娜说"你好（那个幼儿的名字），看，我特意给你留了一把椅子"时，她坐了下来。接着，达娜开始和所有小朋友一起唱了一首歌，歌词是这样的："让我们来看看今天谁在这儿。（幼儿的名字）今天在这儿吗？"（幼儿）站起来并说："今天在这儿！"

整个过程的规则、程序和轮流的方式似乎非常严格。每个人都必须轮流喊出他们的名字，并说出"今天在这儿！"之后。迟到的那个幼儿还是相当顺从地坐在那里，还没有喊到她的名字，不过达娜对着她弯下了身，我可以听到那个孩子对着达娜的耳朵轻声地说："今天在这儿。"

这首有韵律的歌曲依次跟每一个幼儿对话，但却是所有人一起唱，它所唤起的情感非常强烈。我发现自己坐在教室的一边，很想加入他们，并说："彼得也在这里！"这个活动似乎不仅是要强调群体，以及群体的成员在一起的力量，而且也支持每一个个体在群体中的独特性。沙恩似乎能够设法让自己成为群体的一部分，但在后来的轮流活动中却表现得有些挣扎：

现在，达娜请这个刚到的幼儿依次询问小组里的其他人想不想喝水或牛奶。沙恩马上就说她想喝牛奶，但达娜要求她先等等，等问到她的时候才可以回答。沙恩没有等，又重复说了一次她想喝牛奶，达娜这一次更为坚定地告诉她："等轮到你才能说。"沙恩还是没有等，她又说了一次，达娜这一次几乎要责备她了，她说："达娜是怎么跟你说的？"这让沙恩认识到她必须学会等待的过程既是温和、友好的，但同时也是不可更改的——轮流的规则必须遵守。

在这里，沙恩的反应引出了这样一个问题：幼儿应该怎样来应对必须与其他许多幼儿分享他们的"关键人物"（这个例子中指的是达娜）的要求？

在小组欢迎（welcome group）之后，小朋友们在育婴室分散了开来，沙恩找到了一个手电筒，但这个手电筒好像不能用了。她先把这个手电筒拿给了一位工作人员，然后又拿给了我，试图寻求帮助，接着，她又拿起一个电钻玩了起来，先把它当成电吹风吹头发，后来又把它当电钻使。即使是在她可以找达娜帮忙的情况下，她也好像很擅长于利用周围的成年人，甚至是跟她没有什么关系的我，以寻求获得帮助。

达娜再一次将小朋友们以小组形式组织到了一起：

达娜将所有小朋友组织到了一起。现在，达娜要给所有小朋友读故事了，沙恩从她的椅子上站了起来，站到了达娜旁边。达娜把沙恩抱了起来，让沙恩坐在她的腿上，沙恩往后靠，依偎在她怀里。有时候，她会将头往后仰，以一种反抗、半试探的方式对着天花板大声叫喊——看起来有点不耐烦。她伸头喊叫了几次之后，达娜告诉她不能这样做。达娜正给所有小朋友读故事，却被沙恩的叫喊声打断了，当沙恩喊叫得甚至更为大声的时候，达娜斥责她打断了故事。

沙恩似乎很努力地想打断达娜对所有小朋友的关注，从而确保达娜只关注她一个人。达娜跟所有小朋友说，去外面玩的时间到了。这句话似乎让沙恩重新振作了起来，当所有小朋友都开始向花园走去的时候，

她从达娜的腿上跳了下来。

在几周之后的第二次观察中，当时是下午，达娜不在，沙恩正从午睡室走出来。那些早已经醒了的幼儿看到睡着的幼儿现在都"回来了"，似乎都很高兴。沙恩在另一个小女孩旁边玩了一会儿，但没有跟那个小女孩一起玩，然后，去了家庭区，拿起一个洋娃娃玩了起来。在她给洋娃娃穿衣服的时候，其他幼儿也来到了家庭区，他们有时候会互相帮忙，有时候只是彼此看着。

此时，沙恩要离开家庭区的游戏室了，她拿着洋娃娃，对还待在家庭区的小朋友们说了无数个再见："再见，再见，我爱你，我爱你。"旁边的成年人似乎突然注意到了这一点，并表扬了她："噢，表现很好——要表扬！"沙恩拿着洋娃娃径直穿过房间，她注意到我坐在这个房间的一角，似笑非笑地跟我打了个招呼，有些友好，又有些好奇的样子。她在离我几英尺的地方把洋娃娃放了下来。

在此期间，几名工作人员一起聊着天，对所有幼儿做了一些整体性的评论。

沙恩穿过房间，再一次来到我旁边，手上拿着一个刷子和一个盘状物，她微笑着说："我要开始打扫卫生了。"她拿着刷子扫起了我边上的地毯，两只手紧紧地抓着刷子和盘状物，但却几乎什么东西都扫不进去，她看起来有些不高兴。她把刷子和盘状物拿到了房间的另一边，那边的地板是乙烯基地板，她又拿着刷子扫了起来，想看看能不能扫得好一点。

她站在我旁边，再一次利用我来证实她已经做好了去外面的准备："我已经把帽子戴上了，准备好去花园。"一旦到了外面，她基本上都是一个人玩。在花园里，她一直面带微笑，好像很满意且喜欢她所能接触到的各种可能性。有时候，她会看一看某个特定的成人或另一个幼儿在哪里，有一次，她曾问我："奥斯卡（Oscar）在哪里？"有工作人员曾对我说过，奥斯卡是与沙恩关系非常好的另一个幼儿。

第三次观察开始时，他们正准备吃午饭，有8名幼儿直直地坐在椅子上。他们都有自己的位子，用个性化的餐具垫加以标识，不过，也有几个幼儿坐在了不应该坐的地方。工作人员指出他们坐错了位子，要求他们坐回他们应该坐的位子。慢慢地，所有人都坐到了正确的位置上。很显然，所有幼儿（包括沙恩）都有留心观察彼此，注意对方是否遵循各种不同的规则和程序！有一次，沙恩注意到我正看着她，她也看着我，一脸的好奇，只露出一丝丝的微笑。沙恩那一脸的好奇（事实上，这也是其他幼儿的好奇）让我觉得有些奇怪，而且，我也好奇她是有多么需要觉得自己被单独注意到且被放在心上的。事实上，她真的紧接着就开口了："我的饮料呢？"达娜指了指就放在她面前的饮料。我有些纳闷：她是因为太过专注于其他幼儿所做的事情，以至于没有注意到饮料放在了哪里，还是她只是在找个借口跟达娜讲话，想吸引达娜的注意。

午饭过后，所有幼儿都安静下来准备睡觉了。这些幼儿的床垫上都铺了白色的床单，除了有一张是粉色的，这张床单叫芭比床单。达娜解释说，所有幼儿都喜欢用粉色的床单，所以就让他们轮流使用——今天轮到沙恩使用。达娜还拿了一只叫布赖恩（Brian）的泰迪熊玩偶给沙恩，这只泰迪熊曾是达娜自己的。

对戴西（25个月大）的观察
戴西的托儿所

观察开始的时候，是戴西（Daisey）两周岁生日过完三周之后，此

时她已经上托儿所14个月了。她一周上托儿所五天，每天从上午9点半待到下午4点半。

她上的托儿所跟普通托儿所不一样，因为这个托儿所的工作人员的工资是家长根据其照顾他们孩子的时长直接支付的。因此，他们的雇佣协议是跟家长，而不是跟托儿所签署的，不同的工作人员拿到的工资是不一样的，因为他们负责照顾的幼儿数量不一样，照顾幼儿的时长也不一样。这样一种体系符合该托儿所的主要任务要求，即给每一个幼儿提供一个"次级依恋对象"（secondary attachment figure）——一个有名有姓的人按合同要求，且在情感上为一个特定的有名有姓的幼儿负责。在这个方面，这个托儿所的主要任务要求与沙恩的托儿所相反，在沙恩的托儿所里，其主要的任务要求是与同伴的社交互动，而不是个体对成人的依恋。戴西分到的工作人员是米拉（Meera）。像沙恩的托儿所一样，这个托儿所的教室也是混龄编班，而不是按年龄来分教室。

米拉告诉我，她特别喜欢照顾小婴儿，而不是年龄较大的幼儿。米拉还告诉我，她自己没有孩子，她的童年是在一个儿童福利院度过的。最近，除了照顾戴西以外，她还要照顾一个只有五个月大的小宝宝维奥莱特（Violet）。米拉说她非常热爱托儿所的工作，不过她补充说，虽然她的管理者很仁慈友善，也能给她提供支持，但却告诉她要给维奥莱特更多的机会，得让他自己在托儿所地板上有防护的区域进行探索和游戏，而不是一直被抱着，管理者对她的批评让她觉得有点不公平。米拉在照顾维奥莱特时的投入程度让我感到震惊，而且她经常在本应照顾戴西的时候，把全部心思放在了维奥莱特身上。

对戴西的观察

（托儿所工作人员的名字用斜体标出。）

戴西有一头金黄色的头发，有时候扎成一束放到头的一侧。她身高、体形都是正常水平，还有一张圆圆的、开朗的脸。我对她的第一印象是个性很活泼，在托儿所应该相当自信，且具有较强的对抗性。例如，最近有一次，在开始观察戴西之前观察另一个幼儿时，她带着相当大的决心将装扮用的衣服从桌子上全部扫到地板上的举动，让我感到有些心烦意乱。托儿所工作人员试图让她把衣服捡起来，放回桌子上，但她死活不愿意。

在这第一次观察中（时间是下午三点左右），戴西在教室里的表现看起来很自信，一副无拘无束的样子，此时的教室相当安静，跟上午的吵吵闹闹形成了鲜明的对比。在沙坑里稍微玩了一会儿之后，戴西快速地向隔壁的房间跑去，但米拉站在门口挡住了路，戴西进不去——她坚持不懈地想把米拉推开。她的动作看起来不具攻击性，但她对于自己想要得到的东西有着非常明确的意图。

在隔壁房间里，戴西玩起了连接大块塑料砖头的游戏，接着，她又一次"将她自己与米拉连接到了一起"：

她以一种毅然决然且几乎有些不耐烦的方式，将那些砖头推到了一起，看起来很急切地想把它们连接起来……接着，她又在房间里重新玩了起来，做了许多大幅度的全身运动——在弯腰、起身的同时挥动着双臂，跑过整个房间，冲到对面，然后又走回来——她的所有行为表现得好像她是在探索让整个身体做些什么一样。她退回去坐到了米拉的腿上（当时米拉正坐在地板上），在那一刻，看着她被米拉抱在怀里，脸上露出了微笑，我有一种强烈的感觉：她在这个房间里看起来非常有安全感，她很有信心地突然坐到米拉的腿上，是确信米拉会欢迎她坐到那里。

但紧接着，她又朝着另一个工作人员做了同样的"后退"动作，那个工作人员正在给艾伦（Ellen）读书。艾伦轻轻地推了推戴西，想

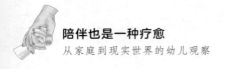
把她推开，但*萨娜*（Sana）温和地斥责了她。艾伦不推戴西了，但戴西后来又把艾伦手里抓着的可以挤压的软球一把抢了过来，*萨娜告诉她不许抢*。

不过，戴西脸上带着微笑，拿着球坚定地朝着米拉跑去。*萨娜告诉米拉*，她必须让戴西把球还给艾伦，因为戴西需要学会征得别人的同意，而不是抢。但米拉的态度非常模棱两可，*萨娜看起来要放弃了*。接着，她又试了一次，但戴西紧紧抓着球不放。*萨娜还是坚持让戴西还球*，最终让戴西把球还给了艾伦，她告诉戴西，要先征得艾伦的同意才能拿球。艾伦虽然刚刚才拿回球，但还是把它给了戴西。

接下来，*米拉准备带戴西和另一个幼儿去地下室玩*。有一些幼儿正在整个地下室的空间里疯狂地滑滑板车，但戴西更专注于细节。她坐上了一辆自行车，车上有一个篮子，被人用两个塑料夹子（其中有一个破了）固定在了车把手上。戴西非常细致地检查了那个破的夹子。她一次又一次地想把篮子按压在车把手上，但她似乎也意识到了一点：不管她多么用力地按，都不能将篮子"再一次连接到"车把手上。她很用力地、坚定地，几乎可以说是愤怒地将篮子从车把手上推了下来，好像是要强调联系的缺乏，第二个夹子咔嗒一声断了以后，她看起来甚至更为愤怒了，把篮子高高举了起来。管理者在戴西旁边蹲了下来，告诉她，他们要尝试把它修好。这似乎为她画了一条界线，她骑上自行车离开了，看上去自信满满又很开心的样子。

在戴西骑着自行车离开时，她注意到地面上有一块小拼图。她立刻停了下来，看到有东西不在它应该在的位置，她的脸上露出了愤怒的表情。她把它捡了起来，又拿给我看了一次，就好像是要强调：这个玩具不在它应该在的位置是一件多么让人愤怒的事情。她拿着这块拼图跑进了室内，大概是想把它放到一个"恰当的位置"吧。

我想，这种对"事物应该待在正确的地方或以恰当的方式连接到一起"的关注，有没有可能代表了她觉得自己被维奥莱特取代了，*米拉不再照顾她的感受*。不过，大部分的观察材料都记录了她微笑地、精力充沛地忙着参加一些活动。

在第二次观察中，戴西刚刚被米拉从午睡中喊醒。她似乎不需要花时间适应或调整刚睡醒的状态，直接便可以勇敢、自信地进入游戏状态。她有很多可以用来玩的乱七八糟混杂在一起的小珠子，于是，她开始进行分类整理，将它们平铺在了一张桌子上，摆成了一个大大的圆形。在她玩的时候，另一个幼儿过来拿走了剩下的小珠子。戴西一把把它们抢了回来，他们纠缠了一会儿，但戴西比那个幼儿更高大、更强壮，也更坚定一些，当她拿回小珠子时，那个幼儿哭了起来，一副很愤怒、受挫的样子。戴西继续玩了起来，显然没有受到很大的干扰，但那个幼儿又来拿走了小珠子，并把它们紧紧地抓在了手里。戴西伸手想把它们抢回来，但蒂娜（Tina）出面阻止了，她把那些小珠子分成两份，一人一份，她还给了戴西两个塑料手镯。但戴西对这些一点都不感兴趣，她把脸转向了一边。

她从刚刚在玩的桌子边走开了，经过我时，我没有看到她有任何愤怒的迹象……她看起来相当镇定、放松，她问我："米拉在哪里？"她看到米拉正在给维奥莱特喂饭，于是跑过去给这个小婴儿拿奶瓶。这个小宝宝坐在米拉的腿上，戴西坐在边上看着米拉给他喂饭，她手上拿着奶瓶，随时准备着。米拉一喂完饭，她就把奶瓶递给了米拉，米拉相应地也把空碗给了戴西，让她放到柜子上。在这个互动中，她看起来已经长大了，像一个"大姐姐"，可以帮忙做一些事情了。戴西把碗放到了柜子上，很快又跑了回来，当时，米拉刚给维奥莱特擦完脸和嘴巴，她正好赶上，接过毛巾。戴西再一次表现出很开心且很热心地扮演助人者

角色的样子，她拿着毛巾，抓着毛巾的一个小角，朝着装脏衣物的箱子跑去。从我旁边走过时，她把毛巾在我眼前扬了扬，一脸的得意扬扬，她还大声对我说："毛巾！"然后，她把毛巾迅速扔进了箱子里，径直跑了回去。她坐到了米拉的右边，此时米拉还抱着那个小婴儿，让他坐在她的腿上。

戴西安静地坐在米拉旁边，吮吸着饼干，看着房间里发生的一切活动。然后，她又开始忙活了起来，在房间里走来走去，有时候，她会像一名军人行军一样在房间的四周来回走动，她微笑着，一副兴高采烈的样子。接下来的20分钟，她一直在玩，有时候是跟另外一个幼儿一起玩，围着圆圈互相追逐着，还不时地爬到椅子上，其间，托儿所一些工作人员三番五次跟他们说不能爬，但他们还是会继续爬。她曾问过我一次："米拉在哪里？"当时米拉出去了一小会儿。她又一次爬上了桌子，把玩着灯光调节器，一会把灯调亮，一会又把灯调暗。有一位工作人员带点幽默，又有点恼怒地喊米拉，让她告诉戴西不要爬桌子。米拉没有回应，但因为她平常说话非常小声，英语又说得不是很清楚（英语并不是她的母语），所以在幼儿园里似乎没什么权威。最终，一位工作人员语气温和地让戴西离开桌子——"还要我告诉你多少次"——并把她带到了米拉那里，极不耐烦地对米拉说："告诉戴西不许爬到桌子上去。"米拉似乎还是把所有心思都放在维奥莱特身上，于是，戴西只好又一次一个人玩了起来，突然，她决定拿一个塑料烧杯给我。

对戴西来说，跟米拉一起从事照顾小宝宝维奥莱特的"工作"，可以缓解她在面对由于米拉一心都在维奥莱特身上而产生的被取代感。不过，这种经验对于戴西而言依然有难以应对且让人痛苦的一面。她是不是在某种程度上将这一面隐藏在了对我（即观察者）的"照顾"之中？而且，她投射到她所扮演的照顾者角色之上的东西是不是也在某种程度上暴露了这一面？她抓着米拉给她的那块毛巾时手臂伸得长长的，抓着毛巾的一个角，就好像这块毛巾是她很不喜欢的东西，她不想让它离她太近一样。她给我的命令——"喝，喝"——也具有一种强加给他人，而不是提供给别人的意味，很可能表明这也是一种强加给她的体验。最后，她在桌子上爬来爬去，这也让我们看到，她所扮演的"负责任的"照顾者角色仅仅是她的一部分，那个叛逆、苛求的戴西依然存在。

在第三次观察中，戴西似乎越来越熟悉我的存在，但她也表现得更依赖米拉了。一位托儿所工作人员跟她说我到了，她热情地跟我打了个招呼，双脚在桌子底下快速地来回动个不停，而且她马上就又问我米拉去哪里了。当米拉再次走进教室，她似乎再一次把所有注意力都放在她签了协议要照顾的那个小宝宝身上。托儿所的另一个工作人员过来跟戴西讲话，但戴西对于她们对她的关注表现得非常不安或愤怒：

马丽娜（Marina）过来帮助戴西洗手，但戴西大声地反抗，手指着米拉，米拉走过来帮她洗了手。不一会儿，戴西又生气了，非常大声地哭着，泪流满面。她因为悲伤脸涨得通红，我想我之前从来没有见过她这个样子。管理者过来安慰她，而此时，我看到戴西之前一直坐的那张椅子被另一个幼儿坐了。管理者温和地对这个孩子做出解释，但戴西再一次变得十分不安，而这一次之所以变得不安，好像是因为安慰她的是詹妮弗（Jennifer），而不是米拉。一旦回来跟米拉在一起，戴西就会变得安心一些……

过了一会儿，米拉的在场再一次证明对于维持戴西的情绪平衡而言非常重要。在和管理者一起"洗完餐具"后，米拉帮助她脱掉了她的塑料围裙，戴西站在一边，她拉起自己的T恤衫给管理者看，我想她很可能是因为自己没有弄湿T恤衫而感到很自豪。

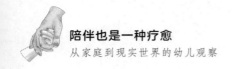
当管理者试图让戴西参与另一项活动时，她不愿意合作，而是和另外两个小朋友一起坐在地板上，地板上有一个车库，还有一些小汽车。突然，她用一辆小汽车朝着其中一个小朋友砸去，同时，她举起胳膊，准备砸另外一个小朋友，这时一位工作人员出面阻止了："戴西，要有礼貌。"但当管理者开始召集一个小组的幼儿在一起唱一首歌时，戴西却迫不及待地想要参加：

戴西似乎很爱唱歌，她模仿着成人在唱儿歌时夸张的动作，而且，她在专注地看着管理者用词语和动作来表达儿歌时，精力充沛又极其兴奋地扭动着她的身体。工作人员好像都坐在"他们自己的孩子"附近，当儿歌要求挠小朋友痒痒时，他们挠的都是"自己的孩子"。米拉却没有和戴西在一起，有一次当她经过戴西旁边的时候，戴西喊她，但她没有回应。当管理者邀请戴西跟他们一起玩时，戴西答应了，她一边笑着一边声情并茂地表演儿歌里的动作，但突然，她的脸色再一次变得严肃起来，她问蒂娜："米拉在哪里"？蒂娜对她笑了笑，没有回答。

✎ 讨 论

工作人员做了哪些事情来促进幼儿与他人的亲密互动

一方面，在沙恩的托儿所里，工作人员维持了一种高度组织化的环境，他们有非常详细的一日工作安排表，并密切关注安排表的执行情况，因此，幼儿生活在一个非常有规则且可调控的世界里。工作人员大多数时候都是与一个小组的幼儿进行互动，也有单独的时间与单个幼儿一起玩游戏，然后有一个总的工作人员负责监督。工作人员在召集各个小组时非常细心，在对沙恩的观察中，观察者看到，达娜（该教室的负责老师）是怎样在指导每一个小组的同时，又设法给幼儿个别关注的。例如，在第一次观察中，这一点就得到了证明：当时是早上，她第一件事就是敏感又熟练地让一个迟到的幼儿加入"欢迎"小组中，同时，她还利用一项活动让小组中的每一个幼儿的名字都被喊到。让孩子们非常自豪的粉色"芭比"床单，再一次证明了她的敏感性，即她敏感地意识到了孩子们希望自己是独特的这一愿望，并对此做出了回应。最后，达娜把她自己的泰迪熊"布赖恩"给了沙恩，这可能有助于沙恩感觉到自己的独特性，并觉得达娜将作为个体的自己放在了心里。

另一方面，机构方面几乎没有什么思考或行动来支持幼儿的依恋，没有将其作为托儿所的一项集体任务。园长说她其实并不确定这个"关键人物"体系有什么意义，虽然托儿所的文件中明确记录了这个体系的功能（参见上面的"沙恩的托儿所"）。该托儿所有一项规定：不允许幼儿非常依恋于你一个人，以至于不愿意亲近其他任何人。在没有任何机会可以思考这些幼儿在托儿所的个人依恋，且当这些个人依恋过于苛求或过于限制时，这一规定似乎相当有局限性，意义不大。这所托儿所因其精密的（养育）计划（以支持幼儿的探索和思考）而具有很高的声誉。因此，他们在制订（养育）计划时，几乎没有关注到幼儿的情绪，尤其是幼儿的依恋，这确实有点让人感到奇怪。

而在戴西的托儿所，整个环境几乎完全相反，该托儿所的整个理念、目标和组织的基础是：为幼儿提供一种"次级依恋"（secondary attachment）（他们认为幼儿的主要依恋是在家里发生的）。鉴于对戴西的观察，这可能会被看作一种高风险、"全或无"的策略，戴西的次级依恋对象（"关键人物"）米拉似乎将她所有的心思都放在了她新分到的婴儿维奥莱特身上。事实上，戴西好像确实因失去米拉对她的关注（显然，她曾获得过这种关注）而挣扎过，她付出了很大的努力，想重新获得米拉对她的关注。不过，这对戴西来说并不是一种"全或无"的情况。她确实得到了托儿所管理者的关注，而且像沙恩一样，她也能从观察者那里得到一些关注。此外，她还能从其他工作人员那里得到一些

关注，虽然在这个体系中，每一个工作人员按合同要求只负责她自己的那几个幼儿即可，这样的体系似乎会导致其他工作人员不愿意与戴西互动，这也是可以理解的。但事实有些不一样，例如，当戴西捣乱时，他们会试图劝米拉设置一些固定的界限。所以说，这所托儿所里还是有一定程度的集体照顾和监督的。

这两所托儿所取得的这些成就并非毫无意义，它们表明，与前面章节讨论过的贝恩、巴尼特（1980）和霍普金斯（1988）所记录的将近三十年前的那些互动情况相比，这两所托儿所已经取得了很大的进展。不过，托儿所体系还有很大的发展空间，这也是事实，就像当代两项重要的研究所表明的，托儿所要让年幼的孩子觉得他们确实被当成了个体，而且要敏感但又不能过早地促进其刚显现的独立性和能动性的发展。达特勒、达特勒和丰德（Datler，Datler & Funder，2010）让我们看到了瓦伦丁（Valentine）在维也纳一所托儿所中因为"迷失了"而产生的痛苦感受，在那所托儿所中，工作人员不能感知到他的情绪，也感知不到他主动寻求关注的表现。（p.65）在这种情况下，维也纳托儿所的标准比例（20个1—6岁的幼儿配备3名工作人员）很可能就是导致瓦伦丁很少获得个别关注的原因所在。不过，德兴特（Dechent，2008）表明，在英国一所托儿所（标准比例是：1名工作人员负责3个2岁以下的幼儿）中，工作人员为了对他们所照看的幼儿做出充分的反应而付出的努力：

　　我在这所托儿所及其他托儿所的经验表明，当必须同时与许多幼儿建立亲密的关系，并要努力满足所有幼儿的需要时，我们人类所拥有的情绪资源和心理资源是相对有限的。（p.39）

　　本章的核心问题是讨论幼儿在托儿所的亲密互动，以及这些与托儿所工作人员的依恋型互动是否会减少幼儿在托儿所中与同伴以友谊和小组的形式进行亲密互动的机会。卡蒂（Catty，2009）从亨利（Henry）出生到他18个月大，一直对他进行以家庭为基础的观察，这项观察表明，父母给亨利提供的高度敏感且细致的支持使得他能够逐渐成长，拥有越来越大的能动性和独立性。对年幼的孩子来说，这样的能动性将表现为独自一人玩游戏和探索，也表现为以显现的友谊和小组关系的形式与同伴一起玩游戏和探索。这三项研究将家庭背景与托儿所背景进行了对比，它们表明：托儿所要想给幼儿提供各种条件和支持，还有很多工作要做，这样，才能对托儿所工作人员所面对的在情绪方面极其复杂的任务（如果想让幼儿在这两种形式的互动中都获得发展的话，他们就必须面对这些极其复杂的任务）进行细致的理解，而不是在成人互动和同伴互动之间做出粗暴的或简单的选择。

工作人员在谈到他们在托儿所的经验时说了些什么

在沙恩的托儿所（这是一所相对较新的托儿所，最近将幼儿教育和幼儿日间照顾结合到了一起），整个机构都对这两项任务的相对地位存在冲突，他们对于从事高级管理以促进整合工作的开展缺乏信心。在这样一种背景之下，对于能够容纳情绪，且能够对工作人员与幼儿之间的互动进行批判性专业反思的高级工作人员的信任，确实不存在。

因此，在本章开头，玛乔丽（Marjory）的评论（她说，珍妮是一个非常依恋她的幼儿，她经常被珍妮的各种要求威逼）表明，管理亲密依恋关系的方式如果不好的话，就会被体验为"威逼"。玛乔丽的反应或许是恰当的：她唯一的反应方式是跟珍妮保持一定的距离。但在这家托儿所里似乎没有任何专业的研讨班，可以对玛乔丽与珍妮的关系进行更为细致的思考，关注其他一些可以帮助珍妮的方法，而不仅仅是跟她保持距离。

　　让工作人员感到压力大的不仅是幼儿对于获得关注的高要求，而且有时候，幼儿明显偏爱于另一位工作人员也会让他们很有压力。有一位负责教室的工作人员跟我讲了一个16个月大的小女孩的表现，这个小女孩叫艾莉森（Alison），她很排斥负责该教室的老师，而依恋教室里一位较为年长的工作人员——基姆（Kim）：

　　当艾莉森一早到的时候，她进到教室，看到我，一脸震惊。我说："基姆，艾莉森并不喜欢我。"我并不介意她对基姆的喜欢，我认为我永远都做不到，我无法做到让她喜欢我。但一旦轮到基姆值班，艾莉森就会说："……噢，基姆……"她的整张脸就会像被照亮了一样，而我……哦，天哪……艾莉森不喜欢我，我们所有人在看到她这种表现的时候都会大笑。

　　艾莉森这种排斥的表现，被负责该教室的老师一笑置之了，但我们不难想象，这可能会唤起一些工作人员更为深层的痛苦感受，也可能会导致工作人员之间的冲突。在缺乏某种专业研讨班（在这种专业研讨班上，人们可以对这样的感受进行讨论和理解）的情况下，托儿所似乎就会更可能做出一些社会防御性反应，例如，确立一种程序来禁止依恋。

　　相反，戴西所在托儿所的工作人员报告的冲突或压力要少得多。他们对其工作经验的描述充满了各种各样的故事：这些故事体现了因与幼儿进行深入的个人互动而获得的快乐、情感、骄傲、满足和乐趣。他们通常需要照顾一个幼儿好几年，对幼儿的家人非常熟悉，而且在幼儿离开托儿所后，他们还会与许多家庭保持长时间的联系。但这绝不意味着戴西所在的托儿所比沙恩所在的托儿所的互动更具反馈性，我们从观察材料中可以明显地看到这一点。有些研究者明确指出了这些优先考虑依恋关系的托儿所系统所具有的风险和益处。我们可以将米拉对戴西的明显疏离看作一种防御吗？即她（的行为）很可能是为了防御因自己难熬的童年期而产生的痛苦情绪吗？督导系统或工作讨论可以有效地让她找到一种更为平衡的方法来将注意力分配给戴西和维奥莱特吗？

幼儿关于他们与工作人员及其他幼儿的互动感受说了些什么
与工作人员的互动

沙恩的大多数互动都是与达娜进行的，而且，沙恩对她的依恋似乎很强烈。这一判断的基础是她对达娜的情绪反应。例如，她在小组活动时间向达娜索取拥抱的方式，以及她为打断达娜对整个小组的注意而做出的各种努力。她在睡觉的时候抱着达娜的旧泰迪熊"布赖恩"，而这就像是一个重要的表征，表明她拥有达娜的一部分。

这些观察似乎向我们呈现了这样一幅画面：有一个小女孩，她的整体幸福感良好，托儿所做了很多事情来支持她拥有这样的幸福感。教室内似乎确立了很好的规则和程序，提供了一个安全、有秩序的环境，很可能在沙恩看来是具有容纳性的环境。事实上，有人可能会问：这个教室会不会组织得"太好了"，以至于幼儿都不需要经常等待，因而也就不需要应对许多与挫折或不耐烦相关的感受。不过，沙恩很擅长寻求周围可以找到的任何成年人的帮助，她甚至问我怎么修好那个坏了的手电筒，并自豪地告诉我她已经做好了去花园的准备。

戴西表现出来的感受要复杂一些。她表现出了一种吵闹和充沛的精力，这似乎表明她的情绪健康。不过，有一次，在地下室玩游戏时，当她发现地板上有一块拼图，她把它捡起来递给了我，她表现得非常愤怒，因为事物不在它应该在的位置。例如，在她努力地想把大塑料夹子连接到车把手上，想把篮子重新装上自行车的举动（第一次观察）中，我们再一次看到了这种对"事物应该待在正确的地方"或"以恰当的方式连接到一起"的关注，我想，这种关注有没有可能代表了她与米拉的

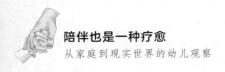

疏离感，她觉得自己被那个小宝宝取代了，米拉不再照顾她了。不过，大部分的观察材料都记录了她微笑着、精力充沛地忙着参加一些活动。

当米拉把所有心思都放在那个小宝宝身上，戴西便开始热衷于扮演助人者的角色。这或许可以缓解她在面对由于米拉一心都在维奥莱特身上而产生的被取代感。不过，这种经验对于戴西而言依然有难以应对且让人痛苦的一面。她在某种程度上将这一面隐藏在了对我（即观察者）的"照顾"之中（她给我搬椅子，给我拿饮料），而且她还将这一面投射到了她所扮演的照顾者角色之上。她抓着米拉给她的那块毛巾时手臂伸得长长的，抓着毛巾的一个角，就好像这块毛巾是她很不喜欢的东西，她不想让它离她太近一样。她给我的命令——"喝，喝"——也具有一种强加给他人，而不是提供给他人的意味，很可能表明这也是一种强加给她的体验。最后，她在桌子上爬来爬去，这也让我们看到，她所扮演的"负责任的"照顾者角色只是部分的，那个叛逆、苛求的戴西依然存在，还能够做出健康的反抗。

相比沙恩所在的托儿所，在戴西所在的托儿所中，有更多的证据证明托儿所在管理上会给工作人员很多支持，帮助他们管理其与幼儿的关系。管理者经常会出现在托儿所的教室里，跟幼儿和工作人员说说话，给工作人员一些建议，并为他们示范如何与幼儿进行互动。管理者还负责组织每周一次的工作讨论小组，帮助工作人员思考他们与幼儿的互动情况。在这里，"工作讨论"这个词有特殊的含义（而不仅仅指它明显的字面含义），它指的是一个反省工作经验的过程，同时还会思考托儿所工作人员在其工作过程中被唤起的情绪，以及这些情绪对他们的幼儿工作所产生的影响。有研究者在其他地方对托儿所中的工作讨论小组进行了评价。（Elfer，2012）

与同伴的互动

沙恩对其他幼儿似乎只有一种不冷不热的兴趣，这种兴趣主要表现为她在托儿所里偶尔会监控其他幼儿周围的环境，或者他们在小组中的行为（以确保他们遵守规则）。沙恩似乎并没有准备好以一种合作或协作的方式玩游戏。在第三次观察中，她曾问过奥斯卡去哪里了。工作人员说，奥斯卡是和沙恩非常"要好"的小朋友。

戴西在和同伴互动的过程中，既表现出了亲社会行为［例如，在托儿所帮助卢克（Luke）穿衣服］，也表现出了反社会行为（例如，从其他幼儿手里抢玩具、推人或打人）。在小组中，她迫切地想参与其中，在匆忙和慌乱中会撞翻东西，但她似乎很努力地想知道该如何参与到小组中，如何成为小组的一员，就好像她需要大量的鼓励和指导一样。

伯林厄姆和弗勒斯（Burlingham & Freus，1944）曾描述了不到两岁的幼儿是怎样成为"好朋友"的：

雷吉（Reggie，18个月大左右）和杰弗里（Jeffrey，15个月大左右）是一对好朋友。他们总是两个人一起玩，几乎注意不到其他的小朋友。这段友谊持续了大约两个月时间，直到雷吉回家。杰弗里非常想念雷吉，他在接下来的几天几乎什么游戏都不玩，吮吸拇指的次数比平常更多了。（p.40）

不过，这种情况是发生在一所寄宿制战时托儿所的背景下，当时，这些幼儿与家庭依恋对象长期分离。对于当今"普通的"日间托儿所来说，沙恩和戴西在建立友谊方面的表现与邓恩（Dunn）所描述的两岁幼儿的情况似乎相一致——也就是说，这个时期的友谊主要指的是一种伙伴关系。互惠与情感交流、亲密关系或忠诚要到幼儿四岁左右才会出现。（Dunn，2004，p.13）并没有证据表明特雷弗顿（Trevarthen，2005）所指的"情感关联（包括喜爱、不信任、自豪和羞耻）"对这些

意识到自己被他人关注的婴儿的目的和兴趣产生影响。

将与工作人员的互动和与同伴的互动放在一起考虑

下面这段材料摘自伯林厄姆和弗勒斯（1944）的观察记录，这段材料向达尔伯格（Dahlberg）及其同事有关幼儿（包括三岁以下的幼儿）的能力在小组中如何获得快速发展的观点提出了严峻的挑战：

在正常的家庭环境中，与其他幼儿的接触通常只能在幼儿——母亲关系牢固确立之后才有所发展。哥哥或姐姐也会被考虑在内，例如，作为玩伴和助手……而在机构环境中，情况就完全不一样了。当婴儿缺乏机会与一个稳定的母亲角色形成依恋关系时，他就会有很多机会与同龄玩伴建立联系。他生活中的成年人以一种必然会让该幼儿感到困惑的方式存在，而这些玩伴则是在某种程度上他的世界里一直存在且重要的角色……这些机构中的幼儿不是在安全的感觉中接触同龄人的世界，而是要确保自己牢固地依恋于一个"母亲般的个体"，这样他便可以一次又一次地回到这个母亲般的个体身边。他们生活在一个"年龄群体"（age group）中，这是一个危险的世界，其中的人都像他们自己一样不合群、不受约束。在一个家庭中，18个月大的他们还是"小不点儿"，哥哥或姐姐随时都会保护他们，为他们着想。而在（机构中的）一群学步期儿童中，他们必须很早就学会保护自己和自己的所有物，学会维护自己的权利，甚至还要考虑到他人的权利。这就意味着，他们必须在一个本应以自我为中心的年龄，学会社会化。（p.23）

重要的是我们要指出一点，达尔伯格及其同事提出，当幼儿已经与家里的成年人形成了强烈的依恋关系时，这些幼儿便可以用他们所习惯的方式与同伴进行互动。在伯林厄姆和弗勒斯所提到的情形中，他们关注的是生活在一家寄宿制托儿所的幼儿，他们的年龄比沙恩和戴西要小一些。但是，这里引用的两段话似乎都提出了一个问题：与托儿所工作人员的依恋关系究竟会削弱还是会促进同伴之间的互动？对沙恩和戴西的观察说明她们对托儿所工作人员的依恋对她们与其他幼儿的互动产生了怎样的影响？

在对沙恩的第二次观察中，午饭过后，达娜不在，沙恩把她的注意力转移到了游戏屋和与人分开时的仪式上，不停说着"再见""我爱你"。接着，她开始打扫起了卫生。这很可能是一种她曾在家里看到过的日常家务活的延续。不过，我想，这一清扫举动所代表的含义是不是不止这一点？我想到了对一个年纪稍大的幼儿（马里奥，4岁）的扫地行为的解释，当时，他正准备离开幼儿园，去上小学。（Adamo，2001）有人提出，马里奥的扫地行为可能代表了他想努力地控制分离焦虑，"把它们都扫走"。有一种看待沙恩清扫行为的方法，将其看作她努力地想控制由达娜不在而引起的焦虑，而且她之前玩洋娃娃和表演与人分开时的仪式，很可能也表现了这一点。

于是，问题来了：沙恩的托儿所能否提供更多的关注来促成工作人员与幼儿之间的依恋关系（例如，提供一种更为完善的关于托儿所依恋应包括哪些内容的观点，给工作人员提供更多的情绪支持，帮助他们应对依恋的要求）？沙恩能否做更好的准备去"接触一个同龄人的世界，确保自己牢固地依恋于一个'母亲般的个体'，这样，他便可以一次又一次地回到她身边"？（Burlingham & Freud，1944，p.23）或者，在提升沙恩参与同伴互动的情绪能力的同时，让其与达娜建立一种更为密切的依恋关系，是否会导致她将所有的精力都集中在与达娜的互动，而不是与其他幼儿的互动上？

就像在对戴西的观察中所看到的，这个问题的答案很可能取决于每一个工作人员的人格特点和情绪资源，以及他们所工作的那个托儿所的价值观和优先考虑事项。可以说，戴西的处境比沙恩要更为艰难些——

她依恋米拉，但现在却需要努力应对米拉将所有心思都放在那个小宝宝维奥莱特身上而不再关注她的处境。她的"对抗性"，以及她在无助状态与破坏行为之间来回变换的方式，很可能表明她正努力地设法应对难熬的感受。在第一次观察开始的时候，她也把衣服从桌子上扫了下来。这个情境与沙恩清扫的情境完全不同，但却提醒我们注意这样一种可能性，即她很可能是在试图让自己快速摆脱痛苦的感受，同时，她可能需要在托儿所建立更为可靠的依恋关系，这样她才能更为自信地参与同伴互动。

总　结

一种引出幼儿想法及感受的观察方法

在关于儿童早期发展的文献中，研究者提出了一种强烈的期望：在《联合国儿童权利公约》（*United Nations Convention on the Rights of the Child*）的支持下，幼儿政策和实践的发展应该考虑到幼儿的想法和感受。许多研究的开展都考虑到了三岁以上幼儿的想法，（Clark & Moss，2001）但很少有研究是为了得出有关三岁以下幼儿的想法，即他们在托儿所的经验是怎样的，他们的感受对有关托儿所政策的讨论和提出有怎样的启示。例如，与托儿所工作人员的互动和与其他幼儿的互动之间的相互作用。

我在其他地方（Elfer，2011）曾试图说明基于塔维斯托克方法的观察叙事法所做的重要贡献。早期有一项研究采取观察的方法来研究两个一岁多的幼儿［观察开始的时候，格雷厄姆（Graham）16 个月大，亨利（Henry）12 个月大］，两个幼儿都在上托儿所。这些观察发现了与托儿所工作人员的互动和与其他幼儿的互动之间的相互作用，这两种互动都很重要，且相互依存。本章也采用了相同的方法，根据对正在上托儿所的两个两岁多的幼儿的观察，试图分析这种相互作用。

　　这些资料尤其表明了这种观察方法所具有的潜能，它让我们看到了这两个身处不同托儿所情境中的幼儿的可能想法和情绪体验所具有的意义。而通过其他观察方法，我们可能无法获得同样的资料，就像通过其他方法获得的资料也无法用这种方法获得一样，这一点得到了精神分析概念的支持。

对工作人员的依恋与同伴互动

　　资料表明，这些托儿所为沙恩和戴西做了很多，给她们提供细致的照顾，给她们个别的关注，还在一个物理安全的环境中给她们提供各种机会，让她们要么独自玩游戏和探索，要么跟其他幼儿一起玩游戏或进行探索活动。

　　沙恩能够和她的"关键人物"达娜建立一种依恋关系，这显然是一种重要的关系，表现为：当她和达娜在一起时，她表现得很开心；当她必须跟一个小组的小朋友分享达娜的关注时，她就会有反抗的表现。不过，在沙恩的托儿所中，依恋并不被视为需要优先考虑的事项，几乎没有任何迹象表明他们认为需要培养依恋的关系，并利用这种依恋关系来支持幼儿在托儿所中的其他互动，比如，和同伴一起进行游戏探究活动。沙恩对于同伴互动没有表现出太大的兴趣，不管是跟朋友一起互动，还是小组互动都是如此，不过她好像确实对小组活动过程非常感兴趣，在这个过程中，幼儿要遵守托儿所的规则。

　　有关戴西的资料表明，她对米拉产生了强烈的依恋，米拉是托儿所里分配来照顾她的工作人员，依恋是这家托儿所优先考虑的事项。不过，资料也表明，当米拉后来把所有心思都放到了另一个比戴西小很多的幼儿身上，而且不对戴西想继续获得个别关注的需要做出回应时，这对戴西来说是一件非常痛苦的事情。不过，戴西具有很好的韧性，她能设法获得托儿所中其他成人的关注（管理者，其他工作人员，以及作为

观察者的我）。在同伴互动中，戴西似乎具有极强的攻击性，这很可能是在表达因为米拉把所有心思都放在了另一个幼儿身上而产生的愤怒。在这家托儿所里，对个别依恋的强调引出了一些问题。如果这家托儿所的一些工作人员有更大的能力将所有"依恋"于她们的幼儿都放在心里，而不是专注于一个幼儿，戴西的情况会不会更好一点？戴西会不会与同伴有更多积极的互动？这些与同伴的互动会使戴西更加依恋米拉，还是会削弱她对米拉的依恋？

托儿所工作与工作讨论的作用

工作讨论是在研讨班上进行的，在会上，组织的成员可以对在组织中观察到的互动细节，以及这些互动引起的情绪进行思考和探究。（M. E. Rustin & Bradley，2008）我曾在其他地方讨论过托儿所实践者对每月一次的工作讨论小组的使用。（Elfer，2012）我想做一个总结，以表明工作讨论在托儿所中的重要性：它是为托儿所工作人员在其所从事的复杂且困难的工作中提供情绪支持的手段，同时也是给工作人员提供支持的一种专业反思工具，这样，他们便可以设法与他们的工作对象（即幼儿）保持足够的距离，从而有效地对他们在托儿所中与幼儿的互动情况进行反思。

在沙恩的托儿所，观察者没有明显看到其工作人员正承受压力或苦苦挣扎。不过，材料中提到了玛乔丽因为一个幼儿总是向她提要求而感到被"威逼"，这表明，建立依恋关系的过程是充满压力的，而且仅仅是通过回避策略来应对的话，可能会产生风险。在戴西的托儿所，管理者对于米拉把所有心思都放在小宝宝维奥莱特身上，而对戴西缺乏关注的情况有些恼怒。这对米拉来说可能没什么压力（虽然她也陷于这样的冲突：一方面她自己想与维奥莱特在一起，但另一方面，管理者要求她减少跟维奥莱特在一起的时间），但戴西的破坏行为对其他工作人员来说却很有压力。不管一家托儿所的体系和优先考虑的事项如何，都可能在某个地方存在着压力，这种压力往往由某个人承担，可能是工作人员，可能是幼儿，也可能工作人员和幼儿都感觉有压力，德兴特的观察（2008）支持了这一点。工作讨论具有这样一些潜在的作用：支持实践者与幼儿建立依恋关系，承受住与其建立了依恋关系的幼儿提出的占有性要求，同时避免过度依赖于幼儿，要允许幼儿和朋友以及在小组中进行互动，并发展这种同伴互动的能力。

后 记

◎ 迈克尔·拉斯廷

✑ 精神分析观察范围的扩展

首先，本书这些章节中所说的幼儿观察指的是一种研究方法、一种学习形式。在过去的几十年里，塔维斯托克的幼儿观察有了很大发展，现在已成为精神分析观察研究专业的硕士学位课程的组成部分。在这个项目中，到了课程培训的第二年，学员要进行为期一年、每周一次的幼儿观察，被观察的幼儿年龄在两到五岁之间，这通常与为期两年的婴儿观察的第二年相类似，在该课程中，这一直都是重要的组成部分。在意大利近几年的项目（本书中有几篇文章就产生自该项目）中，幼儿观察要进行两年以上（像婴儿观察一样），而不是只进行一年。这就使得观察者可以观察到幼儿更长时间的发展情况，从而使我们可以在这个更长的时间段内对幼儿有更多的了解。

精神分析取向的观察不仅是塔维斯托克婴儿观察和幼儿观察方法的核心，而且也是另一本与本书主题相似的书的工作讨论（M. E. Rustin & Bradley，2008）和机构观察（institutional observation）的核心。采用这种方法时，最为重要的是：学员们应该在家庭或日托中心的"自然"环境下进行观察，而不是在儿童发展实验室这样的实验情境中进行观察。在每一次观察之后，学员们要根据记忆尽可能详细地整理出他们在观察中的所见所闻。接下来，学员们要将这些整理出来的观察记录带到每周一次的研讨班上同督导及其他观察者一起进行讨论，在每一周的研讨班上，学员们轮流呈现观察记录。在整个观察快要结束的时候，学员们需要写一篇文章，描述他们观察到的某个方面，与此同时，他们可以回忆所学的精神分析观点和理论中有哪些可以解释他们所观察到的现象。还有一个参考领域是当代有关儿童发展的心理学研究，这是英国观察课程的一个组成部分。（Music，2011）

这些精神分析"观察课程"旨在提高从事幼儿工作的人的理解力和工作能力，从事幼儿工作所需要的专业能力和职业能力有很多，包括教学能力、护理能力、保育能力，以及家庭和社区的社会工作能力等。课程学员的录取有一个条件，即学员们应该在之前有过从事幼儿或青少年工作的经历，而且在学习的这几年中，继续以某种形式从事幼儿或青少年工作。对于那些想在日后接受培训以成为儿童心理治疗师的学员来说，这门课程还是在从事临床工作之前必须接受的资格培训——不过，我们应该说明一点：大多数学员都不会选择成为一名儿童心理治疗师，而是会选择继续待在原来的工作岗位，或者开始其他方面的职业生涯，通过各种方式利用他们在观察过程中所学习到的东西。在英国、意大利以及提供此类课程的许多其他地方，提高除儿童心理治疗这一专业领域之外的幼儿工作的质量，这个目标始终是观察课程的核心目标。不过，这项工作的特点是：它的关注焦点是精神分析，因此教授幼儿观察的老师大多数都是经验丰富的儿童心理治疗师。

幼儿观察的方法与儿童精神分析、儿童心理治疗的临床实践之间的关系非常微妙，也很复杂（事实上，婴儿观察也是如此）。从一种精神分析的视角对感兴趣的婴儿和幼儿的无意识心理生活与情绪生活进行密切观察，以及对让我们得以进入无意识生活的移情和反移情现象进行密切观察的取向，最初是一些精神分析学家提倡的，比如弗洛伊德对小汉斯的观察，还有安娜·弗洛伊德、苏珊·伊萨克斯、梅兰妮·克莱

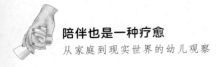

茵、唐纳德·温尼科特等对他们的儿童患者的密切关注。

埃丝特·比克看到了婴儿观察经验（独立于且先于所有的临床机能）对于观察者而言的潜在作用。（Bick，1964）她是作为一种学习方法的精神分析婴儿观察的创建者。分开来讲，在这之前不久，安娜·弗洛伊德和她的同事在汉普斯特德战争托儿所（Hampstead War Nurseries，这是她在第二次世界大战期间开办的）就率先提倡幼儿观察，虽然直到后来幼儿观察才正式成为一种研究方法。（Midgley，2013）

精神分析婴儿观察实践最初出现在第一批儿童分析学家的临床工作中，确切地说，是从他们的个人经验中发展而来。正是对这项工作的兴趣以及在这项工作中所获得的洞见，才发展出了一种基于婴儿观察的特定学习实践。对婴儿和幼儿的精神分析观察一直受到植根于临床咨询室的一些概念和理论的深刻启发。从前面的章节中，我们肯定都已经明确知道了精神分析主要的和经典的关注点是怎样理解被观察的幼儿的。例如，对于俄狄浦斯情结的理解，以及后来对"三角"关系或"第三种状态"的发展的理论化。（Britton，1998）但也有一种影响与此方向相反，即最初在观察情境中习得的敏感性对于理解接受临床精神分析治疗的幼儿所产生的影响。事实上，随着对母亲和婴儿之间复杂的互动有了越来越多的理解（例如，通过一些概念来理解，尤其是克莱茵、比昂提出来的概念：投射性认同、容纳者—被容纳者的关系等），观察本身也成为精神分析临床实践中越来越重要的元素。这不仅包括治疗师对他们的患者的观察，也包括治疗师在试图了解和理解他们与患者之间的移情与反移情现象的过程中对自己的观察。

在对幼儿进行精神分析治疗的过程中，观察尤其重要，通过克莱茵（1926，1927）最初描述为"游戏治疗"（play therapy）的方法而为临床实践所不可或缺，它后来成为精神分析儿童心理治疗实践的重要组成部分。接受精神分析和心理治疗的幼儿通常不会躺在一张长椅上跟他们的治疗师说话。典型的情形是：他们会积极主动地利用治疗室及放置在里面的家具，还有精心挑选出来提供给他们的玩具，以及画画的材料。与治疗师的谈话通常来源于他们利用这些材料玩的游戏，可以对他们所做的任何事情进行评论，或者是进行"自由联想"。在这样一个情境之中，治疗师需要关注正在发生的所有事情，并找到让其患者产生兴趣的那些活动所具有的意义。在这样的背景中，如果不对一个幼儿患者的动作、面部表情、身体表现、游戏、对话的细节进行密切观察，就不太可能获得任何理解。（M.E.Rustin，2012）

由于在当代精神分析思想中，"成年人身上的幼儿"（child in the adult）以及早期关系体验对后来心理发展的影响非常重要，因此对幼儿进行的观察经验和临床工作对于治疗成年患者的分析师而言应该也很有价值。所以说，英国及其他地方主流的精神分析课程未将幼儿临床工作培训包括在内，对更大的实践领域而言是一种严重的损失。

幼儿观察的研究对象

幼儿观察的研究对象是什么？显然，是幼儿。但是，要从哪个视角、通过哪些概念维度对他们进行观察呢？毕竟，进行一项观察可以采取的可能视角有好几个。我们可以预期，一位医学博士或卫生访视员主要关注的是身体健康和发展方面的问题；一位语言专家将关注言语模式及其发展；一位社会学家或人类学家将关注社会角色，甚至包括幼儿的社会角色——例如，预期他们到多大的时候就会表现出独立性，而不再依赖于母亲？他们所处的文化有多强调他们认知学习的能力？如果没有某种预示性的理论视角，我们就不能进行系统的观察。在观察已成为有组织的学习课程一部分的地方，情况肯定就是这样的。

"观察框架"（observational frames）可以或多或少地制订得明确

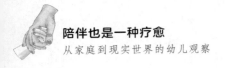
一些。在有些背景中，这相当于是一套系统检查的程序。其中，可以对照基准，即在某个特定幼儿的观察结果中放入与年龄相关的标准，对观察结果逐一进行检查。在怀疑有发展迟滞现象的情况下，便可以采取这种形式的心理学评估或精神病学评估——由此便可以看出，这个幼儿距离他这个年龄应该达到的各种能力还有多远。许多"学科框架"已清晰地对其所感兴趣的现象加以整理，这样观察者便可以知道，在那个领域，他们应该观察什么，其诊断意义在哪里。在恰当的背景中，这样的做法完全是积极的，非常有帮助的。例如，我们预期，一位小孩过敏症方面的专家在看到一种过敏反应时，可以识别并确定它是属于哪种类型的过敏反应。

不过，精神分析观察与此性质不同。第一次在家庭或幼儿园环境中（观察就是在这个环境中进行的）与被观察的幼儿见面之前，观察者无法预期明确的概念或分类框架。实际上，这可能是幼儿观察者和对婴儿进行精神分析观察的观察者共同的经验，即他们在开始一项观察的时候，通常并不知道自己应该观察什么。事实上，他们应该具有敏锐的观察力，仔细观察作为个体的幼儿，以及他与周围他人的关系。这包括幼儿与观察者自身之间的关系，一旦幼儿认识到，这位观察者真的对他特别感兴趣时，这种关系很可能就建立了。最为重要的是幼儿与周围他人——或者，我们可以用更为专业的精神分析术语来说，即他的"客体"——的关系所具有的情绪特质或本质。关于幼儿观察，最为关键的事情是：幼儿的经验，以及试图记录这些经验的详细描述，应该是最先考虑的事情，而更为抽象的概念则无疑是接下来要考虑的事情（人们通常希望，抽象的概念可以赋予按顺序详细记录的观察材料以意义）。

不过，在精神分析观察中，一个理论框架（事实上是一个分类体系）确实存在于背景之中，其与经验的关系正等着人们去认识。但是，就像对幼儿患者进行的治疗工作一样，在相当长一段时间内，有一点可能都不很明显，即在理解某个特定幼儿时，一些来自精神分析大辞典的特定概念所具有的关联性和有用性可能并不明显。要想把幼儿观察做好，理论理解就必须等待时机——有时候，这种等待必须是一种长时间的等待。

在一种像幼儿观察这样的观察实践中，存在一个更为一般的问题，我们把这个问题描述为一个精神分析问题，那就是具体从精神分析看，研究的对象是什么。对于精神分析是否是一个有可以确认的经验研究对象的合理研究领域，在一些圈子（包括心理学家的圈子）中至今依然是一个有争议的问题。在近期哲学和社会学领域的科学研究中，研究者已经认识到，不同的科学研究领域确实有不同的研究对象，相应地，也就有不同的方法来了解这些研究对象。在认识到这一点之后，这个问题已变得或应该变得争议不那么大了。事实上，科学不是只有一种，而是有很多种。（Galison & Stump，1996）对此，用一种更为专业的方式可以表述为：不同的科学领域有不同的本体论（有关存在的观念）和不同的认识论（感知的模式）。精神分析独特的"研究对象"是无意识心理生活，其主要的认知资源是有关咨询室中移情—反移情关系的研究。（M. J. Rustin，2007，2009）因此，有人（O'Shaughnessy，1994；Quinodoz，1994）强有力地提出，是"临床事实"（clinical facts，一些来源于移情的现象）为精神分析理论提供了经验参照或合理理由。[2]

推荐用来进行精神分析婴儿观察的环境通常是这样设置的：在可靠性和一致性方面尽可能与临床咨询室一致，这样才有可能辨认出在那种情境之下的无意识心理现象。从科学方法的视角来看这个问题，得出的结论是：只有当许多变量都尽可能保持恒定时，才有可能观察到具有无意识根源的差别。环境的可靠性和一致性，以及观察者的"中立"姿态，都是为了过滤掉日常生活中的"噪声"和干扰，从而使得观察的焦点主要放在从精神分析的视角看具有重要意义的方面。但是，因为观察

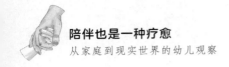
者在某种程度上不可避免地要成为其观察环境中的积极参与者，而且观察者与被观察者之间的互动往往会产生极其重要的信息，因此这种"中立性"只有通过自我觉察和尊重观察者角色的界限，才能得以保持。虽然有人可能认为，这样的思考与研究实践的关系最大，但事实上，它们是任何精神分析观察实践（在其中，学习应该会发生）都不可缺少的。

有人可能会问，本书各章节所呈现的幼儿观察在多大程度上将关注的焦点放在了精神分析现象上——那些具有一种无意识维度或根源的现象之上？答案是，在相当大的程度上，虽然许多其他特征也很重要，在观察过程和研讨班讨论中也占据了不少空间。例如，在好几项观察中都很突出的俄狄浦斯焦虑，就是精神分析理论的一个基本元素，是人格发展理论的一个必不可少的部分。一天或一周中有很多个小时要待在幼儿园的幼儿的焦虑，是这些观察的一个共同主题。通常情况下，对幼儿来说，在相当长的时间内无法与父母亲密接触，是一件很痛苦的事情。有关婴儿和幼儿对与父母或父母替代者亲密关系的依赖的精神分析理解，通常就解释了为什么这样的分离不仅会造成痛苦，而且在极端的情况下，还会造成心理伤害。关于容纳者—被容纳者关系的理论描述了母亲和婴儿之间的投射、内投、认同等重要的无意识过程（一种恰当的同一性体验就是通过这些过程而确立的）。在幼儿与其所深爱的成年人之间没有建立亲密关系的情境中，幼儿就会发现很难保持对自身完整性的充分意识，因而会感到痛苦。埃丝特·比克（1968）描述了对"摔成碎片"的恐惧，认为它是婴儿期主要的焦虑之一。有一些幼儿园的情况可能就是这样（在这些幼儿园中，幼儿人数太多，而成年人人数太少，因此无法对幼儿的需要做出回应），当然我们也可以看到，好的幼儿园通常会提供一些补偿性的满足，为幼儿提供建立友谊的机会，与其他幼儿一起玩游戏，并使幼儿与工作人员的关系充满生气。温尼科特的"过渡客体"概念（通过这个过渡客体，幼儿便可以在幻想和游戏中保持与母亲客体的联系），在梅尔·塞林撰写的章节中得到了证明。在这一章中，梅尔·塞林描述了一个小男孩在面临转变的不稳定情境中，利用托马斯的故事提醒他自己：他能够占据一个可靠的、有规则的位子。莎伦·沃登撰写的章节"安东尼奥船长的气球爆炸那一天"，描述了另一种象征性客体，这个紫色的气球是母亲吹的，里面放了一些小米，可以让气球发出哗哗的响声。对这个小男孩来说，这个气球似乎代表了一个组合的父母客体，象征着装有种子的乳房，它的美丽让他开心地在自己和父母的床上随着音乐跳起了庆祝舞蹈。这是一个因分离焦虑而心事重重的幼儿，随着他不断长大（他说，"我不想要四岁"），他找到了一种无所不能的方式来解决有关他父母生育力的俄狄浦斯问题，这种情况一直持续到气球令人遗憾地爆炸的那一刻，他被带回到了痛苦的现实中，即成长是不可避免的——他确定无疑要四岁了，而且很快他就不再是一个小宝宝了。

在克莱茵（提出了追求知识的本能）和比昂（提出了母亲的遐想和思维空间的观点）所做出的贡献的基础上，当代精神分析理论和实践坚持认为，被观察和被理解（尤其是在情感方面）是心理成长的基础。就像一些章节的内容所表明的，幼儿观察者发现，他们自己对其研究对象的关注可能对幼儿来说非常有意义，甚至是他们作为相当安静的角色，每周一次的拜访也能促进幼儿的发展。甚至是在一次没有任何特定治疗意图的普通观察中，也可能是这样。观察也可能会通过一种我们所说的反移情的形式，让观察者感觉到对他们的强烈情感诉求，有时候，他们会被拉着成为诱惑性的共犯（例如，一种俄狄浦斯式诱惑），而这可能会让他们因为要保持其观察者角色的界限而感到焦虑。

因此，虽然幼儿观察者应该不带任何有关要观察什么的先入之见进入观察情境，但从这些观察中，我们可以看到，精神分析概念和理论预示的一些重要主题都出现了，并赋予了观察者的描述以意义和形式。

在这些主题中，有一个主题是这样的：幼儿从以与母亲或其他主要照看者的两人关系为主，发展为三人或多人的家庭关系，其中，幼儿必须与他人分享母亲的照顾和关注。正是在这样的情境之中，观察者发现，有关俄狄浦斯情境的精神分析理解是不可或缺的。弗洛伊德认为，只有当幼儿长到三至五岁时，俄狄浦斯竞争对他们来说才会变得有意义（Freud，1950d），但克莱茵确定，俄狄浦斯竞争以一种原初的形式成为婴儿心理生活一部分的时间要比这早得多，事实上是在幼儿出生后的第一年。所以说，尽管人们通常认为，克莱茵的理论兴趣从弗洛伊德的"俄狄浦斯阶段"转移到了一种更早的与母亲的二元关系，但事实上，在她有关发展的论述中，俄狄浦斯情境依然占据重要的位置，因此，它与婴儿观察、幼儿观察都有关联。被观察幼儿表现出的俄狄浦斯焦虑，是本书好几章内容中都出现过的一个主题。在有些观察中（例如，安贾莉·格里尔和克洛迪娅·亨利的那些观察），观察者在家庭情境中作为一个"第三者"的存在，似乎就支持了幼儿的发展。

对每一个幼儿来说，进入一个多人世界都是一种具有挑战性的经历，虽然当幼儿获得足够的爱与关注，他们便可以参与新的活动，发展出新的能力和关系，他们从其中获得的满足通常会超出他们所感受到的痛苦。"成长"（growing up，在我们的社会中，其重要标志是生日的仪式）可能是极大的快乐与自豪得以产生的根源。但如果幼儿不能获得足够的爱与关注，尤其是当父母难以给幼儿提供充分的照顾时（就像前面一些观察材料中所描述的情形），幼儿的痛苦和焦虑就可能会加重。观察者可能会觉得，接近这样一种体验是很痛苦的事情，尽管他们自己的感受能帮助他们理解这种情形。

在家庭情境之外进行的观察——例如，在日间托儿所进行的观察——常常需要一种不同于俄狄浦斯情结理论的精神分析概念化。对于一个身处此种情境的幼儿来说，主要的困境并不是在原初的家庭中为获得母亲或父亲的关注而展开的竞争，因为父母和兄弟姐妹通常都不在那里。相反，在这里，对幼儿来说，问题在于：在他们离开家的这段时间里——很可能是很多个小时——他们可以依靠谁、依靠什么东西让自己获得被爱感和安全感。约翰·鲍尔比（John Bowlby）关于依恋和分离的研究，以及在此之后进行的大量研究，都对这些问题进行了深入的探索。（Holmes，1993）

最适合理解这种托儿所情境的理论框架是那种描述焦虑及其容纳的理论框架。似乎所有照顾小至两岁幼儿的托儿所（甚至还有一些托儿所，连小婴儿也会照顾）都要面对这样一个问题，即如何处理年幼的幼儿因与其原初照看者分离而产生的痛苦。观察者可能会发现，他们自己曾经历过很多这样的情境。精神分析观察对情绪痛苦的关注，具有独特的性质，不管被观察主体的情绪痛苦，还是观察者自身的情绪痛苦，均是如此。精神分析观察程序（最初源于各种精神分析方法："均匀悬浮注意"、凭借记忆做详细的描述性记录，以及随后在由观察者同伴组成的小组中进行回想和反省）的设计，是为了将痛苦情绪和心理状态置于其关注领域的中心位置。前面章节的作者已表明他们自己对各种不同类型的痛苦都很敏感，包括源于威胁生命的疾病和严重剥夺的痛苦，也包括一个幼儿在还没有准备好的时候便被要求表现得更为独立时所面临的更为常见的痛苦。

在幼儿园环境中被观察的幼儿，可能会很享受被观察者关注。这很可能就像是出现在身边的一种"特殊的朋友"，幼儿可以依赖其有规律的在场和友好的关注，虽然无行动观察（inactive observation）的协议要求使得他不能像幼儿所希望的那样成为另一位游戏领导者或游戏同伴。但大多数不会获得专门观察、不能拥有此种特别关注的其他幼儿呢？对于获得此种关注的幼儿来说，这有时候是不是也是一件好坏参半的事情呢？一方面，他们可能喜欢被关注，但另一方面，他们也可能觉得这是

一种不受欢迎的负担，是一种他们并不想拥有的"特殊性"，会激起同伴的嫉妒或妒忌。很可能大多数被观察的幼儿都会体验到这种"被挑中接受观察"的两面性。观察者们当然也要考虑到被观察的幼儿是怎样对观察者们给予的特殊关注做出反应的。

事实上，与一个幼儿建立并保持一种恰当关系的责任，是幼儿观察区别于婴儿观察的一个方面。正如本书引言部分所指出的，在一项婴儿观察开始时，观察者与婴儿之间的关系通常以母亲的在场为中介。如果这位母亲碰巧离开，留下观察者单独与婴儿在一起，那么婴儿观察者可能甚至会感到恐慌。我在之前的一篇文章中曾提出，事实上，婴儿观察的主要对象在很大程度上并不是婴儿本身，而是这个母亲—婴儿二人组合，就像温尼科特的名言［"没有像婴儿这样的东西"（there is no such thing as a baby）］让我们产生的预期一样，源自婴儿观察的最为有趣的研究领域之一，是构成母亲—婴儿关系的复杂的互动，以及人们所理解的"容纳者和被容纳者"之间不同种类的关系。

但是，从两岁开始（这个年龄通常是这两种观察的正式界限），婴儿和学步期儿童通常会发展出一种与其每周见面一次的观察者（其拥有自己的生活）建立关系的能力。虽然这种关系通常是在母亲在场的情况下建立的，但它可以逐渐发展出它自己的特性。观察者有时候会觉得很难坚持扮演观察方法所规定的"无行动观察者"角色，而且他常常会遇到一些现实的技术问题，即他应该在多大程度上主动地对幼儿邀请其参与游戏或陪伴的要求做出反应。经验表明，观察者有时候可能因为这一规定，即要与观察对象保持距离，而过于约束自己了，这个时候，如果他允许发展出一种更为主动的关系，情况可能会更好一些。玛吉·费根在其撰写的章节中，对过于刻板的态度所导致的风险进行了让人感兴趣的反思，她还举了一个富有吸引力的例子，证明了有时候用她所说的与幼儿的需要协调一致来做出反应所具有的价值。这一章中有这样一个片段：一位观察者发现自己情不自禁地跪下来帮助安娜（一个不知所措的小女孩）扣上了她衣服上的纽扣。这个片段便是此种反应性的绝妙证明。

在幼儿观察（不管是家庭情境中的幼儿观察，还是幼儿园情境中的幼儿观察）中，幼儿通常会表达出想与观察者建立关联的愿望，（或者是）想让观察者了解自己的愿望，因为他们与婴儿相比，正常情况下已经具有了更大程度的自主性和能动性。毕竟，不管事实情况是否如此，人们通常认为，一位准备上幼儿园的幼儿已经具备了某种自给自足和独立的能力。因此，婴儿观察主要的研究对象可以说是母亲—婴儿二人组合，而幼儿观察的主要研究对象则是幼儿本身、幼儿日渐显现的独立人格，以及与此种发展相伴随的焦虑情绪。

幼儿观察的价值

本书有一个重要的部分直接谈及了幼儿观察作为一种治疗资源的潜在应用。从这些章节中，我们可以清楚地看到，这种方法可以极大地丰富我们对于剥夺情境的理解。这个部分所举的例子包括安妮-玛丽·法约勒所描述的对一个患有严重疾病的幼儿的参与性观察（不幸的是，这个幼儿后来去世了），梅尔·塞林对一个其父母亲的照顾能力正接受审查的幼儿的观察，观察材料为最终的决定提供了相关的证据。观察不仅可以让人们理解此种情境，而且若对观察技术进行恰当的修正，且观察者有足够多的经验的话，它无疑可以成为一种帮助的来源，德博拉·布莱辛和卡伦·布洛克撰写的有关一个有可能患有孤独症的幼儿的章节已经证明了这一点。有关观察的治疗效用的重要先例，在对婴儿的观察中已经得到了确认，最初是在法国得到确认（Delion，2000；Houzel，1999；Watillon-Naveau，1999），后来在英国也得到了确认。（Gretton，2006；Wakelyn，2011）

随着为五岁以下幼儿提供日托服务成为现代社会中越来越普遍的事，一些有关此类日托服务质量的迫切需要解决的问题也出现了。在这里，最为重要的问题是对幼儿情感需要的关注，以及提供日托服务的机构与工作人员所承受的压力。这是一个严肃的问题：工作人员可以通过什么方式学习理解幼儿的情感需要，尤其是在英国这样一种让人遗憾的惯例之下，即英国习惯于雇佣非常年轻且没有什么工作经验的工作人员，此外，这些工作人员能够获得的培训也非常少。对于刚进入这个领域的工作人员（或者，事实上，对于那些已经从事该领域工作一段时间的人员来说，亦是如此）来说，幼儿观察，以及与此相关的工作讨论实践，将是非常有价值的教育经历。

还有一个"政策问题"，即如何建立和维护评估机构质量的方式和服务的标准。幼儿观察实践在这里还有一种潜在的作用，即管理者和质量评估者据此可以敏感地关注到年幼幼儿的需要以及工作人员的需要（他们通常被大家期望能够满足幼儿的需要）。在本书提到的正式教育项目中，观察的时间通常要持续一年或两年。但是，在时间上短得多的观察经验——甚至是单次观察，如果资源和时间可以用来对此次观察进行反思的话——也可能有助于那些幼儿工作者敏感性的发展，以及有助于对他们的工作环境进行改进。

本书中伊斯卡·威滕伯格撰写的章节将关注的焦点放在了转变——包括进入幼儿园和离开幼儿园环境——的重要性，以及如何应对这些转变上。这一章具有典型性，让大家注意到了机构（应做的）基本程序。她根据自己长期的经验撰写的有关开始和结束重要性的内容，目前在各种类型的机构中完全被接纳，不管这些机构招收的是成年人还是幼儿，均是如此。在西莫内塔·阿达莫撰写的章节"房子是一艘船"中，有关为马里奥离开幼儿园而做的细致准备的描述，便是威滕伯格所提出的结束对实践启示的一个很好的例子。但不幸的是，我们都知道，转变的重要性常常不被理解或被无视。我们可以想象，在当前"提倡紧缩政策的英国"背景中，常常会实施多么可怕的裁员。我们通过一个机构对转变的低劣的或无情的应对方式，便可以看出这个机构对人际关系的忽视——这是其关系质量一个指标。相反，用恰当的关注和仪式来细致地应对各种转变，则可能是一个机构的高质量实践的指标。

在有人将其作为一种"研究"——也就是说，作为一种产生新知识的方式——来进行深入思考之前，婴儿观察作为一种学习和教育方法已经实践了好几十年（不过，有一个重要的例外，那就是埃丝特·比克于1968年发表的有关"第二层皮肤"的文章）。对这种方法所具有的有可能产生知识的觉察，已经发展成为一种完善的研究方法。（Urwin & Sternberg，2012）还有一点也非常明显，那就是：对最早期关系的密切观察研究极大地丰富了精神分析理解和临床实践，尤其是幼儿和家庭工作方面的精神分析理解和临床实践。幼儿观察已发展出了一个研究的维度，本书呈现了两个例子，即彼得·埃尔费尔、维尔弗里·达特勒及其同事提供的案例。

就像精神分析探究中常常发生的更为一般的情况一样，迄今为止，主要以个案研究或案例研究形式开展的研究往往更为可行，这种研究是获得洞见和理论理解的一个有价值的来源，但其研究发现的适用范围相当有限。例如，对幼儿的俄狄浦斯转变（oedipal transitions）或幼儿园提供的哪些形式的服务最适合幼儿等假设的按比例"放大"（scaling up），通常被认为需要符合"循证服务"（evidence-based services）的标准，但事实上却很难符合这些标准，其部分原因在于大规模研究所涉及的成本。从未来研究的视角看，与仅仅依靠这种方法的大规模研究资源相比，将一个幼儿观察的维度包括进有关幼儿发展或机构实践的基础更为广泛的研究中或许更为可行。

维尔弗里·达特勒及同事的研究确实使用了不同的手段来衡量幼

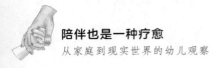

儿的健康幸福，将有关幼儿在日托中心的经验的相当大规模的评估和系统录像证据的使用结合到了一起。但有趣的是，我们注意到，研究者发现，通过这两种手段获得的证据相当狭隘，他们试图通过同时实施一些幼儿观察（即一项以11名幼儿为对象的多案例研究）来深化他们的研究。在本书收录的一篇文章中，在通过更为"客观的"程序获得资料的补充之下，他们极大地深化了对一个特定幼儿的经验的理解。这项研究非常有价值地证明了以系统的方式实施和分析幼儿观察的可行性。将这份报告采用的充分记录的方法与所报告的大多数其他观察所采用的更为随意、凭直觉进行的程序进行比较，相当有趣。达特勒等人观察鲍丽娜时的特别发现（即，鲍丽娜不能开心地适应日托中心的生活这一状况，与强迫她与姐姐分离有关，而在她刚进入日托中心的头几周，工作人员是允许她与姐姐一直亲密地待在一起的）极为有趣。但我们同时也被一些有关幼儿的更为随意的描述所传达的东西吸引了，如果没有这样一项正式的"研究任务"，幼儿观察的整个体验就可能会有更大的想象空间。

彼得·埃尔费尔在他撰写的章节中描述了两家托儿所中的两个幼儿的经验，将关注的焦点放在不同的托儿所组织模式在幼儿身上所导致的不同结果上。一家托儿所提供的是"群体照顾"，不特别强调幼儿对某个照看者的依恋；另一家托儿所则将幼儿分配给专门的一个照看者，她对该幼儿负有主要的责任，甚至要与幼儿的父母签订个别化的合同。案例研究方法不容易进行归纳。在这种情况下，我们很难精确地评估以下这些因素在其中所发挥的作用：组织结构、文化，以及那些与幼儿个体和托儿所工作人员的性格特征相关的因素。这项研究表明，一个能够同时将好几个幼儿放在心里的非常能干的照看者能够让一种群体照顾模式运行良好——而且，在一个幼儿被分配给某个照看者并对其产生依恋的情况下，一个更为年幼的幼儿的到来可能会导致一些关于分享的问题，因为他需要照顾这个年幼的孩子。就像精神分析自身的临床传统一样，良好的案例研究也可以通过一种其他研究类型都无法做到的方式对复杂的体系进行细致的探索。

这项维也纳研究和埃尔费尔的工作都证明了幼儿观察作为一种研究方法所具有的潜在价值。它所具有的独特优势包括：它使得幼儿的体验成为衡量照顾幼儿的机构质量的主要维度，并提供了一种强有力的手段来弄清幼儿的体验是一种什么样的体验。本书论证了幼儿观察在培训及其他方面的使用范围，以及更为广泛的领域对幼儿观察的需要。

⌘ 注 释

1. 依据是英国儿童心理治疗师协会（Association of Child Psychotherapists in the United Kingdom）的条例规定。

2. 有关临床事实的观点，可参见大卫·塔克特（David Tuckett）主编的《国际精神分析杂志》（*International Journal of Psychoanalysis*）特刊。（Vol.75，1994）

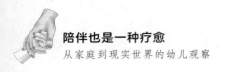

参考文献

Adamo, S. M. G. (2001). "The house is a boat ..." :The experience of separation in a nursery school. *International Journal of Infant Observation*, 4(2): 134–139.

Adamo, S. M. G. (2007). "Interview with Gianna Polacco Williams." *International Journal of Infant Obseration*, 10(1): 5–9.

Adamo, S. M. G. (2012). "Group learning in a young child observation seminar." *International Journal of Infant Observation*, 15(2): 115–131.

Adamo, S. M. G., & Magagna, J. (1998). "Oedipal anxieties, the birth of asecond baby and the role of the observer." *International Journal of Infant Observation*, 1(2): 5–25.

Adamo, S. M. G., & Rustin, M. (2001). "Editorial." *International Journal of Infant Observation*, 4(2): 3–22.

Ahnert, L., Kappler, G., & Eckstein-Madry, T. (2012). Eingewöhnung in die Krippe: Forschungsmethoden zu Bindung, Stress und Coping. In: S. Viernickel, E. Edelmann, H. Hoffmann, & A. König (Eds.), *Forschung zur Bildung, Erziehung und Betreuung von Kindern unter drei Jahren*. Munich: Reinhardt.

Ahnert, L., & Lamb, M. E. (2003). "Shared care: Establishing a balance between home and childcare setting." *Child Development*, 74(4): 1044–1049.

Allcroft, B., & Mitton, D. (2004). *Thomas the Tank Engine and Friends: The Complete Fifth Series*. Southampton: Gullane Entertainment.

Alvarez, A. (1992). *Live Company: Psychoanalytic Psychotherapy with Autistic, Borderline, Deprived and Abused Children*. London: Routledge.

Alvarez, A. (2005). Autism and psychosis. In: D. Houzel & M. Rhode (Eds.), *Invisible Boundaries: Psychosis and Autism in Children and Adolescents*. London: Karnac.

Alvarez, A, & Furgiuele, P. (1997). Speculations on components in theinfant's sense of agency: The sense of abundance and the capacity to think in parentheses. In: S. Reid (Ed.), *Developments in Infant Observation: The Tavistock Model*. London: Routledge.

Bain, A., & Barnett, L. (1980). *The Design of a Day Care System in a Nursery Setting for Children Under Five: Final Report*. London: Tavistock Institute of Human Relations.

Bakeman, R, & Adamson, L. B. (1982). "Co-ordinating attention to people and objects in mother–infant and peer–infant interaction." *Child Development*, 55: 1278–1289.

Ballard, R. (1994). *Desh Pardesh*. London: Hurst & Co.

Barnett, L. (1988). *Anna Freud Nursery* [Video]. Ipswich: Concorde Video Films Council.

Barnett, L. (1995). What is good day care? In: J. Trowell & M. Bower (Eds.), *The Emotional Needs of Young Children and Their Families: Using Psychoanalytic Ideas in the Community.* London: Routledge.

Baron-Cohen, S, Allen, J., & Gillberg, C. (1992). "Can autism be detected at 18 months? The needle, the haystack and the CHAT." *British Journal of Psychiatry*, 161: 839–843.

Bates, E., Benigni, L., Bretherton, L. I., Camioni, L., & Volterra, V. (1979). "Cognition and communication from 9–13 months: Correlation findings." In: E. Bates(Ed.), *The Emergence of Symbols: Cognitiom and Communication in Infancy.* New York: Academic Press.

Belsky, J. (2007). Childcare matters. In: J. Oates (Ed.), *Attachment Relationships.* Milton Keynes: Open University/Bernard van Leer Foundation.

Bick, E. (1964). Notes on infant observation in psycho-analytic training. *International Journal of Psychoanalysis*, 45: 558–566.

Bick, E. (1968). "The experience of the skin in early object relations." *International Journal of Psychoanalysis*, 49: 484–486. Reprinted in: M. Harris & E. Bick, *Collected Papers of Martha Harris and Esther Bick.* Strath Tay: Clunie Press, 1987.

Bion, W. R. (1959). Attacks on linking. *International Journal of Psychoanalysis*, 40: 308–315. Reprinted in: *Second Thoughts*. London: Heinemann, 1967; London: Karnac, 1984.

Bion, W. R. (1961). *Experience in Groups.* London: Routledge.

Bion, W. R. (1962a). *Learning from Erperience.* London: Heinemann; London: Karnac, 1984.

Blessing, D. (2012). "Beyond the borders of 'ordinary': Difficult observations and their implications." *International Journal of Infant Observation*, 15 (1): 33–48.

Boston, M. (1987). *The Splitting Image: The Child Observed and the Child Within.* Paper presented to the British Psychological Society, Medical and Psychotherapy Section,January.

Bowlby, J., Robertson, J., & Rosenbluth, D. (1952). "A two-year-old goes to hospital." *Psychoanalytic Study of the Child*, 7: 82–94.

Brenner, N. (1992). "Nursery school observations–to learn, to teach, to facilitate growth and development." *Journal of Child Psychotherapy*, 19 (1): 87–100.

Briggs, S. (1997). *Growth and Risk in Infancy.* London: Jessica Kingsley.

Britton, R. (1989). The missing link: Parental sexuality in the Oedipus Complex. In: R. Britton, M. Feldman, & E. O'Shaughnessy (Eds.), *The Oedipus Complex Today: Clinical Im plications.* London: Karnac.

Britton, R. (1998). *Belief and Imagination: Explorations in Psychoanalysis.* London: Routledge.

Brooks-Gunn, J., Sidle Fuligni, A., & Berlin, L. J. (Eds.) (2003). *Early Childhood Development in the 21st Century: Profiles of Current Research Initiatives.* New York: Teachers College Press.

Broucek, F. (1979). "Efficacy in infancy: A review of some experimental studies and their possible implications for clinical theory." *International Journal of Psychoanalysis*, 60: 311–316.

Bruner, J. S. (1968). *Processes of Cognitive Growth:Infancy.* Worcester, MA: Clark University Press.

Burhouse, A. (1999). *Me, You and It: Conversations about the Significance of Joint Attention Skills from Cognitiwe Psychology, Child Development Research and Psychoanalysis*. Unpublished dissertation, Tavistock Centre Library, London.

Burlingham, D., & Freud, A. (1944). *Infants without Families: The Case for and against Residential Nurseries*. London: Allen & Unwin.

Butterworth, G. (1991). The ontology and phylogeny of joint visual attention. In: A. Whiten (Ed.), *Natural Theories of Mind: Evolution, Development and Simulation*. Oxford: Blackwell.

Caper, R. (1999). *A Mind of One's Own: A Kleinian View of Self and Object*. London: Routledge.

Capote, T. (1959). *Breakfast at Tiffany's*. New York: Random House.

Cassidy, T., & Sintrovani, P. (2008). "Motives for parenthood: Psychosocial factors and health in women undergoing IVF." *Journal of Reproductive & Infant Psychology*, 26(1): 4–17.

Catty, J. (2009). "In and out of the nest: Exploring attachment and separation in an infant observation." *International Journal of Infant Observation*, 12(2): 151–163.

Chatoor, I. (1989). "Infantile anorexia nervosa: A developmental disorder of separation and individuation." *Journal of the American Academy of Psychoanalysis*, 17(1): 43–64.

Chatoor, I., Egan, J., Getson, P., Menvielle, E., & O'Donnell, R. (1988). "Mother/infant interactions in infantile anorexia nervosa." *Journal of the American Academy of Adolescent Psychiatry*, 27: 530–540.

Chatoor, I., Schaefer, S., Dickson, L., & Egan, J. (1984). "Non-organic failure to thrive: A developmental perspective." *Pediatric Annals*, 13 (11): 829–843.

Clark, A., & Moss, P. (2001). *Listening to Young Children:The Mosaic Approach*. London: National Children's Bureau.

Clarke-Stewart, A., & Allhusen, V. (2005). *What We Know About Childcare*.Cambridge, MA: Harvard University Press.

Coles, P. (2003). *The Importance of Sibling Relationships in Psychoanalysis*. London: Karnac.

Colpin, H., Demyttenaere, K., & Vandemuelebroecke, L. (1995). "New reproductivetechnology and the family: The parent-child relationship following in vitro fertilisation." *Journal of Child Psychology & Psychiatry*, 36: 1429–1441.

Crick, P. (1997). "Mother-baby observation: The position of the observer." *Psychoanalytic Psychotherapy*, 11: 245–255.

Dahlberg, G., Moss, P., & Pence, A. (1999). *Beyond Quality in Early Childhood Education and Care:Postmodern Perspectives*. London: Falmer Press.

Datler, M., Datler, W., Fürstaller, M, & Funder, A. (2011). Hinter verschlossenen Türen. Über Eingewöhnsprozesse von Kleinkindern in Kinderkrippen und die Weiterbildung pädagogischer Teams. In: M. Dörr, R. Göppel, & A. Funder (Eds.), *Reifungsprozesse und Entwicklungsaufgaben im Lebenszyklus. Jahrbuch für Psychoanalytische Pädagogik*, 19. Gießen: Psychosozial Verlag.

Datler, W. (2004). Die Abhängigkeit des behinderten Säuglings von stimulierender Feinfuhligkeit. Einige Anmerkungen über Frühförderung, Beziehungserleben und "sekundare Behinderung". In: B. Ahrbeck & B. Rauh (Eds.), *Behinderung zwischen Autonomie und*

Angewiesensein. Stuttgart: Kohlhammer.

Datler, W., Datler, M., & Funder, A. (2010). "Struggling against the feeling of becoming lost: A young boy's painful transition to day care." *International Journal of Infant Observation*, 13(1): 65–87.

Datler, W., Datler, M., & Hover-Reisner, N. (2011). *The Teaching of Observation in Educational and Research Settings: Similarities and Differences*. Paper presented at the 6th International Conference for Teachers of Infant Observation, Teaching Infant Observation Today, Tavistock Centre, London, October.

Datler, W., Ereky-Stevens, K., Hover-Reisner, N., & Malmberg, L. (2012). "Toddlers' transition to out-of-home day care: Settling into a new care environment." *Infant Behavior and Development*, 35(3): 439–451.

Datler, W., Funder, A., Hover-Reisner, N., Fürstaller, M., & Ereky-Stevens, K. (2012). Eingewohnung von Krippenkindern. Forschungsmethoden zu Verhalten, Interaktion und Beziehung in der Wiener Kinderkrippenstudie. In: S. Viernickel, D. Edelmann, A. Hoffmann, & A. König (Eds.), *Krippenforschung. Methoden, Konzepte, Beispiele*. Munich: Reinhardt.

Datler, W., Fürstaller, M., & Ereky-Stevens, K. (2011). Der Übergang in die außerfamiliare Betreuung. Der Beitrag der Kleinkinder zum Verlauf von Eingewöhnungsprozessen. In: R. Kißgen & N. Heinen (Eds.), *Familiäre Belastungen in früher Kindheit: Früherkennung, Verlauf, Begleitung, Intervention*. Stuttgart: Klett-Cotta.

Datler, W., Hover-Reisner, N., & Firstaller, M. (2010). Zur Qualitat von Eingewöhnung als Thema der Transitionsforschung. TheoretischeGrundlagen und forschungsmethodische Gl esichtspunkte unter besonderer Bezugnahme auf die Wiener Krippenstudie. In: F. Becker-Stoll, J.Berkic, & B. Kalicki(Eds.), *Bildungsqualitat für Kinder in den ersten drei Jahren*. Berlin: Cornelsen.

Datler, W., Hover-Reisner, N., Steinhardt, K., & Trunkenpolz, K. (2008). Zweisamkeit vor Dreisamkeit? Infant Observation als Methode zur Untersuchung fruher Triangulierungsprozesse. In: F. Dammasch, D. Katzenbach, & J. Ruth(Eds.), *Triangulierung. Lernen, Denken und Handeln aus psychoanalytischer undpädagogischer Sicht*. Frankfurt: Brandes & Apsel.

Datler, W., Lazar, R. A., & Trunkenpolz, K. (2012). Observing in nursing homes: The use of single case studies and organisational observation as a research tool. In: C. Urwin & J. Sternberg(Eds.), *Infant Observation and Research: Emotional Processes in Everyday Life*. London; Karnac.

Datler, W., Trunkenpolz, K., & Lazar, R. A. (2009). "An exploration of the quality of life in nursing homes: The use of single case and organisational observation in a research project." *International Journal of Infant Observation*, 12(1): 63–82.

Davenhill, R. (2007). Psychodynamic observation and old age. In: R. Davenhill(Ed.), *Looking into Later Life:A Psychoanalytic Approach to Depression and Dementia in Old Age*. London: Karnac.

Daws, D. (1993). "Feeding problems and relationship difficulties: Therapeutic work with parents and infants." *Journal of Child Psychotherapy*, 19 (2): 69–83.

Daws, D. (1997). "The perils of intimacy: Closeness and distance in feeding and weaning." *Journal of Child Psychotherapy*, 23(2): 179–199.

de Bernières, L. (1994).*Captain Corelli's Mandolin*. London: Secker & Warburg.

Dechent, S. (2008). "Withdrawing from reality: Working with a young child through his difficulties in attending nursery and the separation from his parents." *International Jounal of Infant Obseruation*, 11(1): 25–40.

DEEWR (2009). *Belonging, Being and Becoming: The Early Years Learning Framework for Australia*. Council of Australian Governments. Adelaide, SA: Australian Department of Education, Employment and Workplace Relations.

Degotardi, S. , & Pearson, E. (2009). "Relationship theory in the nursery: Attachment and beyond." *Contemporary Issues in Early Childhood*, 10(2): 144–155.

Delion, P. (2000). "The application of Esther Bick's method to the observation of babies at risk of autism." *International Journal of Infant Observation*, 3(3): 84–90.

DfES (2003). *Birth to Three Matters: A Framework for Supporting Early Years Practitioners*. London: Department for Education and Skills, SureStart Unit.

DfES (2008). *The Early Years Foundation Stage*. London: Department for Education and Skills.

Di Cagno, L, Ravetto, F. , & Rigardetto, R. (1982). *Neuropsichiatria dell'età eolutiva*. Turin: Libreria Cortina.

Dickinson, E. (1867). The gleam of an heroic act. In: T. H. Johnson (Ed.), *The Complete Poems of Emily Dickinson*. Boston, MA: Little Brown & Co, 1914.

Diem-Wille, G. (1997). Observed families revisited–two years on: A follow-up study. In: S. Reid (Ed.), *Developments in Infant Observation: The Tavistock Model*. London: Routledge.

DoE (2012). *Statutory Framework for the Early Years Foundation Stage*. London: Department of Education.

DoH (1991). *The Children Act 1989 Guidance and Regulations*, Vol.2: *Family Support, Day Care and Educational Provision for Young Children*. London: HMSO.

Donaldson, J. , &Scheffler, A. (1999). *The Grufalo*. London: Macmillan.

Drugli, M. B, & Undheim, A. M. (2012). "Relationships between young children in full-time day care and their caregivers: A qualitative study of parental and caregiver perceptions." *Early Child Development and Care*, 182 (9): 1155–1165.

Dunn, J. (2004). *Children's Friendships: The Beginnings of Intimacy*. Oxford: Blackwell.

Ebbeck, M, & Yim, H. (2009). "Rethinking attachment: Fostering positive relationships between infants, toddlers and their primary caregivers." *Early Child Development and Care*, 179 (7): 899–909.

Edgcumbe, R. (2000). *Anna Freud: A View of Deelopment, Disturbance and Therapeutic Techniques*. London: Routledge.

Edwards, R. , Steptoe, P. , & Purdy, J. (1980). "Establishing full-term human pregnancies using cleaving embryo grown in vitro." *British Jounal of Obstetrics & Gynaecology*, 87: 737–755.

Elfer, P. (2006). "Exploring children's expressions of attachment in nursery." *European Early Childhood Education Research Journal*, 14 (2): 81–95.

Elfer, P. (2007a). "Babies and young children in nurseries: Using psychoanalytic ideas to explore tasks and interactions." *Children & Society*, 21 (2): 111–122.

Elfer, P. (2007b). "What are nurseries for? The concept of primary task and its application in differentiating roles and tasks in nursery." *Journal of Early Childhood Research*, 5 (2): 169–188.

Elfer, P. (2008). *5000 hours: Organising Intimacy in the Care of Babies and Children under Three Attending Full Time Nursery*. Unpublished doctoral thesis, University of East London.

Elfer, P. (2010). "The power of psychoanalytic conceptions in understanding nurseries." *International Journal of Infant Observation*, 13 (1): 59–63.

Elfer, P. (2011). "Psychoanalytic methods of observation as a research tool for exploring young children's nursery experience." *International Journal of Social Research Methodology*, 14: 1–14.

Elfer, P. (2012). "Emotion in nursery work: Work discussion as a model of critical professional reflection." *Early Years: Journal of International Research and Development*, 32 (2): 129–141.

Elfer, P. , & Dearnley, K. (2007). "Nurseries and emotional well-being: Evaluating an emotionally containing model of professional development." *Early Years: Journal of International Research and Development*, 27 (3): 267–279.

Elfer, P. , Goldschmied, J. , & Selleck, D. (2011). *Key Persons in the Early Years: Building Relationships for Quality Provision in Early Years Settings and Primary Schools*. London: David Fulton.

Eliot, T. S. (1944). *Four Quartets*. London: Faber & Faber.

Erikson, E. H. (1963). *Childhood and Society*. New York: W. W. Norton.

Fatke, R. (1995). Das Allgemeine und das Besondere in pädagogischen Fallgeschichten. *Zeitschrift für Pädagogik*, 41 (5): 681–695.

Fonagy, P. (1991). "The capacity for understanding mental states: The Reflective self in parent and child and its significance for security of attachment." *Infant Mental Health Journal*, 12 (3): 201–218.

Freud, A. (1943). *War and Children*. New York: Medical War Books.

Freud, A. (1951). "Observations on child development." *Psychoanalytic Study of the Child*, 6: 18–30.

Freud, A. , & Burlingham, D. (1944). *Infants without Families: Reports on the Hampstead Nurseries 1939–45*. London: Hogarth, 1974.

Freud, S. (1905d). *Three Essays on the Theory of Seruality. Standard Edition*, 7: 136–243.

Freud, S. (1920g). *Beyond the Pleasure Principle. Standard Edition*, 18: 3–64

Freud, S. (1933a). *New Introductory Lectures on Psycho-Analysis. Standard Edition*, 22: 1–182.

Friedmann, M. (1988). "The Hampstead Clinic Nursery: The first twenty years (1957–1978)." *Bulletin of the Anna Freud Centre*, 11: 277–287.

Funder, A. (2009). Zur Bedeutung von Ubergangsobjekten als Trennungshilfe fur Kinder in Kinderkrippen und Kindergärten. *Zeitschrift für Individual psychologie*, 34 (4): 432–459.

Fürstaller, M. , Funder, A. , & Datler, W. (2011). Wenn Tränen versiegen, doch Kummer bleibt. Uber Kriterien gelungener Eingewohnung in dieKinderkrippe. *Frühe Kindheit. Zeitschrift der Deutschen Liga für das Kind*, 14 (1): 20–26.

Fürstaller, M. , Funder, A, & Datler, W. (2012). *Wie Eingewöhnung an Qualität gewinnen kann. Zur Weiterqualifizierung pädagogischer Teams für den Bereich der Eingewohnung wn Kleinkindern in Kinderkrippen und Kindergärten. Projektdarstellung, Projektbericht und Empfehlungen aus dem Projekt "Wiko—Ein Wiener Projekt zur Entwicklung von standortspexifischen Konzeptender Eingewohnung von Kleinkindern in Kinderkrippen und Kindergärten"* .

Gaddini, E. (1976). "Discussion of 'The Role of Family Life in Development' : On 'father formation' in early child development." *International Jounal of Psychoanalysis*, 57: 397-401. Reprinted as: "On father formationin early childhood development. " In; *A Psychoanalytic Theory of Infantile Experience*. London: Routledge, 1992.

Gaddini, E. (1977). "Formation of the father and the primal scene." In: *A Psychoanalytic Theory of Infantile Experience*. London: Routledge, 1992.

Galison, P. , & Stump, D. J. (1996). *The Disunity of Science: Boundaries, Contexts and Power*. Stanford, CA: Stanford University Press.

Gibson, G. (2008). *Thomas Heads for China.*

Goldschmied, E. , & Jackson, S. (1994). *People under Three: Young Children in Day Care*. London: Routledge.

Gretton, A. (2006). "An account of a year's work with a mother and her 18-month-old son at risk of autism." *International Journal of Infant Observation*, 9 (1): 21–34.

Grossmann, K. (2011). Stumme Zeichen des Leids bei Kleinkindern in Familie und Tagesbetreuung. In: R. Kißgen, & N. Heinen (Eds.), *Familiäre Belastungen in früher Kindheit: Früherkennung, Verlauf, Begleitung, Intervention*. Stuttgart: Klett-Cotta.

Harms, T. , Cryer, D. , &Clifford, R. M. (1990). *Infant/Toddler Environment Rating Scale*. New York: Teachers College Press.

Heiss, E. (2010). *Allein auf weiter Flur. Uber die Bedeutung von fizen Strukturen im Alltag des Kindergartens und in Beziehungen. Eine Einzelfallstudie über einen zweijahrigen Jungen*. Saarbrücken: VDM-Verlag,

Hindle, D. (2000). "Assessing children's perspectives on sibling placements in foster or adoptive homes." *Clinical Child Psychology and Psychiatry*, 5 (4): 613–625.

Hinshelwood, R. D. , & Skogstad, W. (2000). *Observing Organisations: Anxiety, Defence and Culture in Health Care*. London: Routledge.

参考文献

Hobson, R. P. (1993). *Autism and the Development of Mind*. Hove: Lawrence Erlbaum Associates.

Hoffer, W. (1981). *Early Development and Education of the Child*. London: Hogarth Press.

Holmes, J. (1993). *John Bowlby and Attachment Theory: Makers of Modern Psychotherapy*. London: Routledge.

Hopkins, J. (1988). "Facilitating the development of intimacy between nurses and infants in day nurseries." *Early Child Development and Care*, 33: 99–111.

Houzel, D. (1999). "A therapeutic application of infant observation in child psychiatry." *International Jounal of Infant Observation*, 2 (3): 42–53.

Hoxter, S. (1977). Play and communication. In: D. Daws &M. Boston, (Eds.), *The Child Psychotherapist*. London: Wildhood House.

Isaacs, S. (1930). *Intellectual Growth in Young Children*. London; Routledge

Isaacs, S. (1933). *Social Development in Young Children*. London: Routledge

Jackson, J. (1998). "The male observer in infant observation: An evaluation." *International Journal of Infant Observation*, 1 (2): 84–99.

Jeffries, S. (2007). *Why Do Kids Love Thomas the Tank Engine?*

Kakar, S. (1978). *The Inner World : A Psychoanalytic Study of Childhood and Society in India*. Oxford: Oxford University Press.

Katalinic, A. , Rosch, C. , & Ludwig, M. (2004). "Pregnancy course and outcome after intracytoplasmic sperm injection: A controlled prospective cohort study." *Fertility and Sterility*, 81 (6): 1604–1616.

Kennedy, H. (1988). "The pre history of the nursery school." *Bulletin of the Anna Freud Centre*, 11: 271–275.

Kercher, A. , &Hohn, K. (2006). *Kindergarten 2 plus. Arbeitshil fen für Teams und Träger zur Betreuung, Bildung und Erziehung von zweijährigen Kindern im Kindergarten*. Stuttgart: Landeswohlverband Württemberg-Hohenzollern.

Klauber, T. (1999). "Observation 'at work'." *International Journal of Infant Observation*, 2 (3): 30–41

Klein, M. (1926). The psychological principles of early analysis. In: *Love, Guilt and Reparation and Oher Works, 1921–1945*. London;Hogarth Press, 1975.

Klein, M. (1927). Symposium on child-analysis. In: *Love, Guilt and Reparation and Other Works, 1921–1945*. London: Hogarth Press, 1975.

Klein, M. (1928). Early stages of the Oedipus confict. In: *Love, Guilt and Reparation and Other Works, 1921–1945*. London: Hogarth Press, 1975.

Klein, M. (1932). *The Psycho-Analysis of Children*. London: Hogarth Press.

Klein, M. (1935). A contribution to the psychogenesis of manic-depressive states. In: *Love, Guilt and Reparation and Other Works, 1921–1945*. London: Hogarth Press, 1975.

Klein, M. (1937). Love, guilt and reparation. In: *Love, Guilt and Reparation and Other Works, 1921–1945*. London: Hogarth Press, 1975.

Klein, M. (1940). Mourning and its relation to manic depressive states. In: *Love, Guilt and*

Reparation and Other Works, 1921–1945. London: Hogarth Press, 1975.

Klein, M. (1945). The Oedipus complex in the light of early anxieties. In: *Love, Guilt and Reparation and Other Works, 1921–1945*. London: HogarthPress, 1975.

Klein, M. (1946). Notes on some schizoid mechanisms. In: *Envy and Gratitude and Other Works, 1946–1963*. London: Hogarth Press, 1975.

Klein, M. (1952). On observing the behaviour of young infants. In: *Envy and Gratitude and Other Works, 1946–1963*. London: Hogarth Press, 1975.

Klein, M. (1955). On identification. In: *Envy and Gratitude and Other Works, 1946–1963*. London: Hogarth Press, 1975.

Klein, M. (1957). Envy and gratitude. In: *Envy and Gratitude and Other Works, 1946–1963*. London: Hogarth Press, 1975.

Klein, M. (1958). On the development of mental functioning. In: *Envy and Gratitude and Other Works, 1946 –1963*. London: Hogarth Press, 1975.

Klein, M. (1959). Our adult world and its roots in infancy. In: *Envy and Gratitude and Other Works, 1946–1963*. London: Hogarth Press, 1975

Klein, M. (1961). *Narratie of a Child Analysis: The Conduct of the Psycho-Analysis of Children as Seen in the Treatment of a Ten-Year Old Boy*. London: Hogarth Press.

Lazar, R. A. (2000). "Erforschen und Erfahren: Teilnehmende Sauglingsbeobachtung– 'Empathietraining' oder empirische Forschungsmethode?" *Analytische Kinder und Jugend lichenp sychotherapie*, 31 (108): 399–417.

Leach, P. (2009). *Child Care Today: What We Know and What We Need to Know*. Cambridge: Polity Press.

Leboyer, F. (1975). *Birth without Violence*. London: Wildwood House.

Lee, S. (2006). "A journey to a close, secure and synchronous relationship: Infant-caregiver relationship development in a childcare context." *Journal of Early Childhood Research*, 4 (2): 133–151.

Leslie, G. I, Gibson, F. L. , McMahon, C. , Cohen, J. , Saunders, D. M. , & Tennant, C. (2003). "Children conceived using ICSI do not have an increasedrisk of delayed mental development at 5 years of age." *Human Reproduction*, 18 (10): 2067–2072.

Lindsey, C. (2006). Contact with birth families: Implications for assessment and integration in new families. In: J. Kenrick, C. Lindsey, & L. Tollemache (Eds.), *Creating New Families: Therapeutic Approaches to Fostering, Adoption and Kinship Care*. London: Karnac.

Magagna, J. (1987). "Three years of infant observation with Mrs Bick." *Journal of Child Psychotherapy*, 13 (1): 19–41.

Magagna, J. (1997). Shared unconscious and conscious perceptions in the nanny-parent interaction which affect the emotional development of the infant. In: S. Reid, (Ed.), *Developments in Infant Observation: The Tavistock Model*. London: Routledge.

Main, M. (1991). Metacognitive knowledge, metacognitive monitoring and singular (coherent). vs. multiple (incoherent). model of attachment: Findings and directions for future research.

In: C. M. Parkes, J. Stevenson-Hinde, & P. Marris (Eds.), *Attachment across the Life Cycle*. London: Routledge.

Manning-Morton, J. , & Thorp, M. (2001). *Key Times: A Framework for Developing High Quality Provision for Children under Three Years Old*. London: Camden Under Threes Development Group/University of North London.

Melhuish, E. (2004). *Child Benefits: The Importance of Inesting in Quality Childcare*. London: Daycare Trust.

Meltzer, D. (1984). "A one year-old goes to nursery: A parable of confusing times." *Journal of Child Psychotherapy*, 10: 89–104.

Meltzer, D. (1987). *Supervisione dell'osserazione di due gemelli, mediante registrazioni ecografiche nella vita fetale e Infant Observation nei primi due anni di vita*. Unpublished paper, Institute of Child Neuropsychiatry, University of Milan.

Meltzer, D. , & Williams, M. H. (1988). *The Apprehension of Beauty: The Role of Aesthetic Conflict in Development, Art and Violence*. Strath Tay: Clunie Press.

Menzies, I. E. P. (1970). *The Functioning of Social Systems as a Defence against Anxiety*. London: Tavistock Institute of Human Relations.

Merker, H. (1998). Kleinkinder in altersheterogenen Gruppen. In; L. Ahnert (Ed.), *Tagesbetreuung für Kinder unter 3 Jahren. Theorien und Tatsachen*. Bern: Verlag Huber.

Midgley, N. (2013). *Reading Anna Freud*. London: Routledge.

Miller, L. , Rustin, M. E. , Rustin, M. J. , & Shuttleworth, J. (Eds.) (1989). *Closely Observed Infants*. London: Duckworth.

Mitchell, J. (2000). *Mad Men and Medusas*. Harmondsworth: Penguin.

Mundy, P. , & Sigman, M. (1989). "The theoretical implications of joint attention deficits in autism." *Development and Psychology*, 1: 173–183.

Music, G. (2011). *Nurturing Natures: Attachment and Children's Emotiomal, Sociocultural and Brain Development*. Hove: Psychology Press.

National Autistic Society (2002). *Do Children with Autism Spectrum Disorders Have a Special Relationship with Thomas the Tank Engine, and, If So, Why?*

Negri, R. (1988). La fiaba della nascita del fratello nello sviluppo emotivo. *Quaderni di psicoterapia infantile*, 18: 45–73.

Neubauer, P. B. (1982). "Rivalry, envy and jealousy." *Psychoanalytic Study of the Child*, 37: 121–142.

Nutbrown, C. , & Page, J. (2008). *Working with Babies and Children from Birth to Three*. London: Sage.

O'Brien, J. (2005). *Thomas the Tank Engine Is 60!*

OECD (2006). *Starting Strong II : Early Childhood Education and Care*. Paris: Organisation for Economic Cooperation and Development.

O'Shaughnessy, E. (1964). "The absent object." *Journal of Child Psychotherapy*, 1 (2): 34–43.

O'Shaughnessy, E. (1994). "What is a clinical fact?" *International Journal of Psychoanalysis*,

75: 939–947.

Peterson, G. (1995). *Kinder unter 3 Jahren in Tageseinrichtungen. Band 1: Grundfragen der pädagogischen Arbeiten in altersgemischten Gruppen*. Cologne: Kohlhammer.

Pines, D. (1990). "Emotional aspects of infertility and its remedies." *International Journal of Psychoanalysis*, 71: 561–568.

Pullan-Watkins, K. (1987). *Reference Books on Family Issues, Vol. 2. Parent-Child Attachment: A Guide to Research*. Garland Reference Library on Social Sciences, 388. New York: Garland.

Quinodoz, J.-M. (1994). "Clinical facts or psychoanalytic clinical facts." *International Journal of Psychoanalysis*, 75: 963–976.

Raphael-Leff, J. (1992). "The baby-makers: An in-depth single-case study of conscious and unconscious psychological reactions to infertility and 'baby-making' technology." *British Journal of Psychotherapy*, 8 (3): 278–294.

Reddy, V. (1991). Playing with others'expectations: Teasing and mucking about in the first year. In: A. Whiten (Ed.), *Natural Theories of Mind: Evlution, Development and Simulation*. Oxford: Blackwell.

Rhode, M. (1984). "Ghosts and the imagination." *Journal of Child Psychotherapy*, 10: 3–15.

Robertson, J. (1952). *A Two-Year-Old Goes to Hospital*.

Robertson, J. , & Robertson, J. (1976). *Young Children in Brief Separation*.

Rosenfeld, D. (1992). "Psychic changes in the paternal image." *Internatiomal Journal of Psychoanalysis*, 73 (4): 757–771.

Rustin, M. E. (1988). "Encountering primitive anxieties: Some aspects of infant observation as a preparation for clinical work with children and families." *Journal of Child Psychotherapy*, 14: 15-28. Reprinted in: L. Miller, M. E. Rustin, M. J. Rustin, & J. Shuttleworth (Eds.), *Closely Observed Infants*. London: Duckworth, 1989.

Rustin, M. E. (2012). Dreams and play in play analysis today. In: P. Fonagy, H. Kachele, M. Leuzinger-Bohleber, &D. Taylor (Eds.), *The Significance of Dreams: Bridging Clinical and Extraclinical Research in Psychoanalysis*. London: Karnac.

Rustin, M. E. , & Bradley, J. (Eds.) (2008). *Work Discussion: Learning from Reflective Practice in Work with Children and Families*. London: Karnac

Rustin, M. E. , & Rustin, M. J. (2001). *Narratives of Love and Loss: Studies in Modern Children's Fiction*. London: Karnac.

Rustin, M. J. (1997). "What do we see in the nursery? Infant observation as 'laboratory work' ." *International Journal of Infant Observation*, 1 (1): 93–110.

Rustin, M. J. (1999). "The training of child psychotherapists at the Tavistock Clinic: Philosophy and practice." *Psychoanalytic Inquiry*, 19: 125–141.

Rustin, M. J. (2002). "Looking in the right place: Complexity theory, psychoanalysis and infant observation." *International Journal of Infant Observation*, 5 (1): 122-144.

Rustin, M. J. (2006). "Infant observation research: What have we learned so far?" *International Journal of Infant Observation*, 9 (1): 35–52.

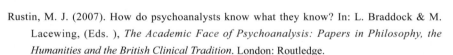
Rustin, M. J. (2007). How do psychoanalysts know what they know? In: L. Braddock & M. Lacewing, (Eds.), *The Academic Face of Psychoanalysis: Papers in Philosophy, the Humanities and the British Clinical Tradition*. London: Routledge.

Rustin, M. J. (2009). What do child psychotherapists know? In: N. Midgley, J. Anderson, E. Grainger, T. Nesic-Vuckovic, & C. Urwin (Eds.), *Child Psychotherapy and Research: New Approaches, Emerging Findings*. London: Routledge.

Rustin, M. J. (2011a). In defence of infant observation research. *European Journal of Psychotherapy and Counselling*, 13 (2): 153–168.

Rustin, M. J. (2011b). "Infant observation and research: A reply to Steven Groarke." *International Journal of Infant Observation*, 14 (2): 179–190.

Rutter, M. (2002). "Nature, nurture and development: From evangelism, through science towards policy and practice." *Child Development*, 73 (1): 1–21.

Sapisochin, G. (1999). " 'My heart belongs to daddy' : Some reflections on the difference between generations as the organiser of the triangular structure of the mind." *International Journal of Psychoanalysis*, 80 (4): 755–768.

Scaife, M. , & Bruner, J. (1975). "The capacity for joint visual attention in the infant." *Nature*, 253: 265–266.

Schieve, L. A. , Rasmussen, S. A. , Buck, G. M. , Schendel, D. E. , Reynolds, M. A. , & Wright, V. C. (2004). "Are children born after assisted reproductive technology at increased risk for adverse health outcomes?" *The American College of Obstetricians and Gynecologists*, 103 (6): 1154–1163.

Schwediauer, L. (2007). *Die Beobachtung von Paulina in der Kinderkrippe (Teil 1). Beobachtungsprotokolle aus der Wiener Krippenstudie*. Unpublished project material, Department of Education, University of Vienna.

Schwediauer, L. (2008a). *Die Beobachtung von Paulina in der Kinderkrippe (Teil II). Beobachtungsprotokolle aus der Wiener Krippenstudie*. Unpublished project material, Department of Education, University of Vienna.

Schwediauer, L. (2008b). *Paulinas Bewältigungsprozess in den ersten vier Monaten im Kindergarten—ein Zwischenbericht*. Unpublished project material, Department of Education, University of Vienna.

Schwediauer, L. (2009). *Die Bedeutsamkeit der Geschwisterbeziehung für die kleinkindliche Bewältigung von Trennung und Getrenntsein von den Eltern am Übergang in die außerfamiliäre institutionelle Betreuung. Eine Einzelfallstudie*. Diploma thesis at the Department of Education, University of Vienna.

Segal, H. (1989). Introduction. In: R. Britton, M. Feldman, & E. O'Shaughnessy (Eds.), *The Oedipus Complex Today: Clinical Implications*. London: Karnac.

Segal, H. (1991). *Dream, Phantasy and Art*. London: Routledge.

Shpancer, N. (2006). "The effects of daycare: Persistent questions, elusive answers." *Early Childhood Research Quarterly*, 21 (2): 227–237.

Shuttleworth, J. (2010). "Faith and culture: Community life and the creation of a shared psychic reality." *International Journal of Infant Observation*, 13 (1): 45–58.

Siegel, D. J. (1998). "The developing mind: Towards a neurobiology of interpersonal experience." *The Signal*, 6 (3–4): 1–11.

Simpson, D. (2004). Asperger's syndrome and autism: Distinct syndromes with important similarities. In: M. Rhode & T. Klauber (Eds.), *The Many Faces of Asperger's Syndrome*. London: Karnac.

Skogstad, W. (2004). "Psychoanalytic observation: The mind as research instrument." *Organisational &Social Dynamics*, 4 (1): 67–87.

Squires, J. , Carter, A. , & Kaplan, P. (2003). "Developmental monitoring ofchildren conceived by intracytoplasmic sperm injection and in vitro fertilization." *Fertility and Sterility*, 79 (3): 453–454.

Squires, J. , & Kaplan, P. (2007). "Developmental outcomes of children born after assisted reproductive techniques." *Infants & Young Children*, 20 (1): 2–10.

Stern, D. (1985). *The Interpersonal World of the Infant*. New York: Academic Press.

Sternberg, J. (2005). *Infant Observation at the Heart of Training*. London: Karnac.

Stevenson, R. L. (1885). *A Child's Garden of Verses*. London: Puffin, 1952.

Stokes, J. (1994). The unconscious at work in groups and teams: Contributions from the work of Wilfred Bion. In: A. Obholzer & V. Z. Roberts (Eds.), *The Unconscious at Work: Individual and Organizational Stress in the Human Services*. London: Routledge.

Sutcliffe, A. G. , Edwards, P. R. , Beeson, C. , & Barnes, J. (2004). "Comparing parents'perceptions of IVF conceived children's behavior with naturally conceived children." *Infant Mental Health Journal*, 25 (2): 163–170.

Tager-Flusberg, H. (1993). What language reveals about the understanding of minds in children with autism. In: S. Baron Cohen, H. Tager-Flusberg, & D. J. Cohen (Eds.), *Understanding Other Minds: Perspectives from Developmental Cognitive Neuroscience*. Oxford: Oxford University Press.

Tietze, W. , Bolz, M. , Grenner, K. , Schlecht, D. , & Wellner, B. (2005). *Krippen Skala. Revidierte Fassung (KRIPS-R). Feststellung und Unterstitzung pädagogischer Qualität in Krippen*. Weinheim/Basel: Beltz Verlag

Trevarthen, C. (1975). Early attempts at speech. In: R. Lewin (Ed.), *Child Alive*! London: Temple Smith.

Trevarthen, C. (1979a). "Infant play and the creation of culture." *New Scientist*, 81: 566–569.

Trevarthen, C. (1979b). Communication and co-operation in early infancy: A description of primary intersubjectivity. In: M. Bullowa (Ed.), *Before Speech: The Beginning of Interpersonal Communication*. Cambridge: Cambridge University Press.

Trevarthen, C. (1980). Foundations of intersubjectivity: Development of interpersonal and co-operative understanding in infants. In: D. Olson (Ed.), *The Social Foundations of Language and Thought*. New York; W. W. Norton.

Trevarthen, C. (2005). Action and emotion in development of cultural intelligence: Why infants have feelings like ours. In: J. Nadel & D. Muir (Eds.), *Emotional Development*. Oxford: Oxford University Press.

Trevarthen, C., & Hubley, P. (1979). Secondary intersubjectivity: Confidence, confiding and acts of meaning in the first year. In: A. Lock (Ed.), *Action, Gesture and Symbol: The Emergence of Language*. London: Academic Press.

Tronick, E. Z. (1989). "Emotions and emotional communication in infants." *American Psychologist*, 44: 112–119.

Trunkenpolz, K., Datler, W., Funder, A., & Hover-Reisner, N. (2009). Von der Infant Observation zur Altersforschung. Die psychoanalytischeMethode des Beobachtens nach dem Tavistock-Konzept im Kontext von Forschung. *Zeitschrift für Individualpsychologie*, 34: 331–350.

Trunkenpolz, K. , Funder, A. , & Hover-Reisner, N. (2010). "If one wants to see the unconscious, one can find it in the setting of infant observation…" Beitrage zum Einsatz des Beobachtens nach dem Tavistock-Konzept im Kontext von Forschung. In: A. Ahrbeck, A. Eggert-Schmid Noer, U. Finger-Trescher, & J. Gstach (Eds.), *Psychoanalyse und Systemtheorie in Jugendhilfe und Pädagogik. Jahrbuch für Psychoanalytische Pädagogik*, 18. GieBen: Psychosozial-Verlag

Urwin, C. (1989). Linking emotion and thinking in infant development: A psychoanalytic perspective. In: A. Slater & G. Bremmer (Eds.), *Infant Development*. Hove: Lawrence Erlbaum Associates.

Urwin, C. (2007). "Doing infant observation differently? Researching the formation of mothering identities in an inner London borough." *International Journal of Infant Obseration*, 10 (3): 165–177.

Urwin, C. , & Sternberg, J. (Eds.) (2012). *Infant Obseration and Research: Emotional Processes in Everyday Lives*. London: Routledge.

Waddell, M. (1998). *Inside Lives: Psychoanalysis and the Grouth of the Personality*. London: Duckworth.

Wakelyn, J. (2011). "Therapeutic observation of an infant in foster care." *Journal of Child Psychotherapy*, 37: 280–310.

Watillon-Naveau, A. (1999). "The contribution of baby observation to the technique of parent–infant psychotherapy." *International Journal of Infant Observation*, 3 (1): 24–32.

Whisky [pseud.] (2002a). *Thomas the Tank Engine: The Books and the Characters*.

Whisky [pseud.] (2002b). *Thomas the Tank Engine: The Work of W. V. Awdry*.

Williams, G. (1997). *Internal Landscapes and Foreign Bodies: Eating Disorders and Other Pathologies*. London: Duckworth.

Winnicott, D. W. (1951). Transitional objects and transitional phenomena. In: *Playing and Reality*. London: Tavistock Publications, 1971.

Winnicott, D. W. (1956). Primary maternal preoccupation. In: *Through Paediatrics to Psycho-Analysis*. London: Karnac, 1984.

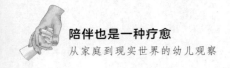
Winnicott, D. W. (1964). *The Child, the Family and the Outside World*. London: Penguin.

Winnicott, D. W. (1971). *Playing and Reality*. London: Tavistock Publications.

Ziehe, T (1989) *Kulturanalyser: Ungdom, utbildning, modernitet* [Cultural analysis: Youngsters, education, and modernity]. Stockholm: Norstedts Forlang.